# 液化天然气装备设计技术

## LNG低温阀门卷

张周卫　汪雅红　田 源　张梓洲　著

化学工业出版社

·北京·

本书主要围绕LNG液化工艺及储运工艺中所涉及的主要低温装备，研究开发LNG工艺流程中主要过程控制装备的设计计算技术。主要包括LNG蝶阀、LNG球阀、LNG闸阀、LNG截止阀、LNG减压阀、LNG节流阀、LNG安全阀、LNG止回阀、LNG针阀、LNG呼吸阀、LNG温控阀、LNG疏气阀12个类别的低温阀门的设计工艺、原理、注意事项、设计计算过程等，主要应用于-162℃ LNG领域，涉及12类低温过程控制阀门装备研发技术，内含低温制冷基础研究与产品设计计算过程。研发产品可应用于液化天然气、石油化工、煤化工、空气液化与分离、制冷与低温工程等领域，为LNG液化、LNG储运等关键环节中所涉及12类主要过程控制阀门设备的设计计算提供可参考样例，并推进LNG系列液化装备及系统工艺技术的标准化及国产化进程。

本书不仅可供从事天然气、液化天然气（LNG）、化工机械、制冷与低温工程、石油化工、动力工程及工程热物理领域内的研究人员、设计人员、工程技术人员参考，还可供高等学校化工机械、能源化工、石油化工、低温与制冷工程、动力工程等专业的师生参考。

**图书在版编目（CIP）数据**

液化天然气装备设计技术. LNG低温阀门卷/张周卫等著.
北京：化学工业出版社，2018.5
ISBN 978-7-122-31666-0

Ⅰ.①液… Ⅱ.①张… Ⅲ.①液化天然气-低温阀-设计
Ⅳ.①TE8

中国版本图书馆CIP数据核字（2018）第041785号

---

责任编辑：卢萌萌　刘兴春　　文字编辑：陈　喆
责任校对：王　静　　装帧设计：王晓宇

---

出版发行：化学工业出版社(北京市东城区青年湖南街13号　邮政编码100011)
印　　装：三河市延风印装有限公司
787mm×1092mm　1/16　印张26　字数626千字　2018年7月北京第1版第1次印刷

---

购书咨询：010-64518888(传真：010-64519686)　售后服务：010-64518899
网　　址：http://www.cip.com.cn
凡购买本书，如有缺损质量问题，本社销售中心负责调换。

---

定　　价：**158.00**元

# 前　言
# FOREWORD

LNG 系列阀门主要应用于-162℃天然气低温液化、LNG 输运、LNG 存储及 LNG 再气化等领域，包括 LNG 截止阀、LNG 闸阀、LNG 蝶阀、LNG 止回阀、LNG 球阀、LNG 安全阀、LNG 节流阀等系列阀门，均属带相变多相流低温高压过程控制装备，因液化工艺、贮运工艺不同，外形设计不同，用途也不同。

在传统的低温流体控制领域，成套工艺流程中常用的过程控制阀门数量众多，其中截止阀、闸阀、球阀为主要通断阀门之一，具有流动阻力小，可输送气液两相流，阀门不易堵塞，控制流量大等特点，而闸阀、球阀具有双向密封，双向通断，控制方便等特点，为成套工艺设备中不可缺少的主要设备，且一般都采用法兰或螺纹连接于管道中。由于传统的阀门存在控制密封面大，密封面多，存在盲区，易于泄漏等特点，不能应用于低温易燃易爆流体等领域，尤其-162℃ LNG 领域。

首先，以闸阀、球阀为例，传统的闸阀、球阀打开或关闭时都会形成双向密封，阀腔内都存在盲区。一般情况下 LNG 为低温饱和液体或气液两相流，盲区内的 LNG 在阀门打开或关闭后，由于存在环境热源，盲区内 LNG 迅速气化，温度迅速上升，压力迅速增大，导致上部多重密封及下部主密封面极易损坏，且阀门存在爆破等更严重的隐患。为解决这一问题，传统的低温闸阀、低温球阀用于 LNG 时，通过在阀体外增加管道，连接盲区至球阀出口段，导出低温流体，但这种方法导致盲区与阀门一端连通，损坏了闸阀、球阀主密封面双向密封、双向截止、双向控制的优势，闸阀、球阀只能使用一个主密封面，不能起到双向密封的作用。另外，由于管道两端的 LNG 均极易气化，LNG 流体易于反向流动等原因，要求 LNG 闸阀、LNG 球阀起到双向截止，双向密封的作用，故外加导管连通一侧不能有效解决双向截止的问题。同时，外加导管由于强度等原因易于损坏泄漏，且存在阀体外侧不易于加装保温层，阀体外观不对称等缺点。

其次，由于 LNG 气化后为易燃易爆气体，主要成分为 $CH_4$，传统的低温阀门由于存在较多的密封，容易引起 $CH_4$ 泄漏，如双向主密封、阀体与阀盖之间的多重密封、管道法兰连接密封等，尤其在-162℃低温工况下，密封垫片及密封面往往直接与 LNG 接触，密封材料极易出现低温脆断，密封面经常出现泄漏，存在很大的安全隐患。此外，由于 LNG 阀门上下温差较大，以截止阀、闸阀为例，阀体与 LNG 接触，阀杆旋转执行器、上阀体及上部阀杆部件与外部大气环境接触，阀门两端存在 200℃左右的温差，导致部件内部存在很大的温差应力，尤其在阀杆与上阀体之间。由于 LNG 阀体一般采用铸钢制造，传热速率较快，需要较长的上阀体及阀杆延迟传热，以防止旋转执行器等部件温度太低，不能正常工作，或防止人员冻伤等，所以一般要求阀杆延长至顶部不结霜为至。此外，由于阀体采用铸钢件，阀杆采用钢性锻件，两者热膨胀系数相差较大，低温工况下存在较大温差应力，相互接触后，低温应变容易导致阀体开裂，阀杆变形，主密封面破坏，LNG 无法截止等问题。所以，传统的低温阀门用于 LNG 领域时，要求阀杆较长以减少局部温差应变，使整个阀门体积较大，以适应于冷收缩及解决较大温差应力等问题。最后，LNG 为低温流体，管道输送压力一般低于 0.2MPa，处于饱和状态或过热状态，输送时外界会源源不断通过阀门及管道给 LNG 提供热量，导致 LNG 持续气化，出现两相流。两相流遇到突然截止时，容易导致管道内剩余 LNG 压力剧增并过临界。当压力迅速超过临界压力 4.6MPa，温度超过临界温度-82.59℃后，会给整个输送系统安全造成极大的安全隐患，所以，一般的 LNG 阀门或 LNG 系统的设计压力大于 6MPa，使整个 LNG 系统设计难度增大，设备笨重，体积庞大。

LNG 系列阀门涉及低温流体过程控制及多相流控制过程，也是目前设计计算较复杂、加工制造难度较大的低温过程控制装备，没有统一的设计计算方法，计算过程中需要复核计算低温材料强度，选择气液两相流参数等，随着工艺流程或物性参数特点不同而存在较大差别，难以标准化。此外，由于 LNG 系列阀门种类较多，没有统一的结构设计模型及理论设计计算方法用于计算机辅助计算过程，给 LNG 系列阀门的科学计算过程带来了障碍。20 世纪 80 年代以来，国外主要有美国泰科公司等开发，可进行低温工况下的 LNG 过程控制等，具有控制效果好，集约化程度高，需要阀门数量少等特点。国内在 LNG 液化工厂、LNG 接收站及 LNG 气化站等方面已有应用，一般随整体工艺成套进口。兰州交通大学与甘肃中远能源动力工程有限公司曾对-162℃ LNG 系列阀门、-70℃低温甲醇用系列阀门、-197℃液氮系列阀门、-210℃空间飞行器用系列阀门等进行了系列化开发，主要针对以-162℃ LNG 系列板翅式换热器、-162℃ LNG 系列缠绕管式换热器等为主液化设备的 LNG 系统配套用低温阀门进行开发，根据不同温度及控制领域，研究不同种类的低温阀门设计计算方法。本书针对-162℃ LNG 系列阀门结构特点，研究开发了 LNG 截止阀、LNG 闸阀、LNG 蝶阀、LNG 止回阀、LNG 球阀、LNG 安全阀等多种类型的 LNG 控制阀门，已具备产业化设计及加工制造能力。

《液化天然气装备设计技术——LNG 低温阀门卷》共收集张周卫、汪雅红等主持研发的低温过程控制通用阀门 12 项，主要包括 LNG 蝶阀、LNG 球阀、LNG 闸阀、LNG 截止阀、LNG 减压阀、LNG 节流阀、LNG 安全阀、LNG 止回阀、LNG 针阀、LNG 呼吸阀、LNG 温控阀、LNG 疏气阀 12 个类别，主要应用于-162℃ LNG 领域，涉及 12 类低温过程控制阀门装备研发技术，内含低温制冷基础研究与产品设计计算过程。研发产品可应用于液化天然气、石油化工、煤化工、空气液化与分离、制冷及低温工程等领域。

本书共分 13 章，其中，第 1～5 章、第 9 章主要涉及 LNG 过程控制开关类阀门研究及产业化内容，主要包括 LNG 蝶阀、LNG 球阀、LNG 闸阀、LNG 截止阀、LNG 止回阀 5 类低温阀门，主要应用于-162℃ LNG 液化及储运领域，一般连接于 LNG 过程控制管道上，起开关低温流体的作用。由于各类阀门具有不同的结构特点，可适用于不同的 LNG 液化及储运系统工况条件。

第 6 章、第 8 章所列研发产品主要涉及 LNG 减压阀、LNG 安全阀，主要连接于 LNG 真空容器或 LNG 管道上，LNG 减压阀主要起减压作用，可根据不同降压指标，降低 LNG 系统或管道内压力。LNG 安全阀主要应用于 LNG 液化及储运系统，主要起安全泄放作用。

第 7 章主要涉及 LNG 节流阀，主要应用于 LNG 液化单元开式 LNG 液化流程，可节流天然气，降低天然气温度，或应用于 LNG 液化单元闭式液化流程，根据节流温度要求节流混合制冷剂，可作为四级节流阀使用。LNG 节流阀的主要用途是节流混合制冷剂并产生节流制冷效应，使天然气温度降低至-162℃并液化，起到节流制冷功效。

第 10 章主要涉及 LNG 针阀，可用于精确调节 LNG 流量，使 LNG 液化或管道流量达到精确调节及输运功能。

第 11 章主要涉及 LNG 呼吸阀，主要用于 LNG 系统压力平衡控制。

第 12 章主要涉及 LNG 温控阀，主要应用于 LNG 液化工艺流程，控制 LNG 液化系统或 LNG 输运系统温度。

第 13 章所列研发产品主要涉及 LNG 疏气阀，主要应用于 LNG 储运系统，可分离 LNG 气液两相流，将饱和或过热 LNG 流体中气液两相分离输运。

以上 LNG 系列阀门属 LNG 液化过程中技术难度较大的 LNG 过程控制装备系列化产品研发项目，主要应用于液化天然气（LNG）、低温制冷、煤化工、石油化工、空间制冷、装备制造等多个领域。LNG 系列阀门基础研发及设计制造技术已趋于成熟，从装备设计制造层面来讲，已能够应用于 LNG 工艺系统，并推进 LNG 系列过程控制装备的国产化及产业化进程。

本书所含研发项目涉及多股流低温过程控制装备核心技术，研究项目曾备受中国石油天然气集团有限公司、中国海洋石油集团有限公司、中石油昆仑燃气有限公司、中国寰球工程公司、神华集团有限责任公司、中国华能集团有限公司等企业关注与支持，也曾得到国家及地方创新基金及其他研发经费大力支持，已经具备了一定的研究开发及产业化基础，属系列化低温过程控制装备产品开发过程，主要有 12 类低温装备产品，具有很好的产业化发展势头，有助于突破国际“大型 LNG 液化系统工艺及核心液化装备设计计算技术”，为系列化超低温过程装备国产化研究开发提供研究基础。

本书第 1～6 章由张周卫负责撰写并编辑整理，第 7～9 章由汪雅红负责撰写并编辑整理，第 10～13 章由田源、张梓洲负责撰写并编辑整理，全书最后由张周卫统稿，田源、张梓洲、殷丽、王军强参与修改校正。

本书受国家自然科学基金（编号：51666008），甘肃省财政厅基本科研业务费（编号：214137），甘肃省自然科学基金（编号：1208RJZA234）等支持。

按照目前项目开发现状，文中重点列出 12 类 LNG 阀门设计计算技术，与相关行业内的研究人员共同分享，以期全力推进液化天然气领域内过程控制装备的创新研究及产业化进程。由于水平、时间有限及其他原因，书中内容难免存在疏漏之处，希望同行及广大读者批评指正。

兰州交通大学
甘肃中远能源动力工程有限公司
江苏神通阀门股份有限公司
张周卫　汪雅红　田源　张梓洲
2017 年 11 月

# 目 录
CONTENTS

## 第1章 绪论

## 第2章 LNG蝶阀设计计算

## 第3章 LNG球阀设计计算

## 第 4 章 LNG 闸阀设计计算

## 第5章 LNG截止阀设计计算

## 第6章 LNG减压阀设计计算

## 第7章 LNG节流阀设计计算

## 第8章 LNG安全阀设计计算

## 第9章 LNG止回阀设计计算



## 第10章 LNG针阀设计计算

## 第 11 章 LNG 呼吸阀设计计算

## 第12章 LNG温控阀结构设计计算

## 第 13 章 LNG 疏气阀设计计算

## 致谢

# 第1章 绪论

低温阀门主要应用于-40～-273℃低温领域，主要包括低温球阀、低温闸阀、低温截止阀、低温安全阀、低温止回阀、低温蝶阀、低温针阀、低温节流阀、低温减压阀等，主要用于液化天然气（LNG）、液化石油气（LPG）、空气液化与分离、航空航天等低温领域。输出的液态低温介质如LPG、LNG、液氧、液氮、液氢等，具有易燃易爆且在低温工况下容易过临界增压等特点。LNG低温阀门主要应用于-162℃液化天然气领域，一般采用9Ni钢制造，或含Ni的不锈钢制造，以确保低温工况下材料具有足够的抗低温冷应力能力。低温阀门因材质不合格等因素，容易造成壳体及密封面开裂，综合机械性能、强度及刚度在低温工况下发生较大变化，容易导致液化天然气介质泄漏引起爆炸。因此，在研究开发LNG阀门的过程中，需要考虑材质、过临界储存、LNG盲区导出、热胀冷缩等极端问题。LNG低温阀门压力等级一般为150LB、300LB、600LB、900LB、1500LB（45MPa），阀门通径一般介于15～1200mm之间，连接形式主要采用法兰式及焊接式，阀门材料一般选用CF8等，工作温度一般介于40～-162℃之间，驱动方式主要有手动、气动等方式。

## 1.1 低温系列过程控制装备

### 1.1.1 -70～-197℃超低温系列阀门

① -70℃闸阀、蝶阀、截止阀、止回阀、球阀、安全阀；

② -162℃闸阀、蝶阀、截止阀、止回阀、球阀、安全阀；

③ -197℃闸阀、蝶阀、截止阀、止回阀、球阀、安全阀；

④ -70～-197℃节流阀、温控阀、压控阀、极温阀、极压阀、双压阀；

⑤ -210℃以下闸阀、蝶阀、截止阀、止回阀、球阀、安全阀。

LNG低温阀门主要应用领域如图1-1所示。

### 1.1.2 超低温多相流过程控制及制冷装备

① 管道内置多股流低温减压节流阀；

② 低温系统管道内置减压节流阀；

③ 低温过程控制安全阀；

④ 中流式低温过程控制减压节流阀；

⑤ 低温系统减压安全阀；

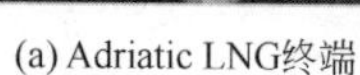

(a) Adriatic LNG终端

(b) 陆基LNG工厂

(c) 近海LNG液化厂及接收站

(d) LNG海洋平台

(e) 大型FLNG液化系统及LNG运输船

图 1-1　LNG 低温阀门主要应用领域

⑥ 低温系统温度控制阀；

⑦ 双压控制减压节流阀。

### 1.1.3　超低温过程控制阀门核心

① -70℃低温甲醇用系列阀门设计计算技术；

② -162℃ LNG 系列阀门设计计算技术；

③ -197℃液氮系列阀门设计计算技术；

④ -70～-197℃超低温节流阀、温控阀、压控阀设计计算技术；

⑤ -70～-197℃超低温过程控制装备数值模拟计算方法；

⑥ 采用阀中阀技术、迷宫密封技术、弹性阀杆技术。

图 1-2　大型 LNG 接收站

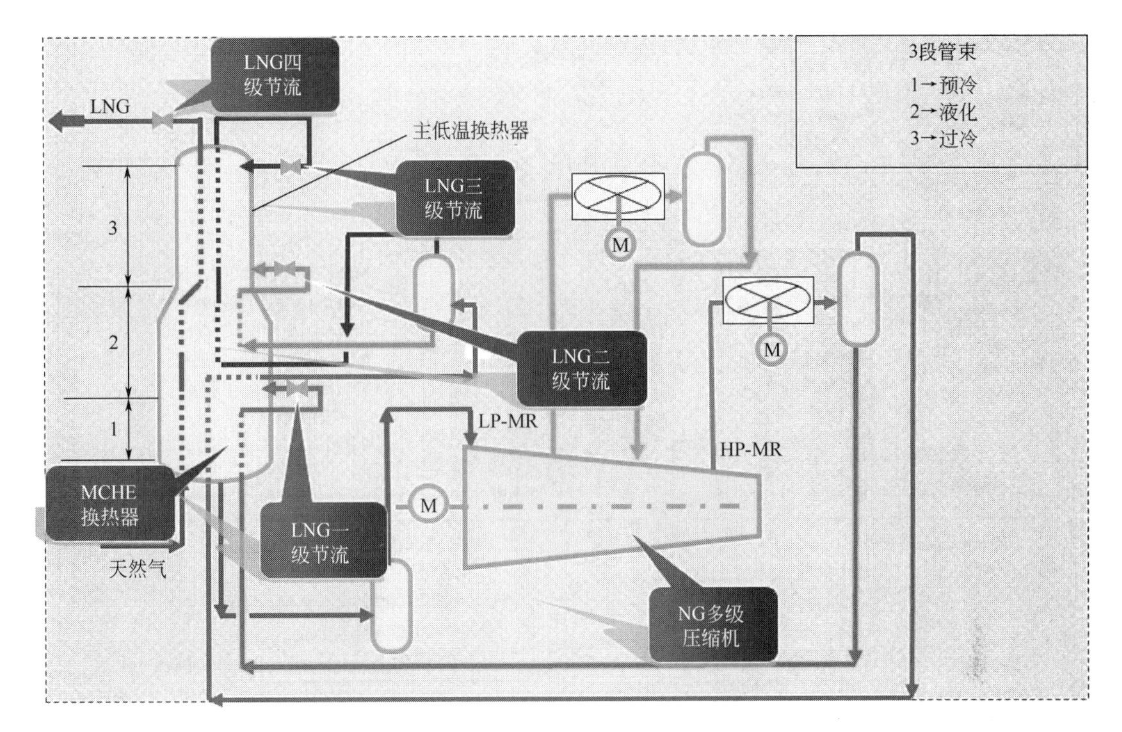


图 1-3　MCHE 型 LNG 液化工艺系统

## 1.2　主要应用领域

（1）LNG 海洋平台、LNG 浮动平台、LNG 陆基工厂、LNG 接收站

LNG 低温阀门主要应用于−162℃ LNG 液化系统，主要包括 LNG 海洋平台、LNG 浮动平台（FLNG）、陆基 LNG 液化工厂、各类 LNG 接收站或 LNG 汽化站等领域。大型 LNG 接收站如图 1-2 所示。

（2）LNG 液化工艺系统

以 MCHE 型混合制冷剂 LNG 液化系统为例（见图 1-3），LNG 液化单元主要包括 LNG 低温多股流螺旋缠绕管式换热器、NG 多级压缩机、四级节流阀、气液分离器等。混合制冷剂包括甲烷、乙烯、丙烷、正丁烷、异丁烷、氮气等，通过逐级节流制冷，分级预冷回热后将 NG 液化为 LNG。LNG 低温阀门主要应用于液化单元、LNG 接收单元及 LNG 输运单元等。低温节流阀主要应用于混合制冷剂的节流制冷过程。节流制冷温度介于−40～−164℃之间。

（3）LNG 低温阀门与传统特种阀门的区别

LNG 低温阀门主要应用于−162℃领域，主要控制易燃易爆型 LNG 流体。由于 LNG 在输运过程中总处于饱和状态，一般贮存于 LNG 开式贮罐中，一直处于蒸发状态，所以输运过程中总是处于气液两相流状态。在密闭系统中容易过临界，造成安全事故。LNG 低温阀门与传统的阀门在结构形式、使用材料、设计理论、加工制造方法及检验检测等方面均具有较大差别。LNG 阀门与传统高温阀门之间的主要区别见图 1-4。

图 1-4　LNG 阀门与传统高温阀门之间的主要区别

# 1.3　低温过程控制阀门

## 1.3.1　-162℃低温系列阀门及过程控制装备

由“交大中远能源团队”主持研发的-162℃ LNG 系列阀门及过程控制装备，包括：LNG 截止阀、LNG 球阀、LNG 蝶阀、LNG 止回阀、LNG 闸阀等系列化超低温过程控制装备产品（如图 1-5 所示），已经应用于液化天然气、空气液化与分离、特种气体超低温液化分离等领域。

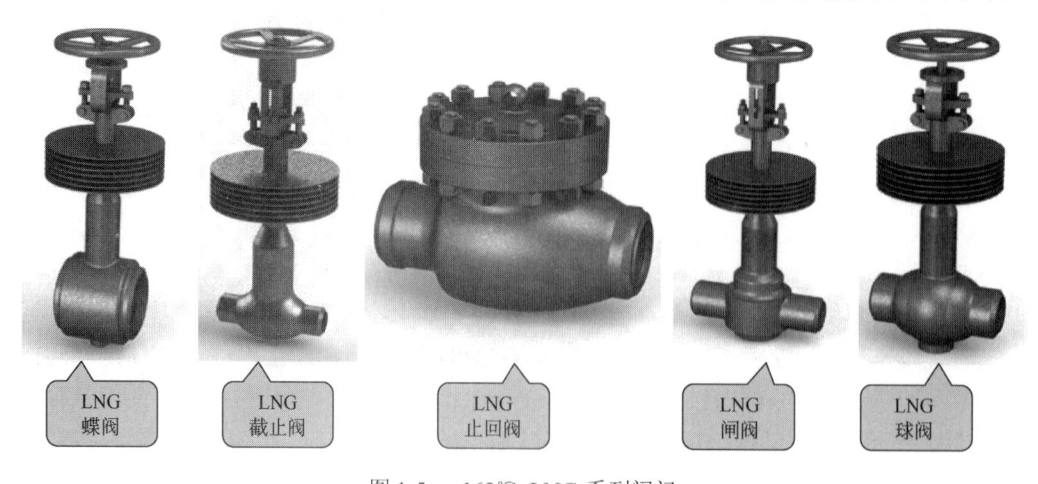


图 1-5　-162℃ LNG 系列阀门

## 1.3.2 -70～-197℃低温系列阀门

由“交大中远能源团队”主持研发的-197℃超低温系列阀门及过程控制装备，包括：超低温截止阀、超低温球阀、超低温蝶阀、超低温止回阀、超低温安全阀等系列阀门（如图 1-6 所示），目前已获得专利技术 12 项，已经应用于液化天然气、空气液化与分离、特种气体超低温液化与分离等领域。

图 1-6 -70～-197℃低温阀门

## 1.3.3 -70～-197℃低温过程控制装备

由“交大中远能源团队”主持研发的-70～-197℃超低温系列过程控制装备（如图 1-7 所示），主要包括：超低温多股流节流阀、超低温双压控制阀、超低温管道内置减压节流阀、超低温温控阀、超低温压力控制阀、超低温减压阀等系列化超低温过程控制装备产品，申报发明专利 20 多项，获 1 项国家创新基金支持，已经应用于航空航天、液化天然气、空气液化与分离、特种气体超低温液化与分离等领域。

由于低温阀门目前还没有大规模国产化，其标准多采用国外标准，目前参考设计标准有美国 API6D 及机械工业部标准 JB/T 7749 等，阀门常规检验按 API 598、JB/T 7749 标准进行。闸板、阀座采用焊接结构，密封面堆焊钴基硬质合金，保证阀门的密封性能。LNG 低温球阀、闸阀、截止阀，蝶阀采用长颈阀杆，以防止密封填料被冻结及人工操作时发生低温烫伤。低温阀门阀体、阀盖一般采用 LCB（-46℃）、LC3（-101℃）、9Ni（-162℃）、CF8（-197℃）。闸板采用不锈钢堆焊钴基硬质合金，阀杆一般采用 CF8 材质。在低温阀门制造和试验过程中制订了严格的制造工艺和采用专用设备，对零件的加工进行严格的质量控制。经特殊的低温处理，将粗加工的零件置于冷却介质中数小时（2～6h），以释放应力，确保材料的低温性能，保证精加工尺寸，以防阀门在低温工况时，因温度变化造成变形而导致的泄漏。阀门的装配与普通阀门也不同，零件需经过严格的清洗，除去任何油污，以保证使用性能。-197℃以上温区低温阀门均需要在液氮槽中进行气密性、抗低温冲击性能、强度等试验。LNG 低温阀门在 SW、BW 形式下，阀体不能从配管上拆下，为了不换修阀体阀座采用软接触阀座。阀芯密封采用低温特性稳定性好的含有 15%玻璃纤维的特氟唾或戴氟隆，还可根据需要自行更换。采用硬金属密封构造时，在阀座的接触面加上钨铬钴合金金属衬套以提高表面硬度，提高防低温烫伤及耐磨性能。阀门垫片一般采用具有稳定密封性的陶瓷填充材料的特氟隆材质，或使用金属缠绕垫片。-70～-197℃“过程控制装备”节流阀、温控阀、压控阀、安全阀等实验研究过程如图 1-8 所示，-70～-197℃“过程控制装备”LNG 节流阀、温控阀、压控阀等数值模型研究过程如图 1-9 所示。

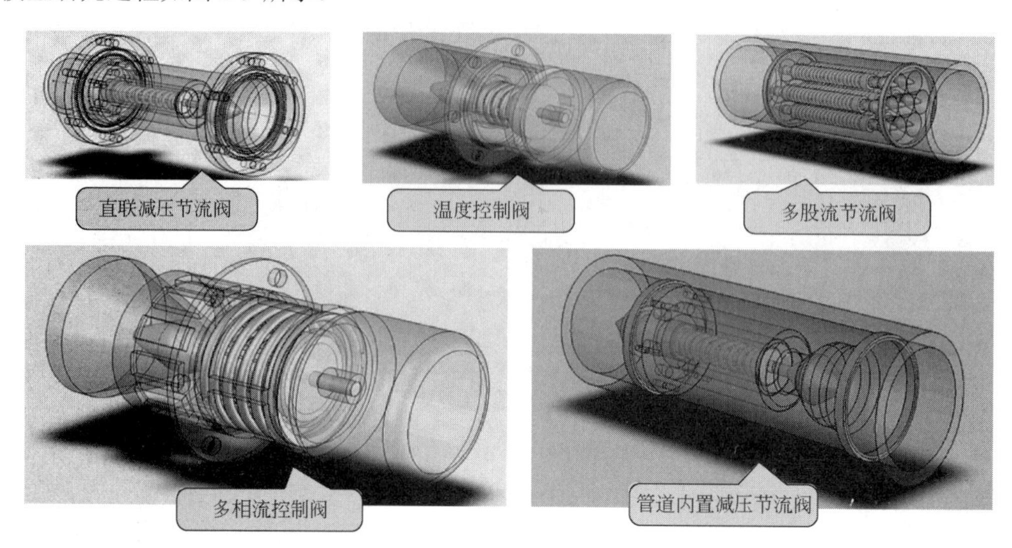


图 1-7　低温系列过程控制装备

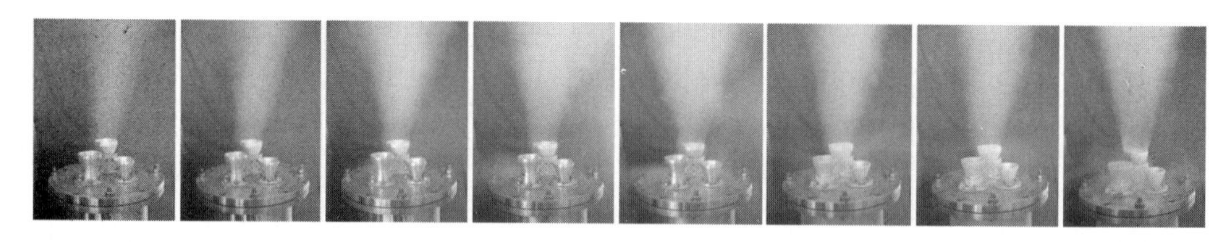

图 1-8　-70～-197℃“过程控制装备” 节流阀、温控阀、压控阀、安全阀等实验研究过程

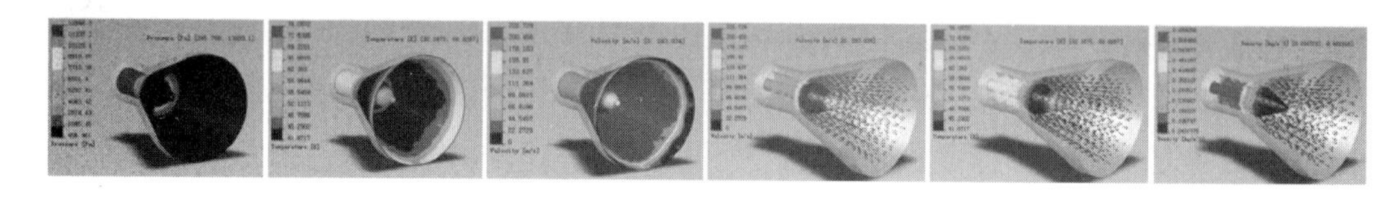

图 1-9　-70～-197℃“过程控制装备”LNG 节流阀、温控阀、压控阀等数值模型研究过程

LNG 低温阀门在低温试验前需要清除阀门零件的油渍并装配于实验管道内，再连接测温用热电偶及温度测量装置。在室温下用规定介质气体以最大阀座试验压力进行初始的系统耐压试验，然后将阀门浸入液氮中进行冷却，液体的水平面至少淹住阀体与阀盖的连接部位，在整个冷却过程中一直向阀门提供氦气。在冷却过程中，用安装在适当位置上的热电偶对阀门的温度进行监控。阀门在试验温度下达到稳定。用热电偶测定温度以确信阀门的温度达到均匀。在试验温度下用氦气以最大阀座试验压力进行初始的验证试验，在阀门的进口侧进行阀座压力试验，能够双向密封的阀门，对两个阀座分别进行试验。使阀门处在开启位置，关闭阀门出口侧的针形阀，将阀腔中的压力升至阀座试验压力。将该压力保持规定的要求，检查阀门填料处及阀体与盖连接处是否泄漏。使阀门恢复室温，再进行常温密封试验。试验完成后，将阀门清洁、吹干，检查合格后再出厂。

本书提供了 12 类 LNG 低温阀门的设计计算过程，以供 LNG 阀门领域内的同行参考。

## 1.4　LNG 低温过程控制阀门分类说明

LNG 通用阀门二维平面图如图 1-10 所示。

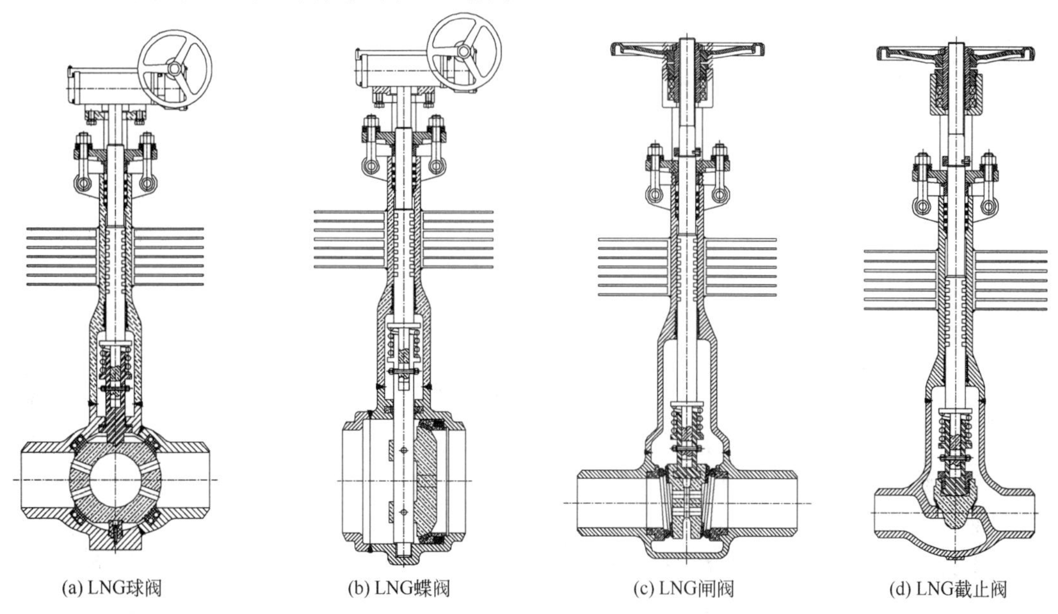

(a) LNG球阀　(b) LNG蝶阀　(c) LNG闸阀　(d) LNG截止阀

图 1-10　LNG 通用阀门二维平面图

### 1.4.1　LNG 蝶阀

LNG 蝶阀又叫翻板阀，主要由阀体、阀杆、蝶板和密封圈组成。阀体呈圆筒形，轴向长度短，内置蝶板。可用于低压管道 LNG 的开关控制。在 LNG 管道上主要起切断和节流作用。蝶阀启闭件是一个圆盘形的蝶板，在阀体内绕其自身的轴线旋转，从而达到启闭或调节的目的。蝶板由阀杆带动，若转过 90° 便能完成一次启闭，改变蝶板的偏转角度即可控制介质的流量。普通蝶阀也适用于发生炉、煤气、天然气、液化石油气、城市煤气、冷热空气、化工冶炼和发电环保、建筑给排水等工程系统中输送各种腐蚀性、非腐蚀性流体介质的管道上，用于调节和截断介质的流动。

### 1.4.2　LNG 球阀

LNG 球阀阀体内安装球体，球体由阀杆带动，并绕球阀轴线做旋转运动，可用于 LNG 的调节与控制。其中，硬密封 V 形球阀其 V 形球芯与堆焊硬质合金的金属阀座之间具有很强的剪切力，特别适用于含纤维、微小固体颗料等的介质。而多通球阀在管道上不仅可灵活控制介质的合流、分流、及流向的切换，同时也可关闭任一通道而使另外两个通道相连。本类阀门在管道中一般应当水平安装。球阀按照驱动方式分为气动球阀及手动球阀。

### 1.4.3　LNG 闸阀

LNG 闸阀主要由阀体、阀座、闸板、阀杆等构成，闸板的运动方向与流体方向相互垂直。

闸阀通过阀座和闸板接触并进行双向密封，通常密封面会堆焊金属材料以增加耐磨性，如堆焊 1Cr13、STL6、不锈钢等。闸板有刚性闸板和弹性闸板，根据闸板的不同，闸阀分为刚性闸阀和弹性闸阀。楔式闸阀的闸板可以做成一个整体，叫做刚性闸板；也可以做成能产生微量变形的闸板，以改善其工艺性，弥补密封面角度在加工过程中产生的偏差，这种闸板叫做弹性闸板。闸阀一般采用强制密封，即依靠外力强行将闸板压向阀座，以保证密封面的密封性。闸阀的闸板随阀杆一起作直线运动的，叫升降杆闸阀，亦叫明杆闸阀。通常在升降杆上有梯形螺纹，通过阀门顶端的螺母以及阀体上的导槽，将旋转运动变为直线运动，也就是将操作转矩变为操作推力。有的闸阀，阀杆螺母设在闸板上，手轮转动带动阀杆转动，而使闸板提升，这种阀门叫做旋转杆闸阀，或叫暗杆闸阀。

## 1.4.4 LNG 截止阀

LNG 截止阀属于强制密封式阀门，所以在阀门关闭时，必须向阀瓣施加压力，以强制密封面不泄漏。当介质由阀瓣下方进入阀门时，操作力所需要克服的阻力是阀杆和填料的摩擦力与由介质的压力所产生的推力，关阀门的力比开阀门的力大，所以阀杆的直径要大，否则会发生阀杆顶弯的故障。按连接方式分类，截止阀分为法兰连接、丝扣连接、焊接连接三种。我国阀门“三化给”曾规定，截止阀的流向，一律采用自上而下。截止阀开启时，阀瓣的开启高度为公称直径的 25%～30%时，流量达到最大，表示阀门已达全开位置。所以截止阀的全开位置，应由阀瓣的行程来决定。截止阀可用于控制空气、水、蒸汽、各种腐蚀性介质、泥浆、油品、液态金属和放射性介质等各种类型流体的流动。因此，这种类型的截流截止阀阀门非常适合作为切断或调节以及节流用。由于该类阀门的阀杆开启或关闭行程相对较短，而且具有非常可靠的切断功能，又由于阀座通口的变化与阀瓣的行程成正比例关系，非常适合于对流量的调节。

## 1.4.5 LNG 减压阀

LNG 减压阀如图 1-11 所示。

图 1-11　LNG 减压阀

减压阀是通过流量调节将进口压力减至某一需要的出口压力，并依靠介质本身的能量，使出口压力自动保持稳定的阀门。从流体力学的观点看，减压阀是一个局部阻力可以变化的节流元件，即通过改变节流面积，使流速及流体的动能改变，造成不同的压力损失，从而达到减压的目的。然后依靠控制与调节系统的调节，使阀后压力的波动与弹簧力相平衡，使阀后压力在一定的误差范围内保持恒定。

## 1.4.6　LNG 节流阀

LNG 节流阀如图 1-12 所示。

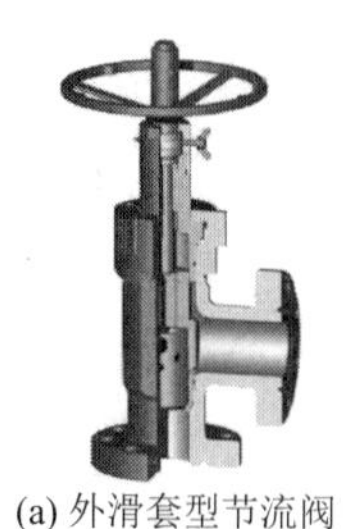
(a) 外滑套型节流阀

(b) 针型节流阀

(c) 手动筒型节流阀

(d) 液动节流阀

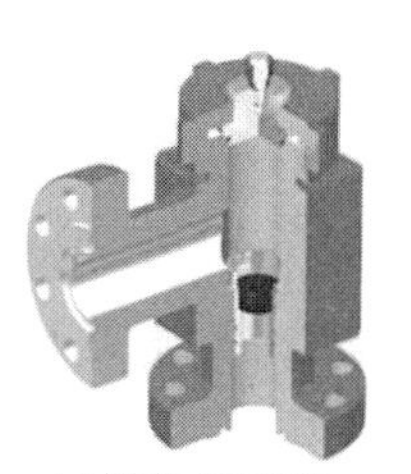
(e) 固定式节流阀

图 1-12　LNG 节流阀

节流阀是通过改变节流截面或节流长度以控制流体并产生微分节流效应。通常情况下，节流阀的外形结构与截止阀相似，只是它们启闭件的形状有所不同。节流阀的启闭件大多为圆锥流线型，通过它改变通道截面积而达到节流制冷功效。介质在节流阀瓣和阀座之间流速很大，以致使这些零件表面很快损坏——即所谓气蚀现象。为了尽量减少气蚀影响，阀瓣采用耐气蚀材料（合金钢制造）并制成顶尖角为 140°～180° 的流线型圆锥体，这还能使阀瓣能有较大的开启高度，一般不推荐在小缝隙下节流。节流阀按通道方式可分为直通式和角式两种；按启闭件的形状分，有针形、沟形和窗形三种。可调节节流阀阀针和阀芯采用硬质合金制造，产品可按 API6A 标准设计，具有耐磨、耐冲刷性能。滑套式节流阀阀芯采用低噪音平衡型结构，开启轻便，阀芯表面覆盖碳化钨，适合于有闪蒸、高压差、高压力、空化等条件苛刻的场合，使用寿命长，流量调节精度大大提高。

## 1.4.7　LNG 安全阀

LNG 安全阀是启闭件受外力作用下处于常闭状态，当设备或管道内的介质压力升高超过规定值时，通过向系统外排放介质来防止管道或设备内介质压力超过规定数值的特殊阀门。安全阀属于自动阀类，主要用于 LNG 容器和管道上，控制压力不超过规定值，对人身安全和设备运行起重要保护作用。当设备或管道内压力或温度超过安全阀设定压力时，自动开启泄压或降温，保证设备和管道内介质压力（温度）在设定压力（温度）之下，保护设备和管道正常工作，防止发生意外，减少损失。安全阀主要应用于 LNG 液化系统、LNG 储罐、LNG 槽车等系统。安全阀一般按结构形式分为弹簧式安全阀、杠杆式安全阀、脉冲式安全阀，其中弹簧式安全阀应用最为普遍。安全阀按连接方式可分为螺纹安全阀和法兰安全阀。安全阀口径一般都不大，常用的都在 *DN*15～80mm 之间，超过 150mm 一般都称为大口径安全阀。LNG 安全阀如图 1-13 所示。

图 1-13　LNG 安全阀

### 1.4.8 LNG 止回阀

止回阀是指依靠介质本身流动而自动开、闭阀瓣，用来防止 LNG 倒流的阀门，又称逆止阀、单向阀、逆流阀和背压阀等。止回阀属于一种自动阀门，其主要作用是防止 LNG 倒流、防止泵及驱动电动机反转，以及容器 LNG 的泄放。止回阀还可用于给其中的压力可能升至超过系统压力的辅助系统提供补给的管路上。止回阀主要可分为旋启式止回阀（依重心旋转）与升降式止回阀（沿轴线移动）。止回阀只允许介质向一个方向流动，而且阻止反方向流动。旋启式止回阀在完全打开的状况下，流体压力几乎不受阻碍，因此通过阀门的压力降相对较小。升降式止回阀的阀瓣坐落位于阀体上阀座密封面上。此阀门除了阀瓣可以自由地升降之外，其余部分如同截止阀一样，流体压力使阀瓣从阀座密封面上抬起，介质回流导致阀瓣回落到阀座上，并切断流动。LNG 止回阀平面图如图 1-14 所示。

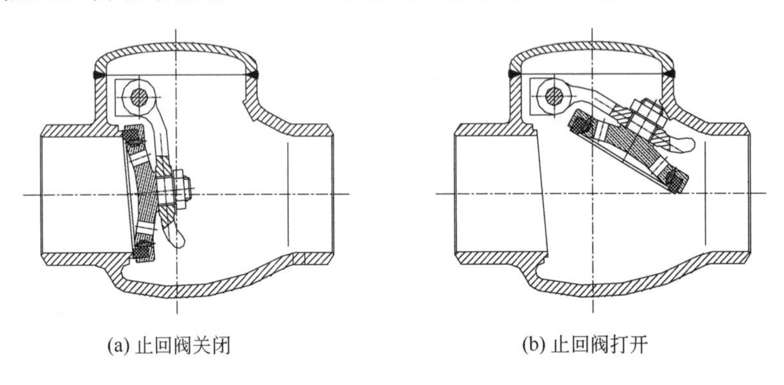

(a) 止回阀关闭　　(b) 止回阀打开

图 1-14　LNG 止回阀平面图

### 1.4.9 LNG 针阀

针阀是一种微调阀，其阀塞为针形，主要用于流量调节。微调阀要求阀口开启逐渐变大，从关闭到开启最大能连续细微地调节。针形阀塞即能实现这种功能。针形阀塞一般用经过淬火的钢制长针，而阀座是用锡、铜等软质材料制成。阀针与阀座间的密封依靠其锥面紧密配合达到。阀针的锥度有 1∶50 和 1∶60 锥角两种，锥表面要经过精细研磨。阀杆与阀座间的密封是靠波纹管实现。最大工作压力为 40MPa，阀门尺寸 1/8～1in（英制）、M6～M28（公制），阀体材料有铜、316SS、碳钢及各种特殊材料。低温针形阀如图 1-15 所示。

图 1-15　低温针形阀

### 1.4.10 LNG呼吸阀

LNG呼吸阀由压力阀和真空阀组成，安装于LNG系统上，能随系统内LNG正负压变化而自动启闭，使系统内外气压差保持在允许值范围内。呼吸阀是维护储罐气压平衡，减少介质挥发的安全节能产品，呼吸阀充分利用储罐本身的承压能力来减少介质排放，其原理是利用正负压阀盘的重量来控制储罐的排气正压和吸气负压；当往罐外抽出介质，使罐内上部气体空间的压力下降，达到呼吸阀的操作负压时，罐外的大气将呼吸阀的负压阀盘顶开，使外界气体进入罐内，使罐内的压力不再继续下降，让罐内与罐外的气压平衡，来保护储罐的安全装置。当罐内介质的压力在呼吸阀的控制操作压力范围之内时，呼吸阀不工作，保持油罐的密闭性；当往罐内补充介质，使罐内上部气体空间的压力升高，达到呼吸阀的操作正压时，压力阀被顶开，气体从呼吸阀呼出口逸出，使罐内压力不再继续增高。呼吸阀主要包括紧定式呼吸阀、填料式呼吸阀、自封式呼吸阀及油封式呼吸阀。图1-16所示为各种呼吸阀

图1-16 各种呼吸阀

### 1.4.11 LNG温控阀

LNG温控阀主要应用于LNG液化系统，控制温度一般介于-40～-164℃之间。温控阀是流量调节阀在温度控制领域的典型应用，其基本原理：通过控制换热器、空调机组或其他热、冷设备的一次热（冷）媒入口流量，以达到控制设备出口温度。当负荷产生变化时，通过改变阀门开启度调节流量，以消除负荷波动造成的影响，使温度恢复至设定值。自力式温度调节阀利用液体受热膨胀及液体不可压缩的原理实现自动调节。温度传感器内的液体膨胀是均匀的，其控制作用为比例调节。被控介质温度变化时，传感器内的感温液体体积随着膨胀或收缩。被控介质温度高于设定值时，感温液体膨胀，推动阀芯向下关闭阀门，减少热媒的流量；被控介质的温度低于设定值时，感温液体收缩，复位弹簧推动阀芯开启，增加热媒的流量。电动温控阀控制器具有PI、PID调节功能，控制精确，多回路控制，功能多样，可实现

流体流量、压力、压差、温度、湿度、焓值和空气质量的控制。执行器有电动机械式和电动液压式，带有手动和自动调节功能，调节灵敏、关断力大、流量特性可调（线性等百分比）。电动液压式执行器带断电自动复位保护功能，可接收 0～10V 或 4～20mA 的信号并带有阀位反馈功能。阀体为流量调节阀，适用于 LNG 液化过程中混合制冷剂的调节及液化后 LNG 温度的控制过程，其可调比大、密封严密、耐高温、防汽蚀。图 1-17 所示为不同形式温控阀。

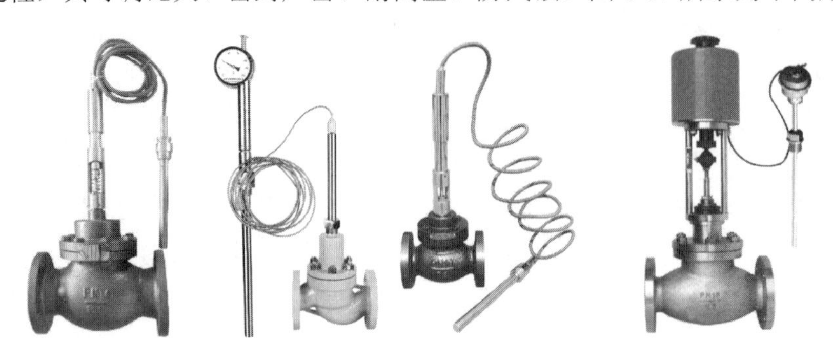

图 1-17　不同形式温控阀

## 1.4.12　LNG 疏气阀

LNG 疏气阀一般用于 LNG 管道系统，可将 LNG 气液两相流进行分离，即将 LNG 饱和液体中蒸发的气体分离出来。LNG 疏气阀主要应用于 LNG 管网及 LNG 液化系统中，能自动分离气液两相流。根据不同的工作原理，疏气阀主要包括机械型、热动力式及热静力式三种类型。机械型疏气阀依靠阀内凝结液高度的变化而动作，包括浮球式、倒置筒式以及自由半浮球式三种。热动力式包括膜片式、迷宫式两种。热静力式主要包括双金属型、膜盒型等。图 1-18 所示为各系列疏气阀，图 1-19 所示为浮球疏气阀。

图 1-18　各系列疏气阀

图 1-19　浮球疏气阀

## 参考文献

[1] 陆培文. 实用阀门设计手册 [M] 第二版. 北京：机械工业出版社，2004.
[2] 杨源泉. 阀门设计手册 [M]. 北京：机械工业出版社，2000.
[3] 沈阳高中压阀门厂. 阀门制造工艺 [M]. 北京：机械工业出版社，1984.
[4] 陆培文，等. 阀门选用手册 [M] 第二版. 北京：机械工业出版社，2009.
[5] 朱培元. 安全阀设计技术及图册 [M]. 北京：机械工业出版社，2011.

[6] 陆培文，高凤琴．阀门设计计算手册［M］．北京：中国标准出版社，2009．
[7] 姚长青，郑超，刘志辉．LNG低温阀门技术发展趋势分析［J］．化工设备与管道，2014，51（01）：8-14．
[8] 鹿彪，张丽红．低温阀门设计制造与检验［J］．阀门，1999，28（03）：6-10．
[9] 陆培文，等．国内外阀门新结构［M］．北京：中国标准出版社，1997．
[10] 孙晓霞．实用阀门技术问答［M］第二版．北京：中国标准出版社，2008．
[11] 陆培文．阀门设计入门与精通［M］．北京：机械工业出版社，2009．
[12] GB/T 24925—2010．
[13] JB/T 7749—1995．
[14] 张周卫，等．LNG球阀［P］．CN103791116A，2014-05-14．
[15] 隋浩． LNG超低温球阀传热过程及热力耦合分析［D］．兰州理工大学，2016．
[16] 鹿彪．低温阀门阀盖颈部长度的设计计算［J］．阀门，1992，21（1）：11-13．
[17] 彭楠，熊联友，陆文海，等．低温节流阀的设计与计算［J］．低温工程，2006，153（05）：32-34．
[18] 张周卫，陈光奇，厉彦忠，等．双压控制减压节流阀［P］．CN201428840，2010-03-24．
[19] 张周卫，张国珍，周文和，等．双压控制减压节流阀的数值模拟及试验［J］．机械工程学报，2010，46（22）：130-135．
[20] 吴金群．新型管道内置LNG节流阀热应力及流场数值模拟研究［D］．兰州：兰州交通大学，2014．
[21] 张周卫，等．LNG止回阀［P］．CN103821974A，2014-05-28．
[22] 赵广宇，王水平．大型止回阀阀体密封面堆焊工艺研究［J］．电站辅机，2008（02）：43-48．
[23] 邹宪军，张桂香，田永建，等．大型止回阀节能新技术研究［J］．节能技术，2008，26（03）：240-242．
[24] 张周卫，等．LNG闸阀［P］．CN103836221A，2014-06-04．
[25] GB/T 12234—1989．
[26] 张周卫，等．LNG蝶阀［P］．CN103807452A，2014-05-21．
[27] 朱培元．蝶阀设计技术及图册．北京：机械工业出版社，2012．
[28] 张周卫，等．LNG截止阀［P］．CN103791104A，2014-05-14．
[29] 朱培元，王松松．截止阀设计技术及图册［M］．北京：机械工业出版社，2015．
[30] GB/T 12244—2006．
[31] JB/T 1700—2008．
[32] JB/T 1712—2008．
[33] 张周卫，等．低温系统温度控制节流阀［P］．CN202349305U，2012-07-25．
[34] 陈绍荣．LNG（液化天然气）低温阀门的研制［A］．中国通用机械工业协会气体分离设备分会．空分设备技术交流会论文集［C］．中国通用机械工业协会气体分离设备分会，2005：6．
[35] 李秀峰，陈宗华．低温阀门闸板应力场的数值计算及分析［J］．化工机械，2005（01）：27-31．

# 第2章 LNG蝶阀设计计算

蝶阀又叫翻板阀，是一种结构简单的调节阀，可用于低压管道介质开关控制的蝶阀是指关闭件（阀瓣或蝶板）为圆盘，围绕阀轴旋转来达到开启与关闭的一种阀。阀门可用于控制空气、水、蒸汽、各种腐蚀性介质、泥浆、油品、液态金属和放射性介质等各种类型流体的流动。在管道上主要起切断和节流作用。蝶阀启闭件是一个圆盘形的蝶板，在阀体内绕其自身的轴线旋转，从而达到启闭或调节的目的。作为近年来发展最为迅速的蝶阀来说，在LNG的运用中也越发重要起来。而国内对LNG用超低温蝶阀仍然是空白，为此，研制开发LNG用超低温蝶阀势在必行。

## 2.1 概述

LNG超低温蝶阀根据使用工况的要求，有法兰、凸耳、对夹及对焊等连接方式。但由于LNG的着火性和爆炸性，其系统设备配套的LNG低温阀门的安全性、可靠性比普通低温阀门的要求更高，并且要求具有耐火设计，因此，LNG超低温蝶阀主管线多采用对焊结构设计。对焊结构的LNG超低温蝶阀主要包括带检修孔的阀体、检修阀盖、蝶板、阀杆和填料压套加长部分等零部件组成，如图2-1所示。

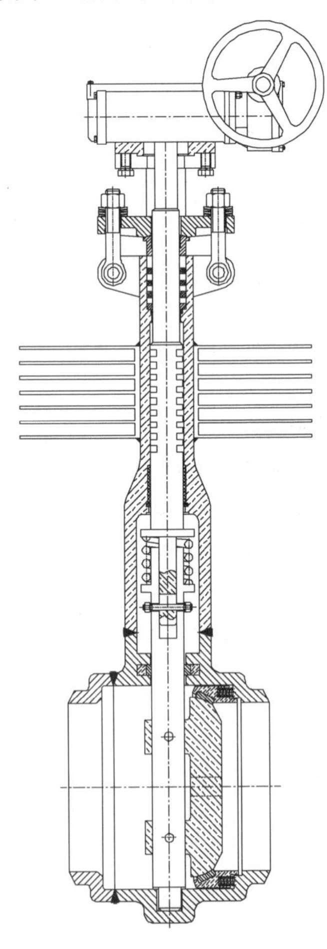

图2-1　LNG超低温蝶阀结构简图

### 2.1.1 背景

阀门在国民经济各个部门中有着广泛的应用。在日常自来水、天然气的管道输送系统中，大量使用阀门。目前，国内外天然气资源与用户分布极不均衡，世界上已探明的天然气储量大多位于俄罗斯境内的西伯利亚西部与波斯湾，而中国的天然气资源多分布在中西部地区。随着市场需求的日益增长，天然气用户市场严重缺乏，国家采取“西气东输政策”。为了更合理利用天然气资源，必然要考虑管道运输问题，而蝶阀具有结构简单、高度低、自重轻、启闭迅速。能做成特大通径（如6m）等优点，需要时还可用于调节流量，对天然气流量合理控制极其有利。

## 2.1.2　低温阀门

低温技术是 19 世纪末在液态空气工业上发展起来的，随着科学的进步，目前得到了广泛的应用。低温阀门是低温工业过程中的关键设备，其特点是很容易产生低温脆性破坏。低温脆断是在没有预兆的情况下突然发生的，危害性很大，因此在选材、试验方法和制造等方面均要采取措施，防止低温脆断事故的发生。

适用于介质温度-40～-196℃的阀门称之为低温阀门。低温阀门包括低温球阀、低温闸阀、低温截止阀、低温安全阀、低温止回阀、低温蝶阀、低温针阀、低温节流阀、低温减压阀等，主要用于乙烯、液化天然气装置，天然气 LPG、LNG 储罐。

## 2.1.3　LNG 蝶阀发展趋势

我国近年来也越发注重对 LNG 的引进，在沿海布置了大量的 LNG 接收站，而 LNG 从生产到消费的整个流程中，需要用到大量的阀门，该类阀门属于超低温阀门之一。作为近年来发展最为迅速的蝶阀来说，在 LNG 的运用中也越发重要起来。而国内对 LNG 用超低温蝶阀仍然是一空白。为此，研制开发 LNG 用超低温蝶阀势在必行。

超低温蝶阀要求双向密封。LNG 蝶阀大多采用对焊端面。对焊蝶阀连接强度高（其承受的载荷至少是法兰连接阀门的 2 倍），连接更为可靠（减少了潜在的法兰泄漏），维修方便（特别是大口径蝶阀的阀座、蝶板和阀杆等可以在线更换），且维修工作量小、时间短。超低温蝶阀须在阀体上标识流向。基于低温介质对密封性能的影响，蝶阀的密封宜采用双偏心或二偏心结构，以减轻或消除蝶阀启闭过程中密封面的过度挤压或刮擦等现象，降低磨损，提高使用寿命。KSB 阀门阀座密封采用 Lip Seal 结构，有很好的密封效果。阀杆密封选用低逸散组合填料，可使填料密封满足 TA-Luft 标准。

## 2.1.4　设计依据的标准及主要设计参数

### 2.1.4.1　设计依据的标准

LNG 装置上使用的超低温阀门主要设计标准有 JB /T 7749、GB /T 24925、BS 6364、MSS SP-134、MESC SPE77 /200、GB150 和 GB151 等。

### 2.1.4.2　主要设计参数

主要设计参数如表 2-1 所示。

表 2-1　主要设计参数

| 设计参数 | LNG 蝶阀 |
| --- | --- |
| 设计压力/MPa | 4.6 |
| 工作压力/MPa | 4.6 |
| 设计温度/℃ | -162 |
| 工作温度/℃ | -162 |
| 介质名称 | LNG |
| 腐蚀裕度/mm | 0.1 |
| 焊接接头系数 | 1 |
| 主体材质 | 0Cr18Ni9Ti |

## 2.2 LNG 蝶阀结构的初步设计

由于蝶阀的密封副均位于流体之中，长时间的运行必然导致密封圈的磨损，随之而来的是阀门密封性能下降，因此对焊连接蝶阀的维修是一个必须解决的问题。传统的蝶阀维修有两种方法，一种是直接将整个阀体从管线上卸下，才能从侧向取出进行密封机构的更换；另一种是在阀门顶部设有阀盖，在维修时，将整个阀盖连同蝶板、阀杆等机构整体从阀体中取出，实现蝶板密封件的在线更换。显然采用对焊结构，前一种阀门只能将管道切割才能维修，其成本和效果较差；而后一种维修也比较困难，并且不易保证精度。因此，在研制 LNG 超低温蝶阀时，在阀体上设置了检修孔，既能实现不用将整个阀体从流体管线中拆卸下来，也不需将阀杆和阀瓣有连接的部件都拆卸下来，即可更换阀体上的阀座和阀瓣的密封件，使阀门在线维修变得更方便、快捷。

工作原理为活塞执行机构采用压缩空气作动力源，通过活塞的运动带动曲臂进行 90° 回转，达到使阀门自动启闭。它的组成部分为：调节螺栓、执行机构箱体、曲臂、气缸体、气缸轴、活塞、连杆、万向轴。 执行机构是调节阀的推力部件，它按控制信号压力的大小产生相应的推力，推动调节机构动作。阀体是调节阀的调节部件，它直接与调节介质接触，调节该流体的流量。

### 2.2.1 压力升值计算

水锤压力为：

$$p' = \frac{400Q}{At} \tag{2-1}$$

式中 $p'$ ——水锤压力，MPa；

$Q$ ——流量，$m^3/h$；

$A$ ——流通管子截面积，$mm^2$；

$t$ ——关闭时间，s。

### 2.2.2 阀体壁厚设计

阀体最小壁厚为：

$$T = \left[\frac{(p+p')D}{2[\sigma_L]} + 8.5\left(1+\frac{D}{3500}\right)\right]C \tag{2-2}$$

式中 $p$ ——最高使用压力，MPa；

$p'$ ——水锤压力，MPa，$p'$=0.55 MPa；

$[\sigma_L]$ ——材料许用应力，MPa，查 GB150 知$[\sigma_L]$=137MPa；

$D$ ——蝶阀通径，mm；

$C$ ——附加裕量，$C$=1.1。

### 2.2.3 阀体的选材

由于阀体直接与液化天然气接触，承受着内压力和低温，所以在选择材料时应考虑材料在低温深冷条件下的强度和韧性，同时还要考虑材料与液化天然气的相容性。奥氏体不锈钢 0Cr18Ni9Ti 有较好的低温性能，且与天然气能很好相容，因此阀体的材料选用奥氏体不锈钢 0Cr18Ni9Ti。

## 2.2.4　阀体的结构

LNG 超低温蝶阀阀体结构简图如图 2-2 所示。

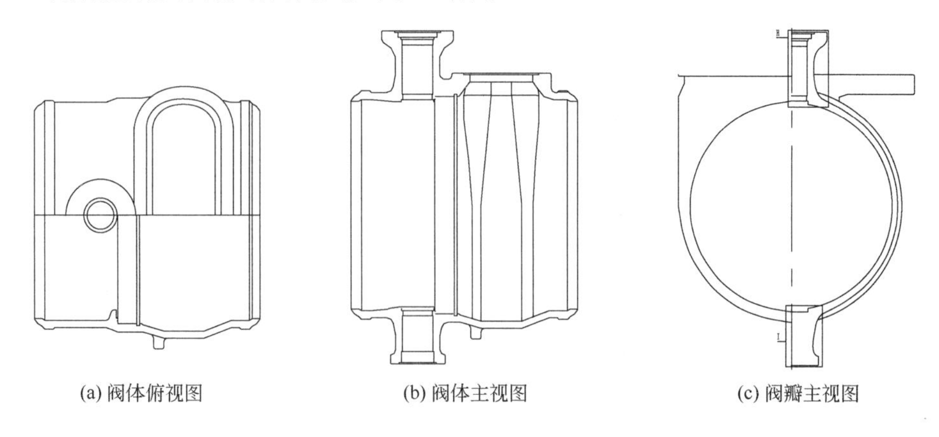

(a) 阀体俯视图　(b) 阀体主视图　(c) 阀瓣主视图

图 2-2　LNG 超低温蝶阀阀体结构简图

## 2.2.5　阀体设计条件

工作介质：液化天然气；

设计压力：4.6MPa；

设计流量：3200m$^3$/d；

设计温度：-162℃；

材料屈服强度：205MPa；

焊接接头系数：1.0；

蝶阀通径：40mm；

腐蚀裕量：0mm。

## 2.2.6　阀体壁厚设计计算

阀体的流量为 3200m$^3$/d，即 $Q$=134m$^3$/h；流通管子截面积取 $A$=5027mm$^2$，关闭时间取 $t$=20s，代入式（2-1），则压力升值为：

$$p' = \frac{400Q}{At} = \frac{400 \times 134}{5027 \times 20} = 0.53\text{MPa}$$

将 $p$=4.6MPa，$p'$=0.53MPa，$D$=40mm，$[\sigma_L]$=137MPa，$C$=1.1 代入式（2-2），则阀体壁厚为：

$$T = \left[\frac{(p+p')D}{2[\sigma_L]} + 8.5\left(1+\frac{D}{3500}\right)\right]C = \left[\frac{(4.6+0.53)\times 40}{2\times 137} + 8.5\times\left(1+\frac{40}{3500}\right)\right]\times 1.1 = 10.2806\text{mm}$$

阀体实际壁厚 $T_m$=20mm，$T<T_m$，故合格。

# 2.3 阀座的初步设计

## 2.3.1 密封蝶阀阀座密封的常规设计

密封蝶阀阀座密封面上总作用力按式（2-3）计算：

$$Q_{MZ} = Q_{MJ} + Q_{MF} \tag{2-3}$$

密封面上介质作用力按式（2-4）计算：

$$Q_{MJ} = \frac{\pi}{4} p (D_{MN} + b_M)^2 \tag{2-4}$$

式中 $D_{MN}$——密封面内径，mm；

$b_M$——阀座密封面宽度，mm；

$p$——设计压力，MPa 。

密封面上密封力按式（2-5）计算：

$$Q_{MF} = \frac{\pi}{4} q_{MF} (D_{MW}^2 - D_{MN}^2) \left(1 + \frac{f_M}{\tan\alpha}\right) \tag{2-5}$$

式中 $D_{MN}$——密封面内径，mm；

$D_{MW}$——密封面外径，mm；

$f_M$——密封面摩擦因数，mm；

$q_{MF}$——密封面必须比压，MPa；

$\alpha$——密封面与球面接触半角，(° )。

密封面计算比按式（2-6）计算：

$$q = \frac{Q_{MZ}}{\sin\alpha} (D_{MW} + D_{MN}) \pi b_M \tag{2-6}$$

式中 $D_{MN}$——密封面内径，mm；

$D_{MW}$——密封面外径，mm；

$b_M$——阀座密封面宽度，mm；

$\alpha$——密封面与球面接触半角，(° )。

## 2.3.2 蝶阀阀座的选材

使用有弹性的密封材料及小的执行机构推力来获得气泡严密级密封，压缩阀座密封应力使材料弹性变形而挤进配用的金属零件的粗糙表面，以阻塞全部的泄漏通路。材料的渗透性对流体来说是少量泄漏的根据。

材料太软，或在荷载下出现冷变形（蠕变），可以加填料如玻璃纤维使其变硬。如用来做成薄片，仍能满足使用的要求，可以消除冷变形或永久变形。

密封必须仔细固定，防止由于压差的作用而破裂和漏气。软阀座粘结到金属零件上是一种办法，但不能完全解决问题，因受到热冲击时粘结会破裂和失效，足够大的压降将破坏粘结材料。选用软阀座应考虑的材料性质为以下几点：

① 流体兼容性，包括膨胀、硬度损失、渗透性、降解；
② 硬度；
③ 永久变形；
④ 荷载消除后的恢复程度；
⑤ 拉伸和压缩强度；
⑥ 破裂前的变形；
⑦ 弹性模量。

### 2.3.3　阀座的结构

LNG 超低温碟阀阀座结构简图如图 2-3 所示。

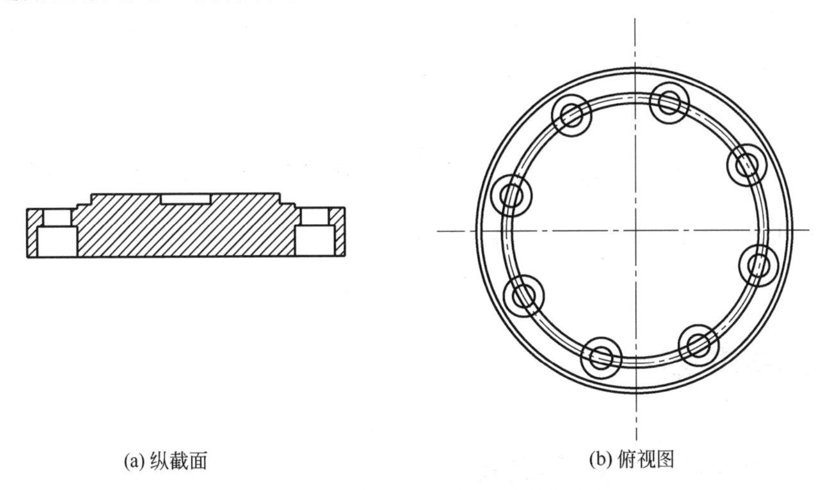

(a) 纵截面　　(b) 俯视图

图 2-3　LNG 超低温蝶阀阀座结构简图

### 2.3.4　阀座设计条件

工作介质：液化天然气；
设计压力：4.6MPa；
设计流量：3200m$^3$/d；
设计温度：-162℃；
密封面内径：95mm；
密封面外径：110mm；
阀座密封面宽度：7.5mm；
密封面与球面接触半角：80°；
密封面磨擦因数：0.3；
密封面必须比压：10MPa；
密封面许用比压：150MPa。

### 2.3.5　密封蝶阀阀座密封设计计算

阀座的密封面内径为 95mm，即 $D_{MN}$=95mm；密封面外径 $D_{MW}$=110mm，阀座密封面宽度 $b_M$=7.5mm，设计压力 $p$=4.6MPa，代入式（2-4），则密封面上介质作用力为：

$$Q_{\mathrm{MJ}}=\frac{\pi}{4}p(D_{\mathrm{MN}}+b_{\mathrm{M}})^2=\frac{\pi}{4}\times 4.6\times(95+7.5)^2=37957\mathrm{N}$$

阀座的密封面内径为95mm，即 $D_{\mathrm{MN}}$=95mm；密封面外径 $D_{\mathrm{MW}}$=110mm，密封面摩擦因数 $f_{\mathrm{M}}$=0.3，密封面与球面接触半角 $\alpha$=80°，密封面必须比压 $q_{\mathrm{M}}$=10MPa，代入式（2-5），则密封面上介质作用力为：

$$Q_{\mathrm{MF}}=\frac{\pi}{4}q_{\mathrm{MF}}(D_{\mathrm{MW}}^2-D_{\mathrm{MN}}^2)\left(1+\frac{f_{\mathrm{M}}}{\tan\alpha}\right)=\frac{\pi}{4}\times 10\times(110^2-95^2)\times\left(1+\frac{0.3}{\tan 80^\circ}\right)=25428\mathrm{N}$$

将 $Q_{\mathrm{MJ}}$=37957N，$Q_{\mathrm{MF}}=25428$N 代入式（2-3），则密封蝶阀阀座密封面上总作用力为：

$$Q_{\mathrm{MZ}}=Q_{\mathrm{MJ}}+Q_{\mathrm{MF}}=37957+25428=63385\mathrm{N}$$

密封蝶阀阀座密封面上总作用力 $Q_{\mathrm{MZ}}=63385$N，阀座的密封面内径 $D_{\mathrm{MN}}$=95mm，密封面外径 $D_{\mathrm{MW}}$=110mm，阀座密封面宽度 $b_{\mathrm{M}}$=7.5mm，密封面与球面接触半角 $\alpha$=80°，代入式（2-6），则密封面计算比压为：

$$q=\frac{Q_{\mathrm{MZ}}}{\sin\alpha}(D_{\mathrm{MW}}+D_{\mathrm{MN}})\pi b_{\mathrm{M}}=\frac{63385}{\sin 80^\circ}\times(110+95)\times\pi\times 7.5=13.33\mathrm{MPa}$$

密封面必须比压 $q_{\mathrm{M}}$=10MPa，密封面计算比压 $q$=13.33MPa，密封面许用比压[$q$]=150MPa。因为 $q_{\mathrm{M}}<q<[q]$，故合格。

## 2.4 阀杆的初步设计

### 2.4.1 LNG蝶阀阀杆的常规设计

阀前后压差按式（2-7）计算：

$$\Delta p=\zeta_{\mathrm{V}}\frac{\rho\upsilon^2}{2g}\times 10^{-6} \tag{2-7}$$

式中 $\rho$——介质密度，kg/m³；

$\zeta_{\mathrm{V}}$——阀流阻系数；

$\upsilon$——介质流速，m/s。

动水力矩按式（2-8）计算：

$$T_{\mathrm{d}}=C_{\mathrm{t}}D^3\Delta p \tag{2-8}$$

式中 $C_{\mathrm{t}}$——动水力矩系数；

$D$——蝶板直径，mm；

$\Delta p$——阀前后压差，MPa。

摩擦力矩按式（2-9）计算：

$$T_{\mathrm{b}}=\frac{\pi}{4}D^2\Delta p\frac{d_{\mathrm{f}}}{2}\mu_{\mathrm{b}} \tag{2-9}$$

式中 $D$——蝶板直径，mm；

$\Delta p$——阀前后压差，MPa；

$d_{\mathrm{f}}$——阀杆直径，mm；

$\mu_b$ ——摩擦系数。

密封力矩按式（2-10）计算：

$$T_s = 0.603 p_s b_M D^2 \quad (2\text{-}10)$$

式中　$p_s$ ——密封水压，MPa；

$b_M$ ——密封面宽度，mm；

$D$——蝶板直径，mm。

静水力矩按式（2-11）计算：

$$T_h = \rho g \frac{\pi\left(\frac{D}{1000}\right)^4}{64} \times 1000 \quad (2\text{-}11)$$

式中　$\rho$——介质密度，$kg/m^3$；

$D$ ——蝶板直径，mm。

全闭式阀杆力矩按式（2-12）计算：

$$T = T_b + T_s + T_h \quad (2\text{-}12)$$

式中　$T_b$ ——摩擦力矩，N • mm；

$T_s$ ——密封力矩，N • mm；

$T_h$ ——静水力矩，N • mm。

中间开度时阀杆力矩（开向）按式（2-13）计算：

$$T_o = T_b + T_d \quad (2\text{-}13)$$

式中　$T_b$ ——摩擦力矩，N • mm；

$T_d$ ——动水力矩，N • mm。

中间开度时阀杆力矩（闭向）按式（2-14）计算：

$$T_c = T_b - T_d \quad (2\text{-}14)$$

式中　$T_b$ ——摩擦力矩，N • mm；

$T_d$ ——动水力矩，N • mm。

阀杆最大力矩按式（2-15）计算：

$$T_{max} = \max(T, T_o, T_c) \quad (2\text{-}15)$$

式中　$T$ ——全闭式阀杆力矩，N • mm；

$T_o$ ——中间开度时阀杆力矩（开向），N • mm；

$T_c$ ——中间开度时阀杆力矩（闭向），N • mm。

轴套端至轴套载荷支点的距离按式（2-16）计算：

$$a = \frac{d_f}{3} \quad (2\text{-}16)$$

式中　$d_f$ ——阀杆直径，mm。

阀杆弯矩按式（2-17）计算：

$$M = 0.393 D^2 \Delta p (a + c) \quad (2\text{-}17)$$

式中　$D$——蝶板直径，mm；

$\Delta p$——阀前后压差，MPa；

$a$——轴套端至轴套载荷支点的距离，mm；

$c$——蝶板端至轴套距离，mm。

阀杆合成力矩按式（2-18）计算：

$$T_{\varepsilon}=\sqrt{T^{2}+M^{2}} \tag{2-18}$$

式中　$T$——全闭式阀杆力矩，N•mm；

$M$——阀杆弯矩，N•mm。

计算扭应力（MPa）按式（2-19）计算：

$$\tau_{n}=\frac{16T_{\varepsilon}}{\pi d_{f}^{3}} \tag{2-19}$$

式中　$T_{\varepsilon}$——阀杆合成力矩，N•mm；

$d_{f}$——阀杆直径，mm。

## 2.4.2　阀杆的选材

当阀门在启闭过程中，阀杆将受到上拉、下压和扭转的作用力，同时还承受介质自身压力，以及与填料之间产生的摩擦力，所以阀杆材料的选择必须满足在规定温度下保证足够的强度、韧性、抗腐蚀性、抗擦伤性，以及良好的工艺性。

## 2.4.3　阀杆的结构

LNG 超低温阀阀杆结构简图如图 2-4 所示。

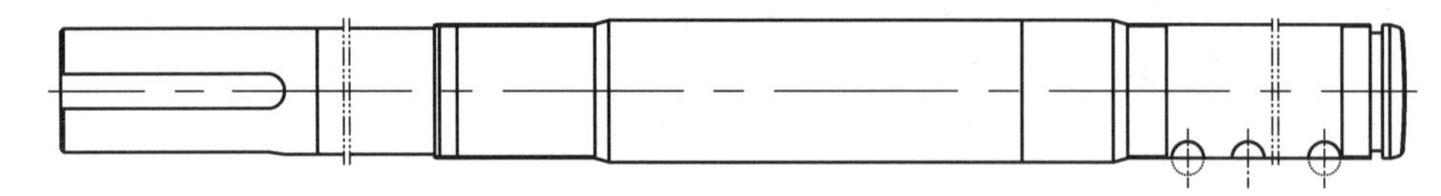

图 2-4　LNG 超低温蝶阀阀杆结构简图

## 2.4.4　阀杆设计条件

工作介质：液化天然气；

设计压力：4.6MPa；

公称通径：40mm；

设计温度：-162℃；

介质密度：400kg/m$^3$；

介质流速：7.4m/s；

阀座密封面宽度：15mm；

蝶阀类型：卧式；

蝶板直径：385mm；

阀杆直径：90mm；

阀流阻系数：1599；

动水力矩系数：$4.19\times10^{-7}$；

摩擦系数：0.3；

密封水压：2.3MPa；

蝶板端至轴套距离：245mm。

## 2.4.5 LNG阀杆设计计算

阀流阻系数 $\zeta_V$=1599，介质密度 $\rho$=400kg/m$^3$，介质流速 $\upsilon$=7.4m/s，代入式（2-7），故阀前后压差为：

$$\Delta p=\zeta_V\frac{\rho\upsilon^2}{2g}\times10^{-6}=1599\times\frac{400\times7.4^2}{2\times9.8}\times10^{-6}=1.787\text{MPa}$$

动水力矩系数 $C_t=4.19\times10^{-7}$，蝶板直径 $D$=385mm，阀前后压差 $\Delta p$=1.787MPa，代入式（2-8），则动水力矩为：

$$T_d=C_tD^3\Delta p=4.19\times10^{-7}\times385^3\times1.787=42.729\text{N}\bullet\text{mm}$$

将蝶板直径 $D$=385mm，阀前后压差 $\Delta p$=1.787MPa，阀杆直径 $d_f$=90mm，摩擦系数 $\mu_b$=0.3 代入式（2-9），则摩擦力矩为：

$$T_b=\frac{\pi}{4}D^2\Delta p\frac{d_f}{2}\mu_b=\frac{\pi}{4}\times385^2\times1.787\times\frac{90}{2}\times0.3=2.81\times10^6\text{N}\bullet\text{mm}$$

密封水压 $p_s$=2.3MPa，蝶板直径 $D$=385mm，阀座密封面宽度 $b_M$=15mm，代入式（2-10），故密封力矩为：

$$T_s=0.603p_sb_MD^2=0.603\times2.3\times15\times385^2=3.08\times10^6\text{N}\bullet\text{mm}$$

将蝶板直径 $D$=385mm，介质密度 $\rho$=400kg/m$^3$ 代入式（2-11），则静水力矩为：

$$T_h=\rho g\frac{\pi\left(\dfrac{D}{1000}\right)^4}{64}\times1000=400\times9.81\times\frac{\pi\left(\dfrac{385}{1000}\right)^4}{64}\times1000=4229.82\text{N}\bullet\text{mm}$$

将摩擦力矩 $T_b=2.81\times10^6\text{N}\bullet\text{mm}$，密封力矩 $T_s=3.08\times10^6\text{N}\bullet\text{mm}$，静水力矩 $T_h$=4229.82N•mm，代入式（2-12），则全闭式阀杆力矩为：

$$T=T_b+T_s+T_h=2.81\times10^6+3.08\times10^6+4229.82=5.89\times10^6\text{N}\bullet\text{mm}$$

将摩擦力矩 $T_b=2.81\times10^6\text{N}\bullet\text{mm}$，动水力矩 $T_d=42.729\text{N}\bullet\text{mm}$ 代入式（2-13），则中间开度时阀杆力矩（开向）为：

$$T_o=T_b+T_d=2.81\times10^6+42.729=2.81\times10^6\text{N}\bullet\text{mm}$$

将摩擦力矩 $T_b=2.81\times10^6\text{N}\bullet\text{mm}$，动水力矩 $T_d$=42.729N•mm 代入式（2-14），则中间开度时阀杆力矩（闭向）为：

$$T_c=T_b-T_d=2.81\times10^6-42.729=2.81\times10^6\text{N}\bullet\text{mm}$$

将全闭式阀杆力矩 $T=5.89\times10^6\text{N}\bullet\text{mm}$，中间开度时阀杆力矩（开向）$T_o=2.81\times10^6\text{N}\bullet\text{mm}$，中间开度时阀杆力矩（闭向）$T_c=2.81\times10^6\text{N}\bullet\text{mm}$ 代入式（2-15），则阀杆最大力矩为：

$$T_{max}=\max(T,T_o,T_c)=T=5.89\times10^6\text{N}\bullet\text{mm}$$

将阀杆直径 $d_f$=90mm 代入式（2-16），则轴套端至轴套载荷支点的距离（mm）为：

$$a=\frac{d_f}{3}=\frac{90}{3}=30\text{mm}$$

将蝶板直径 $D$=385mm，阀前后压差 $\Delta p$=1.787MPa，轴套端至轴套载荷支点的距离 $a$=30mm，蝶板端至轴套距离 $c$=245mm 代入式（2-17），则阀杆弯矩为：

$$M=0.393D^2\Delta p(a+c)=0.393\times385^2\times1.787\times(30+245)=2.863\times10^7\,\text{N}\cdot\text{mm}$$

将全闭式阀杆力矩 $T=5.89\times10^6\,\text{N}\cdot\text{mm}$，阀杆弯矩 $M=2.863\times10^7\,\text{N}\cdot\text{mm}$ 代入式（2-18），则阀杆合成力矩为：

$$T_\varepsilon=\sqrt{T^2+M^2}=\sqrt{(5.89\times10^6)^2+(2.863\times10^7)^2}=2.923\times10^7\,\text{N}\cdot\text{mm}$$

将阀杆合成力矩 $T_\varepsilon$=$2.923\times10^7\,\text{N}\cdot\text{mm}$，阀杆直径 $d_f$=90mm 代入式（2-19），则计算扭应力为：

$$\tau_n=\frac{16T_\varepsilon}{\pi d_f^3}=\frac{16\times2.923\times10^7}{\pi\times90^3}=131.53\text{MPa}$$

计算扭应力 $\tau_n=131.53\text{MPa}$，许用扭应力 $[\tau_n]=145\text{MPa}$。因为 $\tau_n<[\tau_n]$，故合格。

## 2.5 蝶板的初步设计

### 2.5.1 蝶板厚度的常规设计

蝶板中心处厚度按式（2-20）计算：

$$b=0.05D\sqrt[3]{H} \tag{2-20}$$

式中 $D$——蝶板流通直径，mm；

$H$——考虑到水击升压的介质最大静压水头，m。

蝶板流通直径按式（2-21）计算：

$$\frac{b}{D}=0.15\sim0.25 \tag{2-21}$$

考虑到水击升压的介质最大静压水头（m）按式（2-22）计算：

$$H=100(p_N+\Delta p) \tag{2-22}$$

式中 $p_N$——设计压力，MPa；

$\Delta p$——由于蝶板的快速关闭，在管路中产生的水击升压值，MPa。

由于蝶板的快速关闭，在管路中产生的水击升压值（MPa）按式（2-23）计算：

$$\Delta p=\frac{400q_v}{At} \tag{2-23}$$

式中 $q_v$——体积流量，$m^3/h$；

$A$——阀座流通截面积，$mm^2$；

$t$——蝶板从全开至全关的时间，s。

### 2.5.2 LNG 蝶阀蝶板的选材

由于蝶板直接与液化天然气接触，承受着内压力和低温，所以在选择材料时应考虑材料在低温深冷条件下的强度和韧性，同时还要考虑材料与液化天然气的相容性。奥氏体不锈钢 0Cr18Ni9Ti 有较好的低温性能，且与天然气能很好相容，因此阀体的材料选用奥氏体不锈钢 0Cr18Ni9Ti。

## 2.5.3　蝶板的结构

LNG 超低温蝶阀蝶板结构简图如图 2-5 所示。

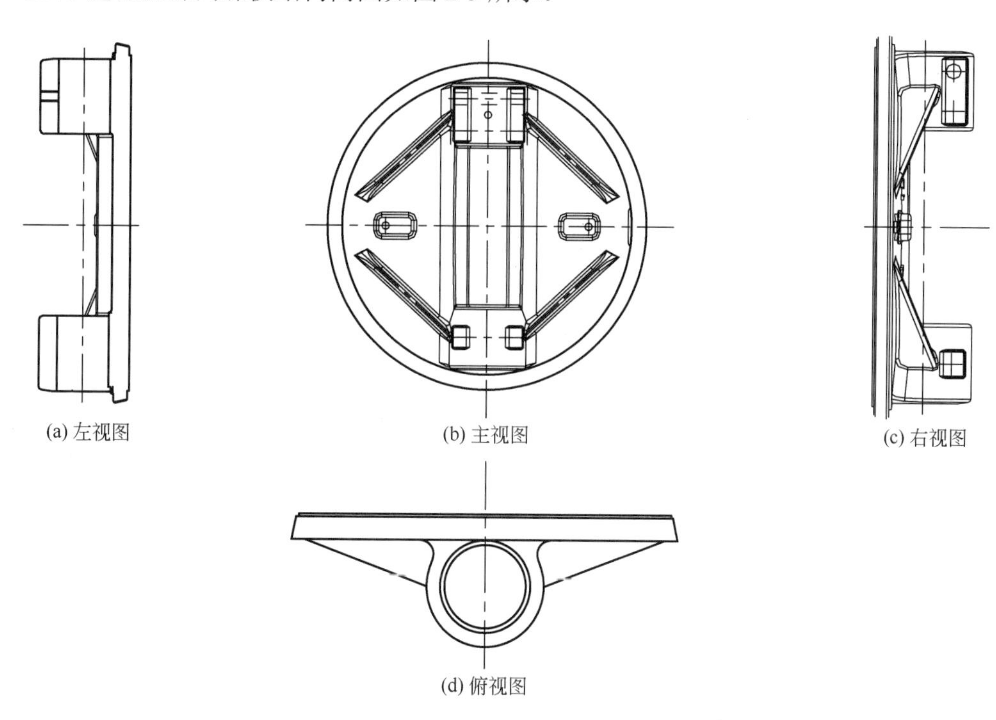


图 2-5　LNG 超低温蝶阀蝶板结构简图

## 2.5.4　蝶阀蝶板厚度设计条件

工作介质：液化天然气；

设计压力：4.6MPa；

设计流量：$3200m^3/d$；

设计温度：-162℃；

流通管子截面积：$5027mm^2$；

关闭时间：20s；

蝶板厚度：29.5mm。

## 2.5.5　密封蝶阀阀座密封设计计算

阀体的流量为 $3200m^3/d$，即 $q_v=134m^3/h$，流通管子截面积取 $A=5027mm^2$，关闭时间取 $t$=20s，代入式（2-23）中，由于蝶板的快速关闭，则管路中产生的水击升压值为：

$$\Delta p=\frac{400q_v}{At}=\frac{400\times134}{5027\times20}=0.53\text{MPa}$$

设计压力 $p_{\mathrm{N}}=4.6\mathrm{MPa}$，管路中产生的水击升压值 $\Delta p=0.53\mathrm{MPa}$，代入式（2-22），考虑到水击升压的介质最大静压水头为：

$$H=100(p_{\mathrm{N}}+\Delta p)=100\times(4.6+0.53)=513\mathrm{m}$$

将蝶阀流道直径 $D$=40mm，考虑到水击升压的介质最大静压水头 $H$=513m 代入式(2-20)，则蝶板计算中心处厚度为：

$$b=0.05D\sqrt[3]{H}=0.05\times40\sqrt[3]{513}=16\mathrm{mm}$$

蝶板计算中心处厚度 $b$=16m，蝶板中心处厚度 $B$=29.5m。因为 $b<B$，故合格。

## 2.5.6 蝶板强度校核（*A*—*A* 断面）

*A*—*A* 断面弯曲应力按式（2-24）计算：

$$\sigma_{\mathrm{WA}}=\frac{M_{\mathrm{A}}}{W_{\mathrm{A}}} \tag{2-24}$$

式中 $M_{\mathrm{A}}$ ——*A*—*A* 断面弯矩，kN • mm；

$W_{\mathrm{A}}$ ——*A*—*A* 断面抗弯断面系数，$\mathrm{mm}^3$。

*A*—*A* 断面弯矩按式（2-25）计算：

$$M_{\mathrm{A}}=\frac{pD_2^{\ 3}}{12} \tag{2-25}$$

式中 $p$ ——介质压力，MPa；

$D_2$ ——蝶板外径，mm。

*A*—*A* 断面抗弯断面系数按式（2-26）计算：

$$W_{\mathrm{A}}=\frac{2J_{\mathrm{A}}}{b} \tag{2-26}$$

式中 $J_{\mathrm{A}}$ ——*A*—*A* 断面惯性矩，$\mathrm{mm}^4$；

$b$ ——蝶板中心处最大厚度，mm。

*A*—*A* 断面惯性矩按式（2-27）计算：

$$J_{\mathrm{A}}=\frac{L}{6}(b^3-d^3) \tag{2-27}$$

式中 $L$——蝶板与阀杆配合孔长度，mm；

$d$——蝶板与阀杆配合孔直径，mm；

$b$——蝶板中心处最大厚度，mm。

## 2.5.7 蝶板强度校核设计条件

工作介质：液化天然气；

设计压力：4.6MPa；

设计温度：-162℃；

蝶板外径：212mm；

蝶板中心处最大厚度：50mm；

蝶板与阀杆配合孔长度：125mm；

蝶板与阀杆配合孔直径：30mm。

### 2.5.8　蝶板强度校核计算

设计压力 $p$=4.6MPa，蝶板外径 $D_2$=212mm 代入式（2-25），则 $A$—$A$ 断面弯矩为：

$$M_A=\frac{pD_2^{\ 3}}{12}=\frac{4.6\times 212^3}{12}=3652449\text{N}\cdot\text{mm}$$

蝶板中心处最大厚度 $b$=50mm，蝶板与阀杆配合孔长度 $L$=125mm，蝶板与阀杆配合孔直径 $d$=30mm 代入式（2-27），则 $A$—$A$ 断面惯性矩为：

$$J_A=\frac{L}{6}(b^3-d^3)=\frac{125}{6}\times(50^3-30^3)=2041667\text{mm}^4$$

将 $A$—$A$ 断面惯性矩 $J_A$=2041667mm$^4$，蝶板中心处最大厚度 $b$=50mm 代入式（2-26），则 $A$—$A$ 断面抗弯断面系数为：

$$W_A=\frac{2J_A}{b}=\frac{2\times 2041667}{50}=81667\text{mm}^3$$

将 $A$—$A$ 断面弯矩 $M_A$=3652449N•mm，$A$—$A$ 断面抗弯断面系数 $W_A$=81667mm$^3$ 代入式（2-24），则 $A$—$A$ 断面弯曲应力为：

$$\sigma_{WA}=\frac{M_A}{W_A}=\frac{3652449}{81667}=44.72\text{MPa}$$

蝶板 $A$—$A$ 断面许用弯曲应力$[\sigma_W]$=102MPa，蝶板 $A$—$A$ 断面弯曲应力 $\sigma_{WA}$=44.72MPa。因为 $\sigma_{WA}<[\sigma_W]$，故合格。

## 2.6　蝶阀支架的初步设计

### 2.6.1　蝶阀支架的常规设计

弯曲应力（MPa）按式（2-28）计算：

$$\sigma_{WI}=\frac{M_I}{W_I^Y} \tag{2-28}$$

式中　$M_I$——弯曲力矩，N•mm。

弯曲力矩按式（2-29）计算：

$$M_I=\frac{Q_{FZ}}{8}\left(1+\frac{1}{2}\times\frac{H}{I_4}\times\frac{I_3^X}{I_I^Y}\right)^{-1} \tag{2-29}$$

拉应力（MPa）按式（2-30）计算：

$$\sigma_{LI}=\frac{Q_{FZ}}{2F_I} \tag{2-30}$$

力矩引起的弯曲应力（MPa）按式（2-31）计算：

$$\sigma_{WI}^N=\frac{M_I^N}{W_I^X} \tag{2-31}$$

式中　$M_{\mathrm{I}}^{\mathrm{N}}$——力矩，N·mm。

力矩（N·mm）按式（2-32）计算：

$$M_{\mathrm{I}}^{\mathrm{N}}=\frac{M_{\mathrm{FI}}H}{L} \tag{2-32}$$

注：各截面Ⅰ、Ⅱ、Ⅲ……应力校核计算均按照上述公式进行校核。

## 2.6.2　LNG 蝶阀支架的用途

支撑管道，限制管道变形和位移。支架的制作和安装是管道安装的首要工序。固定支架的作用为支撑管道，承担管道、介质及绝热材料重量，限制管道变形和位移，承受的轴向推力——管道热伸长时推动补偿器的力。

卡环式固定支架主要用在非绝热管道上。

① 普通卡环式固定支架用圆钢煨制成 U 形管卡，夹住管子，将 U 形管卡用螺母固定在钢制支架上。适用于 $DN$=15～150mm。

② 焊接挡板卡环式固定支架 U 形管卡紧固不与管壁焊接，靠横梁两侧焊在管道上的弧形板或角钢板固定管道，适用于 $DN$=25～400mm。

## 2.6.3　蝶阀支架的结构

LNG 超低温蝶阀支架结构简图如图 2-6 所示。

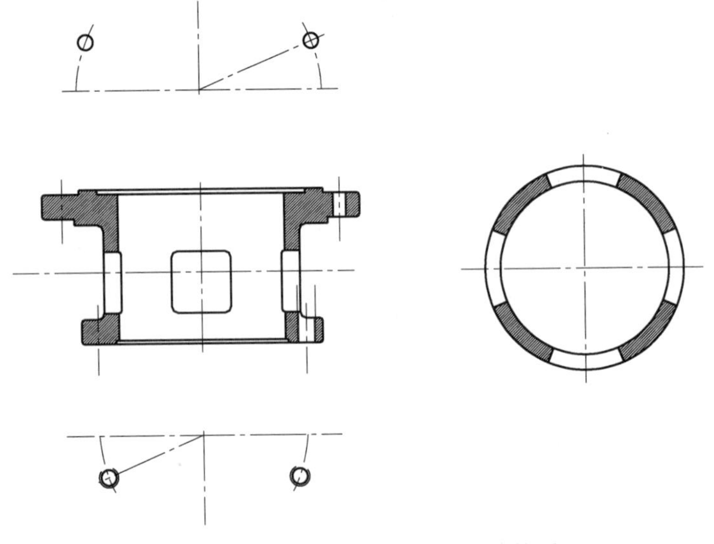

图 2-6　LNG 超低温蝶阀支架结构简图

## 2.6.4　蝶阀支架安装的要求

① 安装前对支架进行质量、规格检查，防止装错，或将不合格支架装上；

② 检查预埋钢板、预留空洞的位置及牢固性是否满足安装要求；

③ 固定支架严格按设计要求安装，一根管段上不得有一个以上固定支架；

④ 无热膨胀管的吊架垂直安装，有热膨胀管的吊架偏向膨胀相反方向 1/2 伸长量；

⑤ 质量重的阀门应单独设支架，不可将其重量施加在管道上；

⑥ 支架应有足够的尺寸，安装好后，管最外表面距墙≥60mm；
⑦ 补偿器两侧应安装 1～2 个导向支座；
⑧ 未经允许不得在金属屋架、设备上焊接支架。

### 2.6.5　蝶阀支架安装的应注意事项

① 检查阀门支架是否灵活，有无卡住现象；
② 检查整体有无损坏现象；
③ 检查各个螺栓结合是否良好，是否灵活；
④ 垫料、填料是否满足介质要求；
⑤ 位置不应妨碍设备及本身操作、拆装和检修，外形美观；
⑥ 水平管上不应倾斜，放置平衡；
⑦ 每个阀门应放独立支架，不可共用；
⑧ 搬运时，不许抛掷；
⑨ 阀门应安装在操作维修最方便的地方，严禁埋于地下。

### 2.6.6　蝶阀支架强度校核设计条件

工作介质：液化天然气；
设计压力：4.6MPa；
设计流量：3200m$^3$/d；
设计温度：-162℃；
支架的设计高度：200mm；
设计长度：300mm；
$F$=25428N，$F_{\rm I}$=25428N，$W_{\rm I}^{\rm X}=1350{\rm N}$，$W_{\rm I}^{\rm Y}=1467{\rm N}$。

### 2.6.7　蝶阀支架强度校核计算

支架的设计高度为 200mm，设计长度为 300mm，故 I 断面的扭矩为：

$$M = FL = 25428 \times 300 = 7.6 \times 10^6\ {\rm N \cdot mm}$$

I 断面的扭矩为$7.6\times10^6\ {\rm N\cdot mm}$，支架的设计高度为 200mm，设计长度为 300mm，代入式（2-32），故力矩为：

$$M_{\rm I}^{\rm N} = \frac{M_{\rm FI}H}{L} = \frac{7.6\times10^6\times200}{300} = 5.1\times10^6\ {\rm N\cdot mm}$$

将力矩为$M_{\rm I}^{\rm N}=5.1\times10^6\ {\rm N\cdot mm}$，$W_{\rm I}^{\rm X}=1350{\rm N}$代入式（2-31），则力矩引起的弯曲应力为：

$$\sigma_{\rm WI}^{\rm N} = \frac{M_{\rm I}^{\rm X}}{W_{\rm I}^{\rm X}} = \frac{5.1\times10^6}{1350} = 3777.8{\rm MPa}$$

将$Q_{\rm FZ}$=$7.6\times10^6\ {\rm N\cdot mm}$，$F_{\rm I}$=25428N 代入式（2-30），则拉应力为：

$$\sigma_{\rm LI} = \frac{Q_{\rm FZ}}{2F_{\rm I}} = \frac{7.6\times10^6}{2\times25428} = 149.44{\rm MPa}$$

支架的设计高度为 200mm，设计长度为 300mm，代入式（2-29），则弯曲力矩为：

$$M_1=\frac{Q_{FZ}}{8}\left(1+\frac{1}{2}\times\frac{H}{I_4}\times\frac{I_3^X}{I_1^Y}\right)^{-1}=\frac{7.6\times10^6}{8}\times\left(1+\frac{1}{2}\times\frac{200}{300}\times\frac{152.4}{123.9}\right)^{-1}=673758.9\text{N}\cdot\text{mm}$$

将弯曲力矩为 $M_1=673758.9\text{N}\cdot\text{mm}$，$W_I^Y=1467\text{N}$ 代入式（2-28），则弯曲应力为：

$$\sigma_{WI}=\frac{M_I}{W_I^Y}=\frac{673758.9}{1467}=459.3\text{MPa}$$

由以上条件可知

$$\Sigma\sigma_I=\sigma_{WI}+\sigma_{LI}+\sigma_{WI}^N=459.3+149.44+3777.8=4386.54\text{MPa}\leqslant[\sigma_L]$$

## 2.7 可压缩流体流经蝶阀的流量系数的设计计算

蝶阀不仅可以用于控制管路的通断，而且也可以用于流量的调节，蝶板开度在 15°～60° 范围内，具有良好的线性调节特性。由于蝶阀结构简单，所需安装空间小，操作便捷，可以实现快速启闭以及流阻损失小等优点，故广泛应用于工业及民用各个领域，近年来由于金属密封蝶阀在技术上日趋成熟，进一步扩大了蝶阀适用的压力和温度范围。

由于蝶阀具有流量调节的功能，因而不同开度下的流量系数是蝶阀的重要性能指标，它的数值大小反映蝶阀在不同开度下介质的流通能力。对于水或其他不可压缩的流体，流量系数可以比较容易地通过试验测试来确定，许多企业、研究所和高等学校都有相应的试验装置，在专业手册中也已有比较完整的数据可供借鉴。而对于空气、水蒸气等可压缩性流体，由于通过蝶阀后其压力、温度、容积等状态参数都将产生变化，所以相关的测试技术和试验装置比较复杂，蝶阀的制造企业大多不具备这样的试验条件，因而如何确定用于可压缩性流体时的蝶阀流量系数值，是一个设计、制造和使用单位都亟待解决的问题。

通过流体力学和热力学分析，提出一种用蝶阀的不可压缩流体的流量系数近似计算其可压缩流体流量系数的方法，可供用户参考应用。

### 2.7.1 确定流量系数的方法

#### 2.7.1.1 阀门的流量系数

流量系数是衡量阀门流通能力的指标，在数值上相当于流体流经阀门产生单位压力损失时流体的体积流量，如果蝶阀在 1lbf/in$^2$(lbf/in$^2$=6894.76Pa)压降下能通过 1gal/min(1gal/min=0.68L/s)的水，它的流量系数 $C_v$=1.0。由于单位的不同，流量系数有几种不同的代号和量值。

流量系数 $A_v$ 按式（2-33）计算：

$$A_v=Q\sqrt{\frac{\rho}{\Delta p}}\tag{2-33}$$

式中 $A_v$ ——流量系数；

$Q$ ——体积流量，m$^3$/s；

$\rho$ ——流体密度，kg/m$^3$；

$\Delta p$ ——阀门的压力损失，Pa。

流量系数 $K_v$ 按式（2-34）计算：

$$K_{\mathrm{v}}=\frac{10^6}{24}Q\sqrt{\frac{\rho}{\Delta p}} \tag{2-34}$$

式中　$K_{\mathrm{v}}$——流量系数；

$Q$——体积流量，$m^3/s$；

$\rho$——流体密度，$kg/m^3$；

$\Delta p$——阀门的压力损失，Pa。

流量系数 $C_{\mathrm{v}}$ 按式（2-35）计算：

$$C_{\mathrm{v}}=\frac{10^6}{28}Q\sqrt{\frac{\rho}{\Delta p}} \tag{2-35}$$

式中　$C_{\mathrm{v}}$——流量系数；

$Q$——体积流量，$m^3/s$；

$\rho$——流体密度，$kg/m^3$；

$\Delta p$——阀门的压力损失，Pa。

流量系数 $A_{\mathrm{v}}$、$K_{\mathrm{v}}$、$C_{\mathrm{v}}$ 间的关系：

$$C_{\mathrm{v}}=1.17K_{\mathrm{v}} \tag{2-36}$$

$$K_{\mathrm{v}}=\frac{10^6}{24}A_{\mathrm{v}} \tag{2-37}$$

$$C_{\mathrm{v}}-\frac{10^6}{28}A_{\mathrm{v}} \tag{2-38}$$

2.7.1.2　阀门的流量系数与流阻系数的关系

阀门的流阻系数取决于阀门的尺寸、结构以及内腔形状等。流体通过阀门时，对于紊流流态的液体阀门的压力损失 $\Delta p$ 为：

$$\Delta p=\zeta\frac{\rho u^2}{2} \tag{2-39}$$

式中　$\zeta$——阀门的流阻系数；

$u$——流体在管道内的平均流速，m/s；

$\rho$——流体密度，$kg/m^3$。

阀门流量系数 $K_{\mathrm{v}}$ 与流阻系数 $\zeta$ 的关系为：

$$K_{\mathrm{v}}=39648.5\frac{d_{\mathrm{L}}^2}{\sqrt{\zeta}} \tag{2-40}$$

式中　$d_{\mathrm{L}}$——进口管道直径，m。

$\zeta$ 的数值基本上不受温度、压力和流量变化的影响，从而使它在某种工况条件下取得的数据可以用于其他工况。由于蝶板可以在 0°～90° 范围内调节，因而需要适用于不同开度的一组系数 $\zeta$，其值可以查取有关手册或由试验所得。

## 2.7.2　可压缩流体通过蝶阀的流量系数的计算

2.7.2.1　几个基本假设

为了简化实际流体流动的复杂性，对于可压缩性流体作如下假设。

① 流体在系统中作恒定流动；

② 流体通过蝶阀没有相态变化；

③ 流体通过蝶板后，管道截面压力分布均匀；

④ 流体通过一定开度的蝶板后，没有 “惯性收缩”；

⑤ 流体通过蝶阀是绝热过程。

2.7.2.2 理论模型的建立

对不可压缩流体，蝶阀流量系数的一般表达式为：

$$C = Q\sqrt{\frac{\rho}{\Delta p}} \tag{2-41}$$

式中 $C$——流量系数；

$Q$——体积流量，$m^3/s$；

$\rho$——流体密度，$kg/m^3$；

$\Delta p$——阀门的压力损失，Pa。

可压缩流体通过蝶阀时，由于产生压力降，从而使流体的密度发生变化，故引进一个压缩修正系数 $\beta$（或称气体膨胀系数），于是可压缩流体通过蝶阀的流量系数 $C'$ 为：

$$C' = C\beta \tag{2-42}$$

$$\beta = \max\left(\frac{\Delta p}{p_1}，m，K\right) \tag{2-43}$$

式中 $p_1$——阀前压力；

$m$——蝶阀的流通面积与管道断面面积之比；

$K$——气体的绝热指数；

$\Delta p$——阀门的压力损失，Pa。

蝶阀的流通面积与管道断面面积之比按式（2-44）计算：

$$m=\frac{A_0}{A_1}=\frac{1.67}{\sqrt{\zeta}} \tag{2-44}$$

式中 $\zeta$——阀门的流阻系数。

气体的绝热指数按式（2-45）计算：

$$K = \frac{C_p}{C_v} \tag{2-45}$$

其值决定于气体分子结构。单原子气体 $K$=1.66，双原子气体、包括空气 $K$=1.4，多原子气体 $K$=1.33。根据压缩流体流动的全能量方程：

$$\frac{V_1^2}{2}+\frac{Kp_1}{(K-1)\rho_1}=\frac{V_2^2}{2}+\frac{Kp_2}{(K-1)\rho_2} \tag{2-46}$$

相应的连续性方程：

$$A_1V_1\rho_1 = A_0V_2\rho_2 \tag{2-47}$$

式中 $V_1$——蝶阀前的流速，m/s；

$V_2$ ——蝶阀后的流速，m/s；

$\rho_1$ ——蝶阀前流体的密度，kg/ m³；

$\rho_2$ ——蝶阀后流体的密度，kg/ m³；

$p_2$ ——阀后压力，Pa。

绝热过程：

$$\left(\frac{\rho_2}{\rho_1}\right)=\left(\frac{p_2}{p_1}\right)^{\frac{1}{K}} \tag{2-48}$$

经整理得

$$\beta=\frac{\sqrt{1-m^2}}{\sqrt{1-m^2\left(\frac{p_2}{p_1}\right)^{\frac{2}{K}}}}\sqrt{\frac{K}{K-1}\times\frac{\Delta p}{p_1}\left[\left(\frac{p_2}{p_1}\right)^{\frac{2}{K}}-\frac{p_2}{p_1}^{\frac{K+1}{K}}\right]} \tag{2-49}$$

作为节流元件，蝶阀与孔板的原理相同，故蝶阀压缩修正系数 $\beta$ 也可以根据 $\frac{\Delta p}{p_1}$，$m$，$K$ 查取有关孔板压缩修正系数图表得其近似值。

2.7.2.3　蝶阀压力损失$\Delta p$ 的确定

在计算 $\beta$ 过程中，用到 $\Delta p=p_1-p_2$，但是用户往往希望厂家直接算出阀门压力损失，而不用其提供的 $p_2$。若不考虑热损失、边界摩擦、渗漏、外界作用等影响，阀门的压力损失简化（为方便计算，均采用法定计量单位）。

蝶阀压力损失按式（2-50）计算：

$$\Delta p=0.811\zeta\frac{\rho_1 Q^2}{d_{\mathrm{L}}^4} \tag{2-50}$$

式中　$Q$ ——流体体积流量，m³/s；

$\rho_1$ ——蝶阀前流体的密度，kg/m³；

$d_{\mathrm{L}}$ ——进口管道直径，m；

$\zeta$ ——阀门的流阻系数。

若为流体质量流量 $q$(kg/h)，则

$$\Delta p=6.26\times10^{-14}\zeta\frac{q^2}{\rho_1 d_{\mathrm{L}}^4} \tag{2-51}$$

式中　$q$ ——流体质量流量，kg/h；

$\rho_1$ ——蝶阀前流体的密度，kg/m³；

$d_{\mathrm{L}}$ ——进口管道直径，m；

$\zeta$ ——阀门的流阻系数。

## 2.7.3　计算实例

工作介质：液化天然气；

设计压力：4.6MPa；

设计流量：3200m$^3$/d；

蝶阀全开流量：60t/h；

阀前温度：-162℃；

阀前压力：4.6MPa；

阀前比容：$2.22\times10^{-3}\mathrm{m}^3/\mathrm{kg}$；

进口管道直径：0.04m。

查 GB 17820—2012，液化天然气密度：0.42～0.46g/cm$^3$，取 $\rho$=0.45g/cm³。

查取有关手册得，蝶阀开度 40° 的流阻系数 10.8，-162℃液化天然气，取 $K$=1.33，计算结果如下：

将进口管道直径 $d_\mathrm{L}=0.04\mathrm{m}$，流阻系数 $\zeta$=10.8 代入式（2-40），故阀门流量系数 $K_\mathrm{v}$ 为：

$$K_\mathrm{v}=39648.5\frac{d_\mathrm{L}^2}{\sqrt{\zeta}}=39648.5\times\frac{0.04^2}{\sqrt{10.8}}=19.303$$

将进口管道直径 $d_\mathrm{L}=0.04\mathrm{m}$，流阻系数 $\zeta$=10.8，蝶阀全开流量 $q$=60t/h，蝶阀前流体的密度 $\rho_1=450\ \mathrm{kg/m^3}$，阀前压力 $p_1=4.6\mathrm{MPa}$ 代入式（2-51）中，则蝶阀压力损失为：

$$\Delta p=6.26\times10^{-14}\zeta\frac{q^2}{\rho_1 d_\mathrm{L}^4}=6.26\times10^{-14}\times10.8\times\frac{60^2}{450\times0.04^4}=2.11275\mathrm{MPa}$$

$$\frac{\Delta p}{p_1}=\frac{2.11275}{4.6}=0.459$$

将流阻系数 $\zeta$=10.8 代入式（2-44）。则蝶阀的流通面积与管道断面面积之比为：

$$m=\frac{A_0}{A_1}=\frac{1.67}{\sqrt{\zeta}}=\frac{1.67}{\sqrt{10.8}}=0.5082$$

将蝶阀的流通面积与管道断面面积之比 $m$=0.5082，阀前压力 $p_1=4.6\mathrm{MPa}$，蝶阀压力损失 $\Delta p$=2.11275MPa，阀后压力 $p_2=p_1-\Delta p$=2.48725MPa，流阻系数 $\zeta$=10.8，$K$=1.33 代入式（2-49）中，则气体的压缩修正系数（或称气体膨胀系数）为：

$$\beta=\frac{\sqrt{1-m^2}}{\sqrt{1-m^2\left(\frac{p_2}{p_1}\right)^{\frac{2}{K}}}}\sqrt{\frac{K}{K-1}\times\frac{\Delta p}{p_1}\left[\left(\frac{p_2}{p_1}\right)^{\frac{2}{K}}-\left(\frac{p_2}{p_1}\right)^{\frac{(K+1)}{K}}\right]}$$

$$=\frac{\sqrt{1-0.5082^2}}{\sqrt{1-0.5082^2\left(2.48725/4.6\right)^{2/1.33}}}\times\sqrt{\frac{1.33}{1.33-1}\times\frac{4.6}{2.11275}\left[\left(\frac{2.48725}{4.6}\right)^{\frac{2}{1.33}}-\left(\frac{2.48725}{4.6}\right)^{\frac{(1.33+1)}{1.33}}\right]}$$

$$=0.6380$$

$$K_\mathrm{v1}=\beta K_\mathrm{v}=0.6380\times19.303=12.316$$

即蝶阀开度 40° 时，阀门流量系数 $K_\mathrm{v1}$=12.316。

### 2.7.4 蝶阀的泄漏率的计算

蝶阀一般的实验标准为 API598，泄漏分软密封和硬密封来区别，其他的泄漏标准如 BS6364 等，其中对软密封的阀门都要求常温泄漏为零泄漏，即没有可见的气泡或液滴，而对金属硬密封蝶阀泄漏量要求较多，有的分几级泄漏，最严格的也要求是零泄漏，而最轻的有要求不泵验的。

蝶阀的密封应在试验压力为 1 倍的公称压力下进行气压密封试验，其最大允许泄漏率超过式（2-52）的规定：

$$L_0 = KDN^2\sqrt{p} \times 10^{-6} \tag{2-52}$$

式中 $L_0$ ——最大允许泄漏率，N • $m^3$/h；

$K$ ——泄漏系数，按表 2-2 的规定；

$DN$ ——蝶阀公称通径，mm；

$p$ ——试验压力，MPa。

**表 2-2　蝶阀的泄漏系数**

| 公称通径 $DN$/mm | 泄漏系数 $K$ | | |
|---|---|---|---|
| | A 级 | B 级 | C 级 |
| ≤300 | 13.6 | 54.3 | 不作规定 |
| 350～600 | 9.0 | 36.2 | |
| 700～900 | 7.3 | 29.0 | |
| 1000～1200 | 7.3 | 29.0 | |
| 1300～1500 | 5.4 | 24.4 | |
| 1600～1800 | 4.5 | 22.7 | |
| 2000～200 | 3.7 | 20.2 | |
| 2400～2600 | 3.1 | 18.1 | |
| 2800～3000 | 2.7 | 16.3 | |

注：C 级泄漏率用于不考虑泄漏的工况。

蝶阀的外漏气密性应在试验压力为 1.1 倍公称压力的气压下无泄漏。

## 2.7.5　漏孔直径与流率计算

本文使用实际泄漏直径（VLD）作为“通用标尺”来描述泄漏。由于实际泄漏定义遵循 Poiseuille 流量等式，部件厂商可用式（2-53）确定所用检测方法的具体质量流率。

$$\frac{\mathrm{d}M}{\mathrm{d}t} = \frac{\pi d^4}{256\eta l k_\mathrm{B} T} m(p_1^2 - p_2^2) \tag{2-53}$$

式中 $M$ ——泄漏气体的总质量流量，kg/$m^3$；

$t$ ——时间，s；

$d$ ——VLD，m；

$\eta$ ——气体的动态黏滞度，Pa • s，（空气为$1.8\times10^{-5}$，氦气为$2.0\times10^{-5}$）；

$l$ ——泄漏路径长度，m；

$k_\mathrm{B}$ ——Boltzman 常量，$1.38\times10^{-23}$；

$m$ ——一个气体分子的质量，kg，（空气为$4.78\times10^{-26}$ kg，氦气为$6.6\times10^{-27}$ kg）；

$p_1$ ——绝对内压，Pa；

$p_2$ ——绝对外压，Pa。

质量流量除以气体密度即可将质量流量（kg/s）换算成体积流量（$m^3/s$）。

### 2.7.6 漏率设定与漏率换算

黏滞流的漏率范围为$10^{-2}\sim10^{-7}\,Pa\cdot m/s$。结合前文的计算，气体漏率转换为氦气漏率的换算可按黏滞流对应的公式计算。

当在常压或正压力下，漏孔泄漏的气流特性为粘滞流时，漏率与漏孔两侧压力平方差成正比，与流过气体的黏度系数成反比；漏率与检漏时充入的氦气浓度成正比。

经查得，制冷剂 LNG 的黏度系数为 $1.28\times10^{-5}Pa\cdot s$，氦气的黏度系数为 $1.86\times10^{-5}Pa\cdot s$，充入试件的氦浓度为 99%，LNG 工作时的制冷剂最大容许漏率为 2.8g/a；代入计算可得，冷媒 LNG 对应的氦漏率为：

$$Q_{He}=CQ_{LNG}\frac{\eta_{LEG}}{\eta_{He}}\left(\frac{p_2-p_1}{p_4-p_3}\right)=0.99\times2.2\times10^{-6}\times\frac{1.28\times10^{-5}}{1.86\times10^{-5}}\times\left(\frac{1.1-0.1}{1.1-0.1}\right)=1.5\times10^{-6}\,Pa\cdot m^3/s \tag{2-54}$$

式中 $Q_{He}$——检漏时的最大容许氦漏率，$Pa\cdot m^3/s$；

$C$——充入试件的氦浓度，%；

$Q_{LNG}$——试件工作时的制冷剂最大容许漏率，$Pa\cdot m^3/s$；

$\eta_{He}$——氦气的黏度系数，$1.86\times10^{-5}Pa\cdot s$；

$p_1$，$p_2$——试件充氦的压力和待检件外压力（绝对压力）；

$p_3$，$p_4$——试件工作时系统内压力和系统外压力（绝对压力）。

充氦之前先对系统抽真空，但不可能抽至绝对的真空，充入机组的氦浓度通常取 99%。机组的充氦压力为 150～200psig（1MPa=145psig），为保险起见，取下限值 150psig 表压。

## 2.8 圆锥销

圆锥销一般是定位或连接用的，使用一段时间以后配合会非常紧，拆卸时不方便，在顶部钻一个带内螺纹的孔，是为了拆卸方便。

### 2.8.1 斜度

斜度是指一直线对另一直线（或平面）的倾斜程度，斜度 $\alpha=H:L=1:n$。

### 2.8.2 锥度

锥度是指圆锥的底面直径与锥体高度之比，如果是圆台，则为上、下两底圆的直径差与锥台高度之比值。所以，锥度应该是大径减小径与它们之间距离的比值。圆锥销有国标，锥度是 1∶50，锥角是 1° 8′45″，斜角是 0° 34′23″。圆锥销的锥度是标准的，锥度为 1∶50。符合国家标准 GB/T 117—2000。GB/T 117—2000《圆锥销》规定了公称直径 $d$=0.6～50mm、A 型和 B 型的圆锥销。圆锥销实际上就是一个圆台体，即将圆锥体用一个平行底面的平面去截去圆锥的顶部，得到个“一头大，一头小的圆台体”。圆锥销在机械设备上，常用来作定位销。在国标 GB/T 20331 中规定，圆锥销铰刀的公称尺寸 $d$ 不在小端，而是在离小端距离为 $c$ 的地方，如图 2-7 所示。

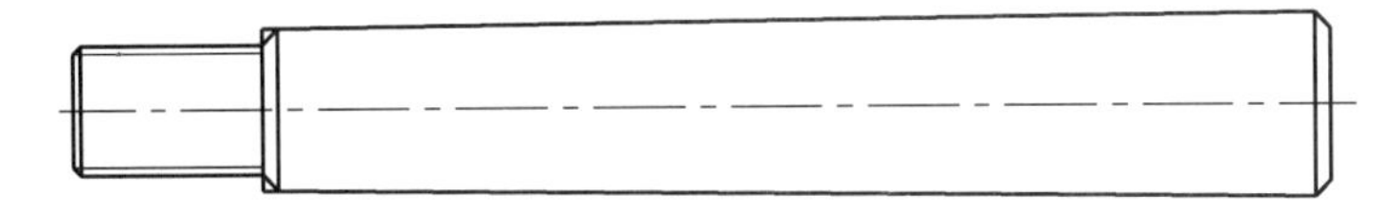

图 2-7 圆锥销简图

如果不清楚两者标准规定的区别，锥孔深度与螺尾锥销定位长度相等，或两者差小于铰刀的 *c* 值，就会造成不良情况。

泵体锥孔图样要求深 40mm，泵盖的厚度是 45mm，选用公称直径为 12mm 的锥销。

锥孔的总深度是 85mm，如果选用螺尾圆锥销的长度为 120mm，锥销的圆锥部分长度为 85mm，锥销安装后，圆锥部分就会露出泵盖的表面。直径为 12mm 的锥铰刀，$c$=10mm，不同的公称尺寸，*c* 值也不同。利用直径为 12mm 的铰刀加工出的锥孔，圆锥销永远装不到底，总会留下 10mm 的空间，所以锥销安装后，圆锥部分一定会露出表面 10mm。所以在选择锥销长度时，一定要考虑锥铰刀的尺寸 *c*。

正确选择螺尾圆锥销的长度，应首先确定锥销插入泵体的深度，然后根据锥销的公称直径，查阅锥铰刀的 *c* 值，从而确定泵体上锥孔的深度。再根据泵盖的厚度，最终确定螺尾圆锥销的长度。

如果安装螺尾圆锥销的圆锥孔不是盲孔，而是通孔（一般盲孔较多），为了保证圆锥部分既不露出表面，又不至于使螺尾露出的太少，就应该把锥孔的直径尺寸标出。锥孔的直径尺寸标注位置不同，会有不同的测量方法，测量的难度和精确度也必然不同。为了现场测量方便，一般将孔的直径尺寸标注在锥孔的小端。

这样在加工中，只需测量铰刀露出表面的长度，就能换算出锥孔小端的直径尺寸。例如，用公称尺寸为 12mm 的 1∶50 的铰刀铰孔，铰刀只要露出表面 10mm，小端直径尺寸就是 12mm。这种通过测量长度尺寸代替测量直径尺寸的方法，比直接测量孔的直径尺寸要简单方便得多，而且能满足实际要求。

用标准成形刀具加工的锥孔，可以用铰刀的铰削深度尺寸控制锥孔的直径尺寸，如果是用车削或者镗削等非标准、非成形刀具加工的锥孔，锥孔的尺寸就应根据使用要求进行标注，应该标注出锥孔的测量位置、孔的尺寸大小及公差、角度公差等。然后按照设计要求进行加工和测量，否则就不能满足设计要求。

利用圆锥销连接定位精度高、加工方便，因此在设计中经常被采用。在中开泵结构设计中，由于泵体和泵盖要把合后一起加工中道孔，并且在使用中要经常打开泵盖检查维修，锥销就要经常拔出，因此采用了螺尾圆锥销对泵体和泵盖进行定位。但在实际应用中，经常出现安装后不合理的现象，造成产品在装配、使用、维修中的不便。螺尾圆锥销安装后，圆锥部分应埋进泵盖内，螺尾部分露出足够的长度，这样在拆卸泵盖时，只需转动螺母，就能将锥销拔出，把泵盖打开。

## 2.9 填料的初步设计

填料密封是用填料堵塞泄漏通道，阻止泄漏的一种古老密封型式。填料密封主要用于动密封，也可用于静密封。它广泛应用于泵、压缩机、制冷机、搅拌机及各种阀门、阀杆的旋转密封。填料函结构设计的合理与否直接关系到产品的使用性能。

### 2.9.1 填料的常规设计

压紧填料的力（N）按式（2-55）计算：

$$Q_{YT}=\pi(D-d_f)\varPhi p_N \tag{2-55}$$

式中　$p_N$ ——公称压力，MPa；

$\varPhi$ ——填料最大轴向比压系数；

$d_f$ ——阀杆直径，mm；

$D$ ——填料压盖直径，mm。

1 断面弯矩 $M_1$(N・mm)按式（2-56）计算：

$$M_1=Q_{YT}(A-D) \tag{2-56}$$

式中　$A$ ——填料压盖两螺栓间的距离，mm；

$Q_{YT}$ ——压紧填料的力，N；

$D$ ——填料压盖直径，mm。

带孔式填料压盖断面的断面系数 $W_1$(mm$^3$)按式（2-57）计算：

$$W_1=\left[\frac{(D-r)(A-D)}{A}+r\right]b^2 \tag{2-57}$$

式中　$D$——填料压盖直径，mm；

$A$ ——填料压盖两螺栓间的距离，mm；

$r$ ——填料压盖螺孔半径，mm；

$b$ ——填料压盖厚度，mm。

开口式填料压盖断面的断面系数 $W_1$(mm$^3$)按式（2-58）计算：

$$W_1=\left(\frac{DL+Db+DD}{L}\right)H^2 \tag{2-58}$$

断面的弯曲应力 $\sigma_{W_1}$ (MPa)按式（2-59）计算：

$$\sigma_{W_1}=\frac{M_1}{W_1} \tag{2-59}$$

式中　$M_1$ ——1 断面弯矩，N・mm；

$W_1$ ——填料压盖断面的断面系数。

截面弯矩 $M_2$(N・mm)按式（2-60）计算：

$$M_2=Q_{YT}\left(\frac{A-D+d_f}{\pi}\right) \tag{2-60}$$

式中　$D$ ——填料压盖直径，mm；

$Q_{YT}$ ——压紧填料的力，N；

$d_f$ ——阀杆直径，mm。

2 断面中性轴到填料压盖上端面的距离 $Y_2$(mm)按式（2-61）计算：

$$Y_2=\frac{H^2(D-d_f)+b^2(D_1-D_2)}{2\left[H(D-d_f)+b(D_1-D_2)\right]} \tag{2-61}$$

式中　$H$ ——填料高度，mm。

2 断面中性轴的惯性矩 $I_2$(mm$^4$)按式（2-62）计算：

$$I_2=\frac{1}{3}[(D-D_1)Y_2^3+(D-d_f)(H-Y_2)^3-(D_1-D_2)(Y_2-b)^3] \tag{2-62}$$

2 断面的断面系数 $W_2$ 按式（2-63）计算：

$$W_2=\frac{I_2}{M_2} \tag{2-63}$$

式中　$I_2$ ——2 断面中性轴的惯性矩，mm$^4$；

$W_2$ ——2 断面的断面系数；

$M_2$ ——截面弯矩，N • mm。

$$M_2=\frac{I_2}{H-Y_2} \tag{2-64}$$

式中　$I_2$ ——2 断面中性轴的惯性矩，mm$^4$；

$Y_2$ ——2 断面中性轴到填料压盖上端面的距离，mm；

$H$ ——填料高度，mm。

2 断面的弯曲应力（MPa）按式（2-65）计算：

$$\sigma_{W_2}=\frac{M_2}{W_2} \tag{2-65}$$

式中　$M_2$ ——截面弯矩，N • mm；

$W_2$ ——2 断面的断面系数。

3 断面弯矩（N • mm）按式（2-66）计算：

$$M_3=Q_{YT}\left(\frac{A-D+d_f}{\pi}\right) \tag{2-66}$$

（开口式填料压盖）

$$D_3=\frac{DL+DB+D}{L} \tag{2-67}$$

（带孔式填料压盖）

$$D_3=\frac{D-rA-D-d_f}{A}+r \tag{2-68}$$

3 断面的断面系数按式（2-69）计算：

$$W_3=D_3bH \tag{2-69}$$

3 断面的弯曲应力（MPa）按式（2-70）计算：

$$\sigma_{W_3}=\frac{M_3}{W_3} \tag{2-70}$$

式中　$M_3$ ——3 断面弯矩，N • mm；

$W_3$ ——3 断面的断面系数。

## 2.9.2 LNG 蝶阀填料的选材

柔性石墨填料——柔性石墨填料在阀门中的应用较为广泛，有如下优良性能：

① 独特的柔韧性以及回弹性，制作切口填料可以自由沿轴向弯曲 90° 以上，使用中不会因温度压力变化，震动等因素而引起泄漏，因而安全可靠，是理想的密封材料。

② 耐温性能好。低温可应用于-200℃，在高温氧化性介质中可用到 500℃，在非氧化性介质可应用到 2000℃，并能保持优良的密封性。

③ 耐腐蚀性强。对酸、碱类、有机溶剂、有机气体及蒸汽均有良好的耐腐蚀性。不老化，不变质，除强氧化性介质（硝酸）、发烟硫酸、铬酸、卤素等外，能耐一切介质的腐蚀。

④ 摩擦系数低，自润性良好。

⑤ 对气体及液体具有优良的不渗透性。

⑥ 使用寿命长，可反复使用。

柔性石墨在石油、化工、发电、化肥、医药、造纸、机械、冶金、宇航和原子能等工业中得到广泛的应用，柔性石墨填料一般可压制成型。适用公称压力≤32MPa。

## 2.9.3 LNG 蝶阀填料的结构

LNG 超低温蝶阀填料结构简图如图 2-8 所示。

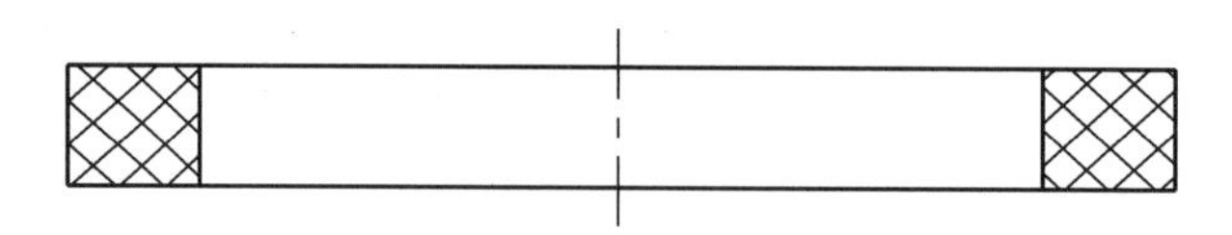

图 2-8　LNG 超低温蝶阀填料结构简图

## 2.9.4 填料强度校核设计条件

工作介质：液化天然气；

设计压力：4.6MPa；

设计流量：3200m³/d

设计温度：-162℃；

填料最大轴向比压系数 $\Phi$：3.02；

填料直径 $d_f$：75mm；

填料压盖 $D$：125mm；

填料压盖 $D_1$：80mm；

填料压盖 $D_2$：115mm；

填料压盖 $d_1$（带孔式）：82mm；

填料压盖 $d_0$（带孔式）：22mm；

填料压盖 $A$：150mm；

填料压盖 $H$：43mm

填料压盖 $h_1$：5mm；

填料压盖 $h_2$：35mm；

填料压盖 $h_3$：37.77mm；

填料压盖 $b$：12.5mm；

填料压盖 $r$：5mm。

## 2.9.5　填料强度校核计算

设计压力 $p_N$=4.6MPa，填料压盖 $D$=125mm，填料最大轴向比压系数 $\Phi$=3.02，填料直径 $d_f$=75mm 代入式（2-55），故压紧填料的力为：

$$Q_{YT}=\pi(D^2-d_f^2)\Phi p_N=\pi(125^2-75^2)\times3.02\times4.6=436208.8\text{N}$$

填料压盖 $D$=125mm，压紧填料的力 $Q_{YT}=436208.8\text{N}$，填料压盖 $A$=150mm 代入式（2-56），则 1 断面弯矩为：

$$M_1=Q_{YT}(A-D)=436208.8\times(150-125)=10905220\text{N}\bullet\text{mm}$$

将填料压盖 $r$=55mm，填料压盖 $D$=125mm，填料压盖 $b$=12.5mm，填料压盖 $A$=150mm 代入式（2-57），则带孔式填料压盖断面的断面系数为：

$$W_1=\left[\frac{(D-r)(A-D)}{A}+r\right]b^2=\left[\frac{(125-55)\times(150-125)}{150}+55\right]\times12.5^2=10416.67\text{mm}^3$$

将带孔式填料压盖断面的断面系数 $W_1$=10416.67mm$^3$；1 断面弯矩 $M_1=10905220\text{N}\bullet\text{mm}$ 代入式（2-59），则断面的弯曲应力为：

$$\sigma_{W_1}=\frac{M_1}{W_1}=\frac{10905220}{10416.67}=1046.9\text{MPa}$$

将压紧填料的力 $Q_{YT}=436208.8\text{N}$，填料压盖 $A$=150mm，填料压盖 $D$=125mm，填料直径 $d_f$=75mm 代入式（2-60），则 2 截面弯矩为：

$$M_2=Q_{YT}\left(\frac{A-D+d_f}{\pi}\right)=436208.8\times\left(\frac{150-125+75}{\pi}\right)=13892.0\text{N}\bullet\text{mm}$$

将填料压盖 $H$=43mm，填料压盖 $b$=12.5mm，填料压盖 $D$=125mm，填料压盖 $D_1$=80mm，填料压盖 $D_2$=115mm，填料直径 $d_f$=75mm 代入式（2-61），则 2 断面中性轴到填料压盖上端面的距离为：

$$Y_2=\frac{H^2(D-d_f)+b^2(D_1-D_2)}{2[H(D-d_f)+b(D_1-D_2)]}=\frac{43^2\times(125-75)+12.5^2\times(80-115)}{2\times[43\times(125-75)+12.5\times(80-115)]}=25.4\text{mm}$$

填料压盖 $H$=43mm，填料压盖 $b$=12.5mm，填料压盖 $D$=125mm，填料压盖 $D_1$=80m，填料压盖 $D_2$=115m，填料直径 $d_f$=75mm，2 断面中性轴到填料压盖上端面的距离 $Y_2$=0.93mm 代入式（2-62），则 2 断面中性轴的螺性距 $I_2$ 为：

$$\begin{aligned}I_2&=\frac{1}{3}[(D-D_1)Y_2^3+(D-d_f)(H-Y_2)^3-(D_1-D_2)(Y_2-b)^3\\&=\frac{1}{3}\times(125-80)\times25.4^3+(125-75)\times(43-25.4)^3-(80-115)\times(25.4-12.5)^3]\\&=361713.6\text{mm}^4\end{aligned}$$

将 2 断面中性轴的惯性距 $I_2$=361713.6mm，2 截面弯矩 $M_2=13892.0\text{N}\bullet\text{mm}$ 代入式（2-64），则 2 断面的断面系数为：

$$W_2=\frac{I_2}{H-Y_2}=\frac{361713.6}{43-25.4}=20551.91\text{mm}$$

将填料压盖 2 断面的断面系数 $W_2=20551.91\text{mm}^3$，2 截面弯矩 $M_2=13892.0\text{N}\cdot\text{mm}$ 代入式（2-65），则 2 断面的弯曲应力为：

$$\sigma_{W_2}=\frac{M_2}{W_2}=\frac{13892.0}{20551.91}=0.68\text{MPa}$$

将填料压盖 $A$=150mm，填料压盖 $D$=125mm，压紧填料的力 $Q_{YT}=436208.8\text{N}$，填料直径 $d_f$=75 mm 代入式（2-66），则 3 断面弯矩为：

$$M_3=Q_{YT}\left(\frac{A-D+d_f}{\pi}\right)=436208.8\times\left(\frac{150-125+75}{\pi}\right)=13892000\text{N}\cdot\text{mm}$$

将填料压盖 $A$=150mm，填料压盖 $D$=125mm，填料压盖 $r$=55mm，填料直径 $d_f$=75mm 代入式（2-68），则 3 端面的长度为：

$$D_3=\frac{(D-r)(A-D-d_f)}{A}+r=\frac{(125-55)\times(150-125-75)}{150}+55=31.7\text{mm}$$

填料压盖 $b$=12.5mm，3 端面的长度 $D_3$=31.7mm，填料压盖 $H$=43mm 代入式（2-69），则 3 断面的断面系数为：

$$W_3=D_3bH=31.7\times12.5\times43=17038.75\text{mm}^3$$

将填料压盖 2 断面的断面系数 $W_3=17038.75\text{mm}^3$，2 截面弯矩 $M_3=13892000\text{N}\cdot\text{mm}$ 代入式（2-70），则 3 断面的弯曲应力为：

$$\sigma_{W_3}=\frac{M_3}{W_3}=\frac{13892000}{17038.75}=815.32\text{MPa}$$

填盖压板的许用应力 $[\sigma_W]$ 查表可得 $\sigma_{W_1}$，$\sigma_{W_1}<[\sigma_W]$，故合格。

# 2.10 传热计算

## 2.10.1 传热机理的设计计算

当管道内有温度不同于周围环境温度的工质流动时，管内流体就要通过管壁与管外的保温层向外发散热量。若阀门泄漏量不变，一段时间后传热趋于稳定，散发热量与管壁温度维持为一定值。其传热机理如图 2-9 所示。图中，$t>t_1>t_2>t_3>t_a$，分别为工质、管道内壁、管道外壁、保温层外壁及环境空气的温度。热量沿径向从管内流体以对流换热方式传递给管道内壁，然后以导热方式从内壁传递至管外壁，再以导热方式从管外壁传递至保温层外壁，最后以对流换热方式传递给周围空气。传递热量的大小与工质的温度和流速有关。

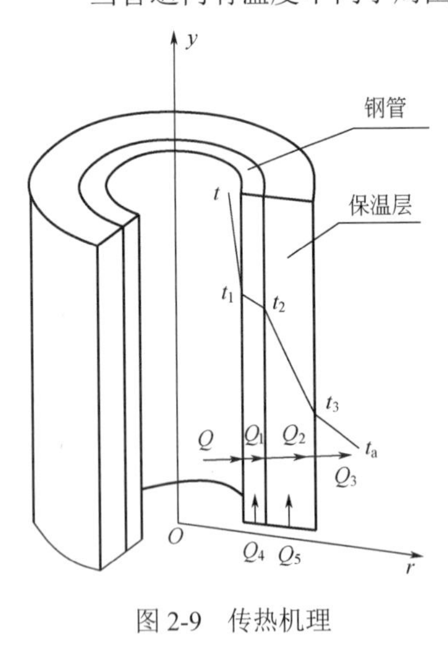

图 2-9 传热机理

由于沿工质流动方向（图 2-9 中的 $y$ 方向）温度逐渐下降，因此沿管壁和保温层纵向也存在导热热量传递。对管壁纵向温度梯度最大的进口段的壁温测试结果表明：沿管道纵向的管壁导热热量很小，在计算中可以忽略。如某工况下，主汽温度为 538℃，距进口 2.5m 与 7.5m 处的管壁温度测试值分别为 425℃与 337℃。由于钢材的热导率较大，壁厚 11mm 的钢管内外壁的温差仅 0.1℃，取钢管内外壁温度近似相等。以进口处 5m 为控制体进行计算，由管壁纵向导热而散发的热量为$Q_4$=0.3640 W，而总的放热热量为$Q_3$=425.988W，$Q_4$仅为$Q_3$的 0.085%。沿轴向，管壁前后温度梯度逐渐减小。若管内泄漏量增大，工质对管壁的传热量增加，管道的轴向温度梯度减小，纵向导热量更小。由于纵向导热量更小，可忽略不计。保温层的热导率也可不计。

管内工质通过管壁和保温层以对流-导热-导热-对流 4 种方式向外传热，忽略管壁和保温层的纵向导热后，上述 4 种方式长度的热量相等，即$Q=Q_1=Q_2=Q_3$，由于工质对管壁的放热系数与工质流速成正比，所以可根据阀前管道外壁温度$t_2$、周围环境温度$t_a$、管内流体压力$P$和进口工质温度$t_0$来近似计算管道的散热量，从而计算管内流体的流动速度与流量，得到阀门的泄漏量。

管道纵向温度梯度不大，当所取计算控制体足够短时，壁面温度可取其平均值，则管壁与保温层的散热近似为单层均质圆筒壁导热问题，热量传递的计算公式为：

$$Q=\frac{2\pi kl\Delta t}{\ln\frac{d_2}{d_1}} \tag{2-71}$$

式中 $k$ ——管壁或保温层的热导率，W/(m • K)；

$\Delta t$ ——内外壁的温度差，℃；

$d_1$ ——管壁或保温层的内径，m；

$d_2$ ——管壁或保温层的外径，m；

$l$ ——管壁或保温层的长度，m。

对流换热传递热量计算公式为：

$$Q=\frac{Nuk_{\mathrm{f}}}{d_{\mathrm{e}}}F\Delta t \tag{2-72}$$

式中 $k_{\mathrm{f}}$ ——流体的热导率，W/(m • K)；

$d_{\mathrm{e}}$ ——管道的当量直径，m；

$F$ ——换热面积，$m^2$；

$\Delta t$ ——传热温差，℃；

$Nu$ ——努塞尔数。

工质为蒸汽或水时，对管道内壁的传热为管内受迫对流放热，其努塞尔特数关系式如式（2-73）所示。

层流时采用 Hausen 方程：

$$Nu=3.66+\frac{0.0688\frac{d}{L}RePr}{1+0.04\left[\left(\frac{d}{L}\right)RePr\right]^{\frac{2}{3}}} \tag{2-73}$$

湍流时采用 Sieder-Tate 方程：

$$Nu=0.027\,\mathrm{Re}^{0.8}\,\mathrm{Pr}^{1/3}\left(\frac{\mu}{\mu W}\right)^{0.14} \tag{2-74}$$

当阀门泄漏量较小时，靠近阀门管段内工质降至饱和温度，蒸汽开始凝结，管内蒸汽不完全凝结时平均努塞尔特数关系式为：

$$Nu=\frac{ad}{\lambda_t}=0.012Re_v^{0.8}Pr_t^{0.43}\left[\sqrt{1+x_1\left(\frac{\rho_t}{\rho_v}-1\right)}+\sqrt{1+x_2\left(\frac{\rho_t}{\rho_v}-1\right)}\right] \tag{2-75}$$

$$Re_v=\frac{W_v d}{\lambda_t} \tag{2-76}$$

式中　$\rho_t$ ——饱和水的密度，$kg/m^3$；

$\lambda_t$ ——饱和水的热导率；

$Pr_t$ ——饱和水的普朗特数；

$\rho_v$ ——饱和蒸汽的密度，$kg/m^3$；

$x_1$、$x_2$ ——计算控制体进出口的蒸汽干度。

为减少散热损失，关闭窗户后室内风速极低，保温层外壁向周围环境传递热量是以自然对流的方式进行。反应流动特性的准则数在 $Gr\,Pr=10^5\sim10^{10}$ 的范围。其水平与竖直圆柱自然对流换热的准则方程式为：

当 $10^1<Gr\,Pr<10^9$ 时：

$$Nu=0.53(GrPr)^{0.25} \tag{2-77}$$

当 $10^9<Gr\,Pr<10^{12}$ 时：

$$Nu=0.13(GrPr)^{1/3} \tag{2-78}$$

## 2.10.2　保冷层的设计计算

保冷层的绝热方式采用高真空多层绝热，所选用的材料性能如表 2-3 所示。

表 2-3　所选材料性能参数表

| 绝热形式 | 绝热材料 | 表观热导率/[W/(m・K)] | 夹层真空度/Pa |
|---|---|---|---|
| 高真空多层绝热 | MLI，镀铝薄膜 | 0.06 | 0.005 |

根据工艺要求确定保冷计算参数，当无特殊工艺要求时，保冷厚度应采用最大允许冷损失量进行计算并用经济厚度调整，保冷的经济厚度必须用防结露厚度校核。

2.10.2.1　按最大允许冷损失量进行计算

此时，绝热层厚度计算中，应使其外径 $D_1$ 满足式（2-79）要求：

$$D_1\ln\frac{D_1}{D_0}=2\lambda\left[\frac{(T_0-T_a)}{[Q]}-\frac{1}{\alpha_s}\right] \tag{2-79}$$

式中　$[Q]$——以每平方米绝热层外表面积为单位的最大允许冷损失量（为负值），$W/m^2$；保温时，$[Q]$应按附录取值；保冷时，$[Q]$为负值；当 $T_a-T_d\leqslant4.5$ 时，$[Q]=-(T_a-T_d)\alpha_s$；当 $T_a-T_d>4$ 时，$[Q]=-4.5\alpha_s$；

$\lambda$ ——绝热材料在平均温度下的热导率，W/(m・℃)，取 0.05 W/(m・℃)；

$\alpha_s$ ——绝热层外表面向周围环境的放热系数，$W/(m^2\cdot℃)$；

$T_0$ ——管道或设备的外表面温度，℃；

$T_a$ ——环境温度，℃；

$D_1$ ——绝热层外径，m；

$D_0$ ——阀体外径，m。

由 GB 50264—1997 查得：兰州市内最热月平均相对湿度 $\psi$=61%，最热月环境温度 $T$=30.5℃，$T_d$ 为当地气象条件下最热月的露点温度（℃）。$T_d$ 的取值应按 GB 50264—97 的附录 C 提供的环境温度和相对湿度查有关的环境温度相对湿度露点对照表（$T_a$、$\psi$、$T_d$ 表）而得到，查 $h$-$d$ 图知，露点温度 $T_d$=22.2℃，当地环境温度 $T_a$=30.5℃，$T_a-T_d$=8.3℃。所以 $T_a-T_d$>4.5℃，$[Q]=-4.5\alpha_s$。

根据 GB 50264 查得，$\alpha_s$=8.141W/(m²·℃)，所以$[Q]$=−4.5×8.141=−36.63W/(m²·℃)，则

$$D_1\ln\frac{D_1}{D_0}=D_1\ln\frac{D_1}{0.3+0.016}=2\times0.05\times\left[\frac{(-162-30.5)}{-36.63}\times\frac{1}{8.141}\right]$$

得

$$D_1=0.376\text{m}$$

所以保温层的厚度为：

$$\delta=\frac{1}{2}(D_1-D_0)=\frac{1}{2}\times(0.376-0.316)=30\text{mm}$$

2.10.2.2　按防止绝热层外表面结露进行计算

单层防止绝热层外表面结露的绝热层厚度计算中应使绝热层外径 $D_1$ 满足式（2-80）的要求：

$$D_1\ln\frac{D_1}{D_0}=\frac{2\lambda}{\alpha_s}\times\frac{T_d-T_0}{T_a-T_d}\tag{2-80}$$

式中　$\lambda$——绝热材料在平均温度下的热导率，W/(m·℃)，取 0.05 W/(m·℃)；

$\alpha_s$——绝热层外表面向周围环境的放热系数，W/(m²·℃)；

$T_0$——管道或设备的外表面温度，℃；

$T_a$——环境温度，℃；

$D_1$——绝热层外径，m；

$D_0$——内筒体外径，m；

$T_d$——当地气象条件下最热月的露点温度，°C。

$$D_1\ln\frac{D_1}{0.316}=\frac{2\times0.05}{8.141}\times\frac{22.2-162}{30.5-22.2}=0.207$$

得 $D_1$=0.336 m，则保温层的厚度为：

$$\delta=\frac{1}{2}(D_1-D_0)=\frac{1}{2}\times(0.336-0.316)=20\text{mm}$$

综上所述，保冷层厚度取整得 $\delta$=20mm。所选保温材料的层密度为 50/20 层/mm，故保温层的层数为 50/20×20=50，取 50 层。

## 2.10.3　蝶阀最小泄放面积计算

取蝶阀的动作压力等于设计压力，即 $p$=4.6MPa，容器超压限度为 4700kPa。

根据 GB 150 附录 B 及压力容器安全技术监察规程附件五安全阀和爆破片的设计计算，有完善的绝热保温层的液化气体压力容器的安全泄放量按式（2-81）计算：

$$W_s = \frac{2.61(650-t)\lambda A_r^{0.82}}{\delta q} \tag{2-81}$$

式中 $W_s$——压力容器安全泄放量，kg/h；

$q$——在泄放压力下液化气体的汽化潜热，kJ/kg，查表得：

$$q = 96\text{kcal/kg} = 96\times10^3\times4.18\ \text{J/kg} = 111.47(\text{W}\cdot\text{h})/\text{kg}$$

$\lambda$——常温下绝热材料的热导率，kJ/(m·h·℃)；

$\delta$——保温层厚度，m；

$t$——泄放压力下的饱和温度，℃取−120℃，即 153.15K；

$A_r$——内容器受热面积，$m^2$，对于椭圆形封头的卧式容器。

$$A_r = \pi D_0(L+0.3D_0) \tag{2-82}$$

式中 $D_0$——内容器的外径，m；

$L$——压力容器总长，m。

代入式（2-82）中得

$$A_r = \pi D_0(L+0.3D_0) = \pi\times0.316\times(13.252+0.3\times0.316)=13.25\text{m}^2$$

$$W_s = \frac{2.61\times(650-153.15)\times0.03\times13.25}{0.09\times111.47}=46.701\text{kg/h}$$

## 2.10.4 爆破片的设计计算

内容器的爆破片需要并联安装两只。爆破片的最小排放面积如式（2-83）计算：

$$A = \frac{W_s}{7.6\times10^{-2}CK'p_b\sqrt{\frac{M}{ZT}}} = \frac{395.226}{7.6\times10^{-2}\times356\times0.73\times(1.15+0.065)\sqrt{\frac{16}{0.813\times111.15}}} \tag{2-83}$$

$$=39.12\text{mm}^2$$

式中 $C$——气体特性系数，由气体绝热指数 $k$=1.4 可查得 $C=356$；

$K'$——爆破片的额定泄放系数，取平齐式接管，$K'$=0.73；

$A$——爆破片的最小排放截面积，$mm^2$；

$p_b$——爆破片的设计爆破压力，MPa；确定一个高于容器工作压力 $p_w$ 的“最低标定爆破压力”$p_{bmin}$，爆破片的设计压力 $p_b$ 等于 $p_{bmin}$ 加所选爆破片制造范围下限 0.065；

$T$——爆破片排放时的液化天然气温度，K；

$Z$——液化天然气在操作温度压力下的压缩系数，查图可得 $Z$=0.825，所以

$$d = \sqrt{\frac{4A}{\pi}} = \sqrt{\frac{4\times39.12}{\pi}} = 7.0576\text{mm}$$

取爆破片的最小几何流道直径 $d$=8mm。

由于 LNG 是易燃易爆的介质，因此爆破片选用爆破不会产生火花的正拱形槽型爆破片，材料选用 0Cr18Ni9，夹持器选用 LJC 型夹持器。其安装使用如图 2-10 所示。

## 2.10.5　测温装置的选型

槽车的设计压力为 1.1MPa，由此可得罐内 LNG 的最大可能工作温度区间为−162.3～−120.85℃，由手册查得镍铬-考铜热电偶温度计的测温范围为 70～300K，即为−203～27℃。此槽车选用镍铬-考铜热电偶温度计作为温度测量装置，并采用自动电子电位差计测量热电偶的热电势。热电偶温度计具有体积小，结构简单，安装使用方便，便于远距离测量和集中控制等优点。其安装使用如图 2-11 所示。

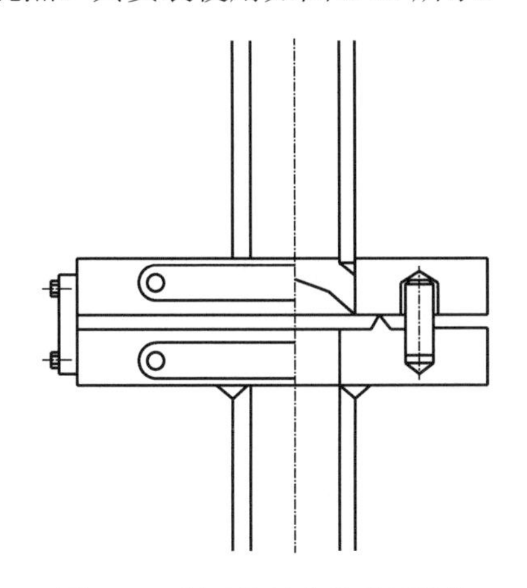

图 2-10　爆破片的安装使用结构

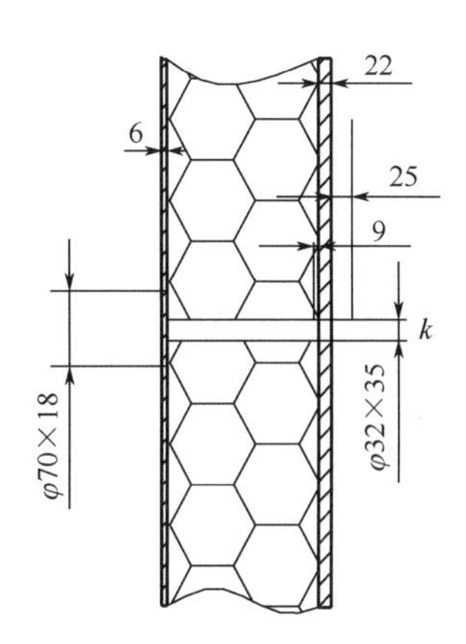


图 2-11　热电偶的安装使用结构

## 2.10.6　液位测量装置的选型

液位计需在低温下工作，所用的液位计必须满足低温工况的要求，可以选用差压计液面指示仪，差压计液面指示仪是以容器内低温液体液面升降时产生的液柱高度，等于容器气相空间和底部液相静压力之差为原理，通过测量静压力差的大小，来确定被测液体液面的高低。由于蝶阀阀体完全充满 LNG 时所产生的液柱静压力为：

$$p = \rho gh = 450 \times 9.81 \times 0.3 = 1324.35\text{Pa}$$

所以选用型号为 CGS-50 的差压计液面指示仪。

## 2.10.7　滴水盘的安装位置

滴水盘表面结露后，冷凝水会流入保冷层，加快保冷层的腐蚀和破坏，因此，为了保证滴水盘表面不结露，要求滴水盘表面的温度高于空气中水蒸气的露点温度。根据滴水盘的温度场函数可以看出，滴水盘表面的温度在径向的方向逐渐增高，故此，为了满足这一条件，只需保证滴水盘的基部温度与空气中水蒸气的露点温度 $t_1$ 相等即可，即当 $z=L_b$，$r=r_1$，$t=t_1$ 时得：

$$p = \rho gh = 450 \times 9.81 \times 0.3 = 1324.35\text{Pa}$$

$$\Theta(r_1, L_b) = \frac{2h_c J_0(\rho_1 r)}{r_1(\rho_1^2 \lambda + h_c)} \times \frac{\rho_1 \operatorname{ch}[\rho_1(L - L_b)] + \dfrac{h_d}{\lambda}\operatorname{sh}[\rho_1(L - L_b)]}{\rho_1 \operatorname{ch}(\rho_1 L) + \dfrac{h_d}{\lambda}\operatorname{sh}(\rho_1 L)} = \frac{t_\infty - t_1}{t_\infty - t_0} \tag{2-84}$$

移项整理得：

$$e^{2\rho_1(L-L_0)}+\frac{r_1[\lambda\rho_1\operatorname{ch}(\rho_1 L)+h_d\operatorname{sh}(\rho_1 L)](\rho_1^2\lambda+h_c)(t_\infty-t_1)}{h_c(t_\infty-t_0)(\lambda\rho_1+h_d)}e^{\rho_1(L-L_b)}+\frac{(\lambda\rho_1-h_d)}{(\lambda\rho_1+h_d)}=0$$

令 $Y=e^{\rho_1(L-L_b)}$ 作变量替换，解上式得：

$$Y=\frac{r_1(9\lambda\rho_1+h_c)(t_\infty-t_1)[\rho_1\lambda\operatorname{ch}(\rho_1 L)+h_d\operatorname{sh}(\rho_1 L)]}{2h_c(t_\infty-t_0)(\rho_1\lambda+h_d)}\pm\frac{\sqrt{\left(\frac{r_1(\rho_1^2\lambda+h_c)(t_\infty-t_1)[\rho_1\lambda\operatorname{ch}(\rho_1 L)+h_d\operatorname{sh}(\rho_1 L)]}{h_c(t_\infty-t_0)}\right)^2-4[(\rho_1\lambda)^2-h_d^2]}}{2(\rho_1\lambda+h_d)} \tag{2-85}$$

其中，负号在实例计算中将会使得滴水盘的安装位置高于阀盖的最小长度，与实际不符，故舍去，最终得到满足滴水盘表面不结露的条件时，滴水盘在阀盖上的安装位置为：

$$L_b=L-\frac{\ln Y}{\rho_1} \tag{2-86}$$

其中

$$Y=\frac{r_1(9\lambda\rho_1+h_c)(t_\infty-t_1)[\rho_1\lambda\operatorname{ch}(\rho_1 L)+h_d\operatorname{sh}(\rho_1 L)]}{2h_c(t_\infty-t_0)(\rho_1\lambda+h_d)}+\frac{\sqrt{\left(\frac{r_1(\rho_1^2\lambda+h_c)(t_\infty-t_1)[\rho_1\lambda\operatorname{ch}(\rho_1 L)+h_d\operatorname{sh}(\rho_1 L)]}{h_c(t_\infty-t_0)}\right)^2-4[(\rho_1\lambda)^2-h_d^2]}}{2(\rho_1\lambda+h_d)} \tag{2-87}$$

## 2.11 设计结果汇总

综上，LNG 蝶阀的设计结果汇总如表 2-4 所示。

**表 2-4　LNG 蝶阀设计结果汇总表**

| 名称 | 数值 | 单位 |
| --- | --- | --- |
| 腐蚀裕度 | 0.1 | mm |
| 焊接接头系数 | 1 | |
| 蝶板端至轴套的距离 | 245 | mm |
| 保冷层厚度 | 50 | mm |
| 阀体壁厚 | 20 | mm |
| 密封面内径 | 95 | mm |
| 密封面外径 | 110 | mm |
| 阀座密封面宽度 | 7.5 | mm |
| 蝶板直径 | 385 | mm |
| 蝶板壁厚 | 29.5 | mm |
| 蝶板外径 | 212 | mm |

续表

| 名称 | 数值 | 单位 |
|---|---|---|
| 蝶板中心处最大厚度 | 50 | mm |
| 蝶板与阀杆配合孔长度 | 125 | mm |
| 蝶板与阀杆配合孔直径 | 30 | mm |
| 支架的设计高度 | 200 | mm |
| 支架的长度 | 300 | mm |
| 填料直径 | 75 | mm |
| 填料压盖 $D$ | 125 | mm |
| 填料压盖 $A$ | 150 | mm |
| 填料压盖 $H$ | 43 | mm |
| 填料压盖 $r$ | 55 | mm |
| 保冷层厚度 | 10 | mm |
| 爆破片片数 | 2 | 片 |

## 参考文献


[1] 敬加强，梁光川．液化天然气技术问答［M］．北京：化学工业出版，2006.

[2] 朱培元．蝶阀设计技术及图册［M］．北京：机械工业出版社，2011.

[3] 魏巍，汪荣顺．国内外液化天然气输运容器发展状态［J］．低温与超导，2005，(02)：40-41.

[4] 董大勤，袁凤隐．压力容器设计手册（第二版）［M］．北京：化学工业出版社，2014.

[5] JB/T 4700-4707—2000.

[6] GB 150—2005.

[7] HG/T 20592-20635—2009.

[8] JB/T 4712．1-4712．4—2007.

[9] JB/T 4736—2002.

[10] JB/T 7749—1995.

[11] GB/T 24925—2010.

[12] BS6364.

[13] MSSSP 134—2006.

[14] 吴荣堂，唐勇，孙晔，等．LNG 船用超低温阀门设计研究［J］．船舶工程，2010，32（S2）：73-78.

[15] 陈绍荣．LNG（液化天然气） 低温阀门的研制．空分设备技术交流论文集［C］．北京：中国通用机械工业协会气体分离设备分会，2005：115-120.

[16] H．T．洛马宁柯．低温阀［M］．北京：机械工业出版社，1986.

[17] 蔡慧君．低温阀门［J］．阀门，1992，2：34-36.

[18] 杨世铭，陶文铨．传热学［M］．北京：高等教育出版社，2008.

[19] 鹿彪，张丽红．低温阀门的设计与研制［J］．流体机械，1994，22（4）：1-5.

[20] 丁建春，石朝锋，马飞．低温阀门复合载荷变形分析［J］．真空与低温，2011，(增刊 1)：115-118.

[21] 彭楠，熊联友，陆文海，等．低温节流阀设计与计算［J］．低温工程，2006，153（05）：32-34.

[22] 张周卫，汪雅红，张小卫，等．LNG 蝶阀．2014100675187［P］，2014-02-27.

# 第3章 LNG球阀设计计算

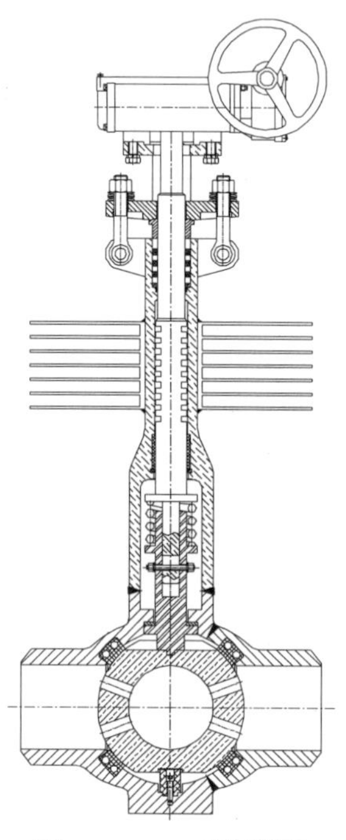

图 3-1 LNG 球阀简图

阀门是一种在液体运输系统中不可或缺的部件，其主要的作用是对运输的液体进行引导流动方向、调节液体流动速度、控制是否液体流动、运输中防止液体泄漏等，而超低温阀门是一种特殊材质制成的阀门，普通的阀门主要考虑防腐蚀，但是对于 LNG 超低温阀门则需要在考虑防腐蚀的前提下，还需要考虑-162℃低温的影响，一般材质在这种低温下很难保持好韧性以及好的稳定性，在如此低的温度下一般的材质稳定性不够，容易发生变形，从而导致阀门出现裂缝，出现液化天然气泄漏的情况。LNG 球阀是主要用于乙烯，液化天然气 LPG、LNG 储罐，接受基地及卫星站，空分设备，石油化工为其分离设备，液氧、液氮、液氩、二氧化碳低温贮槽及槽车、变压吸附制氧等装置上，用来对低温介质 LNG 进行开启和关闭的阀门。LNG 球阀简图如图 3-1 所示。

## 3.1 概述

### 3.1.1 国内外研究现状

随着时代的发展，进入 21 世纪以后，生产和制造技术有了显著的优化提高，同时，技术人员大都通过计算机技术对产品进行研发和控制优化，在很大程度上提高了设计速度和更新周期。目前，全球的控制阀门市场如同大部分工业品一样被三个经济体瓜分，分别是以美国为代表的北美经济体，以德国、英国、法国为代表的欧盟地区和以日本为代表的亚太地区。德国在二战之后迅速恢复经济，其产品通过优良的质量迅速占领市场。德国企业一般都属于专业性很强的公司，在某一类产品的研究、设计和制造方面都有自己的特色。日本作为世界第二经济体，其中阀门类产品由于价格适中，质量较好，迅速占领了中国中低端市场。目前我国关于球阀的生产企业大多规模小、科研能力弱，大多通过参考外国产品进行设计生产，其主要原因是技术投入资金不足，科研人员数量不足，所以在国内很多的大型工程招标中大多被外国阀门企业所垄断。

随着国际石油价格不断攀高、石油和煤炭对环境负面影响日益严重，天然气以其高效、环保等特性，逐渐成为第一能源。为方便储存和运输，将天然气进行液化，压缩成液化天然气（LNG），在能源动力、环保汽车燃料、燃气错峰等方面应用广泛。目前LNG产业装置朝高参数化、大型化不断发展，作为其关键配套设备之一的大口径LNG超低温阀门，在设计时缺乏理论研究和标准依据，且在实践中使用经验较少，易出现过冷冲击及阀座泄漏等问题。在超低温环境下，LNG阀门的温度分布、低温热应力及密封性能是保证阀门安全运行的关键因素。

### 3.1.2 主要内容、方法

LNG球阀是最为新型阀门品种之一，关于它的设计方案少之又少，本文的主要研究内容包括对其结构的设计。LNG球阀的设计要求保证合适的强度和刚度，从而保证LNG球阀的生命和稳定性。本设计主要以$DN$为300mm，$p$为4.6MPa的LNG球阀，进行结构设计，强度校核，以及关键零部位的分析，同时进行三维建模。设计的研究内容和方法主要包括：

（1）设计LNG球阀结构并进行强度校核

通过设计手册对球阀的结构进行设计，主要包括阀体、阀杆、阀芯以及省力机构的选用与设计，并对其受力分析，然后在确定材料后进行强度校核。

（2）建立LNG球阀的三维模型

通过Solidworks三维软件对球阀零件进行实体建模，并进行装配。

## 3.2 阀体设计与计算

### 3.2.1 阀体的功能

阀体是阀门中最重要的零件之一，阀体的重量通常占这个阀门总重量的70%左右。

阀体的主要功能有：

① 作为工作介质的流动通道。

② 承受工作介质压力、温度、冲蚀和腐蚀。

③ 在阀体内部构成一个空间，设置阀座，以容纳启闭件，阀杆等零件。

④ 在阀体端部设置连接结构，满足阀门与管道系统安装使用要求。

⑤ 承受阀门启闭载荷和在安装使用过程中因温度变化、振动、水击等影响所产生的附加载荷。

⑥ 作为阀门总装配的基础。

### 3.2.2 确定球阀结构

球阀结构形式的对比：

（1）浮动球阀的结构

① 球体由阀杆控制自由地浮动在两阀座密封圈中旋转、密封，靠加给两阀座密封圈的

预紧力和介质的压力将球体压紧在出口端的阀座密封圈上属单面强制密封。

② 除球体自重外，还承受工作介质的全部载荷，球体和阀座的密封比压与介质压力有关。

优点：结构相对简单，质量轻。

缺点：阀座密封面不管是采用金属还是非金属材料，都必须有足够的强度，能够承受高的密封比压；装配时预紧力不易控制。

操作力矩大，适用于中、低压较小口径的阀门。

（2）固定球阀的结构

① 球体与上、下阀杆连成一体得以固定，不会移动，阀杆上可装轴承，减小摩擦。

② 支承力从阀座密封圈传递到球体的阀杆上，操作力矩小，可活动阀座在介质压力的作用下使密封圈压紧在球体上，起密封作用。

优点：操作力矩小，适用于高压、大口径的阀门。

缺点：结构较浮动球阀复杂；质量较浮动球阀重。

因此，适用于高压、大口径的阀门。

综上所述，根据设计工况，本章设计球阀结构采用固定球阀结构。

### 3.2.3 确定阀体设计材料

根据工作介质的性质确定合适的材料，保证材料有足够的耐腐蚀性，并具有可靠的强度和刚度。材料的选择见表3-1。

### 3.2.4 内径的确定

$$Q=\frac{1}{4}\pi d^2 v \tag{3-1}$$

式中 $Q$——LNG流量，取3200m³/d；

$d$——管道内径，mm；

$v$——管道内流体的速度，取1.8m/s。

假定管内流速为1.8m/s，

$$d=\sqrt{\frac{4Q}{3600\times 24\pi v}}=1000\times\sqrt{\frac{4\times 3200}{3600\times 24\times\pi\times 1.8}}=162\text{mm}$$

查《阀门设计手册》表得：取 $d=150\text{mm}$，

$$v=\frac{4Q}{3600\times 24\pi d^2}=\frac{4\times 3200}{3600\times 24\times\pi\times 0.15^2}=2.1\text{m/s}$$

表3-1 阀门各部件材料选择

| 零件名称 | 材料 | | |
|---|---|---|---|
| | 名称 | 编号 | 标准号 |
| 阀体、阀盖、阀座、启闭件、摇杆、阀座、启闭件的密封面 | 奥氏体不锈钢 | ZG0Cr18Ni9、ZG1Cr18Ni9 | GB2100 |
| | | ZG0Cr18Ni9Ti、ZG1Cr18Ni9Ti | |
| | 奥氏体不锈钢 | 0Cr18Ni9、1Cr18Ni9 | GB1220 |
| | | 0Cr18Ni9Ti、1Cr18Ni9Ti | |
| 螺母、阀杆螺母、双头螺母、阀杆、销轴 | 奥氏体不锈钢 | 0Cr18Ni9、1Cr18Ni9 | |
| | | 0Cr18Ni9Ti、1Cr18Ni9Ti | |

续表

| 零件名称 | 材料 | | |
|---|---|---|---|
| | 名称 | 编号 | 标准号 |
| 填料、垫片 | 聚四氟乙烯 | SFT-1，SFT-2，SFT-3，SFT-4 | HG2—538 |
| | 浸聚四氟乙烯石棉绳 | — | — |
| | 柔性石墨 | — | — |
| 手轮 | 可锻铸铁 | KTH330-08、KTH350-10 | GB5679 |
| | 球墨铸铁 | QT400-15、QT450-10 | GB12227 |
| | 碳钢 | A5 | GB700 |
| | | WCC | GB12229 |

## 3.2.5　最小壁厚的确定

由于最小壁厚不能直接从设计标准中查出，故采用插入法进行计算。

$$t_m=t_{m1}+\frac{PN-PN_1}{PN_2-PN_1}(t_{m2}-t_{m1}) \tag{3-2}$$

查《阀门设计手册》。

式中　$t_m$——计算的阀体壁厚，mm；

$PN$——阀门公称压力，MPa；

$PN_1$——最小壁厚表中公称压力（小值），MPa；

$PN_2$——最小壁厚表中公称压力（大值），MPa；

$t_{m1}$——由 $PN_1$=4.0MPa 可查表得出的厚度，mm；

$t_{m2}$——由 $PN_2$=5.0MPa 可查表得出的厚度，mm。

将所查数据代入式（3-2）得：

$$t_m=t_{m1}+\frac{PN-PN_1}{PN_2-PN_1}(t_{m2}-t_{m1})=11+\frac{4.6-4}{5-4}(12-11)=11.6\text{mm}$$

球阀阀体常用整体铸、锻或者棒材加工而成。由于所给条件的工作压力适于中低压，所以采用薄壁计算公式进行计算。计算公式如式（3-3）所示。

$$S_b=S_b'+C \tag{3-3}$$

式中　$S_b$——名义厚度，mm；

$S_b'$——有效厚度，mm；

$C$——壁厚附加量，mm。

$$S_b'=\frac{1.32pD_i}{2[\sigma_L]-1.2p} \tag{3-4}$$

式中　$p$——设计压力，MPa；

$[\sigma_L]$——许用应力，MPa；

$D_i$——阀体内径，mm。

代入式（3-3）可得

$$S_b = S_b' + C = 11.6 + 3 = 14.6\text{mm}$$

## 3.2.6 球体的直径确定

球体的直径大小影响球阀结构的紧凑性，因此应尽量缩小球体直径，球体半径一般按照 $R = (0.75\sim0.9)d$ 计算，同时为保证球体表面能完全覆盖阀座密封面，选定球径后须按照式（3-5）进行校核：

$$D_{\min} = \sqrt{D_2^2 + d^2} \tag{3-5}$$

必须满足 $D>D_{\min}$。

式中 $D_{\min}$——最小球体直径，mm；

$D_2$——阀座外径，mm；

$d$——球体通道口直径，mm，$d = 150$ mm。

$$R = 0.8 \times 150 = 120 \text{ mm}$$

式中 $R$——最小球体半径，mm。

$$D_2 = 120 \times 2 + 14.6 \times 2 = 269.2 \text{ mm}$$

$$D_{\min} = \sqrt{D_2^{\ 2} + d^2} = \sqrt{269.2^2 + 150^2} = 308.2\text{mm}$$

为便于设计计算，取球体直径 $D$=250mm。

全通径球阀的优点：

① 损失小，防堵塞，耐高压，耐磨损；

② 密封面无摩擦，密封性能好，使用寿命长。

缩颈球阀的优缺点：

① 重量比全通径的球阀轻 30%左右，有利于减轻管道负荷，降低成本；

② 缩颈球阀的阀芯内径与公称直径一样，通常用于满负荷流量，要求压降小，液体介质居多；综合考虑，此章设计球阀采用全通径球阀；选取球体通道孔直径 $d$=150mm。

## 3.2.7 球体与阀座之间密封比压的确定

作用于单位密封面上的平均正压力称为密封比压，密封比压实际上是指密封面理论计算的比压。

密封比压按式（3-6）计算：

$$q = \frac{F_{MZ}}{\pi(d + b_M)b_M} \tag{3-6}$$

式中 $q$——密封比压，MPa，查《阀门设计手册》，取 $q$＝150 MPa；

$F_{MZ}$——出口端阀座密封面上的总作用力，N；

$d$——阀座密封面内径，mm，查《阀门设计手册》，取 254 mm；

$b_M$——阀座密封面宽度，mm，查《阀门设计手册》，取 10 mm。

将数据代入式（3-6）可得：

$$F_{MZ} = q\pi(d + b_M)b_M = 150 \times \pi \times (254 + 10) \times 10 = 1.24 \times 10^6 \text{ N}$$

$$F_t = F_{MZ} / 2 = 1.24 \times 10^6 / 2 = 6.2 \times 10^5 \text{ N}$$

### 3.2.8　弹簧设计计算

（1）弹簧强度条件

根据理论推导，弹簧的强度条件为：

$$\tau = 8KP_2c / \pi d^2 \leqslant [\tau] \tag{3-7}$$

式中　$[\tau]$——许用剪应力，取决于弹簧材料和符合类型。

若为静载荷或循环次数 $N \leqslant 10^3$，则 $K=1$；若为变荷载，则 $K>1$。

$$K = (4c-1)/(4c-4) + 0.615/c \tag{3-8}$$

式中　$K$——曲度指数；

$c$——旋绕比，一般取 $c=5\sim8$。

（2）弹簧刚度条件

刚度 $K_P$ 反映弹簧的基本性能，可根据公式算出：

$$K_P = P_2/f_2 = P_1/f_1 = (P_2-P_1)/(f_2-f_1) = (P_2-P_1)/h \tag{3-9}$$

又

$$K_j = Gd^4/8D_2^3 = Gd^4/8(D-d)^3 n \tag{3-10}$$

式中　$D$——弹簧外径，mm；

$D_2$——弹簧中径，mm；

$n$——弹簧有效工作圈数。

$$n = Gd^4h/8(D-d)^3(P_2-P_1) \tag{3-11}$$

式中　$D$——弹簧外径，mm；

$n$——弹簧有效工作圈数。

（3）制造条件

弹簧制造中的主要参数为旋绕比 $c$，当 $d$ 不变时，$D_2$ 小，则 $c$ 小，卷绕困难。

因为

$$c = D_2/d = (D-d)/d = d/d \tag{3-12}$$

所以

$$D = (c+1)d$$

（4）行程条件

弹簧的行程 $h$ 与螺距 $t$ 有关，在 $P_2$ 作用下，弹簧各圈之间应留有一定的间隙 $\delta(\delta=0.1d)$。

因为

$$t = f_2/n + d + \delta \tag{3-13}$$

而

$$f_2 = P_2h/(P_2-P_1) \tag{3-14}$$

所以

$$t = hP_2/n(P_2-P_1) + d + \delta \tag{3-15}$$

由上述可见，$d$、$D$、$n$、$t$ 与式（3-13）、式（3-15）、式（3-17）、式（3-18）存在一定关系，弹簧的设计，首先必须满足强度与行程条件。强度条件不满足，可改选材料。如尺寸不够理想，可改选 $c$ 和$[\tau]$来加以调整。

本章设计按式（3-13）～式（3-18）设计弹簧时，采用试算法进行计算；已知 $P_2=1.58\times10^7$N，行程为 $h$=11mm。

① 绘制弹簧示意图 3-2

$$P_1=(0.1\sim0.5)P_2=0.3\times1.58\times10^7=4.74\times10^6\ \text{N}\ (\text{取}\ 0.3)$$

$$P_3=1.25\times1.58\times10^7=1.975\times10^7\,\text{N}$$

$$K_P=(P_2-P_1)/h=(1.58\times10^7-4.74\times10^6)/11=1.005\times10^6\,\text{N}\bullet\text{mm}$$

根据 $f_i=P_i/K_P$ 计算得，$f_1=4.71\,\text{mm}$、$f_2=15.72\,\text{mm}$、$f_3=19.65\,\text{mm}$。

② 计算弹簧主要尺寸

奥氏体不锈钢 $G=20325\,\text{N/mm}$，取 $c=6$，计算 $K=1.25$。

初选 $d=7.5$，查表 $[\tau]=137\,\text{MPa}$。

$$\tau=8\times1.25\times1.58\times10^7\times6/7.5^2\pi=5364582\text{N/mm}^2$$

$\tau<[\tau]$，合格。

$$n=Gd^4h/8K_jc^3=20325\times7.5^4\times11/(8\times1.005\times10^6\times6^3)=7.3$$

取 $n=7.5$ 圈。

$$t=d+\delta=7.5+P_2/(K_jn)=7.5+2.1=9.6\text{mm}$$

## 3.2.9 比压的计算

必须比压是为保证密封，密封面单位面积上所需的最小压力，以 $q_b$ 表示。由于流体压力或附加外力的作用。在球体与阀座之间产生压紧力，于是必须比压是球阀设计中最基本的参数之一，直接影响球阀的性能与结构尺寸。阀座的示意图如图 3-3 所示。式（3-16）是由实验结果（《阀门设计与应用》机械工业出版社）得出的计算公式：

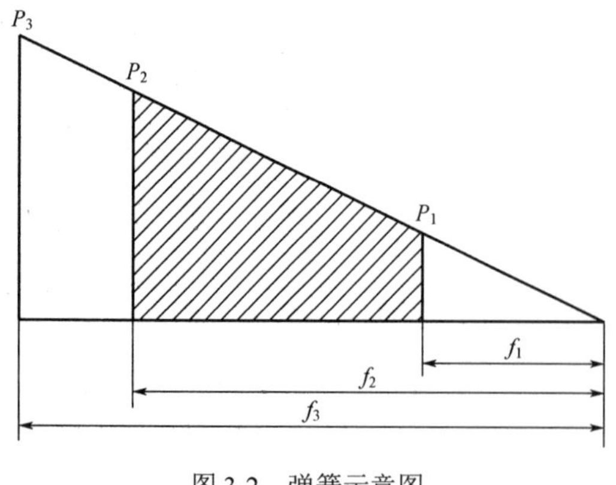


图 3-2 弹簧示意图

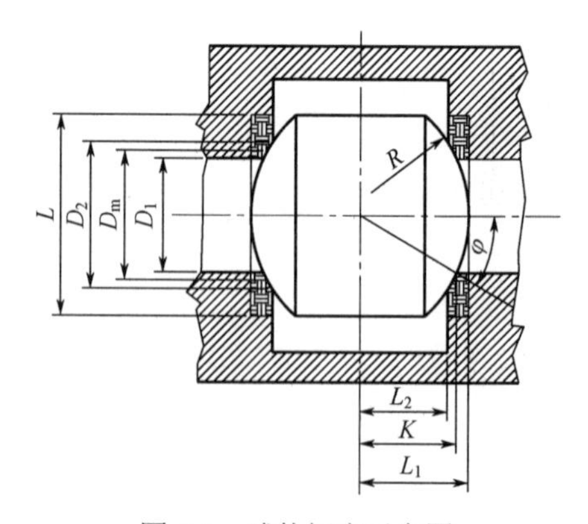


图 3-3 球体阀座示意图

$$q_{\mathrm{b}} = \frac{c + kp}{\sqrt{b/10}} \tag{3-16}$$

式中　$q_{\mathrm{b}}$——设计比压，MPa；

$c$——与密封面材料有关的系数，查《使用阀门技术问答》，取 $c$=3.5；

$p$——流体工作压力，取 $p$=0.3MPa；

$k$——在给定密封面材料条件下，考虑介质压力对比压值的影响系数，上网查资料，取 $k$=0.8；

$b$——密封面宽度，取 $b$=10mm。

将数据代入式（3-16）可得：

$$q_{\mathrm{b}} = \frac{c + kp}{\sqrt{b/10}} = \frac{3.5 + 0.8 \times 0.3}{\sqrt{10/10}} = 3.74\mathrm{MPa}$$

设计时，确定的在密封面单位面积上的压力，称为设计比压，以 $q$ 表示。选择密封面时应使密封可靠、寿命长和结构紧凑，必须保证：

$$q_{\mathrm{b}} < q < [q] \tag{3-17}$$

设计比压中的力的平衡关系进行计算：

$$q = \frac{N}{S} \tag{3-18}$$

$$N = \frac{Q}{\cos\varphi} \tag{3-19}$$

式中　$N$——球体对阀座密封面的法向力，N；

$S$——阀座与截出的球心环带面积，$S=2\pi r(L_1-L_2)$；

$Q$——作用于阀座密封面上的沿流体方向的合力，N；

$\varphi$——密封面法向与流道中心线的夹角，(°)。

$$\cos\varphi = \frac{K}{R} = \frac{L_1 + L_2}{2R} \tag{3-20}$$

$$r = \frac{R(1 + \cos\varphi)}{2} \tag{3-21}$$

式中　$r$——摩擦半径，mm；

$L_1$，$L_2$ ——球体中心线至阀座两端面的距离，mm；

$$L_1 = \sqrt{\frac{4R^2 - D_1^2}{4}} = \sqrt{\frac{4 \times 120^2 - 150^2}{4}} = 93.67\mathrm{mm}$$

$$L_2 = \sqrt{\frac{4R^2 - D_2^2}{4}} = \sqrt{\frac{4 \times 120^2 - 179.2^2}{4}} = 79.82\mathrm{mm}$$

$D_1$——阀座内径，mm，取 $D_1$=150mm；

$D_2$——阀座外径，mm，取 $D_2$=179.2mm；

$D_{\mathrm{m}}$——阀座平均直径，mm；

$$D_{\mathrm{m}} = \frac{D_1 + D_2}{2} = \frac{150 + 179.2}{2} = 164.6\mathrm{mm}$$

$R$ ——球体半径，mm。

整理所得数据代入式（3-18）可得：

$$q=\frac{4Q}{\pi(D_2^2-D_1^2)}=\frac{4\times6380}{\pi(0.1792^2-0.15^2)}=0.84\text{MPa}$$

$$\cos\varphi=\frac{K}{R}=\frac{L_1+L_2}{2R}=\frac{93.67+79.82}{2\times250}=0.35$$

$$N=\frac{Q}{\cos\varphi}=\frac{6380}{0.35}=18228\text{N}$$

$$r=\frac{R(1+\cos\varphi)}{2}=\frac{250(1+0.35)}{2}=168.75\text{mm}$$

$$S=2\pi r(L_1-L_2)=2\pi\times168.75\times(93.67-79.82)=14678\text{mm}^2=0.015\text{m}^2$$

$$q=\frac{N}{S}=\frac{18228}{0.015}=1.215\text{MPa}$$

## 3.3 球阀的设计计算

### 3.3.1 球阀密封力的计算

（1）为简化计算，往往忽略预紧力 $Q_1$，阀座滑动摩擦力及流体静压力 $Q_2$ 在密封面余隙中的作用力 $Q_J$，这样密封力仅等于流体静压力在阀座密封面上的作用力 $Q_{MJ}$：

$$Q=Q_{MJ}=\frac{\pi}{4}D_m^2p=\frac{\pi}{16}(D_1+D_2)^2p=\frac{\pi}{16}(150+179.2)^2\times0.3=6.38\text{kN}$$

将上式代入 $N=Q/\cos\varphi$ 可得：

$$q=\frac{D_2+D_1}{4(D_2-D_1)}p=\frac{179.2+150}{4(179.2-150)}\times0.3=0.84<[q]$$

（2）在球阀初步设计时，为了便于确定 $b$，$D_N$ 及 $p$ 的关系，设 $D_1=D_N$， $q=[q]$ 带入上式可得：

$$b=\frac{D_N}{4[q]-p}p=\frac{150}{4\times40-0.3}\times0.3=0.28\text{mm}$$

（3）将许用比压 $[q]=40$ MPa， $D_N=150$mm， $p=0.3$ MPa 带入式（3-22）可得：

$$q_b=\frac{c+kp}{\sqrt{b/10}} \tag{3-22}$$

$q_b=3.74$ MPa，满足 $q_b<q<[q]$。

（4）球阀密封力的精确计算还要计算预紧力 $Q_1$，故可知：$Q=Q_1+Q_{MJ}$

预紧力计算公式如下：

$$Q_1=\frac{\pi}{4}q_{\min}(D_2^2-D_1^2)=\frac{\pi}{4}\times0.03\times(179.2^2-150^2)=226.49\text{N}$$

式中　$q_{min}$——预紧力所需的最小比压，MPa，$q_{min}=0.1p=0.1\times0.3=0.03\,\text{MPa}$；

$D_1$——阀座内径，mm；

$D_2$——阀座外径，mm；

可得：$Q_1$=0.226kN，故 $Q$=6.38kN。

## 3.3.2　球阀的转矩计算

阀前阀座密封的固定球阀的转矩计算。

总转矩：

$$M=M_m+M_t+M_u+M_c \tag{3-23}$$

式中　$M_m$——球体与阀座密封圈间的摩擦转矩，N•mm；

$M_t$——阀杆与填料间的摩擦转矩，N•mm；

$M_u$——阀杆台肩与止推垫的摩擦转矩，N•mm；

$M_c$——轴承的摩擦转矩，N•mm。

（1）$M_m$ 的计算

$$M_m=QR(1+\cos\varphi)\mu_t/2\cos\varphi \tag{3-24}$$

式中　$Q$——固定球阀的密封力，N，$Q=(Q_{MJ}-Q_J)+2Q_1-Q_2$；

$Q_{MJ}$——流体静压力在阀座密封面上引起的作用力，N；

$$Q_{MJ}=\pi p(d_1^2-D_1^2)/4 \tag{3-25}$$

$d_1$——浮动支座外径，mm；

$D_1$——浮动支座内径，近似等于阀座密封圈内径，mm；

$p$——流体压力，MPa；

$Q_J$——流体静压力在阀座密封面余隙中的作用力，N；

$$Q_J=\pi p_J(D_2^2-D_1^2)/4 \tag{3-26}$$

$p_J$——余隙中的平均压力，当余隙中的压力呈现线性分布时，可近似取 $p_J=p/2$；

$D_2$——阀座密封圈外径，mm；

$Q_1$——预紧密封力，N；

$$Q_J=Q_1=\pi q_{min}(D_2^2-D_1^2)/4 \tag{3-27}$$

$q_{min}$——预紧所必需的最小比压，$q_{min}$=0.1MPa，并保证 $q_{min}$≥2MPa，弹性元件应根据值的大小进行设计；

$Q_2$——阀座活动的摩擦力，N；

$$Q_2=\pi d_1(0.33+0.92\mu_0 d_0 p) \tag{3-28}$$

$d_0$——阀座 O 形圈的横截面直径，mm；

$\mu_0$——橡胶对金属的摩擦系数，$\mu_0$=0.3～0.4；油润滑时，$\mu_0$=0.15；

$d_1$——浮动支座外径，mm；

$p$——流体压力，MPa。

（2）$M_t$ 的计算

$$M_t=M_{t1}+M_{t2} \tag{3-29}$$

式中　$M_{t1}$——V 形填料与圆形片装填料的摩擦转矩，N • mm；

$$M_{t1}=0.6\pi\mu_t Zhd_T^2 p(\text{N}\cdot\text{mm});$$

$Z$——填料个数；

$h$——单个填料高度，mm；

$d_T$——阀杆直径，mm；

$M_{t2}$——O 形圈的摩擦转矩，N • mm；

$$M_{t2}=0.5\pi d_T^2(0.33+0.92\mu_0 d_0 p) \tag{3-30}$$

$d_0$——阀杆 O 形圈的横截面直径，mm。

（3）$M_u$ 的计算

$$M_u=[\pi\mu_t(D_T+d_T)^3 p]/64(\text{N}\cdot\text{mm}) \tag{3-31}$$

式中　$D_T$——止推垫外径，mm。

（4）$M_c$ 的计算

$$M_c=(\pi\mu_c d_T d_1^2 p)/8 \tag{3-32}$$

式中　$\mu_c$——轴承与阀杆之间的摩擦系数，复合轴承：$\mu_c=0.05\sim0.1$。

# 3.4　阀体法兰设计

## 3.4.1　法兰螺栓设计

（1）螺栓的布置

法兰径向尺寸 $L_A$、$L_C$ 及螺栓间距 $\overset{\frown}{L}$ 的最小值按表 3-2 选取。

表 3-2　螺栓直径

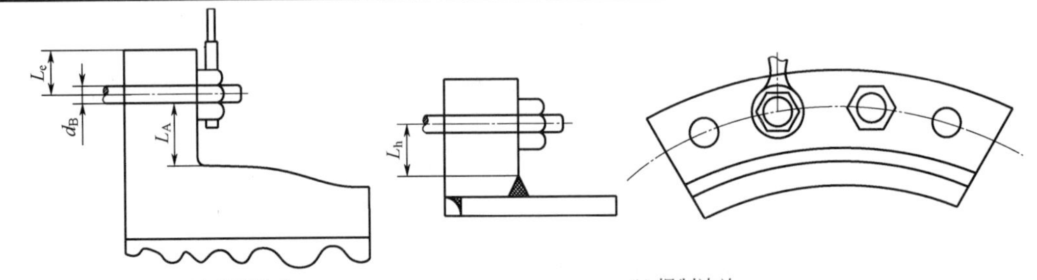


(a) 带颈法兰　　(b) 焊制法兰

| 螺栓公称直径 $d_B$/mm | $L_A$/mm | | $L_e$/mm | 螺栓最小间距 $L$/mm | 螺栓公称直径 $d_B$/mm | $L_A$/mm | | $L_e$/mm | 螺栓最小间距 $L$/mm |
|---|---|---|---|---|---|---|---|---|---|
| | A 组 | B 组 | | | | A 组 | B 组 | | |
| 12 | 20 | 16 | 16 | 32 | 30 | 44 | 35 | 30 | 70 |
| 16 | 24 | 20 | 18 | 38 | 36 | 48 | 38 | 36 | 80 |
| 20 | 30 | 24 | 20 | 46 | 42 | 56 | | 42 | 90 |
| 22 | 32 | 26 | 24 | 52 | 48 | 60 | | 48 | 102 |
| 24 | 34 | 27 | 26 | 56 | 56 | 70 | | 55 | 116 |
| 27 | 38 | 30 | 28 | 62 | | | | | |

注：1. 表中 A 组数据适用于图（a）所示的带颈法兰结构。同时，对活套法兰，其径向尺寸 $L_D$ 也应该满足 $L_A$ 最小尺寸的要求。

2. 表中 B 组数据适用于图（b）所示的焊制法兰结构。

螺栓最大间距不宜超过$\overset{\frown}{L}_{max}$的计算值：

$$\overset{\frown}{L}_{max}=2d_b+\frac{6\delta_f}{(m+0.5)}=2\times12+\frac{6\times18}{(10+0.5)}=34.29\text{mm}$$

式中　$\overset{\frown}{L}_{max}$——螺栓最大间距，mm；

$d_b$——螺栓公称直径，mm。

$L_A$、$L_e$、$\overset{\frown}{L}$的最小值见表3-2。

（2）螺栓的载荷

预紧状态下需要的最小螺栓载荷计算如下：

$$W_a=F_a=788954.8\text{N}$$

操作状态下需要的最小螺栓载荷计算如下：

$$W_p=F+F_p=97833.4+13320.6=111154\text{N}$$

式中　$F$——内压引起的总轴向力，计算如下：

$$F=0.785D_G^2p_c=0.785\times164.6^2\times0.3=6380.44\text{N}$$

注：对于类似U形管式换热器管板两侧成对法兰的设计中，由于两侧的压力及所用垫片可能不同，因此在螺栓的设计中应兼顾两侧的条件，要求以最大的螺栓载荷进行设计，且对法兰设计力矩应以此为基础进行计算。

（3）螺栓面积

预紧状态下需要的最小螺栓面积计算如下：

$$A_a=\frac{W_a}{[\sigma_b]} \tag{3-33}$$

式中　$[\sigma_b]$——常温下螺栓材料的许用应力，240MPa；

根据式（3-33）可得

$$A_a=\frac{W_a}{[\sigma_b]}=\frac{788954.8}{240\times10^6}=0.003287\ \text{m}^2=3287\text{mm}^2$$

操作状态下最小螺栓面积计算如下：

$$A_P=\frac{W_P}{[\sigma]_b^t} \tag{3-34}$$

式中　$[\sigma]_b^t$——设计温度下螺栓材料的许用应力，MPa，取137MPa；

根据式（3-34）可得：

$$A_P=\frac{W_P}{[\sigma]_b^t}=\frac{111154}{137\times10^6}=0.000811\text{m}^2=811\text{mm}^2$$

注：需要的螺栓面积$A_m$取$A_a$与$A_P$之最大值，$A_m$=3287mm$^2$。

实际螺栓面积$A_b$应不小于需要的螺栓面积$A_m$。

最小螺栓截面积以螺纹小径及无螺纹部分的最小直径分别计算，取小值。

$$A_b=12\times\pi/4\times20^2=3770\text{mm}^2$$

（4）螺栓设计载荷

预紧状态螺栓设计载荷按式（3-35）计算：

$$W=\frac{A_m+A_b}{2}[\sigma]_b \tag{3-35}$$

根据式（3-35）可得：

$$W=\frac{A_m+A_b}{2}[\sigma]_b=\frac{3287+3770}{2}\times 137=483404.5\text{N}$$

操作状态螺栓设计载荷计算如下：

$$W=W_P=117534\text{N}$$

（5）操作情况

由于流体静压力所产生的轴向力促使法兰分开，而法兰螺栓必须克服此种端面载荷，并且在垫片或接触面上必须维持足够的密紧力，以保证密封。此外，螺栓还承受球体与阀座密封圈之间的密封力作用。在操作情况下，螺栓承受的载荷为 $W_P$：

$$W_P=F+F_P+Q=0.785D_G^2p+2\pi bD_Gmp+Q \tag{3-36}$$

式中 $W_P$——在操作情况下所需的最小螺栓转矩，N • mm；

$F$——总的流体静压力，N，$F=0.785D_G^2p$；

$F_P$——连接接触面上总的压紧载荷，N，$F_P=2\pi bD_Gmp$；

$D_G$——载荷作用位置处垫片的直径，mm；

$m$——垫片有效密封宽度，查表可知 $m=2.53\times\sqrt{b}=8\text{mm}$；

$p$——设计压力，4.6MPa；

$Q$——球体与阀座密封圈之间的密封力，N，$Q$=6380N。

由阀体内部尺寸可知：

$$D_G=\frac{D_1+D_2}{2}=\frac{150+179.2}{2}=164.6\text{mm}$$

$$F=0.785D_G^2p=0.785\times 164.6^2\times 4.6=97833.4\text{ N}$$

$$F_P=2\pi bD_Gmp=2\times\pi\times 0.28\times 164.6\times 8\times 4.6=10656.5\text{ N}$$

$$W_P=F+F_P+Q=0.785D_G^2p+2\pi bD_Gmp+Q=97833.4+10656.5+6380=114869.9\text{N}$$

将各项数据代入可得：$W_P$=114869.9N。

（6）预紧螺栓情况

在安装时须将螺栓拧紧而产生初始载荷，使法兰面压紧垫片，此外，螺栓还承受球体与密封圈之间的预紧力。在预紧螺栓时，螺栓承受的载荷为 $W_A$。

$$W_A=\pi bD_GY+Q_1 \tag{3-37}$$

式中 $W_A$——在预紧螺栓时所需的最小螺栓转矩，N • mm；

$Y$——垫片或法兰接触面上的单位压紧载荷，MPa，上网查资料得 $Y$=15MPa；上网查阅资料可得聚四氟乙烯取其许用应力为 8.7MPa；

$Q_1$——球体与密封圈之间的预紧力，$Q_1$=226.49N。

$$W_A=\pi bD_GY+Q_1=\pi\times 0.28\times 264\times 15+226.49=3709.9\text{N}$$

### 3.4.2　法兰螺栓拉应力的计算

法兰螺栓的应力按式（3-38）计算求得：

$$\sigma_L = \frac{W}{A} < [\sigma_L] \tag{3-38}$$

式中　$\sigma_L$——法兰螺栓拉应力，MPa；

$W$——$W_P$和$W_A$两者中的大者，N；

$A$——螺栓承受应力下实际最小总截面积，$mm^2$；

$[\sigma_L]$——螺栓材料在-162℃下的许用拉应力，MPa。

查表得$[\sigma_L]$=137MPa；则$A$=7549$mm^2$。

$$\sigma_L = \frac{W}{A} = \frac{788954.8}{7549} = 104.5\text{MPa}$$

$$\sigma_L = 104.5\ \text{MPa} < [\sigma_L] = 137\text{MPa}$$

### 3.4.3　法兰力矩计算

在计算法兰应力时，作用在法兰上的力矩是载荷和它力臂的乘积，力臂决定与螺栓孔中心圆和产生力矩的载荷的相对位置。

作用于法兰的总力矩$M_o$为：

$$M_o = F_D S_D + F_T S_T + F_G S_G \tag{3-39}$$

式中　$F_D$——作用在法兰内直径面积上的流体静压轴向力，N；

$$F_D = 0.785 D_i^2 p \tag{3-40}$$

$F_T$——总的流体静压轴向力与作用在法兰内直径面积上的流体静压轴向力之差，N；

$$F_T = F - F_D = 0.785 p (D_G^2 - D_i^2) \tag{3-41}$$

$F_G$——用于窄面法兰的垫面载荷，$F_G = W - F$；

$S_D$——从螺栓孔中心圆至力$F$作用位置处的径向距离，mm；

$$S_D = S + 0.5\delta_1 \tag{3-42}$$

$S$——从螺栓孔中心圆至法兰颈部与法兰背部交点的径向距离，mm；

$$S = \frac{D_b - D_i}{2} - \delta_1 \tag{3-43}$$

$\delta_1$——法兰颈部大端有效厚度，mm；

$S_T$——从螺栓孔中心至力$F_T$作用位置处的径向距离，mm；

$$S_T = \frac{S + \delta_1 + S_G}{2} \tag{3-44}$$

$S_G$——从螺栓孔中心至力$F_G$作用位置处的径向距离，mm；

$$S_G = \frac{D_b - D_G}{2} \tag{3-45}$$

$D_G$——垫片压紧力作用中心圆直径，mm；

$D_b$——法兰螺栓孔中心圆直径，mm；

$D_i$——法兰的内直径，mm。

$$D_G = \frac{D_1 + D_2}{2} = \frac{150 + 179.2}{2} = 164.6\text{mm}$$

由所设计的球阀阀体可知，$D_i$ =150mm，$D_G$ =164.6mm，$D_b$ =200mm，$\delta_1$=10mm，$\delta_f$ =18mm，$S_G$=16mm，$S$=20mm。则法兰总力矩 $M_o$ 为：

$$M_o = 2095\text{N} \cdot \text{m}$$

$$F_D = 0.785 D_i^2 p = 0.785 \times 150^2 \times 0.3 = 5298.75\text{N}$$

$$F_T = 0.785 p(D_G^2 - D_i^2) = 0.785 \times 0.3 \times (164.6^2 - 150^2) = 1081.69\text{N}$$

$$F_T = F - F_D \tag{3-46}$$

$$F = F_T + F_D = 1081.69 + 5298.75 = 6380.44\text{N}$$

$$F_G = W - F = 117534 - 6380.44 = 111153.56\text{N}$$

$$S = \frac{D_b - D_i}{2} - \delta_1 = \frac{200 - 150}{2} - 10 = 15\text{mm}$$

$$S_D = S + 0.5\delta_1 = 15 + 0.5 \times 10 = 20\text{mm}$$

$$S_G = \frac{D_b - D_G}{2} = \frac{200 - 164.6}{2} = 17.7\text{mm}$$

$$M_o = F_D S_D + F_T S_T + F_G S_G = 5298.75 \times 20 + 1081.69 \times 20 + 111153.56 \times 17.7 = 2.095 \times 10^6 \text{N} \cdot \text{mm}$$

### 3.4.4 法兰应力计算

（1）法兰的轴线应力 $\delta_M$

$$\delta_M = \frac{fM_0}{\lambda \delta_i^2 D_i} \tag{3-47}$$

式中 $M_0$——作用于法兰的总力矩，N • mm；

$f$——整体式法兰颈部校正系数，$f$=1；

$\lambda$——系数，查表取 2.5。

$$\delta_M = \frac{fM_0}{\lambda \delta_i^2 D_i} = \frac{1 \times 2.095 \times 10^6}{2.5 \times 10^2 \times 150} = 55.87\text{MPa}$$

（2）法兰盘的径向应力 $\delta_R$

$$\delta_R = \frac{(1.33\delta_f e + 1)M_0}{\lambda \delta_f^2 D_i} \quad (e = 0.0125) = \frac{(1.33 \times 18 \times 0.0125 + 1) \times 2.095 \times 10^6}{2.5 \times 18^2 \times 150} = 22.4\text{MPa}$$

（3）法兰盘切向应力 $\delta_T$

$$\delta_T = \frac{YM_0}{\delta_f^2 D_i} - Z\delta_R = \frac{4.64 \times 2.095 \times 10^6}{18^2 \times 150} - 6.03 \times 22.4 = 64.94\text{MPa}$$

式中，$Y$、$Z$ 系数查表可知 $Y$=4.64，$Z$=6.03，则 $\delta_T$=64.94MPa。

### 3.4.5　法兰的许用应力和强度校核

上述三个应力应满足：

$$\sigma_M \leqslant [\sigma_M] \tag{3-48}$$

$$\sigma_R \leqslant [\sigma_R] \tag{3-49}$$

$$\sigma_T \leqslant [\sigma_T] \tag{3-50}$$

由阀体法兰材料为奥氏体不锈钢，可查得：

$$[\sigma_L] = 137\text{MPa}$$

$$\sigma_M = 55.86 < [\sigma_M] = 1.5 \times 137 = 205.5\text{MPa}$$

$$\sigma_R = 17.24 < [\sigma_R] = 1.25 \times 137 = 171.25\text{MPa}$$

$$\sigma_T = 96.06 < [\sigma_T] = 1.25 \times 137 = 171.25\text{MPa}$$

经校核，说明应力方面符合要求。

### 3.4.6　球体的设计和校核

由设计可知，球体的半径是 250mm。

球体作为球阀控制的直接动作零件，必须对其进行设计与校核。球体的主要结构特征是球体与阀杆的连接结构，其必须满足所传递的最大转矩同时保证有足够的灵活性，后者是保证工作性能的必要条件。

由于阀杆与球体的接触部分是间隙配合，因此，在接触面上的压力分布是不均匀的，如图 3-4 所示。由分析可知，计算时可近似地采用挤压长度 $L_{ZY}$=0.3$a$mm，而作用力矩的臂长 $K$=0.8$a$mm，则挤压力 $\sigma_{ZY}$(MPa)按式（3-51）计算：

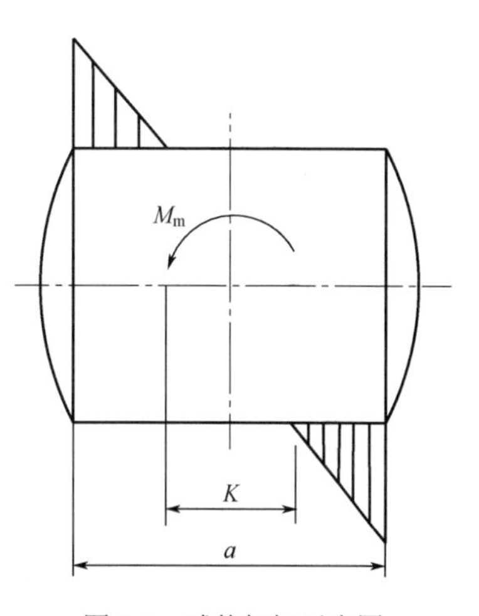

图 3-4　球体扭矩示意图

$$\sigma_{ZY} = \frac{M_m}{0.12a^2h} \leqslant [\sigma_{ZY}] \tag{3-51}$$

式中　$M_m$——球体与阀座密封面之间的摩擦转矩，N・mm；

$h$——阀杆头部插入球体的深度，$h$=40mm；

$a$——阀杆头部的边长，$a$=100mm；

$[\sigma_{ZY}]$——球体许用挤压应力，$[\sigma_{ZY}]$=122MPa。

$$\sigma_{ZY} = \frac{M_m}{0.12a^2h} = \frac{1.36 \times 10^6}{0.12 \times 100^2 \times 40} = 28.33\text{ MPa} \leqslant [\sigma_{ZY}] = 122\text{MPa}$$

故球体强度满足要求。

## 3.5　阀杆材料选择与力矩计算

### 3.5.1　阀杆材料选择

阀杆作为球阀的重要受力零件，其材料必须具有足够的强度和韧性，能耐介质、抵抗气体及填料的腐蚀，耐擦伤，工艺性好；材料选用主要通过工况和设计压力来选择。

## 3.5.2 阀杆填料的选择、填料摩擦力及摩擦转矩的计算

（1）填料选择

阀杆常用填料主要有 V 形填料、圆形片状填料及 O 形密封圈等三种。

阀门对填料的要求：耐腐蚀、密封性好、摩擦系数小、腐蚀性小。

由于圆形片状填料往往容易发生松弛而使密封比压减小，以致密封遭到破坏时，聚四氟乙烯填料具有硬质性能，因此选用聚四氟乙烯填料。

（2）填料摩擦力计算

填料与阀杆之间的摩擦力 $F_f$ 可按式（3-52）计算：

$$F_f = 1.2\pi \mu_T d_T Z H p \tag{3-52}$$

式中 $\mu_T$——填料与阀杆之间的摩擦系数，取 0.05；

$Z$——填料圈数，$Z$=3；

$H$——单圈填料高度，mm，$H$=1.5mm；

$d_T$——阀杆直径，mm，取 60mm；

$p$——额定压力，MPa，取 0.3MPa。

则

$$F_f = 1.2\pi \times 0.05 \times 60 \times 3 \times 1.5 \times 0.3 = 15.3\text{N}$$

（3）阀杆台肩与之退点之间的摩擦力的计算

摩擦力 $F_M$ 计算公式如下：

$$F_M = \frac{\pi}{16}(D_T + d_T)^2 \mu_T p$$

式中 $D_T$——台肩外径或止推外径，mm，取 86mm；

$d_T$——阀杆直径，mm，取 60mm；

$\mu_T$——摩擦系数，取 0.05；

$p$——额定压力，MPa，取 0.3MPa。

$$F_M = \frac{\pi}{16}(86 + 60)^2 \times 0.05 \times 0.3 = 62.78\text{N}$$

（4）填料及止推垫的摩擦转矩计算

填料转矩 $M_f$ 计算公式如下：

$$M_f = 0.5 F_f d_T = 0.5 \times 15.3 \times 60 = 459\text{N} \cdot \text{mm}$$

止推垫片的摩擦转矩 $M_u$ 计算如下：

$$M_u = 0.5 F_M \left(\frac{D_T + d_T}{2}\right) = 0.5 \times 62.78 \times \left(\frac{86 + 60}{2}\right) = 2291.47\text{N} \cdot \text{mm}$$

球体与阀座密封面间的摩擦转矩 $M_m$ 计算如下：

$$M_m = Q r \tag{3-53}$$

式中 $Q$——球体与阀座之间的密封力，N，$Q$=6380N；

$r$——摩擦半径，mm。

$$r=\frac{R(1+\cos\varphi)}{2}=\frac{250\times(1+\cos 45^{\circ})}{2}=213.39\text{mm}$$

根据式（3-53）可得：$M_{\mathrm{m}}=Qr=6380\times 213.39=1361428.2\text{N}\bullet\text{mm}$。

由此可知球阀的转矩 $M$ 为：

$$M=M_{\mathrm{m}}+M_{\mathrm{u}}+M_{\mathrm{f}}=1361428.2+2291.47+459=1363998.67\text{N}\bullet\text{mm}$$

## 3.5.3 阀门填料函设计计算

填料密封是用填料堵塞泄漏通道，阻止泄漏的一种古老密封型式。填料密封主要用于动密封，也可用于静密封。它广泛应用于泵、压缩机、制冷机、搅拌机及各种阀门、阀门的旋转密封。填料函结构设计的合理与否直接关系到产品的使用性能。因此，在填料函结构设计中，填料函的尺寸选择、填料压紧力与摩擦力的计算是产品设计的关键组成部分。本文就阀门填料函设计中的计算方法进行简单介绍，示意图如图 3-5 所示。

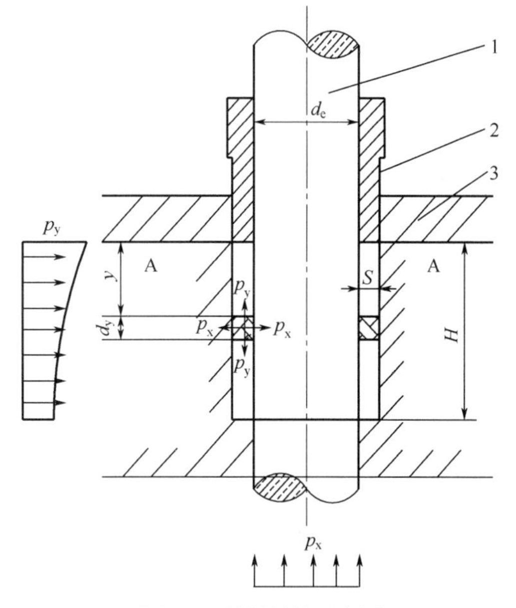


图 3-5 填料结构示意图

1—阀杆；2—填料压盖；3—填料面

（1）填料函密封原理

阀门填料较常选用的是含有碳纤维或石棉的软质填料，为了减小摩擦力，一般在填料中加入适当的润滑剂。填料压盖对填料函内的填料进行轴向压缩，填料的塑性变形使其产生径向压力，并抱紧阀杆。同时，填料中加入的润滑剂被挤出，在接触面间形成油膜。由于接触状态不均匀，接触部位出现边界润滑状态，未接触的凹部形成小油槽，有较厚的油膜层。当阀杆与填料有相对运动时，接触部位与不接触部位组成一道不规则的迷宫，从而起到阻止介质泄漏的作用。

（2）填料函尺寸设计

填料函尺寸主要包括填料高度 $H$ 和填料宽度 $S$，这两个尺寸选取主要根据设计压力、密封口径、使用温度等因素来确定。

对于低压不甚重要的产品，填料高度 $H$ 一般取$(3\sim5)S$，对密封要求较严的高压介质取 $10S$ 以内。

填料宽度一般取：

$$S=(1\sim1.6)\sqrt{d_{\mathrm{c}}}=10\text{mm}$$

式中 $d_{\mathrm{c}}$——阀杆直径，mm。

填料宽度对阀门密封和填料拆卸都有很大影响。填料越宽，填料越容易受力不均，需要的填料压紧力就越大；反之，较易达到密封，但同时易造成阀杆振摆，磨损快，寿命短。因此，阀门设计时应选择合适的填料宽度。目前，很多国家的填料函尺寸都已经标准化，填料高度可以根据实践多加（1～2）$S$，多余的填料可以在保证密封的同时作为补偿备用，便于多次拧紧，延长填料使用寿命。阀门填料函尺寸可以参照相关文献或标准进行计算和选取。

（3）填料压紧力计算

为了保证填料的密封性，必须使填料函下部的填料对阀杆产生的径向压力大于介质压力，并由此确定需要多大的填料压紧力。取高度为 $d_y$ 的一圈填料来分析填料函的内作用力，如图 3-4 所示。在填料压盖传递力的作用下，弹性填料内产生的轴向压力 $p_y$，由于存在摩擦力，此轴向压力随填料的高度而变化；同时弹性填料也产生径向压力 $p_x$，径向压力同样随高度而变化。试验证明，$p_y$ 值总是大于 $p_x$ 值。暂用公式（3-54）表示 $p_y$ 与 $p_x$ 的关系：

$$p_y = np_x \tag{3-54}$$

式中，$n$ 为大于 1 的比例系数，其值视填料的弹性、密封压力、填料断面尺寸而定，软质填料的 $n$ 值可查表 3-3。

分析中，假定填料截面和 $n$ 值均为常数，可查表 3-3 求得，取填料作用在阀杆表面与填料函表面的两摩擦系数平均值为 $f$ 进行计算。则填料环部分的力平衡方程可以表示为：

$$\pi(D + d_c)fp_x d_y = -\frac{\pi(D^2 - d_c^2)}{4} dp_y \tag{3-55}$$

综上及 $D - d_c = 2S$ ，简化得到

$$\frac{dp_y}{p_y} = -\frac{2fd_y}{nS} \tag{3-56}$$

**表 3-3　软质填料系数 $n$ 值**

| 填料截面尺寸/mm | 公称压力/MPa | $n$ |
|---|---|---|
| 4×4 | 5 | 5.0 |
| | 10 | 3.0 |
| | 20 | 2.3 |
| | 40 | 1.7 |
| | 60 | 1.5 |
| | 90 | 1.4 |
| 6×6 | 5 | 3.0 |
| | 10 | 2.2 |
| | 20 | 1.8 |
| | 40 | 1.6 |
| | 60 | 1.5 |
| | 90 | 1.4 |

保证密封的必要条件是当 $y$=$H$ 时，$p_x \geqslant p$，$p$ 为介质压力。当 $p_x = p$，得出最小压紧力值。为了确定距 A—A 线为距离 $y$ 的截面上的 $p_y$，将式（3-56）求 $y$ 至 $H$ 段的积分得到：

$$\ln\frac{p_y}{np} = \frac{2f(H - f)}{nS} \tag{3-57}$$

即

$$p_y = npe^{\frac{2f(H-f)}{nS}} \tag{3-58}$$

压紧填料所需的单位压力 $p_c$ 即为 $y$=0 时的 $p_v$ 值。

即

$$p_{\mathrm{c}} = np\mathrm{e}^{\frac{2fH}{nS}} \tag{3-59}$$

压紧填料所需要的力为：

$$F = \frac{\pi}{4}(D^2 - d_{\mathrm{c}}^2)p_{\mathrm{c}} \tag{3-60}$$

代入式（3-60）得：

$$F = \frac{\pi}{4}(D^2 - d_{\mathrm{c}}^2)np\mathrm{e}^{\frac{2fH}{nS}} \tag{3-61}$$

简化后得

$$F = \frac{\pi}{4}(D^2 - d_{\mathrm{c}}^2)\varphi p \tag{3-62}$$

式中，$\varphi = n\mathrm{e}^{\frac{2fH}{nS}}$ 为比例系数。

由表 3-3 知，$n$=1.4 符合填料的最大塑性条件，得出的是必须压紧力的最小值。为了把 $\varphi$ 值换算成其他 $n$ 值时的 $\varphi$ 值，可将其乘以 $i$=$n$/1.4。表 3-4 中所列的数值根据以下情况确定：用压紧填料的方法使最下面的填料圈压紧在阀杆上造成等于介质工作的压力，因此，介质不能把填料挤出和从阀杆与填料之间渗出。

（4）填料与阀杆间的摩擦力计算

单元填料的厚度为 $d_{\mathrm{y}}$，填料与阀杆间的摩擦力 $T$ 可以表示为：

$$dT = \pi d_{\mathrm{c}} p_{\mathrm{x}} f dy \tag{3-63}$$

根据式 $p_{\mathrm{y}} = np_{\mathrm{x}}$ 和 $p_{\mathrm{y}} = np\mathrm{e}^{\frac{2fH}{nS}}$，积分整理得

$$T = \pi d_{\mathrm{c}} pf \int_0^H \mathrm{e}^{\frac{2f(H-f)}{nS}} \mathrm{d}y = \frac{1}{2}\pi nSd_{\mathrm{c}}p\left(\mathrm{e}^{\frac{2fH}{nS}} - 1\right) \tag{3-64}$$

在 $n$=1.4 时

$$T = \frac{7}{10}\pi Sd_{\mathrm{c}}p\left(\mathrm{e}^{\frac{10fH}{7S}} - 1\right) \tag{3-65}$$

令 $\psi = \frac{7}{10}\pi\left(\mathrm{e}^{\frac{10fH}{7S}} - 1\right)$，则

$$T = \psi Sd_{\mathrm{c}}p \tag{3-66}$$

式中，$\psi$ 值可通过表 3-4 查得。在选用其他 $n$ 值时，表 3-4 中的 $\psi$ 值应乘以 $i = n/1.4$。

## 3.5.4　阀杆强度计算

阀杆上的转矩分布图如图 3-6 所示，其中 Ⅰ—Ⅰ 面的扭矩应力计算可作为设计时初定阀杆直径用。

（1）Ⅰ—Ⅰ 断面处的扭转应力 $\tau_{\mathrm{N}}$ (MPa)

$$\tau_{\mathrm{N}} = \frac{M_{\mathrm{m}}}{W} \leqslant [\tau_{\mathrm{N}}] \tag{3-67}$$

式中　$M_m$——阀座密封面与球体间的摩擦转矩，N•mm；

$[\tau_N]$——材料许用扭转应力，MPa，取 90MPa；

$W$——Ⅰ—Ⅰ断面的抗扭矩系数，$W=0.9\alpha(b/a)^2$ mm$^3$。

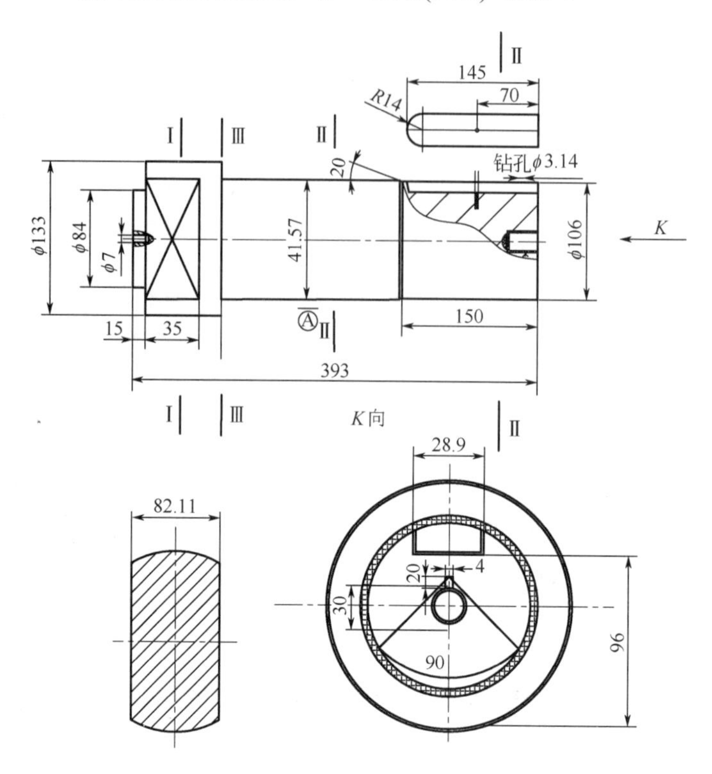


图 3-6　阀杆扭矩示意图

查表 3-6，$\alpha$取 0.156。

则

$$W=0.9\alpha=0.9\times0.156\times0.75^2=0.08\ \text{mm}^3 \tag{3-68}$$

$$\tau_N=\frac{M_m}{W}=\frac{1361428.2}{0.08}=17017852.5\ \text{Pa}=17\ \text{MPa}\leqslant 90\text{MPa} \tag{3-69}$$

满足要求。

（2）Ⅳ—Ⅳ断面处的剪切应力$\tau$ (MPa)

$$\tau=\frac{(D+d)^2}{16dH}p\leqslant[\tau] \tag{3-70}$$

式中　$D$——阀杆头部凸肩的直径，mm，$D$=86mm；

$d$——阀杆直径，mm，$d$=60mm；

$H$——阀杆头部凸肩的高度，mm，$H$=20mm；

$p$——流体的工作压力，MPa，$p$=0.3MPa；

$[\tau]$——材料的许用剪切应力，MPa，查表取 85MPa。

$$\tau=\frac{(D+d)^2}{16dH}p=\frac{(86+60)^2\times0.3}{16\times60\times20}=0.33\text{MPa}\leqslant[\tau]=85\text{MPa} \tag{3-71}$$

（3）Ⅲ—Ⅲ断面处的扭转应力 $\tau$（MPa）

$$\tau = \frac{M}{W} \leqslant [\tau] \tag{3-72}$$

式中　$M$——总摩擦转矩，N·mm，取 1363998.67 N·mm；

$W$——Ⅲ—Ⅲ断面处的抗扭转断面系数。

$$W = \frac{\pi}{16} d^3 = 42411\text{mm}^3 \tag{3-73}$$

根据式（3-72）可得

$$\tau = \frac{M}{W} = \frac{1363998.67}{42411} = 32.16\text{MPa} \leqslant [\tau_{\text{N}}] = 85\text{MPa}$$

（4）Ⅱ—Ⅱ断面处的抗扭转断面系数

由于阀杆和涡轮采用键连接故Ⅱ—Ⅱ面与Ⅳ—Ⅳ断面处的扭转应力相同，无需再进行校核。

综上，阀杆的应力均符合要求。

### 3.5.5　阀杆连接件的强度计算

阀杆连接件采用平键连接，因为平键结构简单、成本低及替换方便。

根据阀杆直径为 60mm，可知平键的尺寸，选用 $bh$ 为 18×11 的普通平键。下面是平键的强度计算。

（1）平键的强度计算

平键的比压按式（3-74）计算。

$$p = \frac{2T}{Nd_1KL} \leqslant [p] \tag{3-74}$$

式中　$T$——转矩，N·mm，对于阀杆驱动装置连接部分：$T$=$M$；对于阀杆与球体连接部分：$T$=$T$；

$N$——键数；

$L$——键的工作长，mm，$L$=0.3$a$=30mm；

$K$——键和轮毂键槽的接触高度，mm，查得 $K$=4mm；

$d_1$——轴的直径，mm，查得 $d$=250mm；

$[p]$——许用压力，MPa，查表得$[p]$=137MPa。

$$p = \frac{2T}{Nd_1KL} = \frac{2 \times 1.36 \times 10^6}{1 \times 250 \times 4 \times 30} = 90.67\text{ MPa} < [p] = 137\text{ MPa} \tag{3-75}$$

故校核满足。

（2）平键剪切力计算

剪切力 $\tau$ 按式（3-76）进行计算。

$$\tau = \frac{2T}{Nd_1bL} \leqslant [\tau] \tag{3-76}$$

式中，$[\tau]$——许用剪切应力，MPa，查表取$[\tau]$=90MPa。

$T$，$d_1$，$L$，$N$ 与之前相同，$b$ 如图 3-7 所示。

表 3-4 软质石棉填料系数（$n$=1.4）

| $p$/MPa | $H/S$ | $\varphi$ | $\psi$ | $p$/MPa | $H/S$ | $\varphi$ | $\psi$ |
|---|---|---|---|---|---|---|---|
| ≤2.5（$f$=0.1） | 3 | 2.13 | 2.13 | 16～34.9（$f$=34.9） | 3 | 1.59 | 0.31 |
| | 3.5 | 2.28 | 2.28 | | 3.5 | 1.63 | 0.35 |
| | 4 | 2.45 | 2.45 | | 4 | 1.67 | 0.42 |
| | 4.5 | 2.63 | 2.63 | | 4.5 | 1.70 | 0.46 |
| | 5 | 2.82 | 2.82 | | 5 | 1.73 | 0.53 |
| | 5.5 | 3.02 | 3.02 | | 5.5 | 1.77 | 0.59 |
| | 6 | 3.25 | 3.25 | | 6 | 1.81 | 0.66 |
| | 6.5 | 3.47 | 3.47 | | 6.5 | 1.85 | 0.70 |
| | ≥7 | 3.72 | 3.65 | | ≥7 | 1.89 | 0.77 |
| 2.6～6.3（$f$=0.07） | 3 | 1.89 | 0.77 | 30～50（$f$=0.02） | 3 | 1.52 | 0.18 |
| | 3.5 | 1.68 | 0.92 | | 3.5 | 1.54 | 0.22 |
| | 4 | 2.09 | 1.08 | | 4 | 1.56 | 0.26 |
| | 4.5 | 2.20 | 1.25 | | 4.5 | 1.58 | 0.29 |
| | 5 | 2.31 | 1.43 | | 5 | 1.60 | 0.31 |
| | 5.5 | 2.42 | 1.61 | | 5.5 | 1.62 | 0.35 |
| | 6 | 2.55 | 1.80 | | 6 | 1.64 | 0.37 |
| | 6.5 | 2.68 | 2.00 | | 6.5 | 1.66 | 0.41 |
| | ≥7 | 2.82 | 2.24 | | ≥7 | 1.68 | 0.44 |
| 6～34.9（$f$=34.9） | 3 | 1.73 | 0.53 | >50 | 3 | 1.4 | 0.4 |
| | 3.5 | 1.80 | 0.62 | | 3.5 | 1.4 | 0.4 |
| | 4 | 1.86 | 0.73 | | 4 | 1.4 | 0.4 |
| | 4.5 | 1.93 | 0.84 | | 4.5 | 1.4 | 0.4 |
| | 5 | 2.01 | 0.95 | | 5 | 1.4 | 0.4 |
| | 5.5 | 2.08 | 1.06 | | 5.5 | 1.4 | 0.4 |
| | 6 | 2.15 | 1.19 | | 6 | 1.4 | 0.4 |
| | 6.5 | 2.23 | 1.30 | | 6.5 | 1.4 | 0.4 |
| | ≥7 | 2.31 | 1.43 | | ≥7 | 1.4 | 0.4 |

表 3-5 材料的许用扭转应力 单位：MPa

| 材料 | $[\tau_N]$ | 材料 | $[\tau_N]$ |
|---|---|---|---|
| 35 | 120 | 14Cr17Ni2 | 165 |
| 40Cr | 180 | 20Cr13 | 145 |
| 38CrMoAl | 190 | 12Cr18Ni9 | 90 |
| 38CrMoAl | 180 | 06Cr17Ni12Mo2Ti | 95 |

表 3-6 系数的 $\alpha$ 值

| $b/a$ | 1 | 1.2 | 1.5 | 2 | 2.5 | 3.0 | 4.0 | 6.0 | 8.0 |
|---|---|---|---|---|---|---|---|---|---|
| $\alpha$ | 0.208 | 0.219 | 0.231 | 0.246 | 0.258 | 0.267 | 0.282 | 0.299 | 0.307 |

### 3.5.6　阀座设计与计算

根据阀门泄漏的部位和性质，尚有内漏和外漏之分。对球阀而言，内漏发生在阀座与球体和阀座与阀体之间的接触面上；外漏则发生于填料函上，也有可能在连接法兰与垫片之间。

阀门内漏的流体虽然未流到外界，不会污染环境，也没有流体损失，但危害性十分严重，轻则影响产品质量，重则由于渗漏串通将酿成恶性事故。

球阀阀座主要有普通阀座和弹性阀座两种。普通阀座的特点是：在预紧力或者流体压力的作用下，阀座与球体压紧，并使阀座材料产生塑性变形而达到密封。弹性阀座除了与普通阀座和弹性阀座一样，在预紧力或流体压力（或者两者兼有之）作用下，阀座材料产生塑性变形而达到密封外，还由于阀座本身的特殊结构或者借助于弹性元件，如金属弹性骨架、弹簧等办法，在预紧力或流体压力下产生弹性变形，以补偿温差、压力、磨损等外界条件变化对球阀密封性能的影响。

普通球阀的密封效果取决于阀座在流体压力或者预紧力的作用下，能够补偿球体的不圆度和表面微观不平度的程度。因此，阀座与球体之间必须具有足够大的密封比压 ，并满足以下条件：

$$q_b < q < [q] \tag{3-77}$$

式中　$q_b$——保证阀门的密封时的必需比压，MPa；

$q$——阀门工作时的实际比压，MPa；

$[q]$——阀座材料的许用比压，MPa。

普通阀座垫片的结构如图 3-8 所示，结构简单，加工制造最简单，应用比较普遍。但这种阀座在装配时，调试比较困难，因为要达到密封所必需的比压，需要拆卸阀体中的法兰，调配左、右阀体之间的密封垫片的厚度。

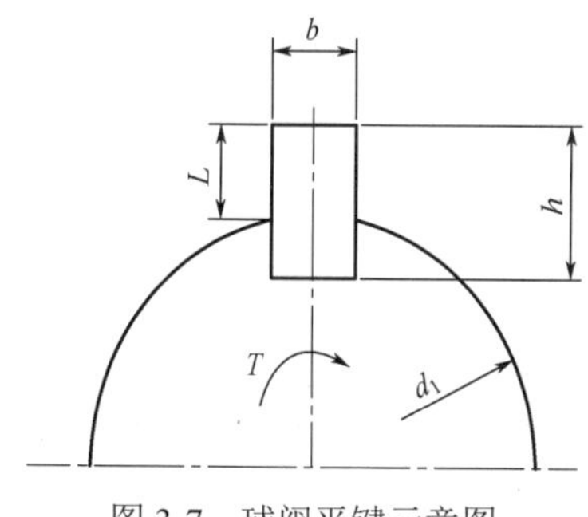


图 3-7　球阀平键示意图

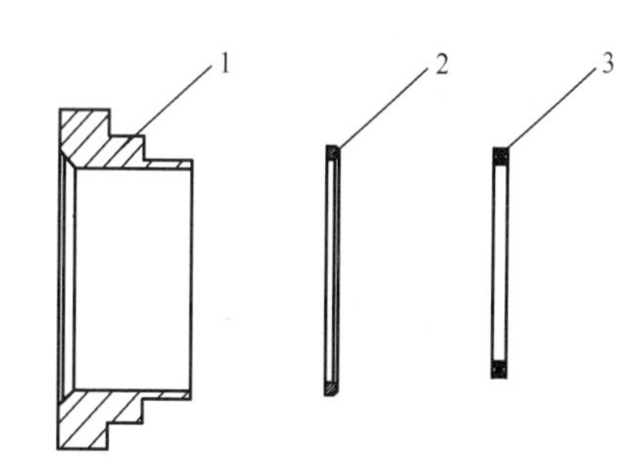


图 3-8　阀座垫片

1—填料；2—密封圈；3—压环

弹性阀座是 20 世纪 70 年代初才出现的新型阀座结构，其发展正方兴未艾。它们都是针对特定工况条件研究设计的，其结构和种类繁多。

斜面弹性阀座有单斜面和双斜面之分，单斜面弹性阀座结构简单，加工制作方便，弹性补偿能力差是其缺点。这种弹性阀座适用于 $DN$<250mm 的偏心球阀。

所以本次设计选择弹性阀座。

根据式（3-76）得

$$\tau = \frac{2\times1.36\times10^6}{1\times250\times18\times30} = 20.15\text{MPa} < [\tau] = 90\text{MPa}$$

## 3.6　省力机构的设计和校核

用于球阀的省力机构应当具有传动速比大、外形尺寸小、球体能固定在开关中间的任意位置，以及防止灰尘和污物进入装置内部等特点。其中以蜗轮蜗杆的特点最为明显，结构简单、传动比大、具有自锁性能。

### 3.6.1　蜗轮蜗杆的设计

蜗杆传动的主要参数有模数 $m$、压力角$\alpha$、蜗杆头数 $z_1$、蜗杆直径系数 $q$ 和蜗杆分度圆柱导程角 $\gamma$ 等。由于要求实现大传动比和反行程，要求自锁的蜗杆传动取 $z_1$=1。根据蜗杆头数 $z_1$ 与蜗轮齿数 $z_2$ 的荐用值可知，取传动比 $i$=30，$z_2$=30。考虑到蜗轮蜗杆中心距不能过小，取，$m$=5，查 GB/T 10085—1988 可知，$m$=5，$z_1$=1，$q$=10，蜗杆分度圆直径为 50mm。

根据阿基米德蜗杆传动主要几何尺寸的计算公式可知：

中心距：$a = 0.5m(q + z_2) = 100\text{mm}$；

蜗杆齿顶圆直径：$d_{a1} = d_1 + 2m = 60\text{mm}$；

蜗杆齿根圆直径：$d_{f1} = d_1 - 2m - 2c = 50 - 10 - 2\times1.25 = 37.5\text{mm}$；

蜗杆分度圆直径：$d_1 = 50\text{mm}$；

蜗轮分度圆直径：$d_2 = z_2 m = 150\text{mm}$；

蜗轮喉圆直径：$d_{a2} = d_2 + 2m = 160\text{mm}$；

蜗轮齿根圆直径：$d_{f2} = d_2 - 2m - 2c = 150 - 10 - 1.25\times2 = 137.5\text{mm}$；

蜗轮外径：$d_{e2} \leqslant d_{a2} + 2 = 170\text{mm}$，取 $d_{e2} = 160.4\text{mm}$；

蜗杆螺纹长度：$L \geqslant (8 + 0.06z_2)m = 49\text{mm}$，取 $L$=50mm;

蜗轮齿根圆弧面半径：$R_1 = 0.5d_{a1} + c = 31.25\text{mm}$；

蜗轮齿顶圆弧面半径：$R_2 = 0.5d_{f1} + c = 20\text{mm}$。

由于球阀球体工作只需旋转 90°，故可用 120° 的扇形蜗轮代替全蜗轮，这样既简化了结构，缩小了体积，又节省了原材料。

### 3.6.2　蜗轮蜗杆的强度校核

因为蜗杆传动的失效一般发生在蜗轮上，所以只需要进行蜗轮轮齿的轻度计算。齿面接触疲劳强度的校核和计算公式如下：

$$\sigma_H = Z_F\sqrt{\frac{9K_A T_2}{m^2 d_1 z_2^2}} \leqslant \sigma_{HP} \tag{3-78}$$

式中　$Z_F$——弹性模数，MPa，查表得 $Z_F = 75\text{MPa}$；

$K_A$——载荷系数，取 $K_A$=1.0;

$T_2$——蜗轮转矩，$T_2$=1.36×10$^6$;

$m$——模数，$m$=5;

$d_1$——蜗杆分度圆直径，mm，$d_1$=50mm;

$z_2$——蜗轮齿数，$z_2$=30;

$\sigma_{HP}$——蜗轮的许用接触应力，MPa，$\sigma_{HP}$=250MPa。

$$\sigma_{\mathrm{H}}=Z_{\mathrm{F}}\sqrt{\frac{9K_{\mathrm{A}}T_2}{m^2d_1z_2^2}}=75\times\sqrt{\frac{9\times1\times1.36\times10^6}{5^2\times50\times30^2}}=247.4\mathrm{MPa}\leqslant\sigma_{\mathrm{HP}}=250\mathrm{MPa}$$

### 3.6.3 阀盖的设计计算

阀盖厚度的计算方法与它的形状有关。

平板阀盖一般用于工作压力不高的止回阀上，可分为圆形和非圆形两类。圆形平板阀盖的计算如下：

按垫片的不同结构形式又可分为两种：

① 全平面垫片平板阀盖。

② 凸面法兰垫片平板阀盖。

本设计选用凸面法兰垫片平板阀盖，其厚度计算见表3-7。

根据设计，垫片系数 $m$ 为2.5，垫片宽度 $b_{\mathrm{D}}$ 为25mm，垫片平均直径 $d_{\mathrm{D}}$ 为185.5mm。

$$\delta=1+4\frac{mb_{\mathrm{D}}S_{\mathrm{D}}}{d_{\mathrm{D}}}=1+4\times\frac{2.5\times25\times1.2}{185.5}=2.62$$

$$\frac{d_{\mathrm{f}}}{d_{\mathrm{D}}}=\frac{50}{185.5}=0.27$$

根据 $\delta$ 和 $d_{\mathrm{f}}/d_{\mathrm{D}}$ 的值取 $C_{\mathrm{Y}}=1.0$。

$$h_{\mathrm{c}}=C_{\mathrm{X}}C_{\mathrm{Y}}C_{\mathrm{Z}}d_{\mathrm{D}}\sqrt{p/f}+C_1+C_2=1.0\times1.0\times1.0\times1.0\times185.5\sqrt{0.03/0.3}+0.02+0=58.68\mathrm{mm}$$

## 3.7 LNG超低温球阀长颈阀盖传热过程

阀门设计与分析的目的归总就是要保证阀门在传输介质的过程中不发生泄漏，即达到密封要求。由于液化天然气（LNG）具有易燃易爆的特性，同时黏度低、浸透性强，因而极易发生泄漏。因此对在工程中使用的LNG超低温球阀的密封性能提出了更为严格的要求。在超低温工况下，LNG超低温球阀发生泄漏的位置主要有两处，填料函处和长颈阀盖与阀体连接的法兰处。填料函处的泄漏是由于超低温环境下填料函温度过低导致低温液体在填料函处结冰，严重影响填料密封性能时而发生的泄漏。同样，超低温阀盖和阀体产生不同程度的变形，造成法兰处密封失效，也会造成泄漏。在实际工况中，填料函处的泄漏更为常见。

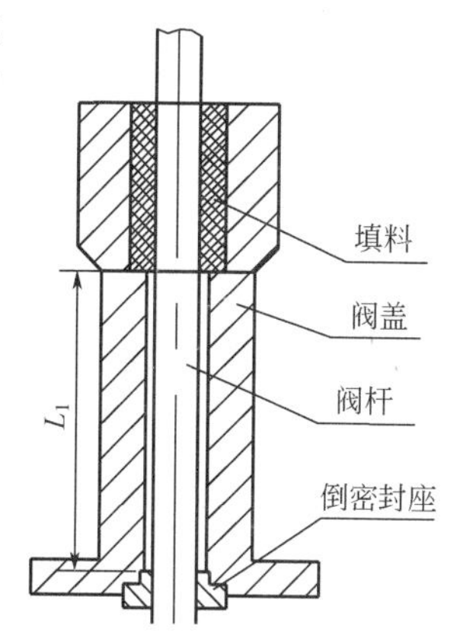

图3-9 长颈阀盖结构

在分析实际问题时，通常要了解工件内部的温度分布。而物体内部的温度分布同时取决于物体内部的热量交换以及物体与外部环境的热量交换。针对LNG超低温球阀的特殊工况，设计时，首先要保证长颈阀盖填料函处温度始终处于0℃以上。普遍的设计思路是采用加长阀盖结构如图3-9所示。影响填料函处温度分布的最主要因素是加长阀盖颈部的长度。除此以外，阀盖壁厚、阀盖与阀杆间隙等因素同样也影响着填料函的温度分布。从传热的角度对LNG球阀长颈阀盖进行传热过程分析就显得十分必要。本章对LNG超低温球阀传热过程的分析是以传热学这门学科为理论依据的。传热学是研究热量传递规律的一门学科，它广泛应用在生产、生活的各个方面。根据热力学第二定律可知，热量可以自发地由高温热源传递给低温热源。可得有温差则必有传热，温差是传热的先决条件。就物体与时间的依存关系而言，传热过程可以分为稳态传热和非稳态传热。在稳态传热过程中，物体各点的温度不随时间的变化而变化，在非稳态传热过程中，物体各点的温度则随时间的变化而变化。

表 3-7　阀体厚度计算表

| 序号 | 名　称 | 公式或索引 |
|---|---|---|
| 1 | 阀盖厚度 $h_c$/mm | $C_XC_YC_Zd_D\sqrt{p/f}+C_1+C_2$ |
| 2 | 取决于直径不同比率的计算系数 $C_X$ | 取 1.0 |
| 3 | 计算系数 $C_Y$ | 根据 $\delta$ 和 $d_f/d_D$ 比值选取 |
| 4 | 螺栓力对压力的比值 $\delta$ | $1+4mb_DS_D/d_D$ |
| 5 | 垫片系数 $m$ | 参考《实用阀门设计手册》 |
| 6 | 垫片宽度 $b_D$/mm | 设计给定 |
| 7 | 操作条件系数 $S_D$ | 取 1.2 |
| 8 | 垫片平均直径 $d_D$/mm | 设计给定 |
| 9 | 计算系数 $C_Z$ | 取 1.0 |
| 10 | 螺栓孔中心圆直径 $d_1$/mm | 设计给定 |
| 11 | 设计压力 $p$/MPa | 取公称压力 $PN$ 数值的 1/10 |
| 12 | 公称设计压力 $f$/MPa | 参考《实用阀门设计手册》 |
| 13 | 允许的制造偏差 $C_1$/mm | 设计给定 |
| 14 | 腐蚀裕量 $C_2$/mm | 对于铁素体，铁素体-马氏体钢取 1 mm，对于其他钢取 0 mm |

对 LNG 超低温球阀传热过程分析的起点是 LNG 超低温球阀从管道进入阀体的瞬间，在介质未流入阀体内时，由于阀体处于常温状态下，因而与超低温介质 LNG 之间存在着巨大温差，传热瞬间发生。冷量由阀体内壁传至外壁，并迅速扩散至长颈阀盖，沿阀盖底部经填料函向上迅速传递，经过一段时间，冷量充分扩散至长颈阀盖各个点，即进入稳定状态，长颈阀盖各点温度不随时间的变化而改变。由此可见，LNG 超低温球阀的传热过程可分为温度达到稳定状态之前和达到稳定状态之后两个部分。本章研究的重点是 LNG 超低温球阀在稳定状态下长颈阀盖的热量传递及温度场分布。

## 3.7.1　传热过程分析理论基础

（1）热传导

温度不同的物体各部分之间或温度不同的各物体之间直接接触时，依靠分子、原子及自由电子等微观粒子的热运动而进行热量传递的现象称为热传导，简称导热。在纯导热过程中物体各部分之间没有宏观运动。

热导率，单位 W/(m・K)，它的定义是由傅里叶定律给出，傅里叶定律为：

$$Q=-\lambda A\frac{\partial t}{\partial x} \tag{3-79}$$

式中 $\lambda$——材料的热导率，W/(m·K)；

$A$——导热面积，$m^2$。

物理意义为在单位厚度（1m）、单位温度差（1K）、单位面积（$1m^2$）下，每单位时间内（1s）的导热量（J）。热导率表示材料导热能力的大小，其数值主要决定于物质种类及温度。

（2）热对流

流体（气体或液体）中温度不同的各部分之间，由于发生宏观相对运动，把热量由一段传递到另一端的现象称为热对流。而与热对流不同，对流换热是指流体与固体壁之间的热量交换。在对流换热过程中既有热对流，同时又有热传导，两者相伴进行。根据对流换热产生的不同原因，可分为自然对流和强制对流。前者是由流体各部分温差而形成密度差导致流体运动，后者则是在外力的驱动下使流体运动。

对流换热系数表示流体在壁面上传递热量能力的大小，单位为 W/($m^2$·K)，其定义式由对流换热基本公式得出，对流换热基本公式为：

$$Q = hA\Delta T \tag{3-80}$$

式中 $h$——表面对流换热系数，W/($m^2$·K)；

$A$——换热面积，$m^2$；

$\Delta T$——换热面积上的平均温差，℃。

物理意义为在流体与壁面在单位温差（1K）、单位壁面下（$1m^2$）、单位时间内所传递的能量（J）。对流换热系数的大小主要取决于流速、流体物性、壁面形状大小等因素。

（3）热辐射

物体转化本身的热力学能向外发射辐射能的现象称为热辐射。所有物体均具有辐射能力。根据物体的种类及表面状况不同，其辐射能力不同。在同等条件下，物体的温度越高则辐射能力越强。黑体是指能投射到其表面辐射能的物体，黑体的辐射能力与吸收能力最强。

物体间可依靠热辐射进行热量传递。热辐射不需要冷热物体直接接触，不需要介质的存在，在真空中就可以传递热能量。因此无论温度的高低，物体都在不停地发射电磁波能、相互辐射能量。高温物体辐射给低温物体的能量大于低温物体辐射给高温物体的能量，总的效果是热能由高温物体传递给低温物体。

史蒂芬-玻尔兹曼定律描述了单位时间内黑体向外界辐射的热能量，即

$$Q = \varepsilon A \sigma T^4 \tag{3-81}$$

式中 $\varepsilon$——物体的发射率，其值总小于1，它与物体种类及表面形态有关；

$A$——辐射表面积，$m^2$；

$\sigma$——史蒂芬-玻尔兹曼常量，即通常说的黑体辐射常数，$5.67\times10^{-8}\,W/(m^2\cdot K^4)$；

$T$——黑体的热力学温度，K。

在现实问题中，传热过程通常比较复杂，单一形式的热量传递往往是不存在的。LNG超低温球阀在不处于工作状态时，整个阀门放置于自然空气环境中，其温度与周围环境温度几乎相同。当LNG超低温液体进入阀体内时，由于超低温介质与阀体之间存在巨大温差，超低温介质的冷量由阀体内壁迅速传递至长颈阀盖。在超低温环境下，通过热辐射传递的热量极少，可以不用考虑。整个传热过程只需考虑热传导和对流换热，具体传热过程分为两部分，一部分冷量由存在于填料函下端长颈阀盖与阀杆间隙中充满的超低温介质通过热传导的方式传至阀盖与阀杆；另一部分的冷量由填料函上端的长颈阀盖通过自然对流换热的方式传递给

空气。

### 3.7.2 导热微分方程

与固体物理的研究方法有所不同，传热学研究导热过程不是对其微观机理作深入分析，而是从所观察到的宏观现象出发，通过对已有试验总结出来的基本定理进行数学建模和推导，得出如温度场分布、热流密度等描述传热过程的物理量。

在连续介质假定条件下，可以用连续函数来描述温度分布。温度场是在一定的时间和空间域上温度的分布。它的数学描述是时间和空间坐标系下的连续函数。在笛卡尔坐标系下，温度场可表示为：

$$t = f(x, y, z, \tau) \tag{3-82}$$

式中 $t$——温度，℃；

$x$、$y$、$z$——空间笛卡尔坐标，m；

$\tau$——时间，s。

确定导热体内的温度场是研究传热过程的首要基础。如果没有得到导热体的温度场分布就不可能得到任何有关导热过程分析的物理量。

根据热力学第一定律和傅里叶定律，建立导热体温度场所满足的数学表达式，称为导热微分方程。导热体内取一微元体，根据热力学第一定律可知：

$$\Delta U = Q + W \tag{3-83}$$

式中 $Q$——微元体与外界交换的热量；

$\Delta U$——微元体内能的增量；

$W$——微元体与外界交换的功。

因为$W = 0$，所以$Q = \Delta U$。

导热微元体与外界环境交换的热量 $Q$ 由净热量和内热源所发热量两部分共同组成，可表示为：

$$Q = Q_1 + Q_2 \tag{3-84}$$

式中 $Q_1$——净热量；

$Q_2$——内热源发热量。

（1）净热量

在 $d_\tau$ 时间内、沿 $X$ 轴方向、流入 $X$ 平面热量：

$$dQ_x = q_x d_y d_z d_\tau \tag{3-85}$$

在 $d_\tau$ 时间内、沿 $X$ 轴方向、流入 $X$+d$X$ 平面热量：

$$dQ_{x+dx} = q_{x+dx} d_y d_z d_\tau \tag{3-86}$$

其中

$$q_{x+dx} = q_x + \frac{\partial q_x}{\partial x} d_x$$

在 $d_\tau$ 时间内，微元体在 $X$ 轴方向净热量为：

$$\mathrm{d}Q_{x+\mathrm{d}x}-\mathrm{d}Q_x=-\frac{\partial q_x}{\partial x}\mathrm{d}_x\mathrm{d}_y\mathrm{d}_z\mathrm{d}_\tau \tag{3-87}$$

同理，在 $\mathrm{d}_\tau$ 时间内，微元体在 $Y$ 轴方向净热量为：

$$\mathrm{d}Q_{y+\mathrm{d}y}-\mathrm{d}Q_y=-\frac{\partial q_y}{\partial y}\mathrm{d}_x\mathrm{d}_y\mathrm{d}_z\mathrm{d}_\tau \tag{3-88}$$

在 $\mathrm{d}_\tau$ 时间内，微元体在 $Z$ 轴方向净热量为：

$$\mathrm{d}Q_{z+\mathrm{d}z}-\mathrm{d}Q_z=-\frac{\partial q_z}{\partial z}\mathrm{d}_x\mathrm{d}_y\mathrm{d}_z\mathrm{d}_\tau \tag{3-89}$$

所以，

$$Q_1=-\left(\frac{\partial q_x}{\partial x}+\frac{\partial q_y}{\partial y}+\frac{\partial q_z}{\partial z}\right)\mathrm{d}_x\mathrm{d}_y\mathrm{d}_z\mathrm{d}_\tau$$

根据傅里叶定律可知：

$$q_x=-\lambda\frac{\partial t}{\partial x};q_y=-\lambda\frac{\partial t}{\partial y};q_z=-\lambda\frac{\partial t}{\partial z}$$

代入式中可得微元体净热量：

$$Q_1=\left[\frac{\partial}{\partial x}\left(\lambda\frac{\partial t}{\partial x}\right)+\frac{\partial}{\partial y}\left(\lambda\frac{\partial t}{\partial y}\right)+\frac{\partial}{\partial z}\left(\lambda\frac{\partial t}{\partial z}\right)\right]\mathrm{d}_x\mathrm{d}_y\mathrm{d}_z\mathrm{d}_\tau \tag{3-90}$$

（2）$\mathrm{d}_\tau$ 时间内微元体中内热源散发热量

$$Q_2=q_\mathrm{v}\mathrm{d}x\mathrm{d}y\mathrm{d}z\mathrm{d}\tau \tag{3-91}$$

式中，$q_\mathrm{v}$——内热源强度，W/m，物理意义为单位体积导热体在单位时间内发出的热量。

（3）$\mathrm{d}_\tau$ 时间内微元体内能的增量

$$\Delta U=mc\mathrm{d}t=\rho\mathrm{d}_x\mathrm{d}_y\mathrm{d}_z c\frac{\partial t}{\partial\tau}\mathrm{d}_\tau \tag{3-92}$$

式中　$\rho$——热源密度；

$c$——比热容。

由以上方程可知，在笛卡尔坐标系下导热微分方程为：

$$\rho c\frac{\partial t}{\partial\tau}=\frac{\partial}{\partial x}\left(\lambda\frac{\partial t}{\partial x}\right)+\frac{\partial}{\partial y}\left(\lambda\frac{\partial t}{\partial y}\right)+\frac{\partial}{\partial z}\left(\lambda\frac{\partial t}{\partial z}\right)+q_\mathrm{v} \tag{3-93}$$

此方程反映了物体温度随时间和空间的变化规律。

在不同条件下，导热微分方程有如下几种不同的形式：

（1）若物性参数 $\lambda$、$c$、$\rho$ 均为常数

$$\frac{\partial t}{\partial\tau}=\alpha\left(\frac{\partial^2 t}{\partial x^2}+\frac{\partial^2 t}{\partial y^2}+\frac{\partial^2 t}{\partial z^2}+\frac{q_\mathrm{v}}{\rho c}\right) \tag{3-94}$$

或

$$\frac{\partial t}{\partial\tau}=\alpha\nabla^2 t+\frac{q_\mathrm{v}}{\rho c} \tag{3-95}$$

（2）若物性参数均为常数且无内热源

$$\frac{\partial t}{\partial \tau}=\alpha\left(\frac{\partial^2 t}{\partial x^2}+\frac{\partial^2 t}{\partial y^2}+\frac{\partial^2 t}{\partial z^2}\right) \tag{3-96}$$

或

$$\frac{\partial t}{\partial \tau}=\alpha\nabla^2 t \tag{3-97}$$

其中

$$\nabla^2 t=\frac{\partial^2 t}{\partial x^2}+\frac{\partial^2 t}{\partial y^2}+\frac{\partial^2 t}{\partial z^2} \tag{3-98}$$

若物性参数均为常数，且无内热源，稳态导热，则

$$\frac{\partial^2 t}{\partial x^2}+\frac{\partial^2 t}{\partial y^2}+\frac{\partial^2 t}{\partial z^2}=0 \tag{3-99}$$

或

$$\nabla^2 t=0$$

以上各式中的$\nabla^2$为拉普拉斯算子。

由于 LNG 超低温球阀长颈阀盖实体模型可近似简化为圆柱体，因此需要在圆柱坐标系下建立导热微分方程。其推导过程与直角坐标系下导热微分方程类似，在此不再重述。对于圆柱坐标系：

$$x=r\cos\varphi, y=r\sin\varphi, z=z$$

柱坐标下导热微分方程为：

$$\rho c\frac{\partial t}{\partial \tau}=\frac{1}{r}\times\frac{\partial}{\partial r}\left(\lambda r\frac{\partial t}{\partial r}\right)+\frac{1}{r^2}\times\frac{\partial}{\partial \varphi}\left(\lambda r\frac{\partial t}{\partial \varphi}\right)+\frac{\partial}{\partial z}\left(\lambda r\frac{\partial t}{\partial z}\right) \tag{3-100}$$

### 3.7.3 导热问题条件的定解条件及边界条件

导热微分方程只是描述了导热过程中物体随时间和空间变化的一般性规律，它并没有涉及具体、特定的导热过程。对于特定导热问题的具体分析需要得到满足该特定导热问题的定解条件。定解条件主要包括以下四个方面：

几何条件：给出传热过程中实体模型的大小和表征形状的相关参数的具体值。

物理条件：给出传热过程中的相关物理参数，并确定传热过程中有无内热源存在。

时间条件：说明传热过程在时间上的特点，明确是瞬态过程还是稳态过程。若属于稳态过程，则不需要时间条件。

边界条件：给出热导率、对流换热系数等重要参数的具体值。

以上四个定解条件中，前三个条件相对容易给出，要得到导热问题的准确解关键取决于热边界条件的施加及建立相应的数学表达式。常见的热边界条件主要有以下三种：

① 温度边界条件，给定边界温度值并保持不变；

② 热流边界条件，给定边界热流密度值并保持不变；

③ 对流换热边界条件，给定对流换热系数的值，其值由温度和热流密度共同决定。

这三种热边界条件是等价的，具体采取哪一种边界条件要视具体问题而定。对于本章研究的 LNG 超低温球阀长颈阀盖传热过程，几何条件为圆柱体模型，物理条件为无内热源；由于研究稳态状态下温度场的分布，因此与时间变量无关；通过对 LNG 超低温球阀长颈阀盖传热过程中热量传递两种不同方式的分析，对热边界条件进行相应的设置。由于可求出存在于长颈阀盖与阀杆之间的超低温介质温度，设置热边界条件为温度边界条件，对相应的热传导过程进行分析；而长颈阀盖上端与空气进行自然对流传递冷量，设置边界条件为对流换热边界条件。对于这两种热边界条件所需要的温度值和热流换热系数值将通过本章最后部分的数学推导和计算求得。

## 3.7.4　LNG 超低温球阀长颈阀盖温度场分布的数学描述

对 LNG 超低温球阀长颈阀盖实体模型进行简化，建立如图 3-10 所示的简化模型。本节以导热微分方程为基础，在柱坐标系下利用数学推导计算出长颈阀盖在稳态下的温度场分布。

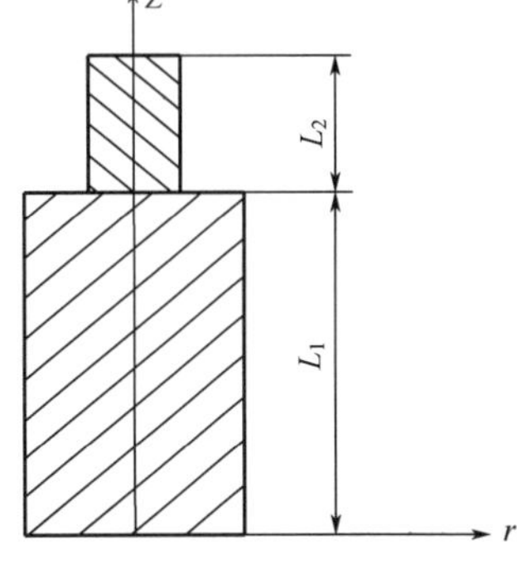

图 3-10　长颈阀盖简化模型

在柱坐标下无内热源的导热微分方程为：

$$\rho c \frac{\partial t}{\partial \tau} = \frac{1}{r} \times \frac{\partial}{\partial r}\left(\lambda r \frac{\partial t}{\partial r}\right) + \frac{\partial}{\partial \tau}\left(\lambda r \frac{\partial t}{\partial \tau}\right) \tag{3-101}$$

由于本节研究的是稳态下的温度场分布，在圆柱模型下，固定 $r$ 和 $z$、$\varphi$ 取不同值时，热量传递情况均相同，故可将三维导热问题转化为二维导热问题，于是将式（3-101）简化可得：

$$\frac{\partial^2 t}{\partial r^2} + \frac{1}{r} \times \frac{\partial t}{\partial r} + \frac{\partial^2 t}{\partial z^2} = 0 \tag{3-102}$$

建立对流换热边界条件可得：

$$\begin{cases} r = 0, \dfrac{\partial t}{\partial r} = 0 \\ r = r_1, -\lambda \dfrac{\partial t}{\partial r} = h_1 (t - t_f) \\ z = 0, t = t_0 \\ z = l_1, -\lambda \dfrac{\partial t}{\partial z} = h_2 (t - t_f) \end{cases} \tag{3-103}$$

式中　$t_f$——环境温度；

$h_1$——$L_1$ 部分对流换热系数；

$h_2$——$L_1$ 与 $L_2$ 结合部分当量对流换热系数；

$\lambda$——材料热导率；

$t_0$——低温液体温度；

$t$——长颈阀盖温度场；

$r_1$——长颈阀盖半径。

引入无因次温度

$$\theta = \frac{t_f - t(r,z)}{t_f - t_0} \tag{3-104}$$

综合式（3-104）得

$$\frac{\partial^2\theta}{\partial r^2}+\frac{1}{r}\times\frac{\partial\theta}{\partial r}+\frac{\partial^2\theta}{\partial z^2}=0$$

建立相应的边界条件

$$\begin{cases} r=0,\dfrac{\partial\theta}{\partial r}=0 \\ r=r_1,-\lambda\dfrac{\partial\theta}{\partial r}=h_1\theta \\ z=0,\theta=1 \\ z=l_1,-\lambda\dfrac{\partial\theta}{\partial z}=h_2\theta \end{cases} \tag{3-105}$$

令上述偏微分方程的解为 $r$ 和 $z$ 两变量相乘：

$$\theta(r,z)=R(r)Z(z)$$

式中　$R(r)$——关于 $r$ 的函数；

　$Z(z)$ ——关于 $z$ 的函数。

将微元体在 $X$ 轴方向的净热量公式代入 $Y$ 轴方向净热量公式得到：

$$\frac{1}{R}\times\frac{\mathrm{d}^2R}{\mathrm{d}r^2}+\frac{1}{rR}\times\frac{\mathrm{d}R}{\mathrm{d}r}=-\frac{1}{Z}\times\frac{\mathrm{d}z^2}{\mathrm{d}z^2} \tag{3-106}$$

设置变量分离常数为$-\beta^2$，得到式（3-107）：

$$\frac{\mathrm{d}^2R}{\mathrm{d}r^2}+\frac{1}{r}\times\frac{\mathrm{d}R}{\mathrm{d}r}+\beta^2R=0 \tag{3-107}$$

$$\frac{\mathrm{d}z^2}{\mathrm{d}z^2}-\beta^2Z=0 \tag{3-108}$$

上式的边界条件为：

$$\begin{cases} r=0,R'=0 \\ r=r_0,R'+\dfrac{h_1}{\lambda}R=0 \end{cases} \tag{3-109}$$

$$\begin{cases} Z=0,\theta=1 \\ Z=l_1,Z'+\dfrac{h_2}{\lambda}Z=0 \end{cases} \tag{3-110}$$

常微分 $\frac{\mathrm{d}^2R}{\mathrm{d}r^2}+\frac{1}{r}\times\frac{\mathrm{d}R}{\mathrm{d}r}+\beta^2R=0$ 形式为零阶 Bessel 函数，通解表达式：

$$R(r)=C_1J_0(\beta r)+C_2Y_0(\beta r) \tag{3-111}$$

当 $r$=0 时，$R$ 为常数，$Y_0$ 趋于负无穷大。

因此 $C_2$=0 时，有

$$R(r)=C_1J_0(\beta r)$$

得到其通解为：$R_m(r)=C_1J_0(\beta_m r)$

由

$$\begin{Bmatrix} r=0, R=0 \\ r=r_0, R+\dfrac{h_1}{\lambda}R=0 \end{Bmatrix} \tag{3-112}$$

有

$$\frac{\mathrm{d}J_0\left(\beta r\right)}{\mathrm{d}r}\Big|_{r=r_0}+\frac{h_2}{\lambda}J_0\left(\beta r_0\right)=0$$

由 Bessel 函数可知：

$$\frac{\mathrm{d}}{\mathrm{d}x}\left[x^{-\lambda}J_{\lambda}(x)\right]=-x^{-\lambda}J_{\lambda+1}(x) \tag{3-113}$$

得到

$$J_1(\beta r_0)=\frac{h_1}{\lambda}J_0(\beta r_0)$$

常微分方程 $\dfrac{\mathrm{d}^2R}{\mathrm{d}r^2}+\dfrac{1}{r}\times\dfrac{\mathrm{d}R}{\mathrm{d}r}+\beta^2R=0$ 的通解为：

$$J_1(\beta_m r_0)=\frac{h_1}{\lambda}J_0(\beta_m r_0) \tag{3-114}$$

由 $\dfrac{\mathrm{d}z^2}{\mathrm{d}z^2}-\beta^2Z=0$ 和 $\begin{Bmatrix} Z=0,\theta=1 \\ Z=l_1, Z'+\dfrac{h_2}{\lambda}Z=0 \end{Bmatrix}$，可得微分方程 $\dfrac{\mathrm{d}z^2}{\mathrm{d}z^2}-\beta^2Z=0$ 的通解为：

$$Z(z)=C_3\mathrm{ch}(\beta z)+C_4\mathrm{sh}(\beta z) \tag{3-115}$$

在满足其边界条件时，其解为：

$$Z(z)=C_3\left\{\beta\mathrm{ch}\left[\beta(l_1-z)\right]+\frac{h_2}{\lambda}\mathrm{sh}\left[\beta(l_1-z)\right]\right\} \tag{3-116}$$

求 $\dfrac{\mathrm{d}z^2}{\mathrm{d}z^2}-\beta^2Z=0$ 的通式为：

$$Z_m\left(z\right)=C_3\left\{\beta_m\mathrm{ch}\left[\beta_m(l_1-z)\right]+\frac{h_2}{\lambda}\mathrm{sh}\left[\beta_m(l_1-z)\right]\right\} \tag{3-117}$$

把公式 $R_m(r)=C_1J_0(\beta_m r)$、$J_1(\beta r_0)=\dfrac{h_1}{\lambda}J_0(\beta r_0)$ 代入到 $\dfrac{\mathrm{d}J_0(\beta r)}{\mathrm{d}r}\Big|_{r=r_0}+\dfrac{h_2}{\lambda}J_0(\beta r_0)=0$ 中得到温度场的完全解，可表示为：

$$\theta(r,z)=\sum_{m=1}^{\infty}R_m(r)Z_m(z)=\sum_{m=1}^{\infty}A_mJ_0(\beta_m r)\left\{\beta_m\mathrm{ch}\left[\beta_m(l_1-z)\right]+\frac{h_2}{\lambda}\mathrm{sh}\left[\beta_m(l_1-z)\right]\right\} \tag{3-118}$$

把非齐次边界条件 $\begin{Bmatrix} Z=0,\theta=1 \\ Z=l_1, Z'+\dfrac{h_2}{\lambda}Z=0 \end{Bmatrix}$ 代入式（3-118）中，得

$$\sum_{m=1}^{\infty}A_mJ_0\left(\beta_m r\right)\left\{\beta_m\mathrm{ch}\left[\beta_m(l_1-z)\right]+\frac{h_2}{\lambda}\mathrm{sh}\left[\beta_m(l_1-z)\right]\right\}=1$$

对上式做积分运算

$$\int_0^{r_0} rJ_0(\beta_m r)J_0(\beta_n r)\mathrm{d}r = \begin{Bmatrix} 0 & m \neq n \\ N(\beta_m) & m = n \end{Bmatrix} N$$

$(\beta_m)$称为正交函数系的范数，计算可得

$$N(\beta_m) = \frac{r_2}{2} J_1^2(\beta_m r_2) \tag{3-119}$$

利用特征函数系的正交性，可以确定级数中的系数 $A_m$ 为：

$$A_m = \frac{2}{\left[\beta_m \mathrm{ch}(\beta_m l_1) + \dfrac{h_2}{\lambda}\mathrm{sh}(\beta_m l_1)\right]\dfrac{h_1}{\lambda}\beta_m r_0 J_0(\beta_m r_0)} \tag{3-120}$$

将式（3-120）带入到完全解中，根据 Bessel 函数的性质，采用分离变量法求解，得到 LNG 超低温球阀长颈阀盖二维温度场：

$$\theta(r,z) = \frac{t_f - t(r,z)}{t_f - t_0} = \sum_{m=1}^{\infty} \frac{2\lambda J_0(\beta_m r)}{h_1 r_1 J_0(\beta_m r)} \times \frac{\left\{\beta_m \mathrm{ch}\left[\beta_m(l_1 - z)\right] + \dfrac{h_2}{\lambda}\mathrm{sh}\left[\beta_m(l_1 - z)\right]\right\}}{\left[\beta_m \mathrm{ch}(\beta_m l_1) + \dfrac{h_2}{\lambda}\mathrm{sh}(\beta_m l_1)\right]} \tag{3-121}$$

当 $\beta_i = \dfrac{h_1 r_1}{\lambda} < 0.1$ 时，温度场可近似取级数的第一项。

第一个特征值 $\beta_1$ 由 $J_1(\beta_1 r_1) = h_1 / \beta_1 \lambda J_0(\beta_1 r_1)$ 确定，且当 $\beta_1$ 很小时取

$$J_0(\beta_1 r_1) \approx 1, J_0(\beta_1 r) \approx 1, J_1(\beta_1 r_1) \approx \frac{\beta_1 r_1}{2}$$

式中　$J_0(z)$——零阶的第一类 Bessel 函数；

　　$J_1(z)$——一阶的第一类 Bessel 函数。

由此公式

$$\theta(r,z) = \frac{t_f - t(r,z)}{t_f - t_0} = \sum_{m=1}^{\infty} \frac{2\lambda J_0(\beta_m r)}{h_1 r_1 J_0(\beta_m r)} \times \frac{\left\{\beta_m \mathrm{ch}\left[\beta_m(l_1 - z)\right] + \dfrac{h_2}{\lambda}\mathrm{sh}\left[\beta_m(l_1 - z)\right]\right\}}{\left[\beta_m \mathrm{ch}(\beta_m l_1) + \dfrac{h_2}{\lambda}\mathrm{sh}(\beta_m l_1)\right]} \tag{3-122}$$

可简化为沿 $Z$ 轴变化的一维导热问题，温度场表示为：

$$\theta = \frac{t_\mathrm{f} - t(r,z)}{t_\mathrm{f} - t_0} = \frac{2\lambda\left\{\beta_1 \mathrm{ch}\left[\beta_1(l_1 - z)\right] + \dfrac{h_2}{\lambda}\mathrm{sh}\left[\beta_1(l_1 - z)\right]\right\}}{h_1 r_1\left[\beta_1 \mathrm{ch}(\beta_1 l_1) + \dfrac{h_2}{\lambda}\mathrm{sh}(\beta_1 l_1)\right]} \tag{3-123}$$

式中，$\beta_1 = \sqrt{2h_1 / \lambda r_1}$。

## 3.7.5 确定 LNG 超低温球阀长颈阀盖上端对流换热系数

$L_2$ 部分可以看成沿 $Z$ 轴变化的一维换热翅片，与环境换热量为：

$$Q_1 = \int_0^{l_2} 2\pi r_2 h_1 (t_f - t) \mathrm{d}z \tag{3-124}$$

令 $m = \sqrt{2h_1 / \lambda r_1}$ ，其中一维翅片中的温度分布为：

$$\frac{t_f - t(r,z)}{t_f - t_0} = \frac{\mathrm{ch}\left[m(z - l_1)\right]}{\mathrm{ch}(ml_1)} \tag{3-125}$$

将上述两式结合得到

$$Q_1 = 2\pi r_2 h_1 \int_0^{l_2} (t_f - t) \frac{\mathrm{ch}\left[m(l_2 - z)\right]}{\mathrm{ch}(ml_2)} \mathrm{d}z = 2\pi r_2 h_1 (t_f - t_1) \mathrm{th}(ml_2) \tag{3-126}$$

式中　$r_2$——阀杆半径；

$t_1$——翅根处温度。

$$t_1 = t_f - \theta(r_1, l_1)(t_0 - t_f) \tag{3-127}$$

翅片 $L_2$ 温度可近似认为沿 $Z$ 方向线性变化，翅端温度与环境温度 $t_f$ 相同，$L_2$ 整体平均温度为：

$$t_m = \frac{1}{2}(t_1 + t_2) = \frac{1}{2}\left(t_1 + t_f - \frac{t_f - t_1}{\mathrm{ch}(ml_2)}\right) \tag{3-128}$$

式中　$t_m$——$L_2$ 整体平均温度；

$t_f$——环境温度。

当量对流换热系数满足

$$Q_1 = h_2 \pi r_2^2 (t_f - t_m) \tag{3-129}$$

由 $t_1 = t_f - \theta(r_1, l_1)(t_0 - t_f)$、$t_m = \frac{1}{2}(t_1 + t_2) = \frac{1}{2}\left(t_1 + t_f - \frac{t_f - t_1}{\mathrm{ch}(ml_2)}\right)$、$Q_1 = h_2 \pi r_2^2 (t_f - t_m)$ 可以计算当量对流换热系数 $h_2$ 的具体值。

本章先分析了超低温的介质 LNG 对球阀填料函及法兰处密封性能的不利影响，强调了对 LNG 超低温球阀长颈阀盖进行传热过程分析的重要性。然后以传热学为理论基础阐述了不同热量传递形式在 LNG 超低温球阀长颈阀盖传热过程分析中的具体应用。最后通过结合傅里叶定理和热力学第一定律，建立了圆柱坐标系下物体的导热微分方程。在由导热微分方程得出一般性规律的理论基础上施加定解条件，尤其是根据具体工况为长颈阀盖添加热分析边界条件，得到长颈阀盖温度场分布的理论计算公式，同时通过数学推到计算出填料函以上部分长颈阀盖对流换热系数。

## 3.8　滴水盘的设计计算和自泄压结构

### 3.8.1　滴水盘过余温度场与散热量的计算

方程为 0 阶虚宗量贝塞尔方程，利用数学物理方法可以解得其通解为：

$$\theta = c_1 I_0(ar) + c_2 K_0(ar) \tag{3-130}$$

根据物理模型，假设滴水盘的末端为绝热，计算结果可以满足精度要求，则方程边界条件为：

$$\left\{\begin{array}{l} r=r_1,\theta=\theta_b=t_b-t_\infty \\ r=r_2,\lambda\dfrac{\partial\theta}{\partial r}=0 \end{array}\right\} \tag{3-131}$$

此外，根据虚宗量贝塞尔函数和虚宗量汉克函数递推关系式：

$$\frac{d}{dx}\left[\frac{I_v(x)}{x^v}\right]=\frac{I_{v+1}(x)}{x^v} \tag{3-132}$$

$$\frac{d}{dx}\left[\frac{K_v(x)}{x^v}\right]=\frac{K_{v+1}(x)}{x^v} \tag{3-133}$$

将边界条件式（3-131）代入通解式（3-130），得到滴水盘的过余温度场为：

$$\theta(r)=\theta_b\frac{K_1(ar_2)I_0(ar)+I_1(ar_2)K_0(ar)}{K_1(ar_2)I_0(ar_1)+I_1(ar_2)K_0(ar_1)} \tag{3-134}$$

式中　$I_0(ar)$——零阶虚宗量贝塞尔函数；

$I_1(ar)$——一阶虚宗量贝塞尔函数；

$K_0(ar)$——零阶虚宗量汉克函数；

$K_1(ar)$——一阶虚宗量汉克函数。

对于稳态导热，则整个滴水盘的散热量等于由滴水盘基部导出的热量，即

$$Q=-A(r)\lambda\left.\frac{d\theta}{dr}\right|_{r=r_1} \tag{3-135}$$

并将式（3-134）求导代入式（3-135）整理得出滴水盘的散热量为：

$$Q_c=\frac{4\pi\theta_b r_1}{a}\times\frac{K_1(ar_1)I_1(ar_2)-K_1(ar_2)I_1(ar_1)}{K_1(ar_2)I_0(ar_1)+I_1(ar_2)K_0(ar_1)} \tag{3-136}$$

滴水盘的效率可以定义为：

$$\eta_c=\frac{\text{滴水盘实际的散热量}}{\text{假设整个滴水盘表面处于滴水盘基部温度下的散热量}}$$

即

$$\eta_c=\frac{Q_c}{h_\infty A_c\theta_b}=\frac{2r_1}{a(r_2^2-r_1^2)}\times\frac{K_1(ar_1)I_1(ar_2)-K_1(ar_2)I_1(ar_1)}{K_1(ar_2)I_0(ar_1)+I_1(ar_2)K_0(ar_1)} \tag{3-137}$$

## 3.8.2　自卸压结构

LNG 气化后，体积将扩大为原来的 600 多倍，存在异常升压的问题。当阀门关闭后，残留在腔体内的 LNG 从周围环境中大量吸收热量迅速气化，在腔体内产生很高的压强，从而破坏球体及阀座组件，使阀门不能正常工作，所以在 LNG 超低温环境下的阀门都需要设置泄压结构，以防止腔体内异常升压。

（1）自泄压式阀座

自泄压阀座（见图 3-11）又称上游密封自动泄压式阀座。上游密封是指阀门使用时靠上

游阀座起密封作用，当管道内为低压力或无压力时，通过阀座背面设置的弹簧提供初始密封预紧力从而保证在此状态下的密封性能；当管道内为正压力时，通过介质压力将上游阀座推向球面形成密封。当阀门中腔压力升高至工作压力的 1.33 倍时，中腔压力反推阀座，压缩预紧弹簧，使阀座脱离球面形成泄放通道，从而保证中腔压力顺利泄放（见图 3-12），不会出现不稳定介质在阀腔内发生化学变化或相态变化而引起的异常升压，避免中腔压力异常升压带来的安全隐患。

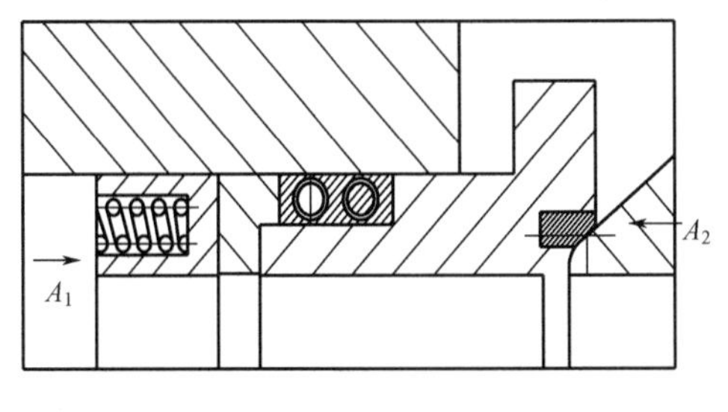


图 3-11 自泄压阀座

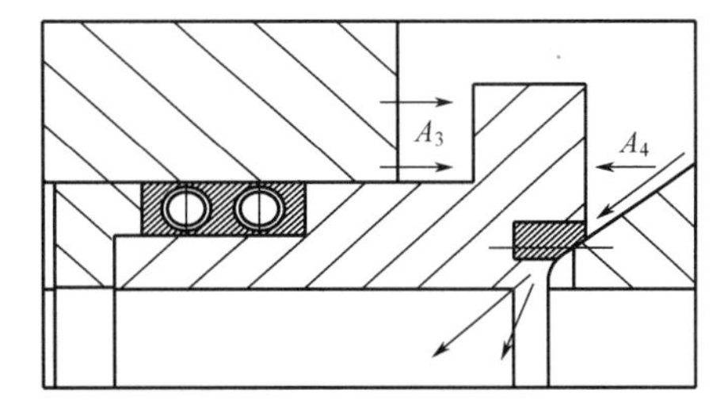


图 3-12 泄压

由于受压面积 $A_4>A_3$，当阀腔压力增值 1.33 倍工作压力时，阀座克服弹簧预紧力，推开阀座，使之与球体产生间隙，内腔过载压力自动泄放到上游管线中。下游阀座（见图 3-13）是双密封阀座，其结构使阀座紧贴球面达到密封。此结构既能保证阀座在工作时上下游同时起密封作用，又同时具备防止中腔升压向上游泄放功能。

在管道压力下受压面积 $A_1>A_2$，阀门中腔压力下受压面积 $A_3>A_4$，阀座始终紧贴球面达到密封。

（2）单泄放式弹簧蓄能圈

对小于或等于 200mm 口径的阀门，可以利用弹簧蓄能圈单向密封的特点，使阀腔泄压（见图 3-14）。球阀关闭，中腔压力升高时，下游为双隔离双向密封结构，无法泄压。上游因为选择单向密封弹簧蓄能圈，无法形成活塞效应，当压力继续升高至一定压力时，则可通过弹簧蓄能圈的背面泄压，可以使上下游阀座尺寸、密封件尺寸、活塞径向尺寸一致，从而减少阀门加工、装配和维修的难度，并且可以降低阀门的扭矩。

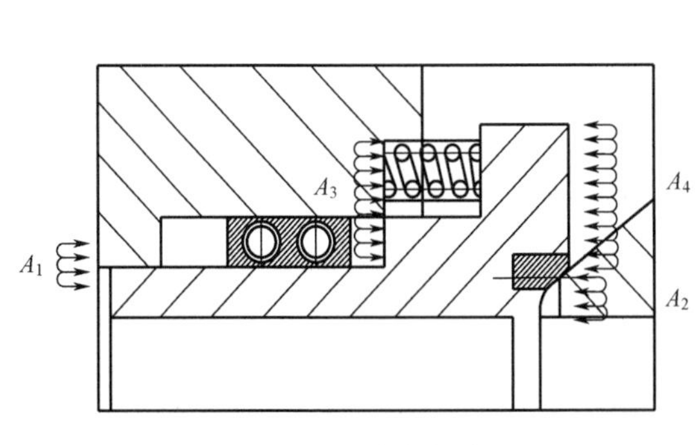


图 3-13 双密封阀座

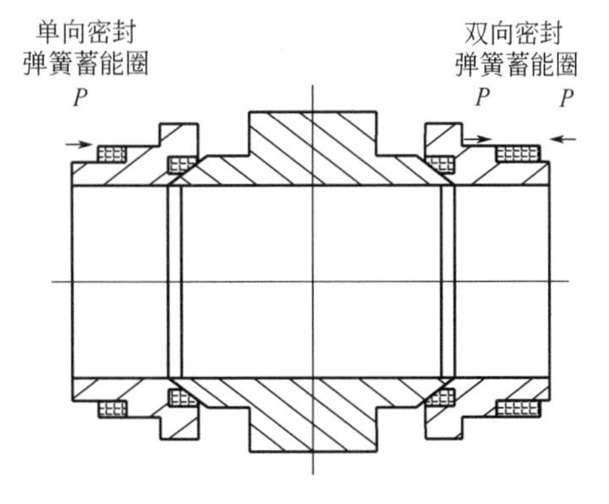


图 3-14 利用弹簧圈泄压

（3）泄压装置

对大于 200mm 以上的球阀，采用设置自动泄压装置解决阀腔内部压力升高的问题。大多数常规球阀一般选择在阀体上增设泄放阀释放阀腔内部的压力。但是 LNG 用球阀由于其使用在超低温工况环境下，如果向外界释放压力则会对环境和安全等造成影响。根据工艺管道要求，在球体上安装一个具有单向导通功能的自动泄放阀向上、下游管道释放阀腔压力。当球体沿 A 方向受管道压力时，球体上的自动泄放阀由于受到自身弹簧预紧力和介质作用力的作用使内件关闭，处于密封状态。当阀腔受外界影响，发生压力改变，球体受到沿 B 方向作用的阀腔作用力，当异常达到一定压力时，沿 B 方向的作用力克服泄放阀弹簧预紧力，推开泄放阀内件，使泄放阀打开，形成一个泄放孔，从而泄放掉阀腔内部的压力，使阀门可以安全正常工作。球体上设置泄压阀的简图如图 3-15 所示。

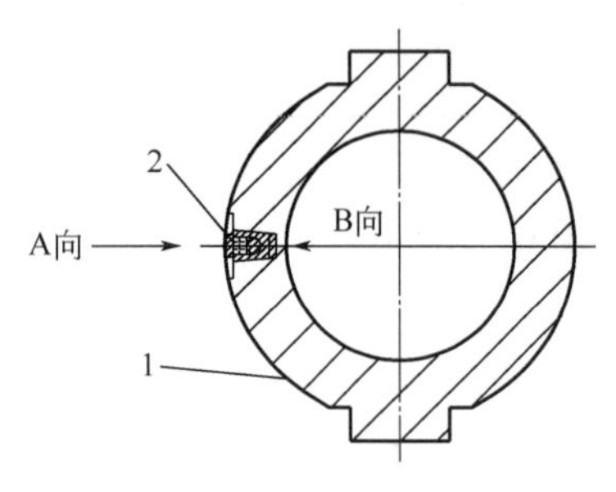


图 3-15　球体上设置泄压阀

1—球体；2—泄压阀

## 3.8.3　保冷层设计计算

液化天然气（LNG）厂站内阀门长期低温运行，需采取保冷措施以减少周围环境中的热量传入管道内部，防止管道外壁凝露，经济有效地保护低温阀门中的冷量不散失。

保冷层材料采用硬质聚氨酯（PUR）泡沫材料。PUR 的主要成分为异氰酸酯、聚醚或聚酯多元醇和多种助剂，其生产工艺简便，机械加工性能好，其缺点是耐候性、耐温性差且易燃，燃烧生成物有毒。

$$D_1\ln\frac{D_1}{D_o}=\frac{2\lambda}{\alpha_s}\times\frac{t_d-t_o}{t_a-t_d} \tag{3-138}$$

式中　$D_1$——保冷层外径，m；

$D_o$——管道或设备外径，m，0.15m；

$t_d$——当地气象条件最热月的露点温度，15℃，根据 GB 50264—97 规定：在只防结露保冷层厚度计算中，保冷层外表面 $t_s$ 应为露点温度；

$t_a$——环境温度，℃，取西宁累年夏季空调室外干球计算温度，26.5℃；

$t_o$——管道或设备外表面温度，℃，−162℃

$\alpha_s$——保冷层外表面向周围环境的放热系数，W/(m$^2$ • ℃)，0.018W/(m$^2$ • ℃)；

$\lambda$——保冷材料热导率，W/(m • ℃)，0.024W/(m • ℃)。

根据式（3-138）可得

$$D_1\ln\frac{D_1}{0.15}=\frac{2\times0.024}{0.018}\times\frac{15-(-162)}{26.5-15}=41.04$$

$$D_1=10\text{mm}$$

LNG 超低温固定球阀，其特征在于，包括阀体、球体、弹簧座、螺旋弹簧、阀座、挡圈卡环、长颈阀盖、驱动轴、填料、驱动装置、球体装于阀体内、阀盖装于阀体上，驱动轴一端装于球体内，另一端与驱动装置相连接，阀座装于阀体和球体之间，阀座大端后面装有弹簧座，弹簧座里面装有螺旋弹簧，螺旋弹簧与阀座大端接触，弹簧座和阀体之间的空隙装入链条式卡环，阀座弹簧蓄能密封圈和防火密封圈装于阀座上，用密封圈挡圈和挡圈卡环挡住阀座弹簧蓄能密封圈，驱动轴密封部位采用驱动轴弹簧蓄能密封圈加石墨填料双重密封，用密封圈挡住驱动轴弹簧蓄能密封圈。

LNG 球阀，用于解决传统的在输送 LNG 时存在的不能双向密封、不能双向导通、密封泄漏、不容易安全控制、体积较大、设计笨重、阀杆太长等问题，可提高管道内 LNG 过程控制效率、降低系统设计压力、缩小阀门体积、提高 LNG 系统的安全性等。

根据 LNG 低温渗漏特点，按照迷宫密封的原理，在低温阀杆上部开有多个节流降压的环形齿槽，当阀门打开时，压力较高的 LNG 经多个环形齿槽连续节流降压后，迅速汽化形成高压气体，并密封于阀门上部，与底部的 LNG 压力达到平衡，以此抵制 LNG 直接向上渗透并接触上部密封面，以免冻坏密封面，延长了密封面的使用寿命。节流气化后的气体，温度升高后，密封于阀门上部，可降低 LNG 与阀门内表面的传热速度，延缓冷量向上传递，以此降低阀杆及整个阀门的高度，缩小阀门体积。考虑到 LNG 低温属性，阀门顶部设置多重低温密封，并填充多重密封函，主密封面采用具有内置弹性弹簧的多重阀塞密封，延长密封面长度，增加密封强度，以满足低温密封面对 LNG 的密封要求。同时，设置全焊型阀门，不再设置传统的阀盖，以下阀体对焊、上下阀体对焊的形式减少密封面，以最大限度地降低 LNG 泄漏。

本设计根据 LNG 低温阀门冷量由阀体向上传递的特点，可根据实际阀门的大小，在上阀体外设置传热系数较大的多重圆形散冷翅片，以阻止冷量向上传递，达到降低阀杆高度的要求。采用设置预应力的可收缩的弹性阀杆技术，可根据低温工况下阀体的温差应力，自由收缩以适应阀体的温度变化，保证密封面所需的预应力，确保密封面不会因大温差变化而导致泄漏，还可有效降低整体阀杆的高度，缩小球阀的整体尺寸。

## 参考文献

[1] 刘立中．超低温球阀的结构设计特点与应用［J］．建材与装饰，2017．4（02）．

[2] 郁勇．LNG 上装式超低温固定球阀阀座密封研究［D］．兰州：兰州理工大学，2016．

[3] 王万平．超低温轨道式球阀密封补偿结构设计计算［J］．润滑与密封，2015．40（10）．

[4] 王庆鉴．法兰连接的螺栓计算［J］．化工设备设计，1978．01．

[5] 吴宇．法兰连接中螺栓预紧力及垫片密封性的研究［J］．炼油技术与工程，2006．36（07）．

[6] 林碧腾．低温球阀阀座结构型式的试验分析［J］．液压气动与密封，2013．03（14）．

[7] 隋浩．LNG 超低温球阀传热过程及热力耦合分析［D］．兰州：兰州理工大学，2016

[8] 安黎．超低温高压球阀阀座与自泄压结构设计［J］．阀门，2015．

[9] 王晓涛．装有滴水盘的超低温阀门阀盖温度场与结构优化分析［D］．兰州：兰州理工大学，2015．

[10] 陆培元．阀门设计手册．北京：机械工业出版社，1995．

[11] 张周卫，汪雅红，张小卫等．LNG 球阀．2014100607461［P］，2014-02-24．

[12] 吴金群，张周卫，薛佳幸．弹簧组弹性阀座结构分析［J］．机械研究与应用，2013，26（6），99-101．

[13] 吴金群，张周卫，薛佳幸．低温阀门热特性要求和热力计算研究［J］．机械，2014，41（3），11-13．

# 第4章 LNG闸阀设计计算

液化天然气的消费量目前正以每年10%的速度增长，是全球增长最迅速的能源市场之一，是国家“十二五”期间调整能源结构重点推广工作。液化天然气的高速发展促进 LNG 超低温阀门国产化的步伐，推进了材料低温性能及物相分析的研究。在国内 LNG 项目中，国产超低温关键位置阀门的市场占有量较少，原因主要是其结构及密封性能很难达到现场工况使用要求。大力推进 LNG 超低温关键阀门国产化，逐步应用到 LNG 工程项目，取代进口，对提升阀门制造企业自身的技术进步，保障国家能源战略安全，都有着重要的意义。

## 4.1 概述

阀门是安装在各种管道和设备等流体输送系统中的控制部件，由阀体、阀盖、阀座、启闭件、驱动机构、密封件和紧固件等组成，具有导流、截止、调节、节流、防止倒流、分流或溢流卸压等功能。用于流体控制的阀门，从最简单的截断装置到极为复杂的自控系统，其品种和规格繁多。阀门的通径小至用于宇航的十分微小的仪表阀，大至通径达 10m、重十几吨的工业管路用阀。阀门可用于控制空气、水、蒸气、各种腐蚀性化学介质、泥浆、液态金属和放射性物质等各种类型的流体流动。阀门的工作压力可从$1.3\times10^{-3}$ MPa 到 1000MPa 的超高压。工作温度从−269℃的超低温到 1430℃的高温。阀门可采用多种传动方式，如手动、气动、液动、电动、电-气或电-液联动及电磁驱动等；可以在压力、温度及其他形式传感信号的作用下，按预定的要求动作，或者不依赖传感信号而进行简单的开启或关闭。阀门依靠驱动或自动机构使启闭件作升降、滑移、旋摆或回转运动，从而改变其流道面积的大小以实现其控制功能。

阀门的种类繁多，随着各类成套设备工艺流程和性能的不断改进，阀门种类还在不断增加，且有多种分类的方法。

阀门在国民经济中无所不有，它与生产、建设、国防和人民生活都有着密切关系。比如在石油、天然气、煤炭、矿山的开采、提炼和输送；化工、医药、轻工、造纸、食品的加工；水电、火电、核电的电力系统；农业灌溉；冶金系统；城市和工业企业的给排水，供热、供气、排污系统；船舶、车辆、航天、国防系统；各种运动机械的流体系统等均离不开阀门产品。

本章设计的是以闸板作为启闭件的闸阀，如图 4-1 所示。

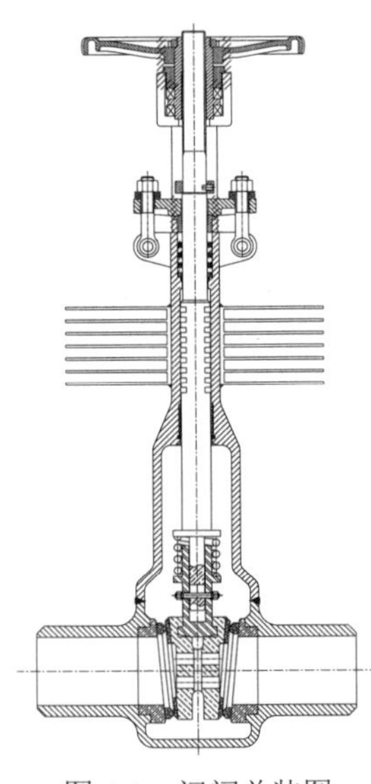

图 4-1　闸阀总装图

# 4.2 设计输入

## 4.2.1 设计参数

本阀门的具体参数公称压力为 4.6MPa、温度为-162℃、介质为液化天然气，设计给定流量为 3200$m^3$ / d。

## 4.2.2 选用材料

主体材料为 1Gr18Ni9Ti。低温钢制闸阀材料明细表如表 4-1 所示。

表 4-1 低温钢制闸阀材料明细表

| 零件名称 | 材料 | |
|---|---|---|
| | 名称 | 牌号 |
| 阀体、阀盖、闸板、支架 | 奥氏体不锈钢 | 1Cr18Ni9Ti |
| 阀杆 | 铬镍钛钢 | 1Cr18Ni9Ti |
| 阀座、闸板、密封面 | 钴铬钨合金 | TDCoCr1-X |
| 阀杆螺母 | 铸铝青铜 | ZCuAlMn2 |
| 双头螺柱 | 铬镍钛钢 | 1Cr18Ni9Ti |
| 螺母 | 铬镍钛钢 | 1Cr18Ni9Ti |
| 垫片 | 蜡浸石棉橡胶板 | — |
| 填料 | 聚四氟乙烯 | SFT-1 |
| 手轮 | 可锻铸铁 | KTH350-10 |

## 4.2.3 结构设计

本次设计按明杆、楔式、蝶型开口阀盖、代中法兰、填料压紧的结构设计，并采用锻造的工艺方法。

4.2.3.1 长颈阀盖结构

LNG 的温度为-162℃，温度特别低，而阀门的填料使用温度不低于 0℃，所以 LNG 超低温阀门需要采用长颈阀盖结构，填料位于阀盖的上端，可以使填料远离阀体中的介质，保证填料函处的温度在 0℃以上。同时可以避免阀杆和阀盖上端的零部件冻结，使其处于正常工作的状态。长杆阀盖结构如图 4-2 所示。

4.2.3.2 滴水盘结构

滴水盘可以有效缓减阀体温度向填料及阀杆上端的传递，进一步保证填料部位和阀杆上部的零件的温度在 0℃以上。由于延长阀盖上部的温度较低，通常情况下阀门暴露在空气中，空气中的水蒸气遇到低温阀盖会液化成水珠，滴水盘的直径超过中法兰直径，可以防止低温液化的水蒸气滴落在中法兰螺栓上，避免螺栓锈蚀影响在线维修。滴水盘物理模型如图 4-3 所示。

4.2.3.3 泄压部件的设计

LNG 气化后体积扩大为原来的 600 多倍，异常升压的问题普遍存在。当阀门关闭后，残留在阀体腔内的 LNG 从周围环境中大量吸收热量迅速气化，在阀体内产生很高的压强，从而破坏球体及阀座组件，使阀门不能正常工作。所以在入口端加泄压孔，以保证腔体和入口管道的连通防止腔体异常升压。

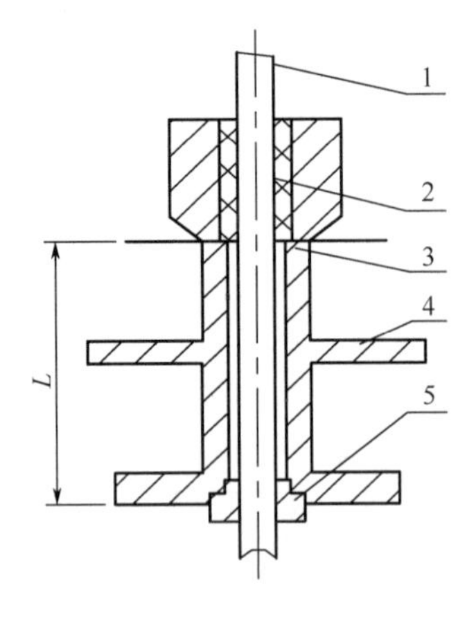


图 4-2　长杆阀盖结构示意图

1—阀杆；2—填料函；3—长颈阀盖；4—滴水盘；5—倒密封座

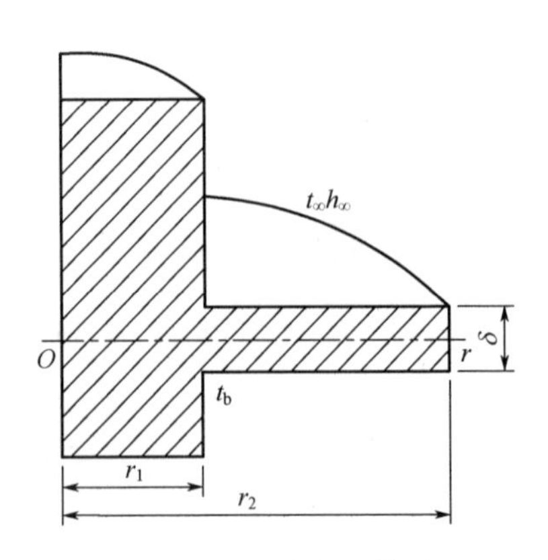


图 4-3 滴水盘物理模型

4.2.3.4　防静电结构设计

LNG 具有易燃易爆的特性，所以在设计 LNG 超低温阀门时，必须要设计防静电结构。

4.2.3.5　密封结构设计

为保证阀门在低温下密封的安全可靠性，在设计密封结构时，也要采用特殊的密封结构。在低温下采用单独填料进行密封容易泄漏，我们通过唇式密封圈、聚四氟乙烯、O 形圈 3 重密封来保证填料处的密封，采用碟簧组预紧式结构，补偿温度波动变化时螺栓变形量的变化，同时防止长时间工作后填料等密封件的松弛。双层密封结构如图 4-4 所示。

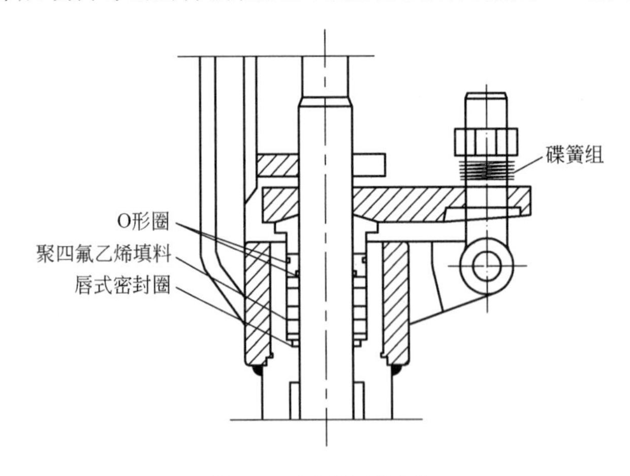


图 4-4　双层密封结构

4.2.3.6　防火结构设计

阀体和阀盖连接部位采用唇式密封圈和石墨缠绕垫片的双道密封结构，如图 4-4 所示，阀杆密封部位也采用唇式密封圈、石墨填料组和 O 形圈多重密封结构。当火灾发生时，唇式密封圈熔化失效，此时中腔石墨缠绕垫片和阀杆石墨填料组起主要密封作用，防止发生外漏。

## 4.3　确定阀体阀座处的流通通道尺寸

设计给定流量为$3200\mathrm{m}^3/\mathrm{d}$，即$133.3\mathrm{m}^3/\mathrm{h}$。此处管道内液体流速取$v=0.5\mathrm{m/s}$。

流量计算公式为：

$$Q=\frac{Av}{3600} \tag{4-1}$$

其中

$$A=\frac{\pi D^2}{4}$$

通道直径计算式

$$D=\sqrt{\frac{4Q}{3600\pi v}} \tag{4-2}$$

即通道直径为：

$$D=\sqrt{\frac{4\times 133.3}{3600\times\pi\times 0.5}}=0.307\mathrm{m}\approx 300\mathrm{mm}$$

故选取阀体的公称直径为 300mm。

## 4.4　闸阀的设计与计算

### 4.4.1　壁厚计算

设计给定$S_\mathrm{B}$=11.5mm。

钢圆形阀体壁厚计算式

$$S_\mathrm{B}'=\frac{pD_\mathrm{m}}{2.3[\sigma_\mathrm{L}]-p}+C \tag{4-3}$$

式中　$S_\mathrm{B}'$——计算厚度，mm；

$p$——计算压力，MPa；

$D_\mathrm{m}$——计算内径，mm；

$[\sigma_\mathrm{L}]$——许用拉应力，MPa，查《实用阀门设计手册》表 3-3 知$[\sigma_\mathrm{L}]=102.9\mathrm{MPa}$；

$C$——考虑铸造偏差，工艺性和介质腐蚀等因素而附加的裕量（见表 4-2），mm。

所以，阀体壁厚为：

$$S_\mathrm{B}'=\frac{1.5\times 4.6\times 150}{2.3\times 102.9-4.6}+3=7.5\mathrm{mm}$$

显然$S_\mathrm{B}>S_\mathrm{B}'$，故阀体最小壁厚满足要求。

表 4-2　附加裕量　单位：mm

| $S_B$ | $C$ | $S_B$ | $C$ |
|---|---|---|---|
| ≤5 | 5 | 21～30 | 2 |
| 6～10 | 4 | >30 | 1 |
| 11～12 | 3 | | |

### 4.4.2　关于壁厚的计算公式

$$t = 1.5\frac{k_1(DN)(PN)}{2S - 1.2k_1(PN)} \tag{4-4}$$

式中　$t$ ——阀体计算壁厚（未考虑附加裕量），mm；

$DN$ ——公称通径或口径，其口径不小于公称通径的 90%，mm；

$PN$ ——公称压力，MPa；

$k_1$ ——壁厚系数，$PN = 5.0\text{MPa}$ 时，$k_1 = 1.3$；$PN \geqslant 5.0\text{MPa}$ 时，$k_1 = 1.0$；

$S$ ——阀体材料的许用应力，MPa，$S = 118\text{MPa}$。

则壁厚为：

$$t = 1.5 \times \frac{1.3 \times 150 \times 4.6}{2 \times 118 - 1.2 \times 1.3 \times 4.6} = 5.9\text{mm}$$

附加裕量为 2.5mm，则 $t = 5.9 + 2.5 = 8.4\text{mm}$。$t$ 与 $S'_B$ 相差无几，可见计算无误。

## 4.5　阀体和阀盖连接螺栓、中法兰计算

当阀门的公称压力或压力等级等于或大于 2.5MPa 时，推荐采用圆形法兰。

圆形中法兰的设计计算包括下列内容：

① 确定垫片材料、类型及尺寸；

② 确定螺栓材料、规格及数量；

③ 确定法兰材料、密封面类型及结构尺寸；

④ 进行应力校核、计算中所有尺寸均不包括腐蚀裕量。

### 4.5.1　垫片材料、型式及尺寸的确定

各种常用垫片的特性参数按表查取。由《阀门设计手册》中表 4-17，选取垫片材料为缠绕式金属垫片内填石棉，垫片系数为 3.0，尺寸为 10mm。

选定垫片尺寸后，按《阀门设计手册》中表 4-18 确定垫片接触宽度 $N$ 和基本密封宽度 $b_0$，然后按以下规定计算垫片有效密封宽度 $b$：

当 $b_0 < 6.4\text{mm}$ 时，$b = b_0$；

当 $b_0 > 6.4\text{mm}$ 时，$b = 2.53\sqrt{b_0}$。

则垫片有效密封宽度为：

$$b = b_0 = \frac{N}{2} \tag{4-5}$$

式中　$b$ ——垫片有效密封宽度，mm；

$b_0$ ——垫片基本密封宽度，mm。

垫片压紧作用中心圆直径按下述规定计算：

当 $b_0 < 6.4\text{mm}$ 时，$D_G$ 等于垫片接触面的平均直径；

当 $b_0 > 6.4\text{mm}$ 时，$D_G$ 等于垫片接触外直径减 $2b$ 。

则垫片压紧作用中心圆直径为：

$$D_G = 10\text{mm}$$

垫片压紧力的计算：

（1）预紧状态下需要的最小垫片压紧力

预紧状态下需要的最小垫片压紧力按式（4-6）计算。

$$F_G = 3.14 D_G b y \tag{4-6}$$

式中　$F_G$ ——法兰垫片压紧力，N；对预紧状态，$F_G = W$ ；对操作状态，$F_G = F_P$ ；

$D_G$ ——垫片压紧力作用中心圆直径，mm；

$b$ ——垫片有效密封宽度，mm。

则最小垫片的压紧力为：

$$F_G = 3.14 D_G b y = 3.14 \times 10 \times 8.84 \times 6 = 1665.5\text{N}$$

（2）操作状态下需要的最小垫片压紧力

操作状态下需要的最小垫片压紧力按式（4-7）计算。

$$F_P = 6.28 D_G b m p \tag{4-7}$$

式中　$F_P$ ——操作状态下，需要的最小垫片压紧力，N；

$D_G$ ——垫片压紧力作用中心圆直径，mm；

$b$ ——垫片有效密封宽度，mm。

则最小垫片的压紧力为

$$F_P = 6.28 D_G b m p = 6.28 \times 10 \times 8.84 \times 5 \times 8 = 22206.08\text{N}$$

垫片在预紧状态下受到最大螺栓载荷的作用，可能因压紧过度而失去密封性能，为此需有足够的宽度：

$$N_{\min} = \frac{A_0 [\sigma]_b}{6.28 D_G y} < N \tag{4-8}$$

式中　$A_0$ ——实际使用的螺栓总截面积，以螺纹小径计算或以无螺纹部分的最小直径计算，取最小者，$\text{mm}^2$ ；

$N_{\min}$ ——垫片有效密封宽度，mm。

则

$$N_{\min} = \frac{220 \times 110}{6.28 \times 10 \times 6} = 64.23\text{mm}$$

## 4.5.2　螺栓材料、规格及数量的确定

### 4.5.2.1　螺栓的间距

螺栓的最小间距应满足操作空间要求，推荐的螺栓最小间距 $\overset{\text{r}}{S}$ 和法兰的径向尺寸 $S$、$S_e$ 按

《阀门设计手册》中表 4-19 确定。螺栓公称直径为 $d_B$ 为 12mm，法兰的径向尺寸 $S$ 为 20mm，$S_e$ 为 12mm，螺栓最小间距 $\overset{r}{S}$ 为 32mm。

推荐的螺栓最大间距按式（4-9）确定。

$$\overset{r}{S} = 2d_B + \frac{6\delta_f}{m + 0.5} \tag{4-9}$$

$$\overset{r}{S} = 2 \times 12 + \frac{6 \times 110}{5 + 0.5} = 144\text{mm}$$

4.5.2.2　螺栓载荷计算

（1）预紧状态下需要的最小螺栓载荷

$$W_a = 3.14 D_G b y \tag{4-10}$$

代入数据计算得

$$W_a = 1665.5\text{N}$$

（2）操作状态下需要的最小螺栓载荷

$$W_F = F + F_P = 0.785 D_G^2 p + 6.28 D_G b m p \tag{4-11}$$

代入数据计算得

$$W_F = 22834.08\text{N}$$

4.5.2.3　螺栓面积计算

（1）预紧状态下需要的最小螺栓面积

$$A_a = \frac{W_P}{[\sigma]_b} \tag{4-12}$$

代入数据得

$$A_a = \frac{22834.08}{110} = 207.58\text{mm}^2$$

（2）操作状态下需要的最小螺栓载荷

$$A_P = \frac{W_P}{[\sigma]_b^t} \tag{4-13}$$

代入数据得

$$A_P = \frac{22834.08}{180} = 126.85\text{mm}^2$$

需要的螺栓面积 $A_m$ 取 $A_a$ 与 $A_P$ 中最大值。实际螺栓面积 $A_b$ 应不小于需要的螺栓面积 $A_m$。

4.5.2.4　螺栓设计载荷计算

（1）预紧状态下螺栓设计及载荷

$$W = \frac{A_m + A_b}{2}[\sigma]_b \tag{4-14}$$

代入数据得

$$W = \frac{207.58 + 126.85}{2} \times 110 = 18393.65\text{mm}$$

（2）操作状态下螺栓设计载荷

$$W = W_P \tag{4-15}$$

即

$$W = 22834.08\text{N}$$

## 4.5.3　法兰材料、密封面型式及结构尺寸的确定

### 4.5.3.1　法兰力矩计算

（1）法兰预紧力矩

$$M_0 = WS_G \tag{4-16}$$

代入数据得

$$M_0 = 152.6 \times 16.9 = 2578.94\text{N} \cdot \text{m}$$

（2）法兰操作力矩

$$M_P = F_D S_D + F_T S_T + F_G S_G \tag{4-17}$$

式中　$W$——在设计温度下，法兰材料的弹性模量，MPa；

$S$——参数，查表计算；

$F$——流体静压总轴向力，N。

$$S_D = S + 0.5\delta_1 \tag{4-18}$$

$$S_T = \frac{S + \delta_1 + S_G}{2} \tag{4-19}$$

$$S_G = \frac{D_B - D_G}{2} \tag{4-20}$$

### 4.5.3.2　法兰应力计算

（1）轴向应力

$$\sigma_N = \frac{fM_0}{\lambda \delta^2 D_i} \times \frac{x - \mu}{\sigma} \tag{4-21}$$

（2）环向应力

$$\sigma_T = \frac{YM_0}{\delta_f^2 D_i} - Z\sigma_R \tag{4-22}$$

（3）径向应力

$$\sigma_R = \frac{(1.33\delta_f + 1)}{\lambda \delta_f^2 D_i} \tag{4-23}$$

### 4.5.3.3　法兰厚度

$$t_e = \sqrt{\frac{1.35W_b x}{[\sigma_1]\sqrt{a_n^2 + b_n^2}}} \tag{4-24}$$

式中　$t_e$——计算的法兰厚度，mm；

$W_b$——螺栓的合力，N；

$x$ ——螺栓中心到法兰根部的距离，mm；

$[\sigma_1]$ ——材料径向许用弯曲应力，MPa，可按$1.25\sigma_L$取；

$a_n$ ——垫片压紧力作用中心长轴半径，mm；

$b_n$ ——垫片压紧力作用中心短轴半径，mm。

代入数据得：

$$t_e=\sqrt{\frac{1.35\times125.8\times223}{46.2\times\sqrt{8^2+10^2}}}=8\text{mm}$$

## 4.6 阀盖的计算校核

闸阀的阀盖一般设计成带开口的阀盖，为了设计填料函，保证中腔的密封，阀盖的椭圆形中部即为开孔处安装上密封座。对阀盖进行强度计算时，通常应检验 I—I 断面的拉应力和 II—II 断面的剪应力，开孔阀盖的结构如图 4-5 所示。

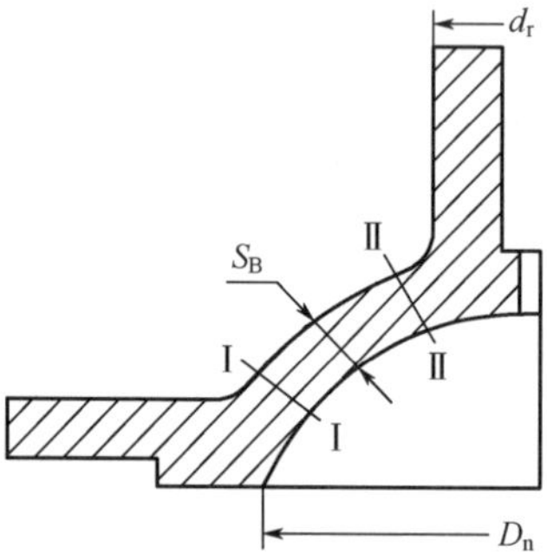

图 4-5 开孔阀盖

由《实用阀门设计手册》中表 5-130 得开孔阀盖的强度验算如下。

### 4.6.1 Ⅰ—Ⅰ断面的拉应力

$$\sigma_L=\frac{PD_N}{4(S_B-C)}+\frac{Q''_{FZ}}{\pi D_N(S_B-C)}\leqslant[\sigma_L] \tag{4-25}$$

式中 $D_N$ ——压紧面的内径，mm，为 380mm；

$[\sigma_L]$ ——IG25 的许用拉应力，MPa，为 240.36MPa。

代入数据得

$$\sigma_L=\frac{40\times380}{4\times(24-5)}+\frac{1367.125}{\pi\times380\times(24-5)}=200.06\text{ MPa}\leqslant[\sigma_L]=240.36\text{MPa}$$

故Ⅰ—Ⅰ断面拉应力满足强度要求。

### 4.6.2 Ⅱ—Ⅱ断面剪应力

$$\tau=\frac{Pd_r}{4(S_B-C)}+\frac{Q''_{FZ}}{\pi d_r(S_B-C)}\leqslant[\tau] \tag{4-26}$$

式中 $d_r$ ——填料函外径，mm；

$\tau$ ——材料的许用剪应力，MPa，为 49.98MPa。

代入数据得

$$\tau=\frac{40\times90}{4\times(24-5)}+\frac{1367.125}{\pi\times90\times(24-5)}=47.62\text{ MPa}\leqslant[\tau]=49.98\text{MPa}$$

故Ⅱ—Ⅱ断面剪应力满足强度要求。

综上，阀盖的设计满足强度要求。

# 4.7 内压自密封阀盖的计算校核

阀盖和楔形密封垫之间按先接触密封设计，楔形密封垫的外锥面上开有 1～2 条环形沟槽。楔形密封垫的锥角分别为：$\alpha=30^\circ\sim35^\circ$；$\beta=5^\circ$；$\gamma=5^\circ\sim10^\circ$。

## 4.7.1 载荷计算

内压引起的总轴向力为：

$$F=\frac{\pi}{4}D_c^2 p \tag{4-27}$$

式中 $F$——内压引起的总轴向力，N；

$D_c$——密封接触圆直径，mm；

$p$——设计压力，MPa。

预紧状态时，楔形密封垫的轴向分力，即预紧螺栓的载荷为：

$$F_a=\pi D q_1\frac{\sin(\alpha+\rho)}{\cos\rho} \tag{4-28}$$

式中 $F_a$——楔形密封垫密封力的轴向力，N；

$q_1$——线密封比压，对碳素钢、低合金钢取 $q_1$=200～300N/mm；

$\rho$——摩擦角，钢与钢接触 $\rho$=10° 31′；钢与铝接触 $\rho$=15°。

代入数据得

$$F_a=\pi D q_1\frac{\sin(\alpha+\rho)}{\cos\rho}=3.14\times10\times6.42\times2.6=524.2\text{kN}$$

## 4.7.2 支承环的设计计算

支承环结构如图 4-6 所示。

支承环结构尺寸确定后，需对作用于纵向截面的弯曲应力和 a—a 环向截面的当量应力进行强度校核。

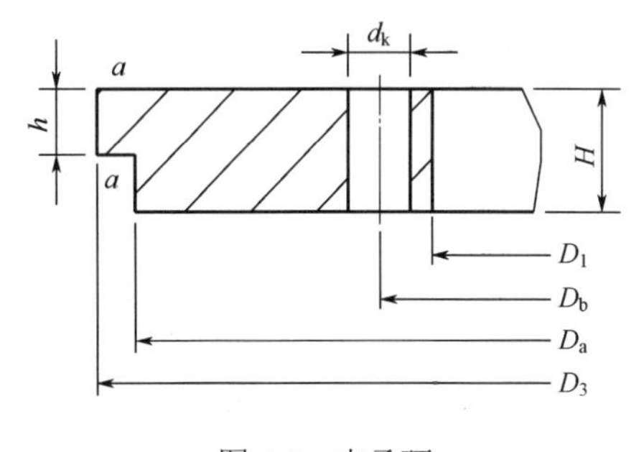


图 4-6　支承环

（1）纵向截面的弯曲应力校核

$$\sigma_m=\frac{3F(D_a-D_b)}{3.14(D_3-D_1-2d_k)\delta^2}\leqslant 0.9[\sigma_L] \tag{4-29}$$

式中 $\sigma_m$——弯曲应力，MPa；

$D_a$——a—a 截面的直径，mm；

$D_b$——螺栓孔中心圆直径，mm；

$D_3$——支承环外径，mm；

$D_1$——支承环内径，mm；

$d_k$——螺栓孔直径，mm；

$\delta$——支承环厚度，mm；

$[\sigma_L]$——设计温度下，元件材料的许用压力，MPa。

（2）$a$—$a$ 环向截面的当量应力校核

$$\sigma_0 = \sqrt{\sigma_{ma}^2 + 3\tau_a^2} \leqslant 0.9[\sigma_t] \tag{4-30}$$

式中 $\sigma_0$ ——当量应力，MPa；

$\sigma_{ma}$ ——$a$—$a$ 环向截面的弯曲应力，MPa；

$$\sigma_{ma} = \frac{3F_a(D_a - D_b)}{\pi D_a h^2}$$

$\tau_a$ ——$a$—$a$ 环向截面的切应力，MPa；

$$\tau_a = \frac{F_a}{\pi D_a h}$$

$h$ ——厚度，mm。

## 4.7.3 四合环的设计计算

四合环由四块元件组成，每块元件均有一个径向螺孔，计算式视为一个圆。

四合环结构如图 4-7 所示。

对作用于 $a$—$a$ 环向截面的切应力校核：

$$\tau_a = \frac{F + F_a}{\pi D_a h - \frac{\pi}{4} n d_k^2} \leqslant 0.9[\sigma_t] \tag{4-31}$$

式中 $D_a$ ——$a$—$a$ 截面直径，mm；

$d_k$ ——拉紧螺栓孔直径，mm；

$n$ ——拉紧螺栓数量，个；

$h$ ——厚度，mm。

代入数据得

$$\tau_a = \frac{F + F_a}{\pi D_a h - \frac{\pi}{4} n d_k^2} = 964.58\text{MPa} \leqslant 0.9[\sigma_t] = 1135.69\text{MPa}$$

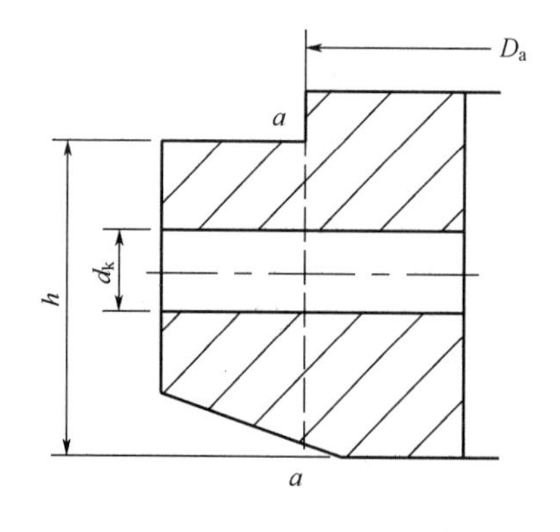


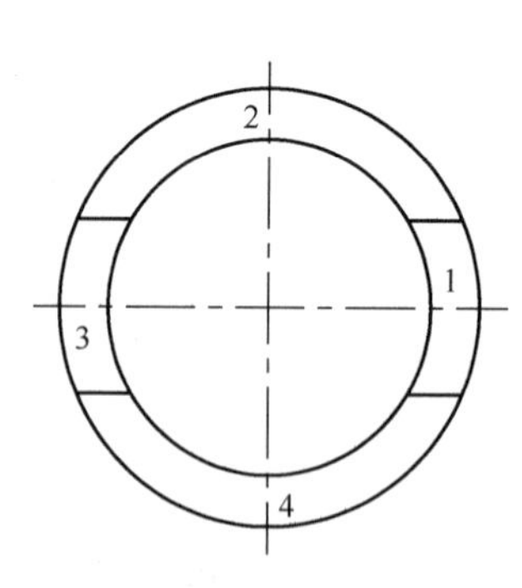


图 4-7 四合环

## 4.7.4 预紧螺栓的设计计算

预紧螺栓光杆部分直径计算：

$$d_0 = \sqrt{\frac{4F_a}{\pi[\sigma_b]n}} \tag{4-32}$$

式中　$d_0$ ——预紧螺栓光杆部分直径，mm；

$[\sigma_b]$ ——常温下螺栓材料的许用应力，MPa；

$n$ ——螺栓数量，个。

代入数据得

$$d_0 = \sqrt{\frac{4 \times 524.6}{3.14 \times 4.25 \times 8}} = 4.43\text{mm} \approx 5\text{mm}$$

### 4.7.5 阀盖的设计计算

阀盖的结构尺寸确定后，对作用于纵向截面的弯曲应力和 $a—a$ 环向截面的当量应力进行强度校核。

（1）纵向截面的弯曲应力校核

$$\sigma_m = \frac{M}{Z} \leqslant 0.7[\sigma_t] \tag{4-33}$$

式中　$M$ ——纵向截面的弯矩，N•mm；

$Z$ ——纵向截面抗弯矩系数，$mm^3$。

$M$ 按式（4-34）计算：

$$M = \frac{1}{2\pi}\left[\left(D - \frac{2}{3}D_c\right)F + (D_c - D_b)F_a\right] \tag{4-34}$$

$Z$ 按下述方法确定：

当 $Z_c \geqslant \frac{\delta}{2}$ 时，$Z = \frac{I_c}{Z_c}$；

当 $Z_c < \frac{\delta}{2}$ 时，$Z = \frac{I_c}{\delta - Z_c}$。

式中　$Z_c$ ——纵向截面形心离截面最外端距离，mm；

$\delta$ ——阀盖高度，mm；

$D_c$ ——密封接触圆直径，mm。

（2）$a—a$ 环向截面的当量应力校核

$$\sigma_0 = \sqrt{\sigma_{ma}^2 + 3\tau_a^2} \leqslant 0.7[\sigma_t] \tag{4-35}$$

式中　$\sigma_{ma}$ ——弯曲应力，MPa；

$\tau_a$ ——切应力，MPa。

$\sigma_{ma}$ 按式（4-36）计算：

$$\sigma_{ma} = \frac{6(F + F_a)L}{\pi D_5 l^2 \sin\alpha} \tag{4-36}$$

式中　$D_5$ ——$a—a$ 环向截面的平均直径，mm。

$D_5$ 按式（4-37）计算：

$$D_5 = D_6 - \frac{h}{\tan\alpha} \tag{4-37}$$

$$\tau_a = \frac{F + F_a}{\pi D_5 l \sin\alpha} \tag{4-38}$$

## 4.7.6 阀体顶部的设计计算

阀体顶部结构示意如图 4-8 所示。

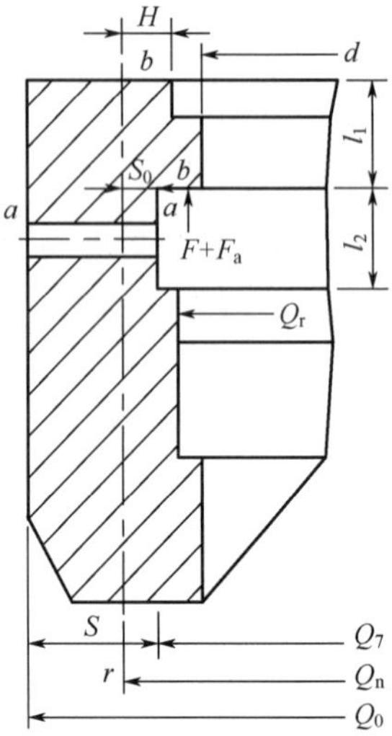

阀体顶部的结构尺寸确定后，需对作用于 $a$—$a$ 和 $b$—$b$ 环向截面的当量应力进行强度校核。

（1）$a$—$a$ 环向截面的当量应力校核

$$\sigma_{oa} = \sigma_a + \sigma_{ma} \leqslant 0.9[\sigma_t] \tag{4-39}$$

式中 $\sigma_{oa}$ ——$a$—$a$ 环向截面的当量应力，MPa；

$\sigma_a$ ——拉应力，MPa；

$\sigma_{ma}$ ——弯曲应力，MPa。

$\sigma_a$ 按式（4-40）计算：

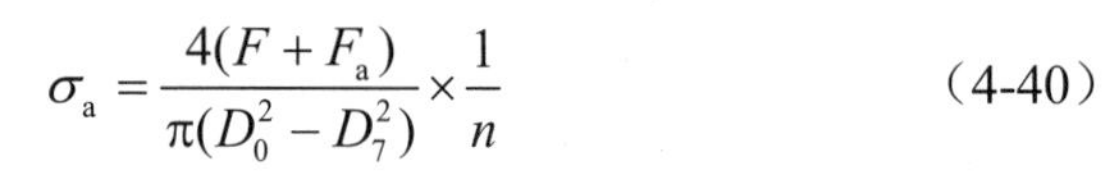

$$\sigma_a = \frac{4(F + F_a)}{\pi(D_0^2 - D_7^2)} \times \frac{1}{n} \tag{4-40}$$

式中 $D_0$——外直径，mm；

$D_7$——直径，mm。

图 4-8 阀体顶部结构

代入数据得

$$\sigma_a = 56.8\text{MPa}$$

$\sigma_{ma}$ 按式（4-41）计算：

$$\sigma_{ma} = \frac{6M_{max}}{S^2} \tag{4-41}$$

式中 $S$ ——$a$—$a$ 环向截面处厚度，mm；

$$S = \frac{D_0 - D_7}{S^2} \tag{4-42}$$

$M_{max}$ ——作用于 $a$—$a$ 环向截面单位长度上的最大弯矩，N•mm / mm。

$M_{max}$ 按下列步骤计算：

① $F + F_a$ 引起的弯矩 $M$ 按式（4-43）计算

$$M = (F + F_a)H \tag{4-43}$$

式中 $M$—— $F + F_a$ 引起的弯矩，N•mm；

$H$ ——力臂，mm，$H = S_0 + 0.5h$；

$S_0$ ——阀体顶部中性面 $Y$—$Y$ 离直径 $D_7$ 的距离，mm。

当 $\frac{D_0}{D_7} \leqslant 1.45$ 时，$S_0 = \frac{D_0 - D_7}{4}$；

当$\dfrac{D_0}{D_7}>1.45$时，$S_0=\dfrac{D_0-D_7}{6}\times\dfrac{2D_0+D_7}{D_0+D_7}$。

② 中性面单位长度的弯矩

$$M_1=\frac{M}{\pi D_n} \tag{4-44}$$

式中　$M_1$ ——中性面单位长度的弯矩，N • mm/mm；

$D_n$ ——阀体顶部中性面 $Y—Y$ 的直径，mm，$D_n=D_7+2S_0$。

③ 计算系数$\beta$

$$\beta=\sqrt[4]{\frac{12(1-\mu^2)}{D_n^2S^2}} \tag{4-45}$$

式中　$\beta$ ——计算系数，$mm^{-1}$；

$\mu$ ——平均壁温下，材料的泊松比。当缺乏数据时，可取$\mu=0.3$。

根据$\beta l_1$值查图 4-9，得$\dfrac{M_3}{M_1}$值和$\dfrac{M_4}{M_1}$值。

$$M_3=\frac{M_3}{M_1}M_1$$

$$M_4=\frac{M_4}{M_1}M_1$$

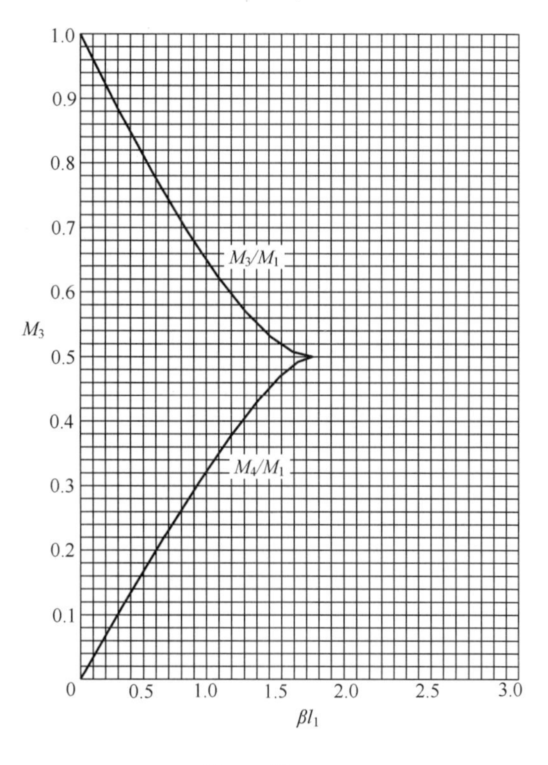


图 4-9　$\dfrac{M_3}{M_1}$及$\dfrac{M_4}{M_1}$与$\beta l_1$的关系

④ 计算系数 $C$

$$C=\frac{l_2}{l_1} \tag{4-46}$$

根据 $\beta l_2$ 及 $C$ 值查图 4-10 得 $\left(\frac{\beta M_r}{q_r}\times 10\right)$ 的值。

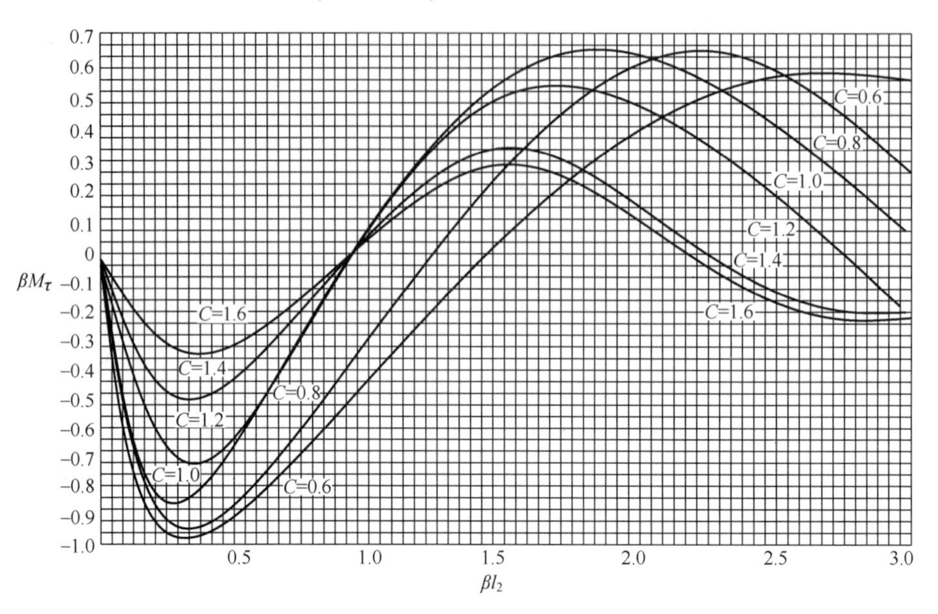


图 4-10 $\frac{\beta M_r}{q_r}$ 与 $\beta l_2$ 的关系

⑤ 沿中性面 $Y$—$Y$ 单位长度上的径向载荷 $q_r$

$$q_r=\frac{Q_r}{\pi D_n} \tag{4-47}$$

式中 $q_r$ ——沿中性面 $Y$—$Y$ 单位长度上的径向载荷，N / mm；

$Q_r$ ——密封反力引起的径向载荷，N。

$$Q_r=\frac{F+F_a}{\tan(\alpha+\rho)} \tag{4-48}$$

⑥ 计算弯矩 $M_r$

$$M_r=\left(\frac{\beta M_r}{q_r}\times 10\right)\frac{q_r}{10\beta} \tag{4-49}$$

式中 $M_r$ ——计算弯矩，N • mm / mm。

最大弯矩 $M_{max}$ 取如下等式中绝对值较大者：

$$M_{max}=M_r+M_3, \quad M_{max}=M_r-M_4$$

（2）$b$—$b$ 环向截面的当量应力

$$\sigma_{0b}=\sqrt{\sigma_{mb}^2+3\tau_b^2}\leqslant 0.9[\sigma_t] \tag{4-50}$$

式中　$\sigma_{0b}$ ——$b$—$b$ 环向截面的当量应力，MPa；

$\sigma_{mb}$ ——弯曲应力，MPa；

$\tau_b$ ——切应力，MPa。

$\sigma_{mb}$ 按式（4-51）计算：

$$\sigma_{mb} = \frac{3(F + F_b)h}{\pi D_7 l_1^2} \tag{4-51}$$

代入数据得

$$\sigma_{mb} = \frac{3 \times (542.6+673.5) \times 19}{3.14 \times 10 \times 5.62^2} = 69.9\text{MPa}$$

$\tau_b$ 按式（4-52）计算：

$$\tau_b = \frac{F + F_a}{\pi D_7 l_1} \tag{4-52}$$

代入数据得

$$\tau_b = \frac{542.6+673.5}{3.14 \times 10 \times 5.62} = 6.89\text{MPa}$$

## 4.7.7　低温密封比压计算

密封面上的密封力

$$Q_{MF} = \pi(D_{MW}^2 - D_{MN}^2)(1 + f_M / \tan\alpha) q_{MF} \tag{4-53}$$

式中　$D_{MW}$ ——密封面的外径，mm，$D_{MW} = 202\text{mm}$；

$D_{MN}$ ——密封面的内径，mm，$D_{MN} = 199\text{mm}$；

$f_M$ ——密封面的摩擦系数，$f_M = 0.3$。

代入数据得

$$Q_{MF} = 3.14 \times (202^2 - 199^2) \times (1 + 0.3 / \tan 30°) \times 9.13 / 4 = 13102.6\text{N}$$

密封面的必需比压

$$q_{MF} = \frac{35 + 10P_N}{10\sqrt{0.1 b_M}} = \frac{35 + 10 \times 1.9}{10\sqrt{0.1 \times 305}} = 0.98\text{MPa}$$

密封面上的介质静压力

$$Q_{MJ} = \frac{\pi}{4}(D_{MN} + b_M)^2 P_N = \frac{\pi}{4}(199 + 3.5)^2 \times 1.9 = 61160.82\text{N}$$

密封面上的总作用力

$$Q_{MZ} = Q_{MF} + Q_{MJ} = 13102.06 + 61160.82 = 74262.88\text{N}$$

密封面上比压

$$q = \frac{2Q_{MZ}}{\sin\alpha(D_{MW} + D_{MN})\pi b_M} = 2 \times 74262.88 / [\sin 30° \times (202 + 199) \times 3.14 \times 3.5] = 67.4\text{MPa}$$

结论：$q_{MF} < q$，满足条件。

## 4.8 支架的计算校核

闸阀支架应分别检验Ⅰ—Ⅰ、Ⅱ—Ⅱ、Ⅲ—Ⅲ截面处的应力。闸阀支架如图 4-11 所示。

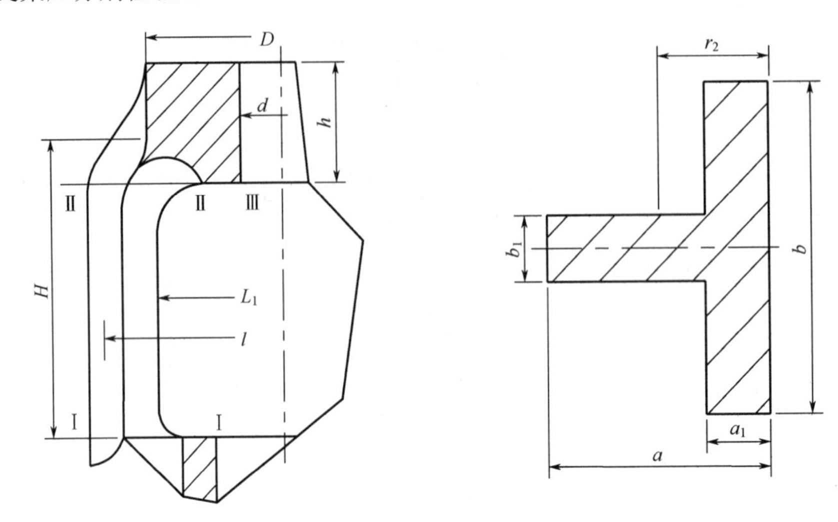


图 4-11　闸阀支架

### 4.8.1　Ⅰ—Ⅰ截面的合成应力校核

$$\sigma_{\Sigma I}=\sigma_{WI}+\sigma_{LI}+\sigma_{WI}^{N}\leqslant[\sigma_L] \tag{4-54}$$

式中　$\sigma_{\Sigma I}$——Ⅰ—Ⅰ截面的合成应力，MPa；

$\sigma_{WI}$——弯曲应力，MPa；

$\sigma_{LI}$——拉应力，MPa；

$\sigma_{WI}^{N}$——力矩引起的弯曲应力，MPa；

$[\sigma_L]$——材料的许用拉应力，MPa。

代入数据得

$$\sigma_{\Sigma I}=56.8+68.7+89.4=214.9\text{ MPa}\leqslant[\sigma_L]=306.7\text{MPa}$$

$\sigma_{WI}$ 按式（4-55）计算：

$$\sigma_{WI}=\frac{M_I}{W_I^y} \tag{4-55}$$

式中　$M_I$——弯曲力矩，N・mm；

$W_I^y$——Ⅰ—Ⅰ断面对 $y$ 轴的截面系数，$mm^3$。

代入数据得

$$\sigma_{WI}=\frac{M_I}{W_I^y}=\frac{142}{2.5}=56.8\text{MPa}$$

$M_I$ 按式（4-56）计算：

$$M_{\text{I}} = \frac{Q_{\text{FZ}} l}{8} \times \frac{1}{1 + \frac{1}{2} \times \frac{H}{l} \times \frac{I_{\text{III}}^{\text{x}}}{I_{\text{II}}^{\text{y}}}} \tag{4-56}$$

式中　$l$ ——框架两重心之间的距离，mm；

$I_{\text{III}}^{\text{x}}$、$I_{\text{II}}^{\text{y}}$ ——分别是Ⅲ—Ⅲ截面对 $x$ 轴和Ⅱ—Ⅱ截面对 $y$ 轴的惯性矩，$\text{mm}^4$；

$H$ ——框架高度，mm。

$l$ 按式（4-57）计算：

$$l = l_1 + 2X_2 \tag{4-57}$$

式中　$X_2$ ——框架形心位置，根据截面形状，按参考文献[11]中表 2-22 计算。

代入数据得

$$l = l_1 + 2X_2 = 25 + 2 \times 12 = 49\text{mm}$$

$\sigma_{\text{LI}}$ 按式（4-58）计算：

$$\sigma_{\text{LI}} = \frac{Q'_{\text{FZ}}}{2A_{\text{I}}} \tag{4-58}$$

式中　$A_{\text{I}}$ ——Ⅰ—Ⅰ截面的面积，$\text{mm}^2$，按参考文献[11]中表 2-28 计算。

$\sigma_{\text{WI}}^{\text{N}}$ 按式（4-59）计算：

$$\sigma_{\text{WI}}^{\text{N}} = \frac{M_{\text{III}}^{\text{N}}}{W_{\text{I}}^{\text{x}}} \tag{4-59}$$

式中　$M_{\text{III}}^{\text{N}}$ ——力矩，N・mm；

$W_{\text{I}}^{\text{x}}$ ——Ⅰ—Ⅰ截面对 $x$ 轴的截面系数，$\text{mm}^3$，按参考文献[11]中表 2-22 计算。

$W_{\text{III}}^{\text{N}}$ 按式（4-60）计算：

$$W_{\text{III}}^{\text{N}} = \frac{M_{\text{FJ}} H}{l} \tag{4-60}$$

式中　$M_{\text{FJ}}$ ——阀杆螺母和支架间的摩擦力矩，N・mm。

则

$$\sigma_{\Sigma\text{I}} = 56.8 + 68.7 + 89.4 = 214.9\ \text{MPa} \leqslant [\sigma_{\text{L}}] = 306.7\text{MPa}$$

## 4.8.2　Ⅱ—Ⅱ截面的合成应力校核

$$\sigma_{\text{XII}} = \sigma_{\text{WI}} + \sigma_{\text{LI}} \leqslant [\sigma_{\text{L}}] \tag{4-61}$$

## 4.8.3　Ⅲ—Ⅲ截面的弯曲应力校核

$$\sigma_{\text{WIII}} = \frac{M_{\text{III}}}{W_{\text{III}}^{\text{x}}} \tag{4-62}$$

式中　$M_{\text{III}}$ ——Ⅲ—Ⅲ截面的弯曲力矩，N・mm；

$W_{\text{III}}^{\text{x}}$ ——Ⅲ—Ⅲ截面对 $x$ 轴的截面系数，$\text{mm}^3$。

$M_{\text{III}}$ 按式（4-63）计算：

$$M_{III}=\frac{Q'_{FZ}l}{4}-M_I \tag{4-63}$$

## 4.9 阀杆的计算校核

### 4.9.1 阀杆总轴向力计算

阀门关闭或开启时的总轴向力：

$$Q'_{FZ}=Q'+Q_P+Q_T \tag{4-64}$$

$$Q''_{FZ}=Q''+Q_T-Q_P \tag{4-65}$$

式中 $Q'_{FZ}$——阀门关闭时阀杆总轴向力，N；

$Q''_{FZ}$——阀门开启时阀杆总轴向力，N；

$Q_P$——介质作用于阀杆上的轴向力，N；

$Q_T$——阀杆与填料间的摩擦力，N；

$Q'$、$Q''$——关闭和开启时，阀杆密封力，即阀杆与闸板间的轴向作用力，N。

$$Q_P=\frac{\pi}{4}d_F^2p \tag{4-66}$$

$d_F$——阀杆直径，mm；

$p$——介质压力，MPa。

$$Q_T=\pi d_F h_T u_T p \tag{4-67}$$

$h_T$——填料层总高度，mm；

$u_T$——阀杆与填料摩擦系数，石棉为0.15，四氟乙烯、柔性石墨为0.05～0.1。

对于平行单闸板闸阀：

$$Q'=Q_{MJ}f'_M-Q_G \tag{4-68}$$

$$Q''=Q_{MJ}f''_M+Q_G \tag{4-69}$$

$$Q_{MJ}=\frac{\pi}{4}D_{mp}^2p \tag{4-70}$$

式中 $f'_M$——关闭时密封面间的摩擦系数，见表4-3；

$f''_M$——开启时密封面间的摩擦系数，通常取$f''_M=f'_M+0.1$；

$Q_G$——闸板组件的重量，N；

$D_{mp}$——阀座密封面的平均直径，mm；

$p$——计算压力，MPa，可取$p=PN$。

表4-3 闸板与阀座密封面的摩擦系数

| 密封面材料 | 关闭时的摩擦系数 $f'_M$ | 开启时的摩擦系数 $f''_M$ |
|---|---|---|
| 铸铁或黄钢、青钢 | 0.25 | 0.35 |
| 碳钢或合金钢 | 0.30 | 0.40 |

续表

| 密封面材料 | 关闭时的摩擦系数 $f'_M$ | 开启时的摩擦系数 $f''_M$ |
|---|---|---|
| 耐酸钢 | 0.35 | 0.45 |
| 硬质合金 | 0.20 | 0.30 |
| 聚四氟乙烯 | 0.05 | 0.15 |

对于楔式单闸板闸阀：

$$Q' = 2(Q_{MF} + Q_{MJ})\cos\varphi(\tan p' + \tan\varphi) - Q_{MJ}\cos\varphi x\,[\tan(p' + \varphi) + \tan\varphi] - Q_G \quad (4\text{-}71)$$

$$Q'' = 2(Q_{MF} + Q_{MJ})\cos\varphi(\tan p'' - \tan\varphi) - Q_{MJ}\cos\varphi x[\tan(p'' - \varphi) + \tan\varphi] + Q_G \quad (4\text{-}72)$$

式中　$\varphi$——楔式闸板的楔角，(°)，通常取 $\varphi$=2°52″；

$p'$、$p''$——密封面的摩擦角，$p' = \arctan f'_M$，$p'' = \arctan f''_M$。

## 4.9.2　闸阀阀杆的力矩计算

闸阀阀杆的力矩计算表如表 4-4 所示。

表 4-4　计算式

| 类型 | 推力轴承 | 状态 | 计算式 |
|---|---|---|---|
| 明杆闸阀 | 无 | 关闭 | $M'_{FZ} = M'_{FL} + M'_{FJ}$ |
| | | 开启 | $M''_{FZ} = M''_{FL} + M''_{FJ}$ |
| | 有 | 关闭 | $M'_{FZ} = M'_{FL} + M'_g$ |
| | | 开启 | $M''_{FZ} = M''_{FL} + M''_g$ |
| 暗杆闸阀 | | 关闭 | $M'_{FZ} = M'_{FL} + M'_{FT} + M'_{TJ}$ |
| | | 开启 | $M''_{FZ} = M''_{FL} + M''_{FT} + M''_{TJ}$ |

表中符号说明如下：

$M'_g$、$M''_g$——关闭和开启时，推力轴承的摩擦力矩，N•mm；

$M'_{TJ}$、$M''_{TJ}$——关闭和开启时，阀杆凸肩与支座间的摩擦力矩，N•mm；

$M'_{FL}$——关闭时，阀杆螺纹摩擦力矩，N•mm，$M' = Q'_{FZ}R'_{FM}$；

$R'_{FM}$——关闭时，阀杆螺纹的摩擦半径，mm；

$M'_{FJ}$——关闭时，阀杆螺母凸肩与支架间的摩擦力矩，N•mm，$M'_{FJ} = \frac{1}{2}Q'_{FZ}f_J d_P$；

$f_J$——凸肩与支架的摩擦系数，见表 4-5；

$d_P$——凸肩与支架间环形接触面的平均直径，mm；

$M''_{FL}$——开启时，阀杆螺纹的摩擦力矩，N•mm，$M''_{FL} = Q''_{FZ}R''_{FM}$；

$R''_{FM}$——开启时，阀杆螺纹的摩擦半径，mm；

$M''_{FS}$——开启时，手轮与支架的摩擦力矩，N•mm，$M''_{FJ} = \frac{1}{2}Q''_{FZ}f_S d_P$；

$f_S$——手轮与支架的摩擦系数，取 $f_S = 0.2 \sim 0.25$。

表 4-5　阀杆螺母凸肩与支架的摩擦系数 $f_J$

| 材料 | | $f_J$ | | |
|---|---|---|---|---|
| 阀杆螺母 | 支架 | 良好润滑 | 一般润滑 | 无润滑 |
| 铜 | 钢 | 0.05～0.1 | 0.1～0.2 | 0.15～0.30 |
| 铸铁 | | 0.06～0.12 | 0.12～0.2 | 0.16～0.32 |
| 钢 | | 0.10～0.15 | 0.15～0.25 | 0.20～0.40 |

$M'_g$、$M''_g$ 按式（4-73）、式（4-74）计算：

$$M'_g = \frac{1}{2}Q'_{FZ} f_g D_{gp} \tag{4-73}$$

$$M''_g = \frac{1}{2}Q''_{FZ} f_g D_{gp} \tag{4-74}$$

式中　$f_g$ ——推力轴承的摩擦系数，$f_g = 0.005 \sim 0.01$；

$D_{gp}$ ——推力轴承的平均直径，mm。

$M'_{TJ}$、$M''_{TJ}$ 按式（4-75）、式（4-76）计算：

$$M'_{TJ} = \frac{1}{2}Q'_{FZ} f'_{TJ} d_{TJ} \tag{4-75}$$

$$M''_{TJ} = \frac{1}{2}Q''_{FZ} f''_{TJ} d_{TJ} \tag{4-76}$$

式中　$f'_{TJ}$、$f''_{TJ}$ ——关闭和开启时的阀杆凸肩与支座面间的摩擦系数，一般取 $f''_{TJ} = f'_{TJ} + 0.1$ 见表 4-6；

$d_{TJ}$ ——阀杆凸肩与支座环形接触面的平均直径，mm，$d_{TJ} = \frac{1}{2}(d_1 + d_2)$。

表 4-6　阀杆凸肩与支座的摩擦系数

| 材料 | | $f'_{TJ}$ | $f''_{TJ}$ |
|---|---|---|---|
| 阀杆 | 支座 | | |
| 钢 | 青铜 | 0.20 | 0.30 |
| | 铸铁 | 0.22 | 0.32 |
| | 钢 | 0.30 | 0.40 |
| 黄铜 | 铸铁 | 0.20 | 0.30 |

## 4.9.3　闸阀阀杆的强度计算

### 4.9.3.1　阀杆直径的估算

对暗杆闸阀及 $DN \leqslant 400$mm 的明杆闸阀，其有效直径可按式（4-77）计算：

$$d_F = (1.25 \sim 1.35)\sqrt{\frac{4Q}{\pi[\sigma]}} \tag{4-77}$$

式中　$d_F$ ——阀杆直径，mm；

$Q$ ——阀杆的最大轴向力，即 $Q=\max(Q',Q'')=Q''=1367.125\text{kN}$ 。

代入数据得

$$d_F=1.35\times\sqrt{\frac{4\times1367.125\times10^{-3}}{\pi\times245}}=113\text{mm}$$

但又由《实用阀门设计手册》中表 9-40 查得阀杆的最小直径为 120mm，所以最终确定阀杆直径 $d_F=120\text{mm}$ 。

4.9.3.2　阀杆强度计算

（1）拉压应力校核

$$\sigma=\frac{Q_{FZ}}{A}\leqslant[\sigma] \tag{4-78}$$

式中　$\sigma$ ——阀杆所受的拉压应力，MPa；

$Q_{FZ}$ ——阀杆总轴向力，N；

$A$ ——阀杆的最小截面积，mm$^2$，一般为螺纹根部或退刀槽的面积， mm$^2$ ；

$[\sigma]$ ——材料的许用拉应力或压应力，MPa。

（2）扭转剪应力校核

$$\tau_N=\frac{M}{\varpi}\leqslant[\tau_N] \tag{4-79}$$

式中　$\tau_N$ ——阀杆所受的扭转剪应力，MPa；

$M$ ——计算截面处的力矩，N • mm；

$\varpi$ ——计算截面的抗扭断面系数， mm$^2$ ；

$[\tau_N]$ ——材料的许用扭转剪应力，MPa。

（3）合成应力校核

$$\sigma_\Sigma=\sqrt{\sigma^2+4\tau_N^2}\leqslant[\sigma_\Sigma] \tag{4-80}$$

式中　$\sigma_\Sigma$ ——阀杆所受的合成应力，MPa；

$[\sigma_\Sigma]$ ——材料的许用合成应力，MPa。

4.9.3.3　阀杆的稳定性计算

阀杆的柔度

$$\lambda=\frac{\mu l_F}{i} \tag{4-81}$$

式中　$\lambda$ ——阀杆的柔度；

$l_F$ ——阀杆的计算长度，即阀杆螺母至阀杆端部或阀杆凸肩至下端阀杆螺母间的长度，mm；

$i$ ——阀杆的惯性半径，mm，对圆形断面 $i=\frac{d_F}{4}$ ；

$\mu$ ——与阀杆两端支承状况有关的长度系数，无中间支撑阀杆的 $\mu$ 值见表 4-7。

**表 4-7　无中间支撑阀杆的 $\mu$ 值**

| 支撑状况 | $\mu$ |
|---|---|
| 两端铰支 | 1 |
| 一端固定，一端铰支 | 0.7 |

续表

| 支撑状况 | $\mu$ |
|---|---|
| 两端固定 | 0.5 |
| 一端固定，一端自由 | 2 |
| 一端固定，一端可绕位移不能角位移 | 1 |
| 一端铰支，一端可绕位移不能角位移 | 2 |

### 4.9.4 阀杆稳定性校核

① 当$\lambda < \lambda_1$时，阀杆稳定，不必进行稳定性校核。

② 当$\lambda_1 < \lambda < \lambda_2$时，如满足式（4-82）条件，则阀杆稳定。

$$\sigma_Y \leqslant \frac{a - b\lambda}{n} \tag{4-82}$$

式中 $\sigma_Y$ ——阀杆的压应力，MPa；

$a$、$b$ ——与材料性质有关的系数，MPa；

$n$ ——稳定安全系数，取$n = 2.5$。

$\sigma_Y$按式（4-83）计算：

$$\sigma_Y \leqslant \frac{Q'_{FZ}}{0.785 d_F^2} \tag{4-83}$$

式中 $Q'_{FZ}$ ——关闭时阀杆总轴力，N。

③ 当$\lambda > \lambda_2$时，如满足式（4-84）条件，则阀杆稳定。

$$\sigma_Y \leqslant \frac{\pi^2 E}{n\lambda^2} \tag{4-84}$$

式中 $E$ ——阀杆材料的弹性模量，MPa。

## 4.10 阀座尺寸计算

### 4.10.1 出口端阀座的比压计算式

$$q = \frac{Q_{MZ}}{\pi b_M (D_{MD} + b_M)} \leqslant [q]\frac{1}{n} \tag{4-85}$$

式中 $D_{MD}$ ——阀座密封面内径，mm；

$b_M$ ——阀座密封面宽度，mm；

$Q_{MZ}$ ——出口端阀座密封面上总作用力，N；

$[q]$ ——阀座密封面材料许用比压，MPa。

### 4.10.2 单面强制密封楔式闸阀

$$Q_{MZ} = Q_{MJ} + Q_{MF} \tag{4-86}$$

式中 $Q_{MJ}$ ——介质静压力，$Q_{MJ} = \frac{\pi}{4}(D_{MZ} + b_M)^2 p$；

$Q_{MF}$ ——介质必需的密封力，$Q_{MF}=\pi(D_{MZ}+b_M)^2 b_M q_{MF}$；
$q_{MF}$ ——为密封的必须比压，MPa；
$p$ ——介质的公称压力，MPa。

# 4.11 闸板尺寸计算

## 4.11.1 闸板密封面尺寸

根据阀座密封面尺寸及标准规定的最小磨损裕量确定。

$$D_{bN}=D_{ZN}-L_m \tag{4-87}$$

$$D_{bW}=D_{ZW}+L_m \tag{4-88}$$

式中 $D_{bN}$ ——闸板密封面内径，mm；
$D_{bW}$ ——闸板密封面外径，mm；
$D_{ZN}$ ——阀座密封面内径，mm；
$D_{ZW}$ ——阀座密封面外径，mm；
$L_m$ ——阀板最小磨损裕量一般取值。

## 4.11.2 刚性闸板计算

堆焊密封面的高中压明杆楔式单闸板的闸板，中间薄板厚度 $S_B$ 可按式（4-89）校验其根部的弯曲应力：

$$\sigma_W=\frac{3}{4}\times\frac{pR_B^2}{(S_B-C)^2}\leqslant[\sigma_W] \tag{4-89}$$

式中 $R_B$ ——中间薄板根部半径，mm，$R_B=\dfrac{d_B}{2}$；
$C$ ——附件裕量，mm；
$[\sigma_W]$ ——闸板材料的许用弯曲应力，MPa。

## 4.11.3 双闸板计算

明杆楔式闸阀的阀板如图 4-12 所示。

4.11.3.1　闸板的强度和刚度计算

（1）对于自动密封，出口端闸板中心处的弯曲应力

$$\sigma_W=\frac{3(3+\mu)}{8(S_B-C)^2}pR_{MP}^2\leqslant[\sigma_W] \tag{4-90}$$

式中 $R_{MP}$ ——闸板密封面平均直径，mm，$R_{MP}=\dfrac{1}{2}(D'_{MN}+b'_M)$；
$\mu$ ——闸板材料的泊松比。

变形量为

$$f=\frac{3(5+\mu)(1-\mu)}{16E(S_B-C)^3}pR_{MP}^2\leqslant[f] \tag{4-91}$$

式中　$E$——闸板材料的弹性模量，MPa；

$[f]$——最大容许变形量，根据经验取$[f]=0.004\sim0.005\text{mm}$。

（2）对于单面强制密封，出口端闸板中心处的弯曲应力

$$\sigma_{W}=\frac{1}{(S_{B}-C)^{2}}\left\{\frac{3(3+\mu)}{8}pR_{MP}^{2}+Q_{MF}\left[(1+\mu)\left(0.485l_{n}\frac{R_{MP}}{S_{B}-C}+0.52\right)+\frac{3}{2\pi}\right]\right\}\leqslant[\sigma_{W}]\quad(4\text{-}92)$$

变形量为

$$f=\frac{3(1-\mu)R_{MP}^{2}}{4E(S_{B}-C)^{3}}\left[\frac{(1+\mu)(5+\mu)}{4}pR_{MP}^{2}+\frac{3+\mu}{\pi}Q_{MF}\right]\leqslant[f]\quad(4\text{-}93)$$

（3）对于双面强制密封，出口端闸板中心处的弯曲应力

$$\sigma_{W}=\frac{Q_{MZ}}{(S_{B}-C)^{2}}\left[(1+\mu)\left(0.485l_{n}\frac{R_{MP}}{S_{B}-C}\right)+0.52\right]\leqslant[\sigma_{W}]\quad(4\text{-}94)$$

变形量为

$$f=\frac{3(1-\mu)(3+\mu)Q_{MZ}}{4\pi E(S_{B}-C)^{3}}\leqslant[f]\quad(4\text{-}95)$$

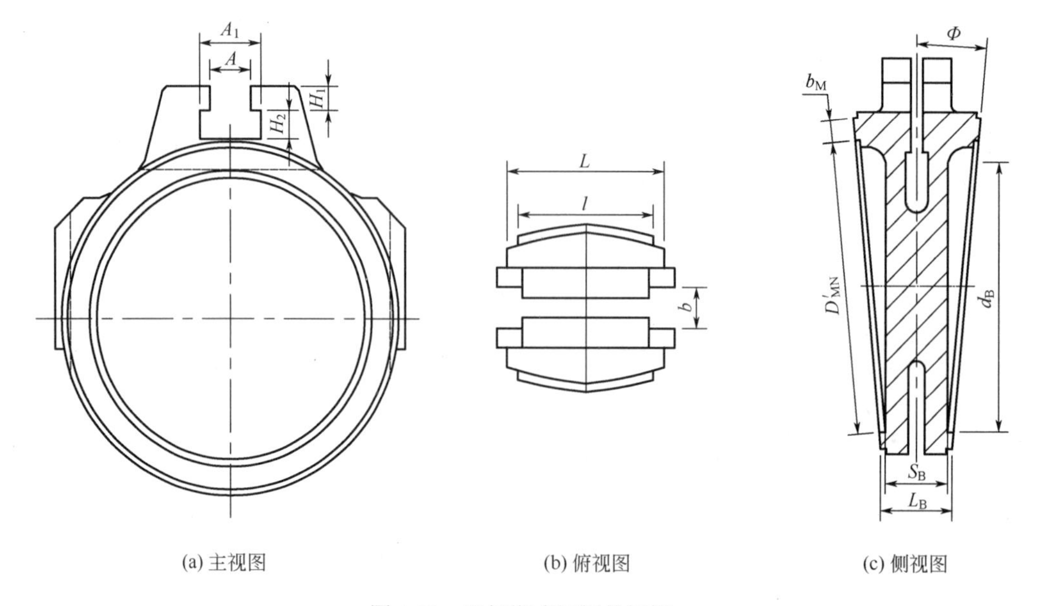


图 4-12　明杆楔式闸阀的阀板

4.11.3.2　顶心的强度验算

（1）对于单面强制密封，顶心与闸板的挤压应力

$$\sigma_{CY}=0.365\sqrt[3]{Q_{MF}\left[\frac{E(r_{B}-r_{d})}{r_{B}r_{d}(1-\mu^{2})}\right]^{2}}\leqslant[\sigma_{CY}]\quad(4\text{-}96)$$

式中　$r_B$、$r_d$——闸板凹球面半径和顶心球面半径。

（2）对于双面强制密封，顶心与闸板的挤压应力

$$\sigma_{CY}=0.365\sqrt[3]{Q_{MZ}\left[\frac{E(r_B-r_d)}{r_B r_d(1-\mu^2)}\right]^2}\leqslant[\sigma_{CY}] \tag{4-97}$$

# 4.12　螺杆螺母的计算

阀杆及阀杆螺母通常采用单头准梯形螺纹。工作时，阀杆螺母承受阀杆轴向力，其强度验算从如下几个方面进行。

## 4.12.1　螺纹表面的挤压应力（kgf/cm²）

$$\sigma_{ZY}=\frac{Q_{FZ}}{nA_Y}\leqslant[\sigma_{ZY}] \tag{4-98}$$

式中　$Q_{FZ}$——常温时阀杆最大总轴向力，kgf，取 $Q'_{FZ}$ 及 $Q''_{FZ}$ 中较大值；

$A_Y$——单牙螺纹受挤压面积，$cm^2$；

$n$——螺纹的计算圈数；

$[\sigma_{ZY}]$——材料的许用挤压应力，$kgf/cm^2$。

## 4.12.2　螺纹根部剪切力

$$\tau=\frac{Q_{FZ}}{nA_j}\leqslant[\tau] \tag{4-99}$$

式中　$A_j$——螺母单牙螺纹根部受剪面积，$cm^2$；

$[\tau]$——材料的许用剪应力，$kgf/cm^2$。

## 4.12.3　螺纹根部弯曲应力（kgf/cm²）

$$\sigma_W=\frac{Q_{FZ}X_L}{nW}\leqslant[\sigma_W] \tag{4-100}$$

式中　$X_L$——螺纹弯曲力臂，cm；

$W$——螺母单牙螺纹根部的抗弯截面系数，$cm^3$；

$[\sigma_W]$——材料的许用弯曲应力，$kgf/cm^2$。

$$\sigma_W=98.4\ \text{MPa}\leqslant[\sigma_W]=130\text{MPa}$$

# 4.13　填料装置的计算

填料装置包括填料压盖、T 形槽或活节螺栓、销轴等零件。压紧螺母式填料装置适用于 $PN$ 的小口径，特别是锻造的阀门上；带孔压盖式填料装置，适用于 $PN\leqslant 25kgf/cm^2$；开口压盖式填料装置，适用于 $PN$=16～160$kgf/cm^2$ 的钢和球墨铸铁阀门上。

## 4.13.1　填料压盖的主要尺寸参数

填料孔的直径与填料宽度有关，而填料宽度 $b_t$（mm）通常在（1～1.6）$\sqrt{d_f}$ 的范围内选取，其中 $d_f$ 为阀杆的直径（mm）。

以石棉绳做填料的填料孔，对于带孔压盖式，当 $PN<16\text{kgf/cm}^2$ 和 $PN=25\text{kgf/cm}^2$ 时，填料圈数分别取 $Z=4$～9 和 $Z=7$～10；对于开口压盖式，当 $PN<16$～$64\text{kgf/cm}^2$ 时，填料圈数取 $Z=8$；当 $PN=100\text{kgf/cm}^2$ 和 $PN<160\text{kgf/cm}^2$ 时，取 $Z=10$。

以成型塑料（如取四氟乙烯尼龙）做填料的填料孔，对于带孔压盖式和压紧螺母式，中填料圈数分别取 $Z=3$ 和 $Z=4$。填料孔的深度 $H$ 等于上、中填料和填料垫装配后的总高度加上裕量 2～5mm。

石棉绳填料被压缩后的高度 $h_t=k_h Z b_t$。其中 $k_h$ 为填料高度压缩系数：当 $PN\leqslant 64\text{kgf/cm}^2$ 时，取 0.85；当 $PN=100\text{kgf/cm}^2$ 时，取 0.70；当 $PN=160\text{kgf/cm}^2$ 时，取 0.60。

## 4.13.2 填料装置主要零件的强度校验

如图 4-13 所示的填料压盖，应校验断面Ⅰ—Ⅰ断面和Ⅱ—Ⅱ断面以及按角度 45° 方向所取的断面Ⅲ—Ⅲ的弯曲应力。

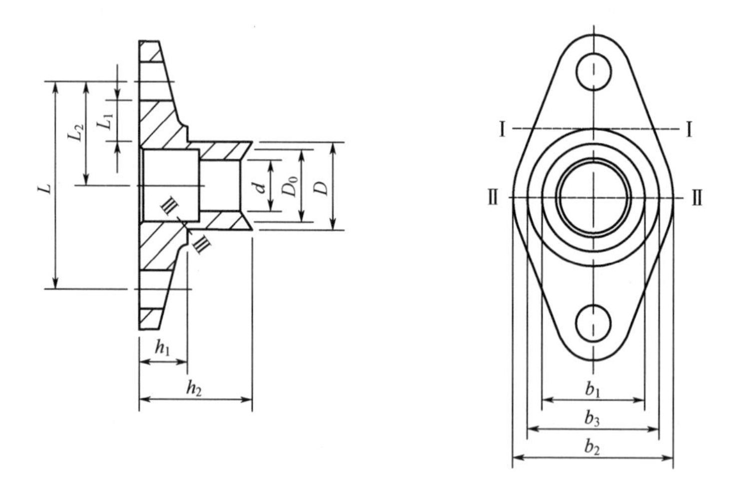


图 4-13 填料压盖

（1）Ⅰ—Ⅰ断面的弯曲应力（$\text{kgf/cm}^2$）

$$\sigma_{W_1}=\frac{M_1}{W_1}\leqslant[\sigma_W] \tag{4-101}$$

式中 $M_1$——Ⅰ—Ⅰ断面的弯矩，

$$M_1=\frac{Q_{YT}}{2}l_1 \tag{4-102}$$

$l_1$——力臂，mm，$l_1=l_2-\dfrac{D}{2}$；

$Q_{YT}$——压紧填料的总力，$\text{kgf/cm}^2$；

$$Q_{YT}=0.785(D^2-d^2)q_T \tag{4-103}$$

$d$——填料压盖的内径，cm;

$q_T$——压紧填料所必须施加于填料上部的比压，$\text{kgf/cm}^2$，$q_T=\varphi$，$\varphi$ 为石棉绳填料的最大轴向比压系数，根据 $PN$ 和 $h_T/b_T$ 查表取值。

代入数据得：

$$Q_{\mathrm{YT}} = 0.785(202^2 - 199^2) \times 60 = 56661.3 \text{ kgf / cm}^2$$

$W_1$ ——Ⅰ—Ⅰ的截面系数，cm。

$$W_1 = \frac{1}{6} b_1 h_1^2 \tag{4-104}$$

$b_1$、$h_1$ ——Ⅰ—Ⅰ断面的宽度和高度，cm。

（2）Ⅱ—Ⅱ断面的弯曲应力（$\text{kgf / cm}^2$）

$$\sigma_{\mathrm{W}_2} = \frac{M_2}{W_2} \leqslant [\sigma_{\mathrm{W}}] \tag{4-105}$$

式中　$M_2$ ——Ⅱ—Ⅱ断面的弯矩，$\text{kgf / cm}^2$。

$$M_2 = \frac{Q_{\mathrm{YT}}}{2}\left(l_2 - \frac{D_{\mathrm{P}}}{\pi}\right) \tag{4-106}$$

$D_{\mathrm{P}}$ ——填料反力处的平均直径，cm，$D_{\mathrm{P}} = \dfrac{D+d}{2}$；

$W_2$ ——铸铁制的填料压盖的截面系数，$\text{cm}^3$。

$$W_2 = \frac{I_{\mathrm{II}}}{y_2} \tag{4-107}$$

$I_{\mathrm{II}}$ ——Ⅱ—Ⅱ断面对其中性轴的惯性矩，$\text{cm}^4$；

$$I_{\mathrm{II}} = \frac{1}{3}\left[(b_2 - d)y_2^3 + (D-d)(h_2 - y_2)^3 - (b_2 - d)(y_2 - h_1)^3\right] \tag{4-108}$$

$y_2$ ——Ⅱ—Ⅱ断面中性轴到填料压盖上端面的距离，cm；

$$y_2 = \frac{h_2^2(D-d) + h_1^2(b_2 - D)}{2[h_2(D-d) + h_1(b_2 - D)]} \tag{4-109}$$

对于钢制填料压盖，截面系数 $W_2(\text{cm}^3)$ 按式（4-110）计算。

$$W_2 = \frac{I_{\mathrm{II}}}{h_2 - y_{\mathrm{II}}} \tag{4-110}$$

（3）Ⅲ—Ⅲ断面的弯曲应力（$\text{kgf / cm}^2$）

$$\sigma_{\mathrm{W}_3} = \frac{M_3}{W_3} \leqslant [\sigma_{\mathrm{w}}] \tag{4-111}$$

式中　$M_3$ ——Ⅲ—Ⅲ断面的弯矩，$\text{kgf} \cdot \text{cm}$；

$$M_3 = \frac{Q_{\mathrm{YT}}}{2} l_3 \tag{4-112}$$

$l_3$ ——力臂，cm；

$$l_3 = l_2 - \frac{1}{2} D_{\mathrm{P}} \tag{4-113}$$

$W_3$ ——Ⅲ—Ⅲ断面的截面系数，$\text{cm}^3$；

$$W_3 \approx \frac{1}{6} b_3 h_3^2 \tag{4-114}$$

### 4.13.3 活节螺栓（或 T 形槽型螺栓）

螺栓的拉应力为：

$$\sigma_L = \frac{Q_{YT}}{2A_1} \leqslant [\sigma_L] \tag{4-115}$$

式中 $A_1$ ——单个螺栓的断面积，$cm^2$；

$[\sigma_L]$ ——螺栓材料的许用拉应力，$kgf/cm^2$。

### 4.13.4 销轴

销轴的剪应力（$kgf/cm^2$）为

$$\tau = \frac{Q_{YT}}{\pi d_s^2} \leqslant [\tau] \tag{4-116}$$

式中 $d_s$ ——销轴直径，cm；

$[\tau]$ ——材料的许用剪应力，$kgf/cm^2$。

### 4.13.5 填料与阀杆的摩擦力计算

阀门开启时和关闭时，填料与阀杆之间将产生摩擦力，其大小与填料的种类和材料有关。设计各类阀门时都需要进行计算。

聚四氟乙烯成型填料的摩擦力为：

$$Q_T = \pi d_T h_1 Z_1 1.2PNf \tag{4-117}$$

式中 $h_1$ ——单圈填料与阀杆接触的高度，cm；

$Z_1$ ——填料圈数；

$f$ ——填料与阀杆的摩擦系数，约为 0.05～0.1。

## 4.14 滚动轴承的选择及手轮直径的确定

### 4.14.1 滚动轴承的选择

为了减小操作力矩，一般在阀杆轴向力超过 400kgf 的情况下，在阀杆螺母上装有单向推力球轴承。单向推力球轴承必须根据轴承的工作能力系数来选择。工作能力系数可用式（4-118）计算。

$$C = Q_{FZ}(nh)^{0.3} K_p K_w \tag{4-118}$$

式中 $Q_{FZ}$ ——阀杆最大轴向力，kgf；

$n$ ——阀杆转速，r/min，手动时可取 $n = 20 \sim 25$ r/min；

$h$ ——轴承工作寿命，h，对于阀门，可取 125h；

$K_p$ ——轴承负荷性质对轴承寿命的影响系数，对于阀门，可按轻微冲击力，即按短时超载 125%考虑，取 1～2；

$K_w$ ——轴承工作温度对轴承寿命的影响系数，对于阀门，轴承温度并不高 $(nh)^{0.3}$ 的数值见表 4-8。

表 4-8 $(nh)^{0.3}$ 的数值

| 数值 | 10 | 16 | 20 | 25 | 32 | 40 | 50 |
|---|---|---|---|---|---|---|---|
| 100 | 8 | 9.2 | 9.8 | 10.5 | 11.2 | 12 | 13 |
| 125 | 8.5 | 9.8 | 10.5 | 11.2 | 12 | 13 | 13.8 |

根据工作能力系数 $C$ 及容许静载荷（即阀杆最大轴向力）来选择所需的轴承。

### 4.14.2 手轮直径的确定

手轮直径与圆周力的关系如图 4-14 所示。

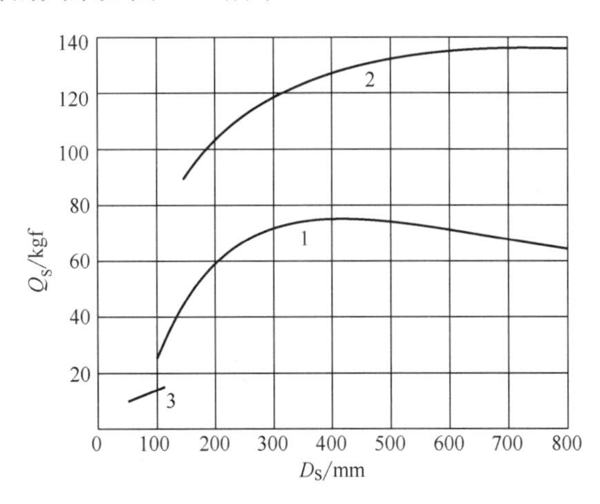


图 4-14 手轮直径与圆周力

1—一个人用两手操作的力；2—两个人操作的力；3—一个人用一手操作的力

阀门手轮直径 $D_S$ 主要根据阀杆（或阀杆螺母）上的最大扭矩和可以施加于手轮上的圆周力来选定：

$$D_S = \frac{2\Sigma M}{Q_S} \tag{4-119}$$

式中 $\Sigma M$ ——阀杆（或阀杆螺母）上的最大扭矩，kgf・cm；

$Q_S$ ——手轮上的圆周力，kgf，应该指出，圆周力的大小与操作者的体力有关，与手轮直径亦有关，如 $D_S$<100mm 的手轮，往往只能用一只手操作，大直径的手轮可以用两只手，甚至两个人同时操作，因此可以施加于手轮上的圆周力显然是不同的，应该根据实际情况来定，$D_S = 400$mm。

## 4.15 超低温阀门滴水盘及阀盖传热分析

随着我国石化、天然气、制冷和低温工业的快速发展，超低温阀门的需求量越来越大，对其性能的要求也越来越高。低温闸阀、截止阀、球阀和蝶阀阀盖的填料密封由于空气中冷凝水的进入，如果填料温度低于 0℃时则会结冰，不但影响阀杆的正常操作，而且也会因阀杆的上下运动划伤填料，造成密封失效。故阀盖应设计成加长结构（长颈阀盖），加长阀盖可使填料函底部的工作温度高于 0℃。长颈阀盖表面焊接滴水盘，可防止冷凝水进入保冷层，避免或减少保冷层的腐蚀。同时，阀盖表面焊接滴水盘后，增大了阀盖与空气自然对流的换热面积，降低了来自阀体的冷量损失。

而低温阀门填料密封是影响阀门稳定运行的关键部位，但低温阀门在运行过程中，空气中冷凝水会进入到填料密封处，一旦填料密封的工作温度低于 0℃，冷凝水就会在填料处结冰，这不但会影响阀杆正常的开关操作，而且会因阀杆的上下运动将填料划伤，造成密封失效，引起低温液态介质大量泄漏。为了避免这一现象的发生，低温阀门的阀盖在设计时常采用加长结构（长颈阀盖），加长的阀盖可以使得填料函远离阀体内的低温介质，使得填料函底部的工作温度高于 0℃。同时，在低温阀设计时，常在长颈阀盖表面焊接一片或几片滴水盘，这样既可防止阀盖表面的冷凝水进入保冷层，避免或减少保冷层的腐蚀，提高保冷层的使用寿命，而且阀盖表面焊接滴水盘后，会使得阀盖与空气自然对流的换热面积大大增加，阀体的冷量损失降低，从而可以缩短长颈阀盖的长度，降低低温阀门的生产成本，弥补低温阀门由于阀盖长度较长而带来的安装、运输不便等缺点。

## 4.15.1 滴水盘传热分析

### 4.15.1.1 物理模型的简化

将滴水盘的物理模型进行简化，滴水盘的内径为$r_1$（也即阀盖的外径），外径为$r_2$，厚度为$\delta$，材料的热导率为$\lambda$，周围空气的温度为$t_\infty$，外表面与空气的自然对流换热系数为$h_\infty$。由于滴水盘的厚度较小，为简化计算，滴水盘基部沿阀盖轴向的温度梯度可以忽略，则滴水盘的基部温度为常数$t_b$。忽略滴水盘与阀盖之间的接触热阻及滴水盘与空气的辐射换热。滴水盘微元体分析如图 4-15 所示。

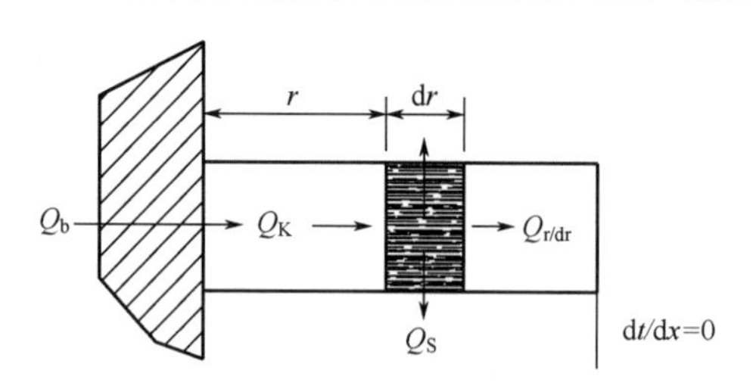


图 4-15 滴水盘微元体分析

### 4.15.1.2 数学模型的建立

滴水盘的传热方式主要包括沿着径向的热传导及其表面与空气的自然对流换热。对于稳态导热，热传导所导出来的热量与表面自然对流换热量相等。对滴水盘进行环形微元体分析，根据能量守恒，导入的热量等于导出的热量与空气自然对流换热量之和，即

$$Q_r = Q_{r+dr} + Q_S \tag{4-120}$$

式中 $Q_r$——从$r$导入的热量；

$Q_{r+dr}$——从$r+dr$导出的热量；

$Q_S$——环形微元表面通过自然对流散失到空气中的热量。

根据傅里叶导热定律有：

$$Q_r = -\lambda A(r)\frac{dT}{dr} \tag{4-121}$$

同时根据牛顿冷却公式有：

$$Q_S = dS(r)h_\infty(t - t_\infty) \tag{4-122}$$

而$Q_{r+dr}$表示为：

$$Q_{r+dr} = Q_r + \frac{dQ_r}{dr}dr \tag{4-123}$$

其中，$\mathrm{d}S(r)=4\pi r\mathrm{d}r$，$A(r)=4\pi r\delta$。

与此同时，引入过余温度$\theta$。

$$\theta=t-t_{\infty} \tag{4-124}$$

将式（4-121）～式（4-124）代入式（4-121）整理得到滴水盘导热微分方程为：

$$\frac{\mathrm{d}}{\mathrm{d}r}\left(r\frac{\mathrm{d}\theta}{\mathrm{d}r}\right)-a^2r\theta=0 \tag{4-125}$$

即

$$r^2\frac{\mathrm{d}^2\theta}{\mathrm{d}r^2}+r\frac{\mathrm{d}\theta}{\mathrm{d}r}-(ar)^2\theta=0 \tag{4-126}$$

式中，$a=\sqrt{\dfrac{2h_{\infty}}{\lambda\delta}}$。

4.15.1.3　滴水盘过余温度场与散热量的计算

方程（4-126）为 0 阶虚宗量贝塞尔方程，利用数学物理方法可以解得其通解为：

$$\theta=c_1I_0(ar)+c_2K_0(ar) \tag{4-127}$$

根据物理模型，假设滴水盘的末端为绝热，计算结果可以满足精度要求，则方程（4-126）边界条件为：

$$r=r_1,\quad \theta=\theta_{\mathrm{b}}=t_{\mathrm{b}}-t_{\infty} \tag{4-128}$$

$$r=r_2,\quad \lambda\frac{\alpha\theta}{\alpha r}=0 \tag{4-129}$$

此外，根据虚宗量贝塞尔函数和虚宗量汉克函数递推关系式：

$$\frac{\mathrm{d}}{\mathrm{d}x}\left[\frac{I_{\nu}(x)}{x^{\nu}}\right]=\frac{I_{\nu+1}(x)}{x^{\nu}} \tag{4-130}$$

$$\frac{\mathrm{d}}{\mathrm{d}x}\left[\frac{K_{\nu}(x)}{x^{\nu}}\right]=-\frac{K_{\nu+1}(x)}{x^{\nu}} \tag{4-131}$$

将边界条件式（4-128）代入通解式（4-127），得到滴水盘的过余温度场为：

$$\theta(r)=\theta_{\mathrm{b}}\frac{K_1(ar_2)I_0(ar)+I_1(ar_2)K_0(ar)}{K_1(ar_2)I_0(ar_1)+I_1(ar_2)K_0(ar_1)} \tag{4-132}$$

式中　$I_0(ar)$——0 阶虚宗量贝塞尔函数；

$I_1(ar_2)$——1 阶虚宗量贝塞尔函数；

$K_0(ar)$——0 阶虚宗量汉克函数；

$K_1(ar_2)$——1 阶虚宗量汉克函数。

对于稳态导热，则整个滴水盘的散热量等于由滴水盘基部导出的热量，即

$$Q=-A(r)\lambda\frac{\mathrm{d}\theta}{\mathrm{d}r}\bigg|_{r=r_1} \tag{4-133}$$

并将式（4-131）求导代入式（4-132）整理得出滴水盘的散热量为：

$$Q_{\mathrm{c}}=\frac{4\pi h_{\infty}\theta_{\mathrm{b}}r_1}{a}\times\frac{K_1(ar_1)I_1(ar_2)-K_1(ar_2)I_1(ar_1)}{K_1(ar_2)I_0(ar_2)+I_1(ar_2)K_0(ar_1)} \tag{4-134}$$

滴水盘的效率可以定义为：

$$\eta=\frac{\text{滴水盘实际的散热量}}{\text{假设整个滴水盘表面处于滴水盘基部温度下的散热量}} \tag{4-135}$$

即

$$\eta=\frac{Q_c}{h_\infty A_c\theta_b}=\frac{2r_1}{a(r_2^2-r_1^2)}\times\frac{K_1(ar_1)I_1(ar_2)-K_1(ar_2)I_1(ar_1)}{K_1(ar_2)I_0(ar_2)+I_1(ar_2)K_0(ar_1)} \tag{4-136}$$

## 4.15.2 长颈阀盖传热分析

### 4.15.2.1 物理模型的简化

为了简化换热的计算，将阀盖物理模型进行合理简化，阀盖半径为$r_1$，材料的热导率为$\lambda$（忽略温度的影响）（见图 4-16）。当阀体内的冷流体流动稳定后，阀门温度场处于稳定状态，阀盖表面与空气的自然对流换热系数为$h_\infty$，空气温度为$t_\infty$，阀盖法兰下端面为介质温度$t_0$，同时阀盖法兰下端面到填料函底部的长度为$L$，其中滴水盘安装在距离阀盖法兰下端面处。由于填料函以上部分包括手轮、填料压盖等部件与阀杆阀盖的接触热阻较大，因此，在分析物理模型时将手轮与填料压盖等简化，填料函以上的阀杆部分可以认为是阀盖的扩展换热面，起到改变换热系数的作用，其当量换热系数可采用文献的方法进行迭代计算。此外，阀盖与阀杆之间的间隙很小且材料相同，间隙内低温介质的换热忽略不计，即将阀杆与阀盖看成一个整体。

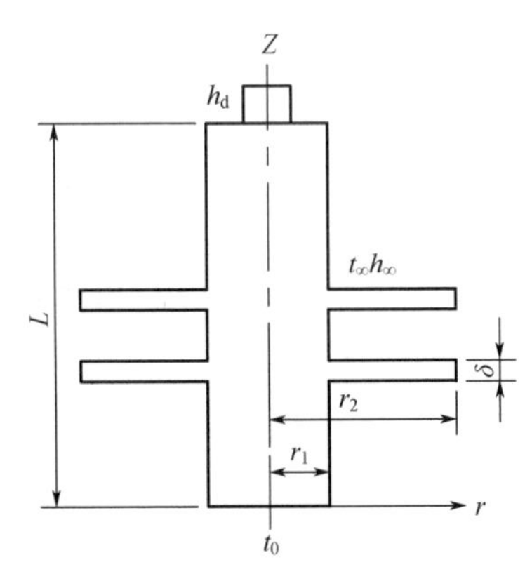

图 4-16 简化后的阀盖物理模型

### 4.15.2.2 数学模型的建立

阀体、阀盖、阀杆以及滴水盘间主要是通过热传导进行热量传递，阀盖及滴水盘表面与空气通过自然对流进行热量传递，无内热源的圆柱坐标系下的傅里叶导热微分方程为：

$$\rho c\frac{\partial t}{\partial \tau}=\frac{1}{r}\times\frac{\partial}{\partial r}\left(\lambda r\frac{\partial t}{\partial r}\right)+\frac{1}{r^2}\times\frac{\partial}{\partial \varphi}\left(\lambda\frac{\partial t}{\partial \varphi}\right)+\frac{\partial}{\partial z}\left(\lambda\frac{\partial t}{\partial z}\right) \tag{4-137}$$

对于稳态导热$\frac{\partial t}{\partial \tau}=0$，并忽略温度在周向即$q$方向上的变化，则得到阀盖的二维稳态导热微分方程为：

$$\frac{\partial^2 t}{\partial r^2}+\frac{1}{r}\times\frac{\partial t}{\partial r}+\frac{\partial^2 t}{\partial r^2}=0 \tag{4-138}$$

引入无量纲过余温度：

$$\Theta=\frac{t_\infty-t(r,z)}{t_\infty-t_0} \tag{4-139}$$

则微分方程变为：

$$\frac{\partial^2 \Theta}{\partial r^2}+\frac{1}{r}\times\frac{\partial \Theta}{\partial r}+\frac{\partial^2 \Theta}{\partial z^2}=0 \tag{4-140}$$

### 4.15.2.3 阀盖过余温度场的计算

与翅片管换热器类似，阀盖表面安装滴水盘后，使得自然对流的换热面积增大，对流换热热阻降低，对流换热系数增加。根据翅片管换热器的相关理论，加装滴水盘后的阀盖表面换热计算与无滴水盘的阀盖表面传热计算基本相同，区别仅在于传热面积和换热系数是不相同的。故此，根据翅片有效性的定义，加装滴水盘后，阀盖表面的换热系数与无滴水盘时阀盖表面换热系数的关系如下：

$$h_c = h_\infty \left[ \frac{A_b + nA_c\eta_c}{A_0} \right] \tag{4-141}$$

式中　$A_b$——装有滴水盘时阀盖的表面积，$A_b = 2\pi r_1(L - n\delta)$；

$A_c$——滴水盘表面积，$A_c = \pi[2(r_2^2 - r_1^2) + 2\delta r_2]$，忽略末端的面积时，为 $A_c = 2\pi(r_2^2 - r_1^2)$；

$A_0$——无滴水盘时阀盖的表面积，$A_0 = 2\pi r_1 L$；

$n$——滴水盘的安装数量。

即

$$h_c = h_\infty \left[ \frac{r_1(L - n\delta) + (r_2^2 - r_1^2)n\eta_c}{r_1 L} \right] \tag{4-142}$$

根据物理模型，建立方程（4-138）的边界条件为：

$$\begin{cases} r = 0, \dfrac{\partial t}{\partial r} = 0 \\ r = r_1, -\lambda \dfrac{\partial t}{\partial r} = h_c(t - t_\infty) \\ z = 0, t = t_0 \\ z = L, -\lambda \dfrac{\partial t}{\partial r} = h_d(t - t_\infty) \end{cases} \tag{4-143}$$

式中　$t_0$——低温液体温度；

$t$——长颈阀盖温度场。

## 4.16　超低温阀门滴水盘及阀盖结构分析

利用简化后的阀盖温度场，代入相关初值条件就可以对所要研究的对象进行讨论，得出理论分析解，为实例理论计算以及有限元分析提供了理论支持。

### 4.16.1　长颈阀盖长度分析计算

为了防止填料函结冰，要保证填料函温度不小于 0℃，即当 $Z = L$，$r = r_1$，$t = 273\text{K}$ 时，将

$$\Theta = \Theta_f = \frac{t_\infty - 273}{t_\infty - t_0} \tag{4-144}$$

代入式（4-140）得：

$$\Theta(r_1, L) = \frac{2h_c J_0(\rho_1 r_1)}{r_1(\rho_1^2\lambda + h_c)} \times \frac{\rho_1 \text{ch}\left[(L - L_b) + \dfrac{h_d}{\lambda}\text{sh}[\rho_1(L - L_b)\right]}{\rho_1\text{ch}(\rho_1 L) + \dfrac{h_d}{\lambda}\text{sh}(\rho_1 L)} = \frac{t_\infty - 273}{t_\infty - t_0} \tag{4-145}$$

移项整理得：

$$e^{2\rho_1 L}-\frac{4\rho_1\lambda h_c(t_\infty-t_0)(\rho_1\lambda+h_d)^{-1}}{r_1(\rho_1^2\lambda+h_c)(t_\infty-273)}e^{\rho_1 L}+\frac{(\rho_1\lambda-h_d)}{(\rho_1\lambda+h_d)}=0 \tag{4-146}$$

令 $X=e^{\rho_1 L}$ 作变量替换得：

$$X=\frac{\dfrac{4\rho_1\lambda h_c(t_\infty-t_0)}{r_1(\rho^2{}_1\lambda+h_c)(t_\infty-273)}\pm\sqrt{\left[\dfrac{4\rho_1\lambda h_c(t_\infty-t_0)}{r_1(\rho^2{}_1\lambda+h_c)(t_\infty-273)}\right]^2-4[(\rho_1\lambda)^2-h_d^2]}}{2(\rho_1\lambda+h_d)} \tag{4-147}$$

负号在实例计算时将会使得阀盖的长度为负值，故舍去。最终得到满足填料函温度为0℃，长颈阀盖最小长度为：

$$L=\frac{\ln X}{\rho_1} \tag{4-148}$$

式中，$X=\dfrac{\dfrac{4\rho_1\lambda h_c(t_\infty-t_0)}{r_1(\rho^2{}_1\lambda+h_c)(t_\infty-273)}+\sqrt{\left[\dfrac{4\rho_1\lambda h_c(t_\infty-t_0)}{r_1(\rho^2{}_1\lambda+h_c)(t_\infty-273)}\right]^2-4[(\rho_1\lambda)^2-h_d^2]}}{2(\rho_1\lambda+h_d)}$。

## 4.16.2 滴水盘安装高度

滴水盘表面结露后，冷凝水会流入保冷层，加快保冷层的腐蚀和破坏，因此，为了保证滴水盘表面不结露，要求滴水盘表面的温度高于空气中水蒸气的露点温度。根据滴水盘的温度场函数可以看出，滴水盘表面的温度在径向的方向逐渐增高，故此，为了满足这一条件，只需保证滴水盘的基本温度与空气中水蒸气的露点温度 $t_1$ 相等即可，即当 $Z=L_b$、$r=r_1$、$t=t_1$ 时，将 $\Theta=\Theta_b=\dfrac{t_\infty-t_1}{t_\infty-t_0}$ 代入得：

$$\Theta(r_1,L_b)=\frac{2h_cJ_0(\rho_1 r_1)}{r_1(\rho_1^2\lambda+h_c)}\times\frac{\rho_1\mathrm{ch}(L-L_b)+\dfrac{h_d}{\lambda}\mathrm{sh}[\rho_1(L-L_b)]}{\rho_1\mathrm{ch}(\rho_1 L)+\dfrac{h_d}{\lambda}\mathrm{sh}(\rho_1 L)}=\frac{t_\infty-t_1}{t_\infty-t_0} \tag{4-149}$$

移项整理得：

$$e^{2\rho_1(L-L_b)}+\frac{r_1\left[\lambda\rho_1\mathrm{ch}(\rho_1 L)+h_d\mathrm{sh}(\rho_1 L)\right](\rho_1^2\lambda+h_c)(t_\infty-t_1)}{h_c(t_\infty-t_0)(\lambda\rho_1+h_d)}e^{\rho_1(L-L_b)}+\frac{(\lambda\rho_1-h_d)}{(\lambda\rho_1+h_d)}=0 \tag{4-150}$$

令 $Y=e^{\rho_1(L-L_b)}$ 作变量替换得：

$$Y=\frac{r_1[\lambda\rho_1\mathrm{ch}(\rho_1 L)+h_d\mathrm{sh}(\rho_1 L)](\rho_1^2\lambda+h_c)(t_\infty-t_1)}{2h_c(t_\infty-t_0)(\lambda\rho_1+h_d)}\pm\frac{\sqrt{\left\{\dfrac{r_1[\lambda\rho_1\mathrm{ch}(\rho_1 L)+h_d\mathrm{sh}(\rho_1 L)](\rho_1^2\lambda+h_c)(t_\infty-t_1)}{h_c(t_\infty-t_0)}\right\}^2-4[(\lambda\rho_1)^2-h_d^2]}}{2(\lambda\rho_1+h_d)} \tag{4-151}$$

其中，负号在实例计算中将会使得滴水盘的安装位置高于阀盖的最小长度，与实际不符，故舍去。最终得到满足滴水盘表面不结露条件时，滴水盘在阀盖上的安装位置为：

$$L_b = L - \frac{\ln Y}{\rho_1} \tag{4-152}$$

式中

$$Y = \frac{r_1(\rho_1^2\lambda + h_c)(t_\infty - t_1)\left[\rho_1\lambda \mathrm{ch}(\rho_1 L) + h_d \mathrm{sh}(\rho_1 L)\right]}{2h_c(t_\infty - t_0)(\rho_1\lambda + h_d)} + \frac{\sqrt{\left\{\dfrac{r_1(\rho_1^2\lambda + h_c)(t_\infty - t_1)[\rho_1\lambda \mathrm{ch}(\rho_1 L) + h_d \mathrm{sh}(\rho_1 L)]}{h_c(t_\infty - t_0)}\right\}^2 - 4[(\rho_1\lambda)^2 - h_d^2]}}{2(\rho_1\lambda + h_d)} \tag{4-153}$$

## 4.16.3　无滴水盘时长颈阀盖最小长度

超低温阀门长颈阀盖安装滴水盘后，表面换热量增加，阀盖的温度梯度变大，即与未安装滴水盘的阀盖相比，相同条件下，安装滴水盘后的阀盖在满足填料函温度为 0℃时，阀盖的最小长度将会缩短。为此，对未加装滴水盘的长颈阀盖温度场进行计算，根据柱坐标下的傅里叶导热微分方程得阀盖导热微分方程为：

$$\frac{\partial^2\Theta_n}{\partial r^2} + \frac{1}{r}\times\frac{\partial\Theta_n}{\partial r} + \frac{\partial^2\Theta_n}{\partial z^2} = 0 \tag{4-154}$$

边界条件为：

$$\begin{cases} r = 0, \dfrac{\partial\Theta_n}{\partial r} = 0 \\ r = r_1, \lambda\dfrac{\partial\Theta_n}{\partial r} = h_\infty\Theta_n \\ z = 0, \Theta_n = 1 \\ z = L_n, \lambda\dfrac{\partial\Theta_n}{\partial r} = h_d\Theta_n \end{cases} \tag{4-155}$$

式中　$\Theta_n$ ——无滴水盘时长颈阀盖无量纲过余温度场；

$L_n$ ——无滴水盘时阀盖法兰下端面到填料函底部的距离。

同理，利用分离变量的方法，结合贝塞尔函数的性质，解得未安装滴水盘的长颈阀盖温度场为：

$$\Theta(r,z) = \sum_{m=1}^{\infty}\frac{2h_\infty J_0(\mu_m r)}{r_1(\mu_m\lambda + h_\infty)J_0(\mu_m r_1)}\times\frac{\mu_m \mathrm{ch}[\mu_m(L_n - z)] + \dfrac{h_d}{\lambda}\mathrm{sh}\mu_m(L_n - z)}{\left[\mu_m \mathrm{ch}(\mu_m L_n) + \dfrac{h_d}{\lambda}\mathrm{sh}\mu_m(\mu_m L_n)\right]} \tag{4-156}$$

对温度场函数进行简化，在保证填料函的温度为 0℃时，未安装滴水盘的长颈阀盖最小长度为：

$$L_n = \frac{\ln N}{\mu_1} \tag{4-157}$$

式中
$$N=\frac{\frac{4\mu_1\lambda h_\infty(t_\infty-t_0)}{r_1(\mu_1^2\lambda+h_\infty)(t_\infty-273)}+\sqrt{\left[\frac{4\mu_1\lambda h_\infty(t_\infty-t_0)}{r_1(\mu_1^2\lambda+h_\infty)(t_\infty-273)}\right]^2-4[(\mu_1\lambda)^2-h_d^2]}}{2(\mu_1\lambda+h_d)} \quad (4\text{-}158)$$

其中本征值 $\mu_1$ 为：

$$\mu_1=\sqrt{\frac{2h_\infty}{\lambda r_1}} \quad (4\text{-}159)$$

将式（4-157）与式（4-152）相减，就得到了保证填料函为 0℃时，安装滴水盘后，长颈阀盖的最小长度缩短量为：$\Delta L=L_n-L$。

## 4.17 绝热材料的特性与绝热计算

在低温工程中，所有管道和设备中的介质都是低于环境温度的，为尽可能减少将低温介质的冷量传递给周围环境，以维持低温装置的稳定和经济运行，就必须进行低温绝热（又称低温保冷）。

### 4.17.1 低温绝热的计算

低温绝热工程的计算是通过计算以确定保冷层厚度、冷损失量、保冷层的表面温度以及确定低温保冷的冷收缩量等。在确定保冷层厚度时，其计算的原则是使计算所求得的厚度，应能保证保冷层外表面的温度不低于当地气象条件下的露点温度，以保证保冷层外表面不会结露。

#### 4.17.1.1 气象资料的确定

在低温保冷计算中，周围空气的计算温度应采用最热月平均温度和与该月相对应的相对湿度，并据此确定露点温度。最热月平均温度和最热月平均相对湿度，可根据当地历年气象资料进行整理计算。

#### 4.17.1.2 根据防结露要求计算保冷层厚度

根据防结露要求计算外径小于或等于 1000mm 的设备和管道的保冷层厚度（$\delta$）。

$$\ln\frac{d_2}{d_1}=\frac{2\lambda}{\alpha}\times\frac{t_\infty-t_1}{t_2-t_3} \quad (4\text{-}160)$$

$$\delta=\frac{d_2-d_1}{2} \quad (4\text{-}161)$$

式中 $\delta$——保冷层厚度，m；

$\lambda$——绝热材料的热导率，kcal/(m·h·℃)（由于绝热材料的热导率随温度而变，故在选取材料的热导率时，应根据材料的工作温度加以修正。如某材料的热导率方程式为：$\lambda=\lambda_0+0.00012t_p$，$\lambda_0$ 为绝热材料在 0℃时的热导率；$t_p$ 为材料在低温装置工作时的平均温度，取 $t_p=\frac{t_1+t_3}{2}$）；

$\alpha$——保冷层外表面对空气的给热系数，取（$\alpha=7\text{kcal}/(\text{m}^2\cdot\text{h}\cdot℃)$=7kcal/m）；

$t_1$——介质温度，℃；

$t_2$——周围空气温度，℃；

$t_3$——保冷层表面温度，℃；

$d_1$——管道的外径尺寸，m；

$d_2$——管道的保冷层外径尺寸，m。

4.17.1.3 冷损失量的计算

当保冷层厚度已确定后，可利用式（4-162）计算外径小于或等于 1000mm 的设备和管道的冷损失量（$q_g$）：

$$q_g = \frac{t_2 - t_1}{\frac{1}{\alpha_1 \pi d_1} + \frac{1}{2\pi\lambda}\ln\frac{d_2}{\alpha_1} + \frac{1}{\alpha_2 \pi d_2}} \quad (4\text{-}162)$$

式中 $\alpha_1$——介质至金属壁的给热系数，kcal/(m$^2$・h・℃；)

$\alpha_2$——保冷层外表面对空气的给热系数，kcal/(m$^2$・h・℃)。

在实际计算时，式（4-162）中$1/(\alpha_1 \pi d_1) = R_{g1}$，$\frac{1}{\alpha_1}$=$R_{p1}$可忽略不计；$\lambda$、$t_1$、$t_2$、$d_1$、$d_2$、$\delta$与式（4-160）相同，$\alpha_2$即为式（4-160）中的$\alpha$。

4.17.1.4 根据最大允许冷损失量计算保冷层厚度

根据最大允许冷损失量计算外径小于或等于 1000mm 的设备和管道的保冷层厚度（$\delta_g$）：

$$\ln\frac{d_2}{d_1} = 2\pi\lambda\left[\frac{t_2 - t_1}{q_g} + \left(\frac{1}{\pi d_1 \alpha_1} + \frac{1}{\pi d_2 \alpha_2}\right)\right] \quad (4\text{-}163)$$

按自然对数表确定$\frac{d_2}{d_1}$后，求得保冷层厚度：

$$\delta_g = \frac{d_2}{2}\left(\frac{d_2}{d_1} - 1\right) \quad (4\text{-}164)$$

在实际计算时，式（4-163）中$1/(\pi d_1 \alpha_1)$可忽略不计；式中$\lambda$、$t_1$、$t_2$、$d_1$、$d_2$与式（4-160）相同，$\alpha_2$即为式（4-160）中的$\alpha$，$q_g(q_p)$为允许冷损失量。在计算时，解公式（4-163），可按表 4-9 查出$R_{g2} = 1/(\pi d_1 \alpha_1)$，或$R_{p2} = 1/\alpha_2$近似值进行计算，使计算过程大为简化。

**表 4-9 $R_{g2}$、$R_{p2}$ 的近似值**

| 公称直径/mm | 25 | 32 | 40 | 50 | 100 | 125 | 150 | 200 | 250 |
|---|---|---|---|---|---|---|---|---|---|
| 数值 | 0.35 | 0.32 | 0.03 | 0.23 | 0.18 | 0.15 | 0.12 | 0.10 | 0.09 |
| 公称直径/mm | 300 | 350 | 400 | 500 | 600 | 700 | 800 | 900 | 1000 |
| 数值 | 0.08 | 0.07 | 0.06 | 0.05 | 0.042 | 0.038 | 0.034 | 0.030 | 0.027 |

4.17.1.5 根据保冷层厚度计算保冷层表面温度（$t_3$）

根据保冷层厚度计算外径小于或等于 1000mm 的设备和管道保冷层表面温度（$t_3$）：

$$\frac{t_3 - t_1}{t_2 - t_3} = \frac{\alpha d_2}{2\lambda}\ln\frac{d_2}{d_1} \quad (4\text{-}165)$$

得

$$t_3 = \frac{t_1 + \frac{\alpha d_2}{2\lambda}\ln\frac{d_2}{d_1}t_2}{1 + \frac{\alpha d_2}{2\lambda}\ln\frac{d_2}{d_1}} \tag{4-166}$$

## 4.17.2 低温保冷的冷收缩

在低温保冷时，由于保冷材料和被保冷物体的线膨胀系数不同，需分别计算其收缩量。每米管道（或绝热材料）在低温下的收缩量，可按式（4-167）计算。

$$\Delta l = \alpha l_1 (t_1 - t_2) \tag{4-167}$$

式中 $\alpha$ ——物体的线膨胀系数，1/℃；

$l_1$ ——管道（或绝热材料）在常温时的长度，mm；

$t_1$ ——常温（取 20℃）；

$t_2$ ——管道（或绝热材料）的平均温度，℃。

### 参考文献

[1] 沈阳高中压阀门厂. 阀门制造工艺 [M]. 北京：机械工业出版社，1984.
[2] 英汉阀门工程词汇编辑委员会. 英汉阀门工程词汇 [M]. 北京：北京科技出版社，1989.
[3] 杨源泉. 阀门设计手册 [M]. 北京：机械工业出版社，2000.
[4] 孙晓霞. 实用阀门技术问答 [M]. 北京：中国标准出版社，2001.
[5] 陆培文. 实用阀门设计手册 [M]. 北京：机械工业出版社，2002.
[6] 冠国清. 电动阀门选用手册 [M]. 北京：天津科学技术出版社，1997.
[7] 陆培文. 阀门选用手册 [M]. 北京：机械工业出版社，2001.
[8] 陆培文. 国内外阀门新结构 [M]. 北京：中国标准出版社，1997.
[9] 陆培文. 阀门设计计算手册. 北京：中国标准出版社，1993
[10] 杨源泉. 阀门设计手册 [M]. 北京：机械工业出版社，2000
[11] 冯力耕，桑兆庚. 通用阀门法兰和对焊连接钢制闸阀 [M]. 中国机械工业联合会，2011.
[12] 陆培文. 实用阀门设计手册（第二版）[M]. 北京：机械工业出版社，2007.
[13] 吴宗泽. 机械设计课程设计手册（第四版）[M]. 北京：高等教育出版社，2012.
[14] 孙本绪，熊万武. 机械加工余量手册 [M]. 北京：国防工业出版社，1999.
[15] 高能阀门集团有限公司. 法兰连接闸阀说明书 [S]. 高能阀门集团，2013.
[16] 陈国顺. 阀门承压件最小壁厚计算式的分析与应用 [R]. 永嘉县科技开发服务中心，2010.
[17] 杨恒，金成波. 阀门壳体最小壁厚尺寸要求规范 [M]. 中国机械工业联合会，2011.
[18] 周光万，唐克岩，高红莲. 机械制造工艺学 [M]. 西安：西安交通大学出版社，2012.
[19] 刘品，陈军. 机械精度设计与检测基础 [M]. 哈尔滨：哈尔滨工业大学出版社，2011.
[20] 张周卫，汪雅红，张小卫等. LNG 闸阀. 2014100577593 [P]，2014-02-20.

# 第5章 LNG截止阀设计计算

超低温截止阀是指关闭件（阀瓣）沿阀座中心线移动的阀门。根据阀瓣的这种移动形式，阀座通口的变化是与阀瓣行程成正比例关系。由于该类型阀门的阀杆开启或关闭行程相对较短，而且具有非常可靠的切断功能，又由于阀座通口变化与阀瓣行程的正比例关系，使得其非常适合于对流量的调节。因此，这种类型的阀门非常适合作为切断或调节以及节流使用。阀门计算时，通常采用有限元计算法，但一般企业也常采用传统公式法。本设计也采用设计手册中的传统公式，且边叙述边采用公式计算，本截止阀采用阀盖与阀体一体化设计，其中法兰及壁厚与阀体相同。截止阀结构图如图5-1所示。

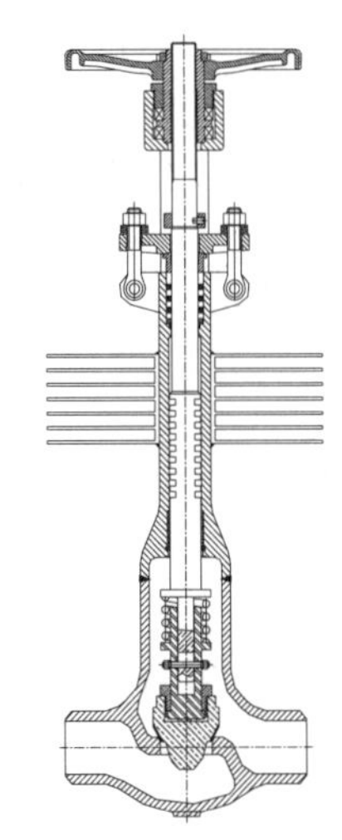

图5-1 截止阀结构图

## 5.1 阀体壁厚计算及校核

由于设计温度为-162℃，考虑到热胀冷缩等的影响，低压小口径阀门阀体材料选用12Cr18Ni9Ti。

### 5.1.1 阀门的流量

一般管道中水的流速，为防止产生过大的水锤，常取2～3m/s，此处取$v=2.5$m/s设计给定流量为3200m$^3$/d，即133.3m$^3$/h。

计算公式为：

$$Q=\frac{Av}{3600} \tag{5-1}$$

$$A=\frac{\pi D^2}{4} \tag{5-2}$$

将数据代入公式可得

$$D=\sqrt{\frac{133.3\times 4}{3600\times 2.5\times \pi}}=0.137\text{m}$$

故选取阀体的公称通径为 150mm。

### 5.1.2　钢圆形阀体

壁厚计算式：

$$S_B=\frac{pD_m}{2.3[\sigma_L]-p}+C \tag{5-3}$$

式中　$S_B$——计算厚度，mm；

$p$——计算压力，MPa，设计给定为 4.6MPa；

$D_m$——计算内径，mm；

$C$——附加裕量，mm，见《截止阀设计技术及图册》表 2-1，如表 5-1 所列；

$[\sigma_L]$——许用拉应力，MPa，见《截止阀设计技术及图册》表 2-2。

### 5.1.3　铸铁圆形阀体

壁厚计算式：

$$S_B=\frac{1.5pD_m}{2[\sigma_L]-p}+C \tag{5-4}$$

式（5-4）中，实际厚度 $S_B>S_B'$，此阀体合格。

本次计算选择美国国家标准 ANSI B16.34《阀门法兰连接和对焊连接》附录 G 中关于壁厚的计算公式：

$$t=1.5\frac{K_1(DN)(PN)}{2S-1.2K_1(PN)} \tag{5-5}$$

式中　$t$——阀体计算壁厚（未考虑附加裕量），mm；

$DN$——公称通径或口径，mm；

$PN$——公称压力，MPa，设计给定 4.6MPa；

$K_1$——壁厚系数，$PN$=2.0MPa 时，$K_1$=1.3；$PN$>5.0MPa 时，$K_1$=1.0；

$S$——阀体材料的许用应力，MPa，$S$=118MPa。

根据式（5-5）可得阀体计算壁厚

$$t=1.5\times\frac{1\times 150\times 4.6}{2\times 118-1.2\times 1\times 4.6}=4.5\text{mm}$$

表 5-1　附加裕量　　单位：mm

| $S_B$ | $C$ | $S_B$ | $C$ |
|---|---|---|---|
| <5 | 5 | 21～30 | 2 |
| 6～10 | 4 | >30 | 1 |
| 11～20 | 3 | | |

管路附件压力-温度额定值是根据材料相应温度下的许用压力而制定的，故不进行低温核算，且 ANSI B16.34 阀体最小壁厚表中所列出的尺寸，是按此公式的计算值再增加附加裕量 3mm 列出的。故得计算壁厚 $t'=4.5+3=7.5\text{mm}$ 。

实际厚度 $S_B = 13$，且 $S_B \geqslant S'_B$，故合格。

## 5.2　法兰的设计计算

### 5.2.1　确定法兰形式和密封面形式

本设计拟采用带颈对焊法兰连接，密封面形式为凹凸面，为保证-162℃下密封性能良好，材料选用奥氏不锈钢。

### 5.2.2　垫片材料、形式及尺寸

设计温度高于-196℃，低温最高使用压力为 5MPa 时，可采用不锈钢带石棉缠绕式垫片、不锈钢带聚四氟乙烯缠绕式垫片或不锈钢带膨胀石墨缠绕式垫片。此处采用不锈钢带石棉缠绕式垫片。特此强调，所有低温材料部件在精加工之前必须进行深冷处理以减小低温阀门在低温工况下的收缩变形。

查《阀门设计手册》（杨源泉主编）中表 4-18 可知垫片系数 $m$ 和比压 $y$ 分别为 3MPa 和 69MPa，且垫片接触宽度 $N = 22\text{mm}$，基本密封宽度为 $b_0 = N/2 = 11\text{mm}$。

故垫片的有效密封宽度为：

当 $b_0 \geqslant 6.4\text{mm}$ 时

$$b = 2.53\sqrt{b_0} = 2.53 \times \sqrt{11} = 8.5\text{mm}$$

垫片压紧力作用中心圆直径计算为：

当 $b_0 \geqslant 6.4\text{mm}$ 时

$$D_G = D_1 - 2b = 138 - 2 \times 8.5 = 121\text{mm}$$

式中　$D_1$——垫片接触面外直径，mm。

垫片压紧力的计算：

（1）预紧状态下需要的最小垫片压紧力

$$F_G = 3.14 D_G b y \tag{5-6}$$

将数据代入可得：

$$F_G = 3.14 \times 121 \times 8.5 \times 69 = 222835\text{N}$$

（2）操作状态下需要的最小垫片压紧力

$$F_p = 6.28 D_G b m p \tag{5-7}$$

将数据代入可得：

$$F_p = 6.28 \times 121 \times 8.5 \times 3 \times 4.6 = 89134\text{N}$$

（3）垫片在预紧状态下受到最大螺栓载荷的作用，可能因压紧过度而失去密封性，为此要求垫片须有足够的宽度，其值按式（5-8）校核

$$N_{\min} = \frac{A_b[\sigma]_b}{6.28 D_G y} < N \tag{5-8}$$

则 $N_{\min}=\dfrac{3389\times102.9}{6.28\times121\times69}$=6.7mm $<N=22$mm，故合格。

## 5.2.3 螺栓材料、规格及数量的确定

5.2.3.1 螺栓材料的选择

温度低于-100℃时，螺栓材料可采用奥氏体不锈钢。螺母材料一般采用 Mo 钢或 Ni 钢，同时螺纹表面涂二硫化钼。

5.2.3.2 螺栓的间距

螺栓的最小间距应满足扳手操作空间的要求，推荐的螺栓嘴角间距 $\overline{S}$ 和法兰的径向尺寸 $S_e$、$S$ 均可由《阀门设计手册》查得，设计给定螺栓数目为 $n=4$，名义直径为 $\overline{S}$，故查表可知 $S=30$mm，$S_e=20$mm，$S'=46$mm。

（1）螺栓的最大间距

$$\overset{\text{r}}{S}=2d_B+\frac{6\delta_f}{m+0.5} \tag{5-9}$$

计算得

$$\overset{\text{r}}{S}=2\times20+\frac{6\times39.2}{3+0.5}=107.2\text{mm}$$

（2）操作状态下需要的最小螺栓载荷

$$W_p=F+F_p \tag{5-10}$$

式中 $F$ ——流体静压总轴向力，N，$F=0.785D_G^2PN$；

$D_G$ ——垫片压紧力圆直径，mm，$D_G=121$mm；

$PN$——设计压力，MPa，M 为作用中心，设计压力为 4.6MPa。

计算得

$$F=0.785\times121^2\times4.6=52868.7\text{N}$$

$F_p$ 为操作状态下，需要的最小垫片压紧力，$F_p=89134$N。

所以

$$W_p=F+F_p=52868.7+89134=142002.7\text{N}$$

（3）设计的螺栓拉应力

$$\sigma_{bl}=\frac{F_p}{A_b} \tag{5-11}$$

式中 $\sigma_{bl}$ ——设计的螺栓拉应力，MPa；

$A_b$ ——实际螺栓面积，mm²。

$$A_b=\frac{\pi}{4}\times4\times(20-1.5)^2=1074.67\text{mm}^2$$

故

$$\sigma_{bl}=\frac{89134}{1074.67}=82.9\text{MPa}$$

而设计温度下螺栓材料的许用应力可由查表得知

$$[\sigma]_{b}^{-162}=156\text{MPa}$$

显然 $\sigma_{bl} \leqslant [\sigma]_{b}^{-162}$，所以螺栓强度符合要求。

## 5.2.4　法兰颈部尺寸、法兰宽度和厚度尺寸

### 5.2.4.1　法兰操作力矩

计算公式如式（5-12）所示：

$$M_p = F_D S_D + F_T S_T + F_G S_G \tag{5-12}$$

式中　$F_D$——作用于法兰中腔内径截面上的流体静压轴向力，N；

$$F_D = 0.785 D_i^2 PN \tag{5-13}$$

$D_i$——法兰中腔内直径，mm，$D_i = 116\text{mm}$（设计给定）；

计算得

$$F_D = 0.785 \times 116^2 \times 4.6 = 48589.6\text{N}$$

$S_D$——螺栓中心至 $F_D$ 作用位置处的径向距离，$S_D = 22.3\text{mm}$（设计给定）；

$F_T$——流体静压总轴向力与作用于法兰中腔内径截面上的流体静压轴向力之差，N；

$$F_T = F - F_D = 56421.9 - 48589.6 = 7832.3\text{N}$$

$S_T$——螺栓中心至作用位置的径向距离，mm；

$$S_T = \frac{S + \delta_1 + S_G}{2} \tag{5-14}$$

$S$——螺栓中心至法兰颈部与背面交点的径向距离，$S = 12.5\text{mm}$（设计给定）；

$\delta_1$——法兰颈部大端有效厚度，$\delta_1 = 17.5\ \text{mm}$（设计给定）；

$S_G$——螺栓中心至 $F_G$ 作用位置处的径向距离，$S_G = 25\text{mm}$（设计给定）；

计算得

$$S_T = \frac{12.5 + 17.5 + 25}{2} = 27.5\text{mm}$$

$F_G$——法兰垫片压紧力，N，$F_G = F_p = 89134\text{N}$。

则有

$$M_p = 48589.6 \times 22.3 + 7832.3 \times 27.5 + 89134 \times 25 = 3.53 \times 10^6\ \text{N} \cdot \text{mm}$$

### 5.2.4.2　预紧状态下螺柱所受载荷

预紧状态下螺柱所受载荷按公式（5-15）计算：

$$W_a = \pi b D_G y \tag{5-15}$$

式中　$y$——垫片比压，MPa。

$$W_a = \pi \times 8.5 \times 121 \times 69 = 222834.8\text{N}$$

### 5.2.4.3　螺栓面积

（1）预紧状态下最小螺栓面积 $A_a$

$$A_a = \frac{W_a}{[\sigma]_b} \tag{5-16}$$

式中　$[\sigma]_b$ ——常温下螺栓材料的许用应力，MPa，$[\sigma]_b = 230\text{MPa}$（查表知）。

计算得

$$A_a = \frac{222834.8}{230} = 968.8\text{mm}^2$$

（2）操作状态下需要的最小螺栓面积 $A_p$

$$A_p = \frac{W_p}{[\sigma]_b^{-162}} \tag{5-17}$$

式中　$A_p$ ——操作状态下需要的最小螺栓面积，$\text{mm}^2$；

$[\sigma]_b^{-162}$ ——法兰在−162℃下的螺栓材料的许用应力，$[\sigma]_b^{-162}=156\text{MPa}$。

计算得

$$A_p = \frac{142002.7}{156} = 910.3\text{mm}^2$$

（3）需要的螺栓面积 $A_m$

$$A_m = \max(A_a, A_p) \tag{5-18}$$

显然

$$A_m = A_p = 968.8\text{mm}^2$$

（4）设计时给定螺栓总截面积 $A_b$

$$A_b = \frac{\pi}{4} n d_{\min}^2 = \frac{\pi}{4} \times 4 \times (20 - 1.5)^2 = 1074.7\text{mm}^2 \tag{5-19}$$

因 $A_b > A_m$，所以选用螺栓强度合格。

（5）预紧状态下螺栓设计载荷 $W$

$$W = \frac{A_m + A_b}{2}[\sigma]_b \tag{5-20}$$

计算得

$$W = \frac{968.8 + 1074.7}{2} \times 230 = 234260.8\text{N}$$

（6）法兰预紧力矩 $M_a$

$$M_a = W S_G \tag{5-21}$$

计算得

$$M_a = 234260.8 \times 25 = 5856520\text{N} \cdot \text{mm}$$

（7）法兰设计力矩 $M_0$ 计算

$$M_0 = \max\left(M_a \frac{[\sigma]_f^{-162}}{[\sigma]_f}, M_p\right) \tag{5-22}$$

式中　$[\sigma]_f^{-162}$ ——−162℃下法兰材料的许用应力，MPa，$[\sigma]_f^{-162}$=122.5MPa （查表知）;

$[\sigma]_f$ ——常温下法兰材料的许用应力，MPa，$[\sigma]_f=102.9$MPa （查表知）。

其中

$$M_a\frac{[\sigma]_f^{-162}}{[\sigma]_f}=\frac{5856520\times 122.5}{102.9}=6972047.6\text{N}\bullet\text{mm}$$

所以 $M_0=6972047.6\text{N}\bullet\text{mm}$

（8）法兰应力计算

① 轴向应力 $\sigma_H$ 按式（5-23）计算

$$\sigma_H=\frac{fM_0}{\lambda\delta_1^2 D_i} \tag{5-23}$$

式中　$f$ ——整体法兰颈部应力校正系数，$f=1$（查表计算）;

$\lambda$ ——参数，$\lambda=2$（查表计算）;

$\delta_1$ ——法兰颈部大端有效厚度，$\delta_1$=17.5mm（设计给定）。

代入数据得

$$\sigma_H=\frac{1\times 6972047.6}{2\times 17.5^2\times 116}=98.13\text{MPa}$$

② 径向应力 $\sigma_R$ 按式（5-24）计算

$$\sigma_R=\frac{(1.33\delta_f e+1)M_0}{\lambda\delta_f^2 D_i} \tag{5-24}$$

式中　$\delta_f$ ——法兰有效厚度，$\delta_f$=25mm（设计给定）;

$e$ ——参数，$e=0.0028$（查表计算）

代入数据得

$$\sigma_R=\frac{(1.33\times 25\times 0.0028+1)\times 6972047.6}{2\times 25^2\times 116}=52.6\text{MPa}$$

③ 切向应力 $\sigma_T$ 按式（5-25）计算

$$\sigma_T=\frac{YM_0}{\delta_f^2 D_i}-Z\sigma_R \tag{5-25}$$

式中　$Y$、$Z$——系数，查表得 $Y=3.2$，$Z=4.48$。

代入数据得

$$\sigma_T=\frac{3.2\times 6972047.6}{25^2\times 116}-4.48\times 52.6=72.1\text{MPa}$$

（9）应力校核

$$\sigma_H=98.13\text{MPa}<1.5[\sigma]_f^{-162}=1.5\times 122.5=183.8\text{MPa}$$

$$\sigma_R=52.6\text{MPa}<[\sigma]_f^{-162}=122.5\text{MPa}$$

$$\sigma_T=72.1\text{MPa}<[\sigma]_f^{-162}=122.5\text{MPa}$$

$$\frac{\sigma_H+\sigma_T}{2}=\frac{98.13+72.1}{2}=85.1\text{MPa}<[\sigma]_f^{-162}=122.5\text{MPa}$$

$$\frac{\sigma_H + \sigma_R}{2} = \frac{98.13 + 52.6}{2} = 75.4\text{MPa} < [\sigma]_f^{-162} = 122.5\text{MPa}$$

故法兰强度满足要求。

## 5.3 低温中压截止阀中法兰自紧密封计算

阀盖和楔形密封垫之间按线接触密封设计，楔形密封垫的外锥面上开有 12 条环形沟槽，楔形密封垫的锥角分别为：$\alpha = 30^\circ \sim 35^\circ$，$\beta = 5^\circ$，$\gamma = 5^\circ \sim 10^\circ$。

### 5.3.1 载荷计算

内压引起的总轴向力为：

$$F = \frac{\pi}{4} D_c^2 p \tag{5-26}$$

计算可得

$$F = \frac{\pi}{4} \times 150^2 \times 4.6 = 81247.5\text{N}$$

式中　$F$ ——内压引起的轴向力，N；

$D_c$ ——密封接触圆直径，mm；

$p$ ——设计压力，MPa。

预紧状态时，楔形密封垫密封的轴向分力，即预紧螺栓的载荷为：

$$F_a = \pi D q_1 \frac{\sin(\alpha + \rho)}{\cos \rho} \tag{5-27}$$

代入数据得

$$F_a = \pi \times 80 \times 200 \times \frac{\sin(3.02^\circ + 8^\circ 30')}{\cos 8^\circ 30'} = 10301.2\text{N}$$

式中　$F_a$ ——楔形密封垫密封力的轴向分力，N；

$q_1$ ——线密封比压，对碳素钢、低合金钢取 $q_1 = 200300\text{N/mm}$；

$\rho$ ——摩擦角，钢与钢接 $\rho = 8^\circ 30'$。

### 5.3.2 支承环的设计计算

支承环结构如图 5-2 所示。

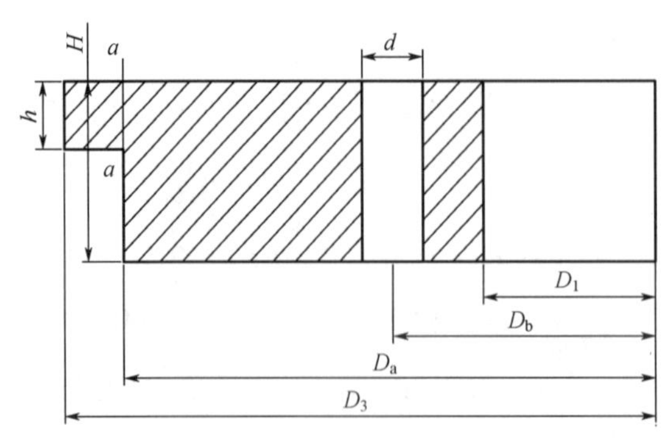


图 5-2　支承环

支承环结构尺寸确定后，需对作用于纵向截面的弯曲应力和 $a$—$a$ 环向截面的当量应力进行强度校核。

纵向截面的弯曲应力校核：

$$\sigma_{ma} = \frac{3F_a(D_a - D_b)}{3.14 \times (D_3 - D_1 - 2d_k)\delta^2} \leqslant 0.9[\sigma]_t \tag{5-28}$$

式中　$\sigma_{ma}$ ——弯曲应力，MPa；

$D_a$ ——$a$—$a$ 截面的直径，mm；

$D_b$ ——螺栓孔中心圆直径，mm；

$D_3$ ——支承环外径，mm；

$D_1$ ——支承环内径，mm；

$d_k$ ——螺栓孔直径，mm；

$\delta$ ——支承环厚度，mm。

代入数据得

$$\sigma_{ma} = \frac{3 \times 10301.2 \times (60-48)}{3.14 \times (150-48-2\times 12) \times 4^2} = 136.9 \leqslant 0.9[\sigma]_t = 0.9 \times 156 = 140.4\text{MPa}$$

$a$—$a$ 环向截面的当量应力校核：

$$\sigma_0 = \sqrt{\sigma_{ma}^2 + 3\tau_a^2} \leqslant 0.9[\sigma]_t \tag{5-29}$$

式中　$\sigma_0$ ——当量应力，MPa；

$\sigma_{ma}$ ——$a$—$a$ 环向截面的弯曲应力，MPa；

$\tau_a$ ——$a$—$a$ 环向截面的切应力，MPa。

$$\sigma_{ma} = \frac{3F_a(D_a - D_b)}{\pi D_a h^2} \tag{5-30}$$

经计算得

$$\sigma_{ma} = \frac{3 \times 10301.2 \times (142-60)}{\pi \times 142 \times 16^2} = 22.2\text{MPa}$$

$$\tau_a = \frac{F_a}{\pi D_a h} \tag{5-31}$$

经计算得

$$\tau_a = \frac{10301.2}{\pi \times 142 \times 16} = 1.44\text{ MPa}$$

当量应力为：

$$\sigma_0 = \sqrt{22.2^2 + 3 \times 1.44^2} = 22.3\text{MPa}$$

显然

$$\sigma_0 \leqslant 0.9[\sigma]_t = 0.9 \times 61.25 = 55.1\text{MPa}$$

### 5.3.3　四合环的设计计算

四合环由四块元件组成，每块元件均有一个径向螺孔，计算时视为一个圆环。

对作用于 a—a 环向截面的切应力校核：

$$\tau_a = \frac{F + F_a}{\pi D_a h - \frac{\pi}{4} n d_k^2} \leqslant 0.9[\sigma_t] \tag{5-32}$$

式中 $D_a$——a—a 截面直径，mm；

$d_k$——拉紧螺栓孔直径，mm；

$n$——拉紧螺栓数量；

$h$——厚度，mm。

代入数据得

$$\tau_a = \frac{81247.5 + 10301.2}{3.14 \times 60 \times 16 - \frac{3.14}{4} \times 4 \times 12^2} = 75.9 \leqslant 0.9[\sigma_t] = 140.4\text{MPa}$$

## 5.3.4 预紧螺栓的设计计算

预紧螺栓光杆部分直径计算：

$$d_0 = \sqrt{\frac{4F_a}{\pi[\sigma_b]n}} \tag{5-33}$$

式中 $d_0$——预紧螺栓光杆部分直径，mm；

$[\sigma_b]$——常温下螺栓材料的许用应力，MPa；

$n$——螺栓数量。

经计算得

$$d_0 = \sqrt{\frac{4 \times 10301.2}{\pi \times 156 \times 4}} = 4.6\text{mm}$$

## 5.3.5 阀盖的设计计算

阀盖的结构尺寸确定后，对作用于纵向截面的弯曲应力和 a—a 环向截面的当量应力进行强度校核。

（1）纵向截面的弯曲应力校核

$$\sigma_m = \frac{M}{Z} \leqslant 0.7[\sigma_t] \tag{5-34}$$

式中 $M$——纵向截面的弯矩，N • mm；

$Z$——纵向截面抗弯截面系数，$\text{mm}^3$。

$M$ 按式（5-35）计算：

$$M = \frac{1}{2\pi}\left[\left(D - \frac{2}{3}D_c\right)F + (D_c - D_b)F_a\right] \tag{5-35}$$

经计算得

$$M = \frac{1}{2 \times 3.14} \times \left[\left(80 - 150 \times \frac{2}{3}\right) \times 81247.5 + (150 - 60) \times 10301.2\right] = 147625\text{N} \cdot \text{mm}$$

$Z$ 按下述方法确定：

$$当 Z \geqslant \frac{\delta}{2} 时，Z = \frac{D_c}{Z_c}$$

$$当 Z < \frac{\delta}{2} 时，Z = \frac{D_c}{\delta - Z_c}$$

经计算可得

$$Z = \frac{387830.3}{54} = 7182\text{mm}$$

式中　$Z_c$ ——纵向截面形心离截面最外端距离，mm；

$\delta$ ——阀盖高度，mm；

$D_c$ ——密封接触圆直径，mm。

代入数据得

$$\sigma_m = \frac{M}{Z} = \frac{147625}{7182} = 20.6\text{MPa} \leqslant 0.7[\sigma_t] = 109.2\text{MPa}$$

（2）$a$—$a$ 环向截面的当量应力校核

$$\sigma_0 = \sqrt{\sigma_{ma}^2 + 3\tau_a^2} \leqslant 0.7[\sigma_t] \tag{5-36}$$

式中　$\sigma_{ma}$ ——弯曲应力，MPa；

$\tau_a$ ——切应力，MPa。

经计算得

$$\sigma_0 = \sqrt{95^2 + 3 \times 1.44^2} = 95.1\text{MPa}$$

$\sigma_{ma}$ 按式（5-37）计算：

$$\sigma_{ma} = \frac{6(F + F_a)L}{\pi D_5 l^2 \sin\alpha} \tag{5-37}$$

经计算得

$$\sigma_{ma} = \frac{6 \times (81247.5 + 10301.2) \times 72}{\pi \times 128 \times 150^2 \sin 3.02^\circ} = 83\text{MPa}$$

其中

$$D_5 = D_6 - \frac{h}{\tan\alpha} = 128\text{mm}$$

式中　$D_5$ ——a—a 环向截面的平均直径，mm。

$\tau_a$ 按式（5-38）计算：

$$\tau_a = \frac{F + F_a}{\pi D_5 l \sin\alpha} \tag{5-38}$$

代入数据可得

$$\tau_a = \frac{81247.5 + 10301.2}{\pi \times 128 \times 150 \times \sin 3.02^\circ} = 28.8\text{MPa}$$

### 5.3.6 阀体顶部的设计计算

阀体顶部的结构尺寸确定后，需对作用于 $a$—$a$ 和 $b$—$b$ 环向截面的当量应力进行强度校核。

（1）$a$—$a$ 环向截面的当量应力校核

$$\sigma_{oa}=\sigma_a+\sigma_{ma}\leqslant 0.9[\sigma_t] \tag{5-39}$$

代入数据得

$$\sigma_{oa}=95.1+28.8=123.9\text{MPa}\leqslant 0.9[\sigma_t]=140.4\text{MPa}$$

式中 $\sigma_{oa}$ ——$a$—$a$ 环向截面的当量应力，MPa；

$\sigma_a$ ——拉应力，MPa；

$\sigma_{ma}$ ——弯曲应力，MPa。

$\sigma_{ma}$ 按式（5-40）计算：

$$\sigma_a=\frac{4(F+F_a)}{\pi(D_0^2-D_7^2)} \tag{5-40}$$

式中 $D_0$ ——外直径，mm；

$D_7$ ——直径，mm。

经计算得

$$\sigma_a=\frac{4\times(84247.5+10301.2)}{3.14\times(82^2-60^2)}=37.3\text{MPa}$$

$\sigma_{ma}$ 按式（5-41）计算：

$$\sigma_{ma}=\frac{6M_{max}}{S^2} \tag{5-41}$$

式中 $S$——$a$—$a$ 环向截面处厚度，mm；

$M_{max}$ ——作用于 $a$—$a$ 环向截面单位长度上的最大弯矩，N·mm。

$S$ 计算式如下：

$$S=\frac{D_0-D_7}{2}$$

经计算得

$$S=\frac{82-60}{2}=11\text{mm}$$

$$\sigma_{ma}=\frac{6\times 1831.7}{11^2}=90.8\text{MPa}$$

$$\sigma_{oa}=\sigma_a+\sigma_{ma}=90.8+37.3=128.1\text{MPa}\leqslant 0.9[\sigma_t]=140.4\text{MPa}$$

$M_{max}$ 按下列步骤计算：

① $F+F_a$ 引起的弯矩 $M$

$$M=(F+F_a)H \tag{5-42}$$

式中　$M$——$F+F_a$ 引起的弯矩，$N \cdot mm$；

$H$——力臂，mm，$H=S_0+0.5h$。

经计算得

$$H=S_0+0.5h=5.5+0.5\times4=7.5mm$$

式中　$S_0$——阀体顶部中性面 $Y—Y$ 离直径 $D_7$ 的距离，mm。

当 $\dfrac{D_0}{D_7}\leqslant 1.45$ 时

$$S_0=\frac{D_0-D_7}{4}$$

经计算得

$$S_0=\frac{82-60}{4}=5.5mm \text{（可取整为 6mm）}$$

当 $\dfrac{D_0}{D_7}>1.45$ 时

$$S_0=\frac{D_0-D_7}{6}\times\frac{2D_0+D_7}{D_0+D_7}$$

代入数据得

$$M=(81247.5+10301.2)\times7.5=686615.3N \cdot mm$$

② 沿中性面单位长度的弯矩 $M_1$

$$M_1=\frac{M}{\pi D_n} \tag{5-43}$$

式中　$M_1$——中性面单位长度的弯矩，$N \cdot mm$；

$D_n$——阀体顶部中性面 $Y—Y$ 的直径，mm。

$$D_n=D_7+2S_0$$

经计算得

$$D_n=D_7+2S_0=60+2\times5.5=71mm$$

$$M_1=\frac{686615.3}{3.14\times71}=3079.8N \cdot mm$$

③ 计算系数$\beta$

$$\beta=\sqrt[4]{\frac{12(1-\mu^2)}{D_n^2S^2}} \tag{5-44}$$

式中　$\beta$——计算系数；

$\mu$——平均壁温下材料的泊松比，当缺乏数据时可取 $\mu=0.3$。

代入数据得

$$\beta=\sqrt[4]{\frac{12\times(1-0.3^2)}{71^2\times11}}=0.12$$

④ 根据$\beta_{15}$值查《截止阀设计技术及图册》表2-7得$M_3$、$M_4$值，查得$\frac{M_3}{M_1}=\frac{M_4}{M_1}=0.48$。

$$M_3=\frac{M_3}{M_1}M_1 \tag{5-45}$$

$$M_4=\frac{M_4}{M_1}M_1 \tag{5-46}$$

经计算得

$$M_3=M_4=0.48\times3079.8=1478.3\text{N}\cdot\text{mm}$$

⑤ 计算系数$C$

$$C=\frac{l_2}{l_1} \tag{5-47}$$

经计算得

$$C=\frac{24}{20}=1.2$$

⑥ 根据$\beta_{12}$及$C$值查《截止阀设计技术及图册》图2-8得$\frac{\beta M_\text{r}}{q_\text{r}}\times10$的值为0.1。

⑦ 沿中性面$Y$—$Y$单位长度上的径向载荷$q_\text{r}$

$$q_\text{r}=\frac{Q_\text{r}}{\pi D_\text{n}} \tag{5-48}$$

式中　$q_\text{r}$——沿中性面$Y$—$Y$单位长度上的径向载荷，N·mm；

　　　$Q_\text{r}$——密封反力引起的径向载荷，N。

$$Q_\text{r}=\frac{F+F_\text{a}}{\tan(\alpha+\rho)} \tag{5-49}$$

经计算得

$$Q_\text{r}=\frac{81247.5+10301.2}{\tan(3^\circ12'+8^\circ30')}=442072\text{N}$$

⑧ 计算弯矩$M_\text{r}$

$$M_\text{r}=\left(\frac{\beta M_\text{r}}{q_\text{r}}\times10\right)\frac{q_\text{r}}{10\beta} \tag{5-50}$$

式中　$M_\text{r}$——计算弯矩，N·mm。

经计算得

$$M_\text{r}=0.1\times\frac{442072}{10\times0.12}=36839.3\text{N}\cdot\text{mm}$$

⑨ 最大弯矩$M_{\max}$取$M_\text{r}+M_3$和$M_\text{r}-M_4$中绝对值较大者

$$M_{\max}=(M_\text{r}+M_3,M_\text{r}-M_4)$$

$$M_{\max}=M_\text{r}+M_3=36839.3+1478.3=38317.6\text{N}\cdot\text{mm}$$

（2）*b*—*b* 环向截面的当量应力校核

$$\sigma_{0b}=\sqrt{\sigma_{mb}^2+3\tau_b^2}\leqslant 0.9[\sigma_t] \tag{5-51}$$

式中　$\sigma_{0b}$ ——*b*—*b* 环向截面的当量应力，MPa；

$\sigma_{mb}$ ——弯曲应力，MPa；

$\tau_b$ ——切应力，MPa。

① $\sigma_{mb}$ 按式（5-52）计算

$$\sigma_{mb}=\frac{3(F+F_b)h}{\pi D_7 l_1^2} \tag{5-52}$$

经计算得

$$\sigma_{mb}=\frac{3\times(81247.5+10301.2)\times 4}{3.14\times 27\times 20^2}=32.4\text{MPa}$$

② $\tau_b$ 按式（5-53）计算

$$\tau_b=\frac{F+F_a}{\pi D_7 l_1} \tag{5-53}$$

经计算得

$$\tau_b=\frac{81247.5+10301.2}{3.14\times 27\times 20}=54\text{MPa}$$

综上所述

$$\sigma_{0b}=\sqrt{32.4^2+3\times 54^2}=99\text{MPa}\leqslant 0.9[\sigma_t]=140.4\text{MPa}$$

# 5.4　阀座密封面设计计算

## 5.4.1　密封面形式

由于阀门选用材料为低压小口径阀门阀体材料，选用型号为 12Cr18Ni9Ti，故而选用锥形截止阀阀座密封面，宽度为 0.5mm。

## 5.4.2　阀座尺寸

阀座尺寸如表 5-2 所示。

表 5-2　阀座尺寸　　单位：mm

| 公称通径 | $D_1$ | $d$ | $H$ | $h_1$ | $f$ | $b\Phi$ | $h$ | $E$ | $B$ | $c$ | 质量/kg |
|---|---|---|---|---|---|---|---|---|---|---|---|
| 150 | 180 | 142 | 32 | 10 | 2 | 4.5×165 | 12 | 148 | 10 | 2.5 | 1.71 |

## 5.4.3　截止阀密封面比压

截止阀密封面比压按式（5-54）计算：

$$q=\frac{Q_{MZ}}{\pi(d+b_M)b_M} \tag{5-54}$$

计算得

$$q=\frac{132.5}{\pi(0.142+0.5)\times 0.5}=131.5\text{MPa}<150\text{MPa}$$

式中　$Q_{MZ}$——阀座密封面上的总作用力，N。

$Q_{MZ}$ 按式（5-55）计算：

$$Q_{MZ}=Q_{MF}+Q_{MJ}=132.5\text{MPa} \tag{5-55}$$

式中　$Q_{MF}$——介质密封力，N。

$Q_{MJ}$——阀座密封面上的介质力，N。

$Q_{MF}$ 按式（5-56）计算：

$$Q_{MF}=\pi(d+d_M)b_M\sin\alpha\left(1+\frac{f_M}{\tan\alpha}\right)q_{MF} \tag{5-56}$$

计算得

$$Q_{MF}=3.14\times(0.142+0.5)\times0.5\times\sin45^\circ\left(1+\frac{0.15}{\tan45^\circ}\right)\times127.5=120.8\text{MPa}$$

式中　$f_M$——锥形密封面摩擦系数，取 0.15。

$Q_{MJ}$ 按式（5-57）计算：

$$Q_{MJ}=\frac{\pi}{4}(d+d_M)^2p=\frac{\pi}{4}(0.142+0.5)^2\times36.2=11.7\text{MPa} \tag{5-57}$$

式中　$p$——介质压力，MPa，设计时取 $p=PN$。

### 5.4.4　密封面材料许用比压

密封面材料的许用比压如表 5-3 所示。

表 5-3　密封面材料的许用比压

| 材料名称 | 材质牌号 | 材质性质 | 硬度 | 许用比压 $q$/MPa |
|---|---|---|---|---|
| 耐酸钢 | 12Cr18Ni9Ti | 铸造、压延、堆焊 | 140～170HBW | 150 |

### 5.4.5　密封面必须比压

对于钢、硬质合金，必需比压为：

$$q_{MF}=\frac{(3.5+PN)}{\sqrt{0.1b_M}}=\frac{3.5+36.2}{\sqrt{0.1\times0.5}}=127.5\text{MPa} \tag{5-58}$$

式中　$q_{MF}$——必需比压，MPa；

$PN$——公称压力，MPa，查表用逐差法，取 36.2MPa；

$b_M$——密封面宽度，mm。

## 5.5　阀杆的设计计算

### 5.5.1　阀杆总轴向力

#### 5.5.1.1　旋转升降杆

（1）由于介质从阀瓣下方流入，阀杆最大轴向力在关闭最终时产生

$$Q_{FZ}=Q_{MF}+Q_{MJ}+Q_T\sin\alpha_L \tag{5-59}$$

式中 $Q_{FZ}$——关闭最终时的阀杆总轴向力，N；

$Q_{MF}$——密封力，即在密封面上形成密封比压所需的轴向力，N；

$Q_{MJ}$——关闭时作用在阀瓣上的介质力，N；

$Q_T$——阀杆与填料间的摩擦力，N；

$\alpha_L$——阀杆螺纹的升角，由于是梯形螺纹，且螺纹为Tr36×6。

① 对平面密封，$Q_{MF}$ 按式（5-60）计算

$$Q_{MF} = \pi D_{MP} b_M q_{MF} \tag{5-60}$$

式中 $D_{MP}$——阀座密封面的平均直径，mm，$D_{MP} = 157\text{mm}$；

$b_M$——阀座密封面宽度，mm，$b_M = 10\text{mm}$；

$q_{MF}$——密封必需比压，MPa，$q_{MF} = 131.5\text{mm}$。

将数据代入得

$$Q_{MF} = 3.14 \times 157 \times 10 \times 131.5 = 648268.7\text{N}$$

② $Q_{MJ}$ 按式（5-61）计算

$$Q_{MJ} = \frac{\pi}{4} D_{MP}^2 p \tag{5-61}$$

式中 $p$——计算压力，MPa；设计时可取 $p=PN$。

将数据代入得

$$Q_{MJ} = \frac{\pi}{4} \times 157^2 \times 4.6 = 89007.5\text{N}$$

③ $Q_T$ 按式（5-62）计算

$$Q_T = \pi d_F h_T \mu_T p \tag{5-62}$$

式中 $d_F$——阀杆直径，mm，$d_F = 48\text{mm}$（查表5-5可得）；

$h_T$——填料层的总高度，mm，$h_T = 190.5\text{mm}$（设计给定）；

$\mu_T$——阀杆与填料间的摩擦系数，$\mu_T = 0.15$（查表可知）。

将数据代入得

$$Q_T = \pi \times 48 \times 190.5 \times 0.15 \times 4.6 = 19811.4\text{N}$$

④ $\alpha_L$ 除按表查取外，还可按式（5-63）计算

$$\alpha_L = \arctan \frac{S}{\pi d_{FP}} \tag{5-63}$$

式中 $S$——螺距，mm；

$d_{FP}$——螺纹平均直径，mm。

代入数据得

$$\alpha_L = \arctan \frac{6}{\pi \times 36} = 3.04^\circ$$

则

$$Q_{FZ} = Q_{MF} + Q_{MJ} + Q_T \sin \alpha_L = 648268.7 + 89007.5 + 19811.4 \times \sin 3.04^\circ = 768326.9\text{N}$$

表 5-4 钢制截止阀阀杆直径（GB/T 12235） 单位：mm

| 公称直径 DN | 公称压力/MPa | | | |
|---|---|---|---|---|
| | 2.0 | 5.0 | 10.0 | 15.0 |
| | 阀杆直径 | | | |
| 25 | 18 | 18 | 18 | 18 |
| 32 | 18 | 20 | 20 | 20 |
| 40 | 20 | 24 | 24 | 24 |
| 50 | 24 | 28 | 28 | — |
| 65 | 28 | 32 | 32 | — |
| 80 | 32 | 36 | 40 | — |
| 100 | 36 | 40 | 44 | — |
| 150 | 44 | — | — | — |

表 5-5 铁制截止阀阀杆直径（GB/T 12233） 单位：mm

| 公称直径 DN | 公称压力 PN/MPa | | 公称直径 DN | 公称压力 PN/MPa | |
|---|---|---|---|---|---|
| | 1.0，1.6 | 2.5，4.0 | | 1.0，1.6 | 2.5，4.0 |
| | 阀杆最小直径 | | | 阀杆最小直径 | |
| 15 | 10 | 14 | 65 | 20 | 28 |
| 20 | 12 | 16 | 80 | 24 | 32 |
| 25 | 14 | 18 | 100 | 28 | 36 |
| 32 | 18 | 18 | 125 | 32 | 40 |
| 40 | 18 | 20 | 150 | 36 | 44 |
| 50 | 20 | 24 | 200 | 40 | 48 |

（2）介质从阀瓣上方流入时，阀杆最大轴向力在开启瞬时产生

$$Q''_{FZ} = Q_{MJ} + Q_T \sin\alpha_L - Q_P \tag{5-64}$$

式中 $Q_P$——截止作用于阀杆上的轴向力，N。

$Q_P$ 按式（5-65）计算：

$$Q_P = \frac{\pi}{4} d_F^2 p \tag{5-65}$$

式中 $d_F$——阀杆直径，48mm。

$$Q_P = \frac{\pi}{4} \times 48^2 \times 4.6 = 8319.7\text{N}$$

代入数据得

$$Q''_{FZ} = 89007.5 + 19811.4 \times \sin 3.04° - 8319.7 = 81738.5\text{N}$$

钢制截止阀阀杆直径与铁制截止阀阀杆直径如表 5-4、表 5-5 所示。

5.5.1.2 升降杆

（1）介质从阀门下方流入时，阀杆最大轴向力在开启瞬时产生

$$Q'_{FZ} = Q_{MF} + Q_{MJ} + Q_T + Q'_J \tag{5-66}$$

式中　$Q'_J$ ——关闭时导向键对阀杆的摩擦力，N。

$$Q'_J = \frac{Q_{MF} + Q_{MJ} + Q_T}{\dfrac{R_J}{f_J R'_{FM}} - 1} \tag{5-67}$$

式中　$R_J$ ——计算半径，mm；

$f_J$ ——导向键与阀杆键槽间的摩擦系数，可取 $f_J = 0.2$；

$R'_{FM}$ ——关闭时阀杆螺纹的摩擦半径，mm。

$$R'_{FM} = \frac{d_{FP}}{2}\tan(\alpha_L + \rho_L) \tag{5-68}$$

也可由表查得 $R'_{FM}$=3.46。

代入数据得

$$Q'_J = \frac{648268.7 + 89007.5 + 19811.4}{28/(0.2 \times 3.46) - 1} = 19186.2\text{N}$$

则

$$Q'_{FZ} = 648268.7 + 89007.5 + 19811.4 + 19186.2 = 776273.8\text{N}$$

如图 5-3 所示，设计给定 $R_J = 28\text{mm}$。

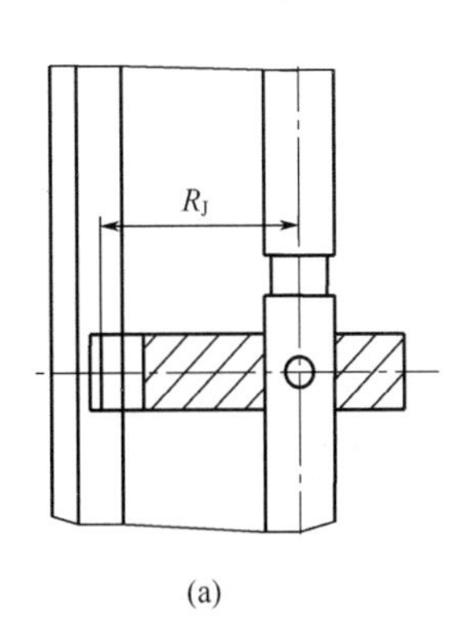


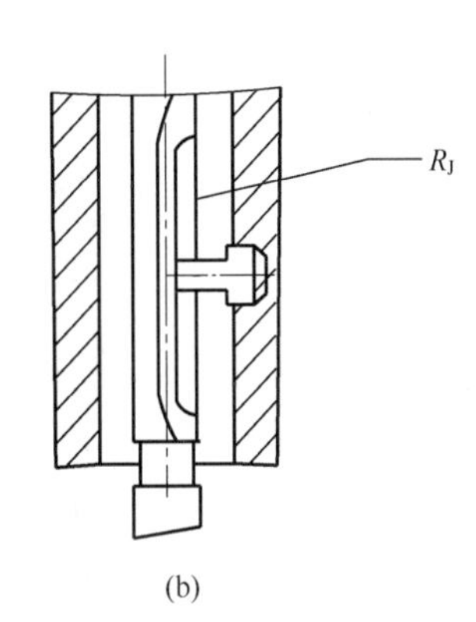


图 5-3　阀杆导向键结构

（2）介质从阀瓣上方流入时，阀杆最大轴向力在开启瞬时产生

$$Q''_{FZ} = Q_{MJ} + Q_T + Q''_J - Q_P \tag{5-69}$$

式中　$Q''_{FZ}$ ——开启瞬时的阀杆总轴向力，N；

$Q''_J$ ——开启时导向键对阀杆的摩擦力，N。

$Q''_J$ 按式（5-70）计算：

$$Q''_J = \frac{Q_{MJ} + Q_T}{\dfrac{R_J}{f_J R''_{FM}} - 1} \tag{5-70}$$

式中　$R''_{FM}$ ——开启时阀杆螺纹的摩擦半径，mm，$R''_{FM}$=3.12。

代入数据得

$$Q''_J = \frac{648268.7 + 19811.4}{\dfrac{28}{0.2 \times 3.12} - 1} = 15228.6\text{N}$$

则

$$Q''_{FZ}=648268.7+89007.5+15228.6-8319.7=744185.1\text{N}$$

## 5.5.2 截止阀阀杆力矩

5.5.2.1 旋转升降杆

（1）对于介质从阀瓣下方流入的情况

$$M'_{F}=M'_{FL}+M_{FT}+M'_{FD} \tag{5-71}$$

式中 $M'_{F}$——关闭时的阀杆力矩，N•mm；

$M'_{FL}$——关闭时的阀杆螺纹摩擦力矩，N•mm；

$M_{FT}$——阀杆与填料间的摩擦力矩，N•mm；

$M'_{FD}$——关闭时阀杆头部与阀瓣接触面间的摩擦力矩，N•mm。

$M'_{FL}$ 按式（5-72）计算：

$$M'_{FL}=Q'_{FZ}R'_{FM} \tag{5-72}$$

式中 $R'_{FM}$——关闭时阀杆螺纹的摩擦半径，mm，$R'_{FM}$=3.46。

计算得

$$M'_{FL}=776273.8\times3.46=2685907.4\text{N}\bullet\text{mm}$$

$$M_{FT}=\frac{1}{2}Q_{T}d_{F}\cos\alpha_{L}=\frac{1}{2}\times19811.4\times48\times\cos3.04^{\circ}=474804.5\text{N}\bullet\text{mm}$$

$$M'_{FD}=0.132Q'_{FZ}\sqrt{\frac{2Q'_{FZ}R_{c}}{E}} \tag{5-73}$$

式中 $R_{c}$——阀杆头部球面半径，mm，设计给定 $R_{c}=24\text{mm}$；

$E$——阀杆材料的弹性模数，MPa，$E=2.2\times10^{5}\text{N}$。

计算得

$$M'_{FD}=0.132\times776273.8\times\sqrt{\frac{2\times776273.8\times100}{2.2\times10^{5}}}=2.72\times10^{6}\text{N}$$

综上所述

$$M'_{FL}=2685907.4+474804.5+2.72\times10^{2}=5.88\times10^{6}\text{N}\bullet\text{mm}$$

（2）对于介质从阀瓣上方流入的情况

$$M'_{F}=M''_{FL}+M_{FT}+M_{FC} \tag{5-74}$$

式中 $M''_{F}$——开启时的阀杆力矩，N•mm；

$M''_{FL}$——开启时的阀杆螺纹摩擦力矩，N•mm；

$M_{FC}$——开启时的阀杆头部上平面与阀瓣间的摩擦力矩，N•mm。

$M''_{FL}$ 按式（5-75）计算：

$$M''_{FL}=Q''_{FZ}R''_{FM} \tag{5-75}$$

式中 $R''_{FM}$——开启时阀杆螺纹的摩擦半径，mm，$R''_{FM}=3.12$。

代入数据得

$$M''_{FL} = 744185.1 \times 3.12 = 2.32 \times 10^6 \, N \cdot mm$$

$M_{FC}$ 按式（5-76）计算：

$$M_{FC} = \frac{1}{4}(Q''_{FZ} - Q_T \sin\alpha_L)(d_1 + d_2) f_c \tag{5-76}$$

式中　$d_1$ ——阀杆头部梯形螺纹外直径，$d_1 = 36mm$；

$d_2$ ——阀杆头部梯形螺纹内直径，$d_2 = 24mm$；

$f_c$ ——接触面向的摩擦系数，取 $f_c = 0.15$。

代入数据得

$$M_{FC} = \frac{1}{4} \times (744185.1 - 19811.4 \times \sin 3.04°) \times (36 + 24) \times 0.15 = 6.7 \times 10^6 \, N \cdot mm$$

综上所述

$$M''_F = 2.32 \times 10^6 + 474804.5 + 6.7 \times 10^6 = 9.5 \times 10^6 \, N \cdot mm$$

5.5.2.2　升降杆

（1）对于介质从阀瓣下方流入的情况

$$M'_F = M'_{FL} \tag{5-77}$$

阀门的驱动力矩 $M'_Z$ 按式（5-78）计算：

$$M'_Z = M'_F + M'_{FJ} \tag{5-78}$$

式中　$M'_Z$ ——关闭时，阀门的驱动力矩，$N \cdot mm$；

$M'_{FJ}$ ——关闭时，阀杆螺母凸肩与支架间的摩擦力矩，$N \cdot mm$。

$M'_{FJ}$ 按式（5-79）计算：

$$M'_{FJ} = \frac{1}{2} Q'_{FZ} f_J d_P = \frac{1}{2} \times 7.76 \times 10^5 \times 0.2 \times 30 = 2.33 \times 10^6 \, N \cdot mm \tag{5-79}$$

式中　$f_J$ ——凸肩与支架的摩擦系数，查表 5-6 可得 $f_J = 0.2$；

$d_P$ ——凸肩与支架间环形接触面的平均直径，mm，$d_P = \frac{d_1 + d_2}{2} = 30mm$。

则有

$$M'_Z = M'_F + M'_{FJ} = 2.33 \times 10^6 + 2.69 \times 10^6 = 5.02 \times 10^6 \, N \cdot mm$$

**表 5-6　阀杆螺母凸肩与支架间的摩擦系数**

| 材料 | | $f_J$ | | |
|---|---|---|---|---|
| 阀杆螺母 | 支架 | 良好润油 | 一般润滑 | 无润滑 |
| 铜 | 钢 | 0.05～0.1 | 0.1～0.2 | 0.15～0.30 |
| 铸铁 | | 0.06～0.12 | 0.12～0.2 | 0.16～0.32 |
| 钢 | | 0.10～0.15 | 0.15～0.25 | 0.20～0.40 |

（2）对于介质从阀瓣上方流入的情况

$$M''_F = M''_{FL} \tag{5-80}$$

阀门的驱动力矩 $M''_Z$ 按式（5-81）计算：

$$M''_{Z}=M''_{FL}+M''_{FS} \tag{5-81}$$

式中　$M''_{Z}$——开启时阀门的驱动力矩，N·mm；

$M''_{FS}$——开启时手轮与支架间的摩擦力矩，N·mm。

$M''_{FS}$按式（5-82）计算：

$$M''_{FS}=\frac{1}{2}Q''_{FZ}f_{S}d_{P} \tag{5-82}$$

代入数据得

$$M''_{FS}=\frac{1}{2}\times7.44\times10^{5}\times0.2\times30=2.23\times10^{6}\,\text{N}\cdot\text{mm}$$

式中　$f_{S}$——手轮与支架间摩擦系数，取$f_{S}=0.2\sim0.25$。

## 5.5.3　截止阀阀杆的强度计算

对旋转升降杆及升降杆的受力及力矩沿阀杆轴向的各个危险截面分别进行拉压、扭转及合成应力的校核，对升降杆端部进行剪切校核。

5.5.3.1　拉压应力校核

拉压应力按式（5-83）校核：

$$\sigma=\frac{Q_{FL}}{F}\leqslant[\sigma] \tag{5-83}$$

式中　$\sigma$——阀杆所受的拉压应力，MPa；

$Q_{FL}$——阀杆总轴向力，N；

$F$——阀杆的最小截面积，一般为螺纹根部或退刀槽的面积，mm；

$[\sigma]$——材料的许用拉或压应力，MPa，查表可知$[\sigma]=155\text{MPa}$。

代入数据得

$$\sigma=\frac{768326.9}{7234.56}=106.2\text{MPa}\leqslant155\text{MPa}$$

5.5.3.2　扭转剪应力校核

扭转剪应力按式（5-84）校核：

$$\tau_{N}=\frac{M}{\overline{\omega}}\leqslant[\tau_{N}] \tag{5-84}$$

式中　$\tau_{N}$——阀杆所受的扭转剪应力，MPa；

$M$——计算截面处的力矩，N·mm；

$\overline{\omega}$——计算截面的抗扭截面系数，$\text{mm}^2$；

$[\tau_{N}]$——材料的许用扭转剪应力，MPa，查表可知$[\tau_{N}]=135\text{MPa}$。

对圆形截面：$\overline{\omega}=0.2d^{3}$。

计算得

$$\overline{\omega}=0.2d^{3}=0.2\times48^{3}=22118.4\text{mm}^{3}$$

则

$$\tau_{N}=\frac{2685907.4}{22118.4}=121.4\text{MPa}\leqslant135\text{MPa}$$

5.5.3.3　合成应力校核

合成应力$\sigma_{\Sigma}$按式（5-85）校核：

$$\sigma_{\Sigma}=\sqrt{\sigma^{2}+4\tau_{N}^{2}}\leqslant[\sigma_{\Sigma}] \quad (5\text{-}85)$$

式中　$\sigma_{\Sigma}$ ——阀杆所受的合成应力，MPa；

$[\sigma_{\Sigma}]$ ——材料的许用合成应力，MPa，查表可知$[\sigma_{\Sigma}]=165\text{MPa}$。

代入数据得

$$\sigma_{\Sigma}=\sqrt{106.2^{2}+4\times121.4^{2}}=161\text{MPa}\leqslant165\text{MPa}$$

式中的$\sigma$和$\tau_{N}$应取同一截面上的值。

### 5.5.4　升降杆端部剪应力校核

升降杆端部剪应力$\tau$按式（5-86）校核：

$$\tau=\frac{Q_{MZ}}{\pi d_{1}h}\leqslant[\tau] \quad (5\text{-}86)$$

式中　$\tau$ ——升降杆端部所受的剪应力，MPa；

$Q_{MZ}$ ——阀杆端部所受的轴向力，N；

$[\tau]$ ——材料的许用剪应力，MPa，查表可知$[\tau]=90\text{MPa}$。

$$Q_{MZ}=Q_{FZ}''-Q_{T}-Q_{J}'' \quad (5\text{-}87)$$

式中　$Q_{FZ}''$ ——开启瞬时的阀杆总轴向力，N；

$Q_{T}$ ——阀杆与填料间的摩擦力，N；

$Q_{J}''$ ——开启时，导向键对阀杆的摩擦力，N。

代入数据得

$$Q_{MZ}=744185.1-89007.5-15228.6=639949\text{ N}$$

则

$$\tau=\frac{639949}{3.14\times36\times90}=62.9\text{MPa}\leqslant90\text{MPa}$$

### 5.5.5　阀杆材料的许用应力

阀杆材料的许用应力见《截止阀设计技术及图册》表 2-11。

## 5.6　阀瓣设计与计算

设计截止阀阀瓣，厚度是最重要的要素。设计人员可先按壳体厚度的 2～2.5 倍来初设定其厚度，然后进行校核。锥面密封可参照平面密封进行校核。

阀瓣的密封面，无论是锥面密封还是平面密封，其宽度都应大于阀座上的密封面，应保证每次关闭阀门，阀瓣上密封面都能罩得住密封面，并且其硬度要大于阀座。阀瓣上密封面材料可堆焊也可镶圈。不锈钢类的也可直接用本体材料。

阀瓣与阀杆的连接必须灵活可靠，在采用阀瓣盖连接时应用锁紧机构，也可用点焊的形式，或采用阀杆与阀母承插处开有圆槽，用滚珠来连接。

$DN=10\text{mm}$、$DN=15\text{mm}$的小口径锻钢截止阀，可采用阀杆直接加工成阀瓣的锥面封面，启闭时不会产生激烈的摩擦。这种结构阀杆上密封面硬度远大于阀座密封面，并且其流

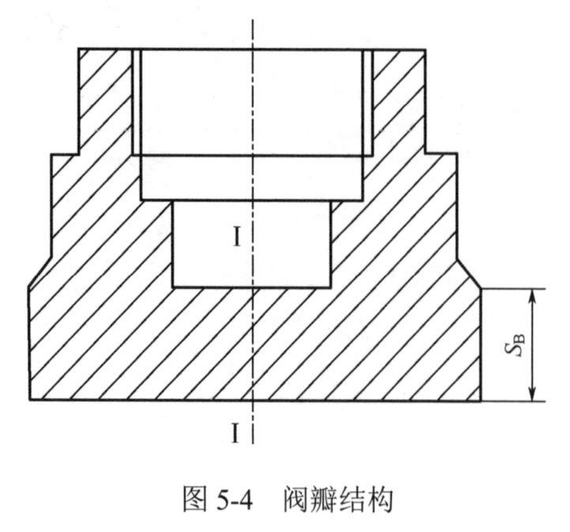


图 5-4 阀瓣结构

动介质具有一定的润滑性。

根据截止阀的阀瓣形式，应对图 5-4 中 Ⅰ—Ⅰ 断面的剪切应力 $\tau_1$ 进行校核。

$$\tau_1 = \frac{Q'_{FZ} - Q_T \sin\alpha_L}{\pi d(S_B - C)} \tag{5-88}$$

式中 $Q'_{FZ}$ ——关闭最终时的阀杆总轴向力，N；

$Q_T$ ——阀杆与填料间的摩擦力，N；

$\tau_1$ —— Ⅰ—Ⅰ 断面的剪切应力，MPa；

$d$ ——阀座密封面内径，$d = 150$mm（设计给定）。

代入数据得

$$\tau_1 = \frac{776273.8 - 19811.4\sin 3.04^\circ}{\pi \times 150 \times (25-6)} = 86.6\text{MPa}$$

而阀瓣的许用剪切应力，查表得 $[\tau] = 87\text{MPa}$ 。

显然

$$\tau_1 = 86.6\text{MPa} \leqslant 87\text{MPa}$$

所以阀瓣强度满足要求。

## 5.7 截止阀支架设计与计算

本次截止阀支架是连阀盖一起铸造的，截面呈椭圆形，形状如图 5-5 所示，这种结构两侧为弓形支柱，理论上带有一定弹性，有利于克服截止阀温差变化和压力变化，可实现可靠的密封。截止阀支架的典型形状如图 5-5 所示，必须分别检验 Ⅰ—Ⅰ 、Ⅱ—Ⅱ 、Ⅲ—Ⅲ、Ⅳ—Ⅳ截面处的应力。

图 5-5 截止阀支架

### 5.7.1 Ⅰ—Ⅰ 截面的合成应力

$$\sigma_{\Sigma I} = \sigma_{WI} + \sigma_{LI} + \sigma_{WI}^{N} \leqslant [\sigma_L] \tag{5-89}$$

式中 $\sigma_{WI}$ ——弯曲应力，MPa；

$\sigma_{LI}$ ——拉应力，MPa；

$\sigma_{WI}^{N}$ ——力矩引起的弯曲应力，MPa。

① $\sigma_{WI}$ 按式（5-90）计算

$$\sigma_{WI} = \frac{M_I}{W_I^y} \tag{5-90}$$

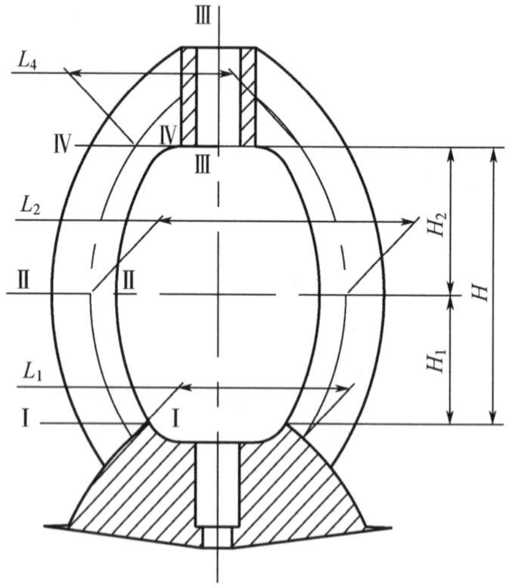

式中 $M_I$ ——扭曲力矩，N • mm，$M_I$ 按式（5-91）计算。

$$M_{\mathrm{I}}=\frac{Q'_{FZ}l_4}{8}\left[\frac{1}{1+\frac{1}{2}\left(\frac{H}{l_4}\right)\left(\frac{I_{\mathrm{III}}^{x}}{I_{\mathrm{I}}^{y}}\right)}\right] \tag{5-91}$$

计算如下：

$$M_{\mathrm{I}}=\frac{744185.1\times 50}{8}\times\left[\frac{1}{1+\frac{1}{2}\left(\frac{100}{50}\right)\left(\frac{8.1}{30.2}\right)}\right]=3255810\ \mathrm{N\cdot mm}$$

则

$$\sigma_{\mathrm{WI}}=\frac{M_{\mathrm{I}}}{W_{\mathrm{I}}^{y}}=\frac{3255810}{215242}=15.1\mathrm{MPa}$$

② $\sigma_{\mathrm{LI}}$ 按式（5-92）计算

$$\sigma_{\mathrm{LI}}=\frac{Q'_{FZ}}{2F_{\mathrm{I}}} \tag{5-92}$$

计算如下：

$$\sigma_{\mathrm{LI}}=\frac{Q'_{FZ}}{2F_{\mathrm{I}}}=\frac{744185.1}{2\times\frac{\pi}{4}\times 0.05\times 0.05}=87\mathrm{MPa}$$

③ $\sigma_{\mathrm{WI}}^{N}$ 按式（5-93）计算

$$\sigma_{\mathrm{WI}}^{N}=\frac{M_{\mathrm{I}}^{N}}{W_{\mathrm{I}}^{N}} \tag{5-93}$$

式中　$M_{\mathrm{I}}^{N}$——力矩，N•mm，$M_{\mathrm{I}}^{N}$ 按式（5-94）计算。

$$M_{\mathrm{I}}^{N}=\frac{M_{\mathrm{FI}}H}{l_4} \tag{5-94}$$

计算如下：

$$M_{\mathrm{I}}^{N}=\frac{M_{\mathrm{FI}}H}{l_4}=\frac{1804498.7\times 100}{50}=3608997.4\mathrm{N\cdot mm}$$

则

$$\sigma_{\mathrm{WI}}^{N}=\frac{M_{\mathrm{I}}^{N}}{W_{\mathrm{I}}^{N}}=\frac{3608997.4}{57673.9}=31.3\mathrm{MPa}$$

则

$$\sigma_{\Sigma\mathrm{I}}=15.1+87+31.3=133.4\mathrm{MPa}$$

显然

$$\sigma_{\Sigma\mathrm{I}}\leqslant[\sigma_{\mathrm{L}}]=150\mathrm{MPa}$$

故截止阀支架强度满足要求。

### 5.7.2　Ⅱ—Ⅱ截面的合成应力

$$\sigma_{\Sigma\mathrm{II}}=\sigma_{\mathrm{WII}}+\sigma_{\mathrm{LII}}+\sigma_{\mathrm{WII}}^{N}\leqslant[\sigma_{\mathrm{L}}] \tag{5-95}$$

式中　$\sigma_{W\,II}$——弯曲应力，MPa；

$\sigma_{L\,II}$——拉应力，MPa；

$\sigma_{W\,II}^{N}$——力矩引起的弯曲应力，MPa。

① $\sigma_{W\,II}$ 按式（5-96）计算

$$\sigma_{W\,II}=\frac{M_{II}}{W_{II}^{y}} \tag{5-96}$$

式中　$M_{II}$——弯曲力矩，N•mm，$M_{II}=M_{I}$。

计算如下：

$$\sigma_{W\,II}=\frac{M_{II}}{W_{II}^{y}}=\frac{6972047.6}{215241.9}=32.4\text{MPa}$$

② $\sigma_{L\,II}$ 按式（5-97）计算

$$\sigma_{L\,II}=\frac{Q'_{FZ}}{2F_{II}} \tag{5-97}$$

计算如下：

$$\sigma_{L\,II}=\frac{Q'_{FZ}}{2F_{II}}=\frac{744185.1}{2\times\frac{\pi}{4}\times0.06\times0.06}=65.4\text{MPa}$$

③ $\sigma_{W\,II}^{N}$ 按式（5-98）计算

$$\sigma_{W\,II}^{N}=\frac{M_{II}^{N}}{W_{II}^{x}} \tag{5-98}$$

式中　$M_{II}^{N}$——力矩，N•mm，$M_{II}^{N}$ 按式（5-99）计算。

$$M_{II}^{N}=\frac{M_{FJ}H_{2}}{l_{4}} \tag{5-99}$$

计算如下：

$$M_{II}^{N}=\frac{M_{FJ}H_{2}}{l_{4}}=\frac{6734481\times60}{50}=8081377\text{N}\cdot\text{mm}$$

代入数据得

$$\sigma_{W\,II}^{N}=\frac{M_{II}^{N}}{W_{II}^{x}}=\frac{6734808}{8081377}=8.3\text{MPa}$$

则

$$\sigma_{\Sigma II}=\sigma_{W\,II}+\sigma_{L\,II}+\sigma_{W\,II}^{N}\leqslant[\sigma_{L}]=32.4+65.4+8.3=106.1\text{MPa}\leqslant150\text{MPa}$$

显然

$$\sigma_{\Sigma I}\leqslant[\sigma_{L}]=150\text{MPa}$$

故截止阀支架强度满足要求。

### 5.7.3　Ⅲ—Ⅲ截面的合成应力

$$\sigma_{WIII}=\frac{M_{III}}{W_{III}^{x}}\leqslant[\sigma_{W}] \tag{5-100}$$

式中　$M_{\mathrm{III}}$ ——III—III截面的弯曲力矩，N•mm，$M_{\mathrm{III}}$ 按式（5-101）计算。

$$M_{\mathrm{III}}=\frac{Q'_{\mathrm{FZ}}l_2}{4}-M_{\mathrm{I}} \tag{5-101}$$

计算如下：

$$M_{\mathrm{III}}=\frac{Q'_{\mathrm{FZ}}l_2}{4}-M_{\mathrm{I}}=\frac{744185.1\times 60}{4}-6972048=4180729\mathrm{N\cdot mm}$$

代入数据得

$$\sigma_{\mathrm{WIII}}=\frac{M_{\mathrm{III}}}{W_{\mathrm{III}}^{\mathrm{x}}}\leqslant[\sigma_{\mathrm{W}}]=\frac{4190729}{57673.9}=72.7\mathrm{MPa}\leqslant 150\mathrm{MPa}$$

显然

$$\sigma_{\Sigma\mathrm{III}}\leqslant[\sigma_{\mathrm{L}}]=150\,\mathrm{MPa}$$

故截止阀支架强度满足要求。

### 5.7.4　Ⅳ—Ⅳ截面的合成应力

$$\sigma_{\Sigma\mathrm{IV}}=\sigma_{\mathrm{WIV}}+\sigma_{\mathrm{LIV}}\leqslant[\sigma_{\mathrm{L}}] \tag{5-102}$$

式中　$\sigma_{\mathrm{WIV}}$ ——弯曲应力，MPa；

$\sigma_{\mathrm{LIV}}$ ——拉应力，MPa。

① $\sigma_{\mathrm{LIV}}$ 按式（5-103）计算

$$\sigma_{\mathrm{LIV}}=\frac{Q'_{\mathrm{FZ}}}{2F_{\mathrm{IV}}} \tag{5-103}$$

计算如下：

$$\sigma_{\mathrm{LIV}}=\frac{Q'_{\mathrm{FZ}}}{2F_{\mathrm{IV}}}=\frac{744185.1}{2\times\frac{\pi}{4}\times 0.05\times 0.05}=87\mathrm{MPa}$$

② $\sigma_{\mathrm{WIV}}$ 按式（5-104）计算

$$\sigma_{\mathrm{WIV}}=\frac{M_{\mathrm{IV}}}{W_{\mathrm{IV}}^{\mathrm{y}}} \tag{5-104}$$

式中　$M_{\mathrm{IV}}$ ——弯曲力矩，N•mm，$M_{\mathrm{IV}}$ 按式（5-105）计算。

$$M_{\mathrm{IV}}=\frac{Q'_{\mathrm{FZ}}I_4}{8}\left[\frac{1}{1+\frac{1}{2}\left(\frac{H}{l_4}\right)\left(\frac{I_{\mathrm{II}}^{\mathrm{x}}}{I_{\mathrm{IV}}^{\mathrm{y}}}\right)}\right] \tag{5-105}$$

计算如下：

$$M_{\mathrm{IV}}=\frac{Q'_{\mathrm{FZ}}I_4}{8}\left[\frac{1}{1+\frac{1}{2}\left(\frac{H}{l_4}\right)\left(\frac{I_{\mathrm{II}}^{\mathrm{x}}}{I_{\mathrm{IV}}^{\mathrm{y}}}\right)}\right]=\frac{744185.1\times 40.8}{8}\times\left[\frac{1}{1+\frac{1}{2}\left(\frac{100}{50}\right)\left(\frac{9.6}{34.6}\right)}\right]=2656740\mathrm{N\cdot mm}$$

代入数据得

$$\sigma_{WIV}=\frac{M_{IV}}{W_{IV}^{y}}=\frac{2656740}{86584.8}=30.7\text{MPa}$$

则

$$\sigma_{\Sigma IV}=\sigma_{WIV}+\sigma_{LIV}\leqslant[\sigma_L]=87+30.7=117.7\text{MPa}\leqslant150\text{MPa}$$

显然

$$\sigma_{\Sigma IV}\leqslant[\sigma_L]=150\text{MPa}$$

故截止阀支架强度满足要求。

## 5.8 阀杆螺母的计算

阀杆及阀杆螺母通常采用单头标准梯形螺纹；工作时，阀杆螺母承受阀杆轴向力，其强度验算从如下几个方面进行。梯形螺纹制品的最大旋合长度如表 5-7 所示。

### 5.8.1 螺纹表面的挤压应力

$$\sigma_{ZY}=\frac{Q_{FZ}}{nA_Y}\leqslant[\sigma_{ZY}] \tag{5-106}$$

式中 $Q_{FZ}$ ——常温时阀杆最大总轴向力，kgf，取 $Q'_{FZ}$、$Q''_{FZ}$ 中较大值；

$A_Y$ ——单压螺纹受挤压面积，$cm^2$，查表可知 $A_Y=3.11cm^2$；

$n$ ——螺纹的计算圈数；

$\sigma_{ZY}$ ——材料的许用挤压应力，$kgf/cm^2$，查表可知$[\sigma_{ZY}]=350kgf/cm^2$。

$$\sigma_{ZY}=\frac{7683.2}{8\times3.11}=308kgf/cm^2\leqslant350kgf/cm^2$$

螺纹的实际圈数取计算圈数的 1.25 倍，而实际圈数的旋合长度不大于最大旋合长度，查表可知：$l_{max}=55mm$。

表 5-7 梯形螺纹制品的最大旋合长度 单位：mm

| 螺距 $P$ | 公称直径 $d$ | 最大旋合长度 $l$ | 螺距 $P$ | 公称直径 $d$ | 最大旋合长度 $l$ |
|---|---|---|---|---|---|
| 3 | 10～14 | 30 | 8 | 44～60 | 90 |
| 4 | 16～20 | 45 | 10 | 65～80 | 100 |
| 5 | 20～28 | 50 | 12 | 85～100 | 120 |
| 6 | 30～42 | 55 | | | |

### 5.8.2 螺纹根部剪应力

$$\tau=\frac{Q_{FZ}}{nA_j}\leqslant[\tau] \tag{5-107}$$

式中 $A_j$ ——螺母单牙螺纹根部受剪面积，$mm^2$，查表可知 $A_j=4.75mm^2$；

$[\tau]$ ——材料的许用剪应力，$kgf/cm^2$；查表可知$[\tau]=600kgf/cm^2$。

代入数据可得

$$\tau = \frac{7683.2}{8 \times 4.75} = 202\text{kgf/cm}^2 \leqslant 600\text{kgf/cm}^2$$

# 5.9　填料装置的计算

填料装置包括：填料、填料压盖、填料压板、填料压套、活节螺栓、销轴等零件。当 $PN \leqslant 4.6\,\text{MPa}$ 时，用填料压盖式。

## 5.9.1　填料压盖的主要尺寸参数

填料箱孔的直径与阀杆直径和填料宽度有关，而填料宽度 $b_T$ 通常在 $(1\sim1.6)\sqrt{d_F}$ 的范围内选取，其中 $d_F$ 为阀杆直径且 $d_F = 48\text{mm}$。以成形塑料增强聚四氟乙烯做填料的填料箱孔，对于填料压盖式 $PN = 4.6\text{MPa}$，填料的圈数 $Z$=4，填料箱孔的深度 $H$ 等于上、中填料和填料垫组装后的总高度加上裕量5mm。

## 5.9.2　填料装置主要零件的强度校验

填料压盖圆柱部分的高度 $l$ 必须满足 $l \geqslant H - h_T - s_d$，其中 $s_d$ 为垫片厚度。

### 5.9.2.1　填料压盖

图5-6为填料压盖零件图。

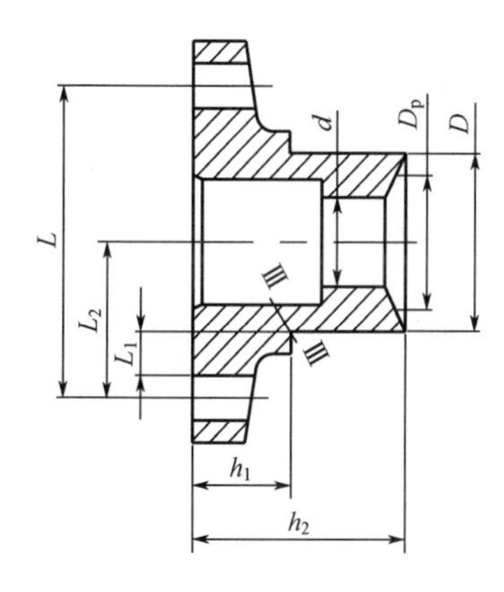


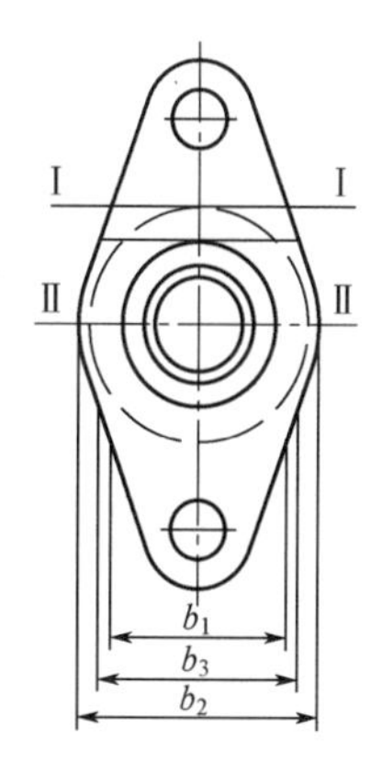


图5-6　填料压盖零件图

（1）Ⅰ—Ⅰ断面弯曲应力

$$\sigma_{W1} = \frac{M_1}{W_1} \leqslant [\sigma_W] \tag{5-108}$$

式中　$M_1$ ——断面弯曲应力矩，MPa，按式（5-109）计算；

$$M_1 = \frac{F_{YT}}{2} l_1 \tag{5-109}$$

$l_1$ ——力臂，mm，$l_1 = l_2 - \dfrac{D}{2} = 40\text{mm}$；

$F_{YT}$——为压紧填料的总力，N，按式（5-110）计算；

$$F_{YT}=0.785(D^2-d^2)q_T \quad (5\text{-}110)$$

$d$——为填料压盖的内径，mm；

$D$——为填料压盖与填料箱孔配合直径，mm；

$q_T$——压紧填料所必须施加于填料上部的比压，$q_T=\varphi p$，查表可知$\varphi=2.68$，$p=4.6\text{MPa}$，$q_T=12.3\text{MPa}$。

经过计算得

$$F_{YT}=12542\text{N}$$

$W_I$——Ⅰ—Ⅰ断面的宽度和高度，mm。

$$W_I=\frac{1}{6}b_1h_1^2 \quad (5\text{-}111)$$

$h_1$——高度，mm；

$b_1$——断面的宽度，mm。

计算得

$$\sigma_{W1}=\frac{\frac{F_{YT}}{2}l_1}{\frac{1}{6}b_1h_1^2}=\frac{\frac{\pi}{8}(D^2-d^2)q_Tl_1}{\frac{1}{6}b_1h_1^2}=\frac{\frac{\pi}{8}\times(60\times60-48^2)\times2.68\times4.6\times40}{\frac{1}{6}\times72\times27\times27}=28.67\text{MPa}$$

（2）Ⅱ—Ⅱ断面的弯曲应力

$$\sigma_{W2}=\frac{M_{II}}{W_{II}}\leqslant[\sigma_W] \quad (5\text{-}112)$$

式中　$M_{II}$——Ⅱ—Ⅱ断面的弯矩，按式（5-113）计算。

$$M_{II}=\frac{Q_{YT}}{2}\left(l_2-\frac{D_P}{\pi}\right) \quad (5\text{-}113)$$

$D_P$——填料反力处的平均直径，mm。

$$D_P=\frac{D+d}{2}$$

对于铸铁制的填料压盖，截面系数$W_{II}$按式（5-114）计算：

$$W_{II}=\frac{I_{II}}{y_2} \quad (5\text{-}114)$$

式中　$y_2$——Ⅱ—Ⅱ断面中性轴到填料压盖上端面的距离，mm；

$$\begin{aligned}y_2&=\frac{h_2^2(D-d)+h_1^2(b_2-D)}{2[h_2(D-d)+h_1(b_2-D)]}\\&=\frac{60\times60\times(60-48)+27\times27\times(82-60)}{2\times[60\times(60-48)+27\times(82-60)]}=22.5\text{mm}\end{aligned} \quad (5\text{-}115)$$

$I_{II}$——Ⅱ—Ⅱ断面对中性轴的惯性矩，$\text{mm}^4$。

$$I_{\Pi}=\frac{1}{3}\left[(b_2-d)y_2^3+(D-d)(h_2-y_2)^3-(b_2-D)(y_2-h_1)^3\right]$$

$$=\frac{1}{3}\times(82-48)\times22.5^3+(60-48)(60-22.5)-(82-60)(22.5-27)^3=387830.3\text{mm}^4$$

对于钢制的填料压盖，截面系数$W_{\text{II}}$按式（5-116）计算：

$$W_{\text{II}}=\frac{I_{\text{II}}}{h_2-y_{\text{II}}} \tag{5-116}$$

代入数据得

$$\sigma_{\text{W2}}=\frac{M_{\text{II}}}{W_{\text{II}}}=\frac{\dfrac{F_{\text{YT}}}{2}\times\left(l_2-\dfrac{D_{\text{P}}}{\pi}\right)}{\dfrac{1}{3}\times\dfrac{(b_2-d)y_2^3+(D-d)(h_2-y_2)-(b_2-D)(y_2-h_1)^3}{h_2-y_2}}$$

$$=\frac{\dfrac{12542.1}{2}\left(30-\dfrac{54}{\pi}\right)}{\dfrac{1}{3}\times\dfrac{(82-48)\times22.5^3+(60-48)\times(60-22.5)-(82-60)\times(22.5-27)^3}{60-22.5}}=23.1\text{MPa}$$

显然

$$\sigma_{\text{W2}}=23.1\ \text{MPa}\leqslant[\sigma_{\text{W}}]$$

（3）III—III断面的弯曲应力

$$\sigma_{\text{W3}}=\frac{M_{\text{III}}}{W_{\text{III}}}\leqslant[\sigma_{\text{W}}] \tag{5-117}$$

式中　$M_{\text{III}}$——III—III断面的弯矩；

$$M_{\text{III}}=\frac{Q_{\text{YT}}}{2}l_3 \tag{5-118}$$

$l_3$——力臂，mm；

$$l_3=l_2-\frac{1}{2}D_{\text{P}}$$

$W_{\text{III}}$——III—III断面的截面系数，mm$^4$。

$$W_{\text{III}}\approx\frac{1}{6}b_3h_3^2$$

将各项数据代入得

$$\sigma_{\text{W3}}=\frac{M_{\text{III}}}{W_{\text{III}}}=\frac{\dfrac{F_{\text{YT}}}{2}\times l_3}{\dfrac{R^4-r^4}{4}(\alpha'-\sin\alpha\cos\alpha)\Big/R-\dfrac{2(R^3-r^3)\sin\alpha}{3(R^2-r^2)\alpha'}}=70.1\text{MPa}$$

5.9.2.2　活节螺栓

活节螺栓的拉应力为：

$$\sigma_{\text{L}}=\frac{Q_{\text{YT}}}{2A_1}\leqslant[\sigma_{\text{L}}] \tag{5-119}$$

式中　$A_l$——单个螺栓的断面积，$cm^2$，查表 5-8 可得 M18 的断面积为 $A_L=175.2mm^2$；

$[\sigma_L]$——螺栓材料的许用拉应力，MPa，查表可知 $[\sigma_L]=1050MPa$。

则有

$$\sigma_L=\frac{F_{YT}}{2\times175.2}=\frac{14542.1}{350.4}=41.5MPa$$

表 5-8　螺栓的断面积

| 螺纹直径/mm | M10 | M12 | M14 | M16 | M18 | M20 | M22 | M24 | M27 | M30 |
|---|---|---|---|---|---|---|---|---|---|---|
| 断面积/$cm^2$ | 0.523 | 0.762 | 1.047 | 1.441 | 1.752 | 2.252 | 2.816 | 3.243 | 4.271 | 5.190 |

5.9.2.3　销轴

销轴的剪切应力为：

$$\tau=\frac{Q_{YT}}{\pi d_s^2}\leqslant[\tau] \tag{5-120}$$

式中　$d_s$——销轴直径，mm，$d_s=12mm$；

$[\tau]$——材料的许用剪切力，MPa，查表可知 $[\tau]=61MPa$。

代入数据得

$$\tau=\frac{Q_{YT}}{\pi d_s^2}=\frac{14542.1}{3.14\times12\times12}=32.2MPa\leqslant[\tau]=61MPa$$

## 5.9.3　填料与阀杆摩擦力的计算

阀门在开启和关闭时，填料与阀杆之间将产生摩擦力，其大小与填料的种类和材质有关。设计各类阀门时都需要进行计算。

5.9.3.1　石棉材料的摩擦力

计算公式如下：

$$Q_T=\varphi d_F b_T PN \tag{5-121}$$

式中　$\varphi$——系数，按表选取；

$d_F$——阀杆直径，cm，$d_F=4.8\,cm$；

$b_T$——填料宽度，cm，$b_T=(1\sim1.6)\sqrt{d_F}=(1\sim1.6)\sqrt{4.8}=3.2cm$。

5.9.3.2　聚四氟乙烯成型填料的摩擦力

计算公式如下：

$$Q_T=1.4\pi d_t h_1 Z_1 1.2PNf \tag{5-122}$$

式中　$h_1$——单圈填料与阀杆接触高度，mm；

$Z_1$——填料圈数；

$f$——填料与阀杆间的摩擦系数，约为 0.05～0.1。

则

$$Q_T=1.4\times3.14\times48\times60\times4\times4.6\times1.2\times0.1=27954.34N$$

5.9.3.3　橡胶 O 形圈的摩擦力

计算公式如下：

$$Q_T = \pi d b' Z q_m f \tag{5-123}$$

式中　$d$——O 形圈内径，cm；

$b'$——O 形圈与阀杆接触的宽度，cm，取 O 形圈圆断面半径的 1/3；

$Z$——O 形圈个数；

$q_m$——密封比压，$kgf/cm^2$；

$q_m$ 按式（5-124）计算：

$$q_m = \frac{4 + 0.9PN}{\sqrt{b'_m}} \tag{5-124}$$

# 5.10　滚动轴承的选择及手轮直径的确定

## 5.10.1　滚动轴承的选择

为了减小操作力矩，一般在阀杆轴向力超过 4000 kgf 的情况下，在阀杆螺母上装有单向推力球轴承。

单向推力球轴承必须根据轴承的工作能力系数来选择，工作能力系数可用式（5-125）计算：

$$C = Q_{FZ}(nh)^{0.3} K_P K_W \tag{5-125}$$

式中　$Q_{FZ}$——阀杆最大轴向力，kgf；

$n$——阀杆转速，r/min，手动时可取 $n$=20～25r/min；

$h$——轴承工作寿命，h，对于阀门，可取 125h；

$K_P$——轴承负荷性质对轴承寿命的影响系数，对于阀门，可按轻微冲击力，即按短时超载 125%考虑，取 1～2；

$K_W$——轴承工作温度对轴承寿命的影响系数，对于阀门，轴承温度并不高，可取 1。

故查表 5-4 知其工作能力系数 $C = 7683.2 \times 10.5^{0.3} \times 1 \times 1 = 1555.7$。$(nh)^{0.3}$ 的数值如表 5-9 所示。

**表 5-9　$(nh)^{0.3}$ 的数值**

| $h$/h \ $n$/(r/min) | 10 | 16 | 20 | 25 | 32 | 40 | 50 |
| --- | --- | --- | --- | --- | --- | --- | --- |
| 100 | 8 | 9.2 | 9.8 | 10.5 | 11.2 | 12 | 13 |
| 125 | 8.5 | 9.8 | 10.5 | 11.2 | 12 | 13 | 13.8 |

根据工作能力系数 $C$ 及容许静载荷（即阀杆最大轴向力）来选择所需的轴承。

## 5.10.2　手轮直径的确定

按照要求，手轮的直径应该不超过阀门的结构长度或者 1000mm，两者取较小者。除公称尺寸小于等于 $DN$40mm 的阀门外，轮辐不应该伸出手轮的周边。加载在手轮的力，最大不应该超过 360 N。否则考虑使用传动装置。一般在设计阀门时，一定先考虑行业标准。本次设计因为是特殊阀门，最先就考虑到截止阀开启或者关闭时，力矩过大，采用了滚珠丝杠代替传统螺纹结构，使得摩擦力矩大大降低，但是也增加了阀门制造成本。为了减少成本的投入，所以手轮应按照国家阀门行业标准件选取适当的尺寸，达到互换性的效果。本次设计中，设计阀门 $DN$=150mm，$PN$=4.6MPa，手轮需要克服阀杆最大转矩 28409.67N·mm，按照 JB/T 93—2008 中附表 3 中规定，手轮选用直径 $D$=180mm 伞形手轮，那么手轮上的力 315.663N 小于 360N，所以满足设计需要。

或者阀门手轮直径 $D_S$ 主要根据阀杆（或阀杆螺母）上的最大扭矩和可以施加于手轮上的圆周力来选定。

$$D_S = \frac{2\Sigma M}{Q_S} \tag{5-126}$$

式中　$\Sigma M$ ——阀杆（或阀杆螺母）上的最大扭矩，kgf/cm$^2$；

$Q_S$ ——手轮上的圆周力，kgf。

应该指出，圆周力的大小与操作者的体力有关，与手轮直径亦有关，如 $D_S < 100$mm 的手轮，往往只能用一只手操作，大直径的手轮可以用两只手，甚至两个人同时操作，因此可以施加于手轮上的圆周力显然是不同的。应该根据实际情况来选定。

查《阀门设计手册》（陆培文）可知，轮毂尺寸、轮幅尺寸、轮缘尺寸如表 5-10～5-12 所示。

表 5-10　轮毂尺寸

| 尺寸 | $D$ | $H_1$ | $H$ | $S_1$ | $d_1$ | $r_4$ |
|---|---|---|---|---|---|---|
| mm | 180 | 42 | 20 | 16 | 45 | 3 |

表 5-11　轮辐尺寸

| 尺寸 | $b_4$ | $b_3$ | $h_2$ | $h_3$ | $h_4$ | $b_1$ | $b_4$ | $r_1$ |
|---|---|---|---|---|---|---|---|---|
| mm | 24 | 20 | 12 | 10 | 10 | 20 | 14 | 26 |

表 5-12　轮缘尺寸

| 尺寸 | $r_2$ | $r_3$ | $r_5$ | $h$ | $h_1$ | $b$ |
|---|---|---|---|---|---|---|
| mm | 3 | 6 | 7 | 20 | 17 | 26 |

## 5.11　超低温阀门传热计算

阀盖最小长度数学模型的建立，为超低温阀门阀盖结构优化提供了理论依据。将 $DN$150 超低温截止阀的相关参数代入数学模型，结合有限元分析的方法，找出缩短长颈阀盖长度的合理方案，为超低温阀门阀盖结构的优化设计提供参考。

### 5.11.1　滴水盘的安装位置

滴水盘表面结露后，冷凝水会流入保冷层，加快保冷层的腐蚀和破坏，因此，为了保证滴水盘表面不结露，要求滴水盘表面的温度高于空气中水蒸气的露点温度。根据滴水盘的温度场函数可以看出，滴水盘表面的温度在径向的方向逐渐增高，故此为了满足这一条件，只需保证滴水盘的基部温度与空气中水蒸气的露点温度 $t_1$ 相等即可。

### 5.11.2　滴水盘及阀盖计算

阀盖、滴水盘的材料为 ASTM CF8，热导率为 $\lambda$=14.8W/(m·K)，阀盖半径 $r_1$=0.0375m，

滴水盘半径 $r_2$=0.1145m、厚度 $\delta = 0.006\text{m}$ 、安装数量 $n$=1，介质 LNG 的工作温度为 $t_0$=111K，环境温度取 $t_\infty$=303K，对流换热系数 $h_\infty$=10W/(m$^2$ • K)， $h_\text{d} = 21\text{W/(m}^2 \cdot \text{K)}$ 。

由于毕渥数 $Bi$

$$Bi = \frac{h_\text{c} r_1}{\lambda} = 0.0417 < 0.1 \tag{5-127}$$

满足数学模型的假设前提，则将相关条件代入式（5-128）。

$$\theta(r) = \theta_\text{b} \frac{K_1(ar_2)I_0(ar) + I_1(ar_2)K_0(ar)}{K_1(ar_2)I_0(ar_1) + I_1(ar_2)K_0(ar_1)} \tag{5-128}$$

查贝塞尔函数表[48]得滴水盘的温度场为：

$$\theta(r) = -12.11 I_0(15.01r) - 72.32 K_0(15.01r) \tag{5-129}$$

散热量为：

$$Q_\text{c} = \frac{4\pi h_\infty \theta_\text{b} r_1}{a} \times \frac{K_1(ar_1)I_1(ar_2) - I_1(ar_1)K_1(ar_2)}{K_1(ar_2)I_0(ar_1) + I_1(ar_2)K_0(ar_1)} = -28.02\text{W} \tag{5-130}$$

其中负号表示热量方向是由空气向滴水盘传递的，则得滴水盘的效率为：

$$\eta_\text{c} = \frac{Q_\text{c}}{h_\infty A_\text{c} \theta_\text{b}} = \frac{2r_1}{a(r_2^2 - r_1^2)} \times \frac{K_1(ar_1)I_1(ar_2) - I_1(ar_1)K_1(ar_2)}{K_1(ar_2)I_0(ar_1) + I_1(ar_2)K_0(ar_1)} = 63.4\% \tag{5-131}$$

采用迭代的方式计算阀盖的最小长度，即假设阀盖的最小长度 $L$=0.375m，则根据滴水盘的几何尺寸及效率，得出安装滴水盘后阀盖表面的对流换热系数 $h_\text{c}$ 为：

$$h_\text{c} = h_\infty \left[ \frac{A_\text{b} + nA_\text{c}\eta_\text{c}}{A_0} \right] = 14.2\text{W/(m}^2 \cdot \text{K)} \tag{5-132}$$

本征值为：

$$\rho_1 = \sqrt{\frac{2h_\text{c}}{\lambda r_1}} = 6.64 \tag{5-133}$$

装有滴水盘的阀盖最小长度 $L$ 为：

$$L = \frac{\ln X}{\rho_1} = 0.375\text{m} \tag{5-134}$$

如果空气相对湿度为 0.956 %，则空气中水蒸气的露点温度 $t_1 = 243\text{K}$ ，则得到滴水盘的安装位置 $L_\text{b}$ 为：

$$L_\text{b} = L - \rho_1 \ln\left( \frac{X + \sqrt{X^2 - 4\left[(\rho_1\lambda)^2 - h_\text{d}^2\right]}}{2(\rho_1\lambda + h_\text{d})} \right) = 0.192\text{m} \tag{5-135}$$

无滴水盘时，阀盖的最小长度 $L_\text{n}$ 为：

$$L_\text{n} = \frac{\ln N}{\mu_1} = 0.441\text{m} \tag{5-136}$$

其中本征值为：

$$\mu_1 = \sqrt{\frac{2h_\infty}{\lambda r_1}} = 5.57\text{m} \tag{5-137}$$

则阀盖最小长度缩短量为：

$$\Delta L = L_n - L = 0.066\text{m}$$

根据 BS6364《低温阀门》标准，*DN*150 超低温截止阀冷箱用长颈阀盖最小长度为 700mm，见表 5-13。本文的理论计算值为 626 mm（其中阀体中心线到阀盖下表面的长度为 185mm），这是由于在工程设计时，要使得填料温度大于 0℃，并留有一定的温度余量，以保证超低温阀门填料函的稳定运行。同时考虑到阀门安装现场的实际情况，阀盖长度在设计时应适当增加，以满足阀体表面安装保冷层、维修操作等工程实际需要。

表 5-13　冷箱用长颈阀盖的最小长度　单位：mm

| 公称直径 | 15 | 20 | 25 | 50 | 80 | 100 | 150 | 200 | 250 | 300 | 350 |
|---|---|---|---|---|---|---|---|---|---|---|---|
| 截止阀 | 500 | 500 | 500 | 600 | 700 | 700 | 700 | 750 | 750 | 850 | 850 |
| 闸阀 | 500 | 500 | 500 | 600 | 700 | 700 | 750 | 900 | 1000 | 1100 | 1200 |
| 球阀 | 500 | 500 | 500 | 600 | 700 | 700 | | | | | |
| 蝶阀 | 700 | 700 | 700 | 750 | 800 | 850 | 850 | 900 | 950 | | |

## 5.11.3　传热计算

当管道内有温度不同于周围环境温度的工质流动时，管内流体就要通过管壁与管外的保温层向外发散热量。若阀门泄漏量不变，一段时间后传热趋于稳定，散发热量与管壁温度维持为一定值。热量沿径向从管内流体以对流换热方式传递给管道内壁，然后从内壁传递至管外壁，再以导热方式从管外壁传递至保温层外壁，最后以对流换热方式传递给周围空气。传递热量的大小与工质的温度和流速有关。

由于沿工质流动方向温度逐渐下降，因此沿管壁和保温层纵向也存在导热热量传递 $Q_5$。对管壁纵向温度梯度最大的进口段的壁温测试，结果表明：沿管道纵向的管壁导热热量很小，在计算中可以忽略。如某工况下，主汽温度为 538℃，距进口 2.5m 与 7.5m 处的管壁温度测试值分别为 425℃与 337℃。由于钢材的热导率较大，壁厚 11mm 的钢管内外壁的温差仅 0.1℃，取钢管内外壁温度近似相等。以进口处 5 m 为控制体进行计算，由管壁纵向导热而散发的热量为 $Q_4$=0.3640W，而总的放热热量为 $Q_3$=425.988W，$Q_4$ 仅为 $Q_3$ 的 0.085%。沿轴向管壁的前后温度梯度逐渐减小。若管内泄漏量增大，工质对管壁的传热量增加，管道的轴向温度梯度减小，纵向导热量更小。由于纵向导热量更小，可忽略不计。保温层的热导率也可不计。

管内工质通过管壁和保温层以对流-导热-导热-对流 4 种方式向外传热，忽略管壁和保温层的纵向导热后，上述 4 种方式长度的热量相等，即 $Q=Q_1=Q_2=Q_3$。由于工质对管壁的放热系数与工质流速成正比，所以可根据阀前管道外壁温度 $t_2$、周围环境温度 $t_a$、管内流体压力 $P$ 和进口工质温度 $t_0$ 来近似计算管道的散热量，从而计算管内流体的流动速度与流量，得到阀门的泄漏量。

管道纵向温度梯度不大，当所取计算控制体足够短时，壁面温度可取其平均值，则管壁与保温层的散热近似为单层均质圆筒壁导热问题，热量传递的计算公式为：

$$Q = \frac{2\pi KL\Delta t}{\ln(d_2 / d_1)} \tag{5-138}$$

式中　$K$——管壁或保温层的热导率，W/(m•K)；

$\Delta t$——内外壁的温度差，℃；

$d_1$、$d_2$、$L$——管壁或保温层的内径、外径与长度，m。

对流换热传递热量计算公式为：

$$Q = \frac{Nuk_f}{d_c} F\Delta t \tag{5-139}$$

式中　$k_f$——流体的热导率，W/(m•K)；

$d_c$——管道的当量直径，m；

$F$——换热面积，$m^2$；

$\Delta t$——传热温差，℃；

$Nu$——努塞尔数。

工质为蒸汽或水时，对管道内壁的传热为管内受迫对流放热，其努塞尔数关系式如下：

层流时采用 Hausen 方程：

$$Nu = 3.66 + \frac{0.0688(d / L)RePr}{1 + 0.04[(d / L)RePr]^{2/3}} \tag{5-140}$$

湍流时采用 Sieder-Tate 方程：

$$Nu = 0.027Re^{0.8}Pr^{1/3}\left(\frac{\mu}{\mu_w}\right)^{0.14}$$

当阀门泄漏量较小时，靠近阀门管段内工质降至饱和温度，蒸汽开始凝结，管内蒸汽不完全凝结时平均努塞尔数关系式为：

$$Nu = \frac{ad}{\lambda_t} = 0.012Re_v^{0.8}Pr_t^{0.43}\left[\sqrt{1 + x_1\left(\frac{\rho_t}{\rho_v} - 1\right)} + \sqrt{1 + x_2\left(\frac{\rho_t}{\rho_v} - 1\right)}\right] \tag{5-141}$$

$$Re_v = \frac{w_v d}{\lambda_t} \tag{5-142}$$

式中　$\rho_t$、$\lambda_t$、$Pr_t$——饱和水的密度、热导率和普朗特数；

$\rho_v$、$w_v$——饱和蒸汽的密度和速度；

$x_1$、$x_2$——计算控制体进出口的蒸汽干度。

为减少散热损失，关闭窗户后室内风速极低，保温层外壁向周围环境传递热量是以自然对流的方式进行。反应流动特性的准则数在 $\mathrm{Gr\,Pr} = 10^5 \sim 10^{10}$ 的范围。其水平与竖直圆柱自然对流换热的准则方程式为：

当 $10^1 < \mathrm{GrPr} \leqslant 10^9$ 时：

$$Nu = 0.53(\mathrm{GrPr})^{0.25} \tag{5-143}$$

当 $10^9 < \mathrm{GrPr} \leqslant 10^{12}$ 时：

$$Nu = 0.13(\mathrm{GrPr})^{1/3} \tag{5-144}$$

## 5.11.4 漏率设定与漏率换算

初始粗糙峰泄漏模型为以三角形截面积等效孔径，长为 $L$ 的毛细泄漏通道。气体由高压力端通过漏孔向低压力端的流动的流态包含黏滞流及分子流。将三角槽等效为毛细漏孔处理，单个螺旋漏孔漏率式为：

$$Q=\left[\frac{\pi d^4 p}{128\eta L}+\frac{1}{6}\left(\frac{2\pi RT}{M}\right)^{0.5}\frac{d^3}{L}\left(\frac{1+\left(\frac{M}{RT}\right)^{0.5}dp/\eta}{1+1.24\left(\frac{M}{RT}\right)^{0.5}dp/\eta}\right)\right](p_1-p_2) \tag{5-145}$$

式中　$d$——漏孔的直径，m；

$L$——漏孔的长度，m；

$M$——气体分子，kg/mol；

$\eta$——气体的黏滞系数，Pa • s；

$p_1$——圆管入口端的气体压力，Pa；

$p_2$——圆管出口端的气体压力，Pa；

$p$——平均压力，$p = 0.5(p_1+p_2)$，Pa；

$R$——气体摩尔常数；

$T$——绝对温度，K；

$Q$——漏率，Pa • L/s。

工程上一般用真空检漏法，当 $p_1>p_2$，一般取 $p$=105Pa，$T$=293K；在同样条件下，示漏气体通过漏孔的漏率应为：

$$Q_{\mathrm{T}}=\frac{1.33\times10^{-7}}{L}\left[0.074\frac{M_{\mathrm{A}}\eta_{\mathrm{T}}}{M_{\mathrm{T}}\eta_{\mathrm{A}}}d^2\ln\left(1+25d\frac{\eta_{\mathrm{A}}}{\eta_{\mathrm{T}}}\left(\frac{M_{\mathrm{T}}}{M_{\mathrm{A}}}\right)^{0.5}\right)\right] \tag{5-146}$$

式中　$M_{\mathrm{T}}$，$M_{\mathrm{A}}$——示漏气体的分子量和空气的分子量；

$\eta_{\mathrm{T}}$，$\eta_{\mathrm{A}}$——示漏气体的黏滞系数和空气的黏滞系数。

氦气的黏滞系数为 $1.73\times10^{-5}$Pa • s；空气的黏滞系数为 $1.96\times10^{-5}$Pa • s。

设泄漏长度 $L$=15mm；螺旋长度预应力前的等效漏孔直径 9μm，接触后等效漏孔直径为 6μm，一个大气压的计算漏率为：

$$Q_{\mathrm{He}}=8.86\times10^{-8}[6.1d^4+19.24d^3+0.586d^2\ln(1+75d)]$$

计算得

$$Q_{\mathrm{He}}=1.13\times10^{-3}\,\mathrm{Pa\cdot L/s}$$

而漏率验收指标为：$3\times10^{-2}$Pa • L/s。

故漏率计算满足要求。

## 5.11.5 阀门保冷层厚度计算方法

当流体流经阀门时，可视为稳定流动的开口系统，稳定流动能量方程

$$q=\Delta h+w_{\mathrm{c}} \tag{5-147}$$

技术功 $w_t = 0$，定压条件下

$$\Delta h = c_p \Delta t \tag{5-148}$$

式中　$\Delta t$ ——阀体流体经过阀门前后的温度差；

$c_p$ ——阀内流体的定压比热容。

则流体流经阀门的冷量散失为：

$$\phi = c_p \Delta T q_m \tag{5-149}$$

冷量散失分为沿阀杆轴向散热和沿阀杆径向散热，即

$$\phi = \phi_1 + \phi_2 \tag{5-150}$$

式中　$\phi_1$ ——沿阀杆径向散热；

$\phi_2$ ——沿阀杆轴向散热。

阀杆传热为三维稳态导热，在沿阀杆径向散热过程中，冷量传递至阀杆与长颈阀盖间的流体中，冷量沿阀杆逐渐向上传递。

圆柱坐标系下三维非稳态导热微分方程的一般形式如式（5-151）所示：

$$\rho c \frac{\partial t}{\partial \tau} = \frac{1}{r} \times \frac{\partial}{\partial r}\left(\lambda r \frac{\partial t}{\partial r}\right) + \frac{1}{r^2} \times \frac{\partial}{\partial \varphi}\left(\lambda \frac{\partial t}{\partial \varphi}\right) + \frac{\partial}{\partial z}\left(\lambda \frac{\partial t}{\partial z}\right) + \phi \tag{5-151}$$

当稳态传热时，$\frac{\partial t}{\partial \tau} = 0$；无内热源时，$\phi = 0$，圆柱形换热模型 $\phi$ 在方向上无变化，只在 $r$ 和 $z$ 方向上有变化，则稳态导热公式简化得到

$$\frac{1}{r} \times \frac{\partial}{\partial r}\left(\lambda r \frac{\partial t}{\partial r}\right) + \frac{1}{r^2} \times \frac{\partial}{\partial \varphi}\left(\lambda \frac{\partial t}{\partial \varphi}\right) + \frac{\partial}{\partial z}\left(\lambda \frac{\partial t}{\partial z}\right) = 0 \tag{5-152}$$

再简化得到

$$\frac{\partial^2 t}{\partial r^2} + \frac{1}{r} \times \frac{\partial t}{\partial r} + \frac{\partial^2 t}{\partial z^2} = 0 \tag{5-153}$$

假设

$$t(r,z) = R(r)Z(z)$$

代入可得

$$\frac{1}{R} \times \frac{\mathrm{d}^2 R}{\mathrm{d}r^2} + \frac{1}{rR} \times \frac{\mathrm{d}R}{\mathrm{d}r} + \frac{1}{Z} \times \frac{\mathrm{d}^2 Z}{\mathrm{d}z^2} = 0 \tag{5-154}$$

由于 $\frac{1}{R} \times \frac{\mathrm{d}^2 R}{\mathrm{d}r^2} + \frac{1}{rR} \times \frac{\mathrm{d}R}{\mathrm{d}r}$ 只是关于 $r$ 的函数，$\frac{1}{Z} \times \frac{\mathrm{d}^2 Z}{\mathrm{d}z^2}$ 只是关于 $z$ 的函数，而且冷量沿 $r$ 和 $z$ 的传热方向一致，因此可以得到

$$\frac{1}{R} \times \frac{\mathrm{d}^2 R}{\mathrm{d}r^2} + \frac{1}{rR} \times \frac{\mathrm{d}R}{\mathrm{d}r} = 0 \tag{5-155}$$

将模型导热边界条件 $z = 0$，$z = t_0$，且 $z = L$ 代入 $-\lambda \frac{\partial Z}{\partial z} = h_2(t_f - t_5)$，经推导可得

$$\frac{\partial Z}{\partial z} = \frac{h_2(t_f - t_5)}{-\lambda}, Z = \frac{h_2(t_f - t_5)}{-\lambda} z + t_0 \tag{5-156}$$

式中　$t_0$——阀杆底部温度，℃；

$t_5$——阀杆顶部温度，℃；

$t_f$——环境温度，℃；

$h_2$——阀体外部换热系数，W/(m$^2$·K)；

$\lambda$——阀杆热导率，W/(m·K)。

根据傅里叶定律可知：单位时间通过阀轩轴向表面所传递的热量为：

$$\phi_2 = \frac{\pi d_1^2}{4} h_2 (t_f - t_5) \tag{5-157}$$

式中　$d_1$——阀杆直径，mm。

将模型导热边界条件代入式中推导可得

$$\frac{dR}{dr} = 0 \tag{5-158}$$

$$R = \frac{h_2(t_f - t_5)}{-\lambda} z' + t_0 \tag{5-159}$$

、

由傅里叶定律，将阀杆沿径向等分为 $N$ 段，每段取微元段，单 $\Delta z(\Delta z = L/N)$ 位时间通过阀杆微元段侧向外表面所传递的热量为：

$$\phi_{1(z=z')} = 2\pi r_1 \Delta z h_1 \left[ t_1 - \left( \frac{h_2(t_f - t_5)}{-\lambda} z' + t_0 \right) \right] \tag{5-160}$$

在微元段上，冷量经阀杆与长颈阀盖间隙中流体传递至长颈阀盖，再由长颈阀盖传至保冷层的过程可视为多层圆筒壁的一维导热问题。应用串联热阻叠加原则，多层圆筒壁的导热热流量为：

$$\phi_1 = \frac{2\pi \Delta z (t_1 - t_w)}{\frac{\ln(d_2/d_1)}{\lambda_1} + \frac{\ln(d_3/d_2)}{\lambda_2} + \frac{\ln(d_4/d_3)}{\lambda_3}} \tag{5-161}$$

式中　$t_w$——保冷层外表面温度，℃；

$t_1$——阀杆壁面接触的间隙气体温度，℃；

$d_2$——长颈阀盖内壁直径，mm；

$d_3$——长颈阀盖外壁直径，mm；

$d_4$——保冷层外壁直径，mm；

$\lambda_1$——间隙气体的热导率，W/(m·K)；

$\lambda_2$——长颈阀盖的热导率，W/(m·K)；

$\lambda_3$——保冷层的热导率，W/(m·K)。

$$M = \frac{\ln(d_2/d_1)}{\lambda_1} + \frac{\ln(d_3/d_2)}{\lambda_2} + \frac{\ln(d_4/d_3)}{\lambda_3} \tag{5-162}$$

$M$ 为 $\phi_1$ 计算公式中的单值函数，无实际意义。

同样，在微元段上，冷量经过保冷层与空气进行热传导、对流换热和热辐射，由于热传导和热辐射的换热量远小于对流换热，可将其忽略，则：$\phi_1 = \pi d_4 \Delta z h_2 (t_f - t_w)$。

由式（5-162）可推知，$M$ 为 $d_4$ 的单值函数，可求出 $d_4$；保冷层的厚度 $H = (d_4 - d_3)/2$，

代入相关数据，最终求得保冷层的厚度约为 102mm。

### 5.11.6　通过阀门壳体的漏热

为了降低通过阀门壳体的漏热，一般采用外堆积绝热和真空（多层）绝热方式。外堆积绝热一般应用在小口径或很少维修的场合（因为外堆积绝热的维修成本高），真空多层一般应用在大口径和液氢、液氦的阀门中。在真空型的绝热体中，热量通过绝热体是以辐射、固体传导和气体传导等几种方式进行传递的。要精确地计算这部分热量很困难，工程上用总的表观热导率来处理，即

$$Q=\frac{K(T,K)}{l}F_{\mathrm{m}}\Delta T \tag{5-163}$$

式中　$K$——绝热体材料总的表观热导率，W/(m·K)；

$F_{\mathrm{m}}$——计算传热面积，$\mathrm{m}^2$；

$\Delta T$——温度差，K。

### 5.11.7　机械构件漏热

机械构件漏热分为 2 种情况：没有冷气冷却的构件和有冷气冷却的构件。

没有冷气冷却的构件漏热可以由式（5-164）确定：

$$Q=\frac{A}{L}\left[\int_{4K}^{T_2}\lambda(T)\mathrm{d}T-\int_{4K}^{T_1}\lambda(T)\mathrm{d}T\right] \tag{5-164}$$

式中　$A$——截面积，$\mathrm{cm}^2$；

$L$——构件长度，cm；

$\lambda(T)$——构件材料的热导率，W/(m·K)；

$T_1$，$T_2$——冷、热端温度，K。

由上式知，在设计中为了降低这类构件的漏热，在满足构件强度和刚度要求的同时可以采取加长构件长度、减小构件截面积的方法来降低漏热量；或者在允许的前提下将构件分段，一端以球头接触来增大接触热阻（同时段与段之间也可以加放隔热垫），该方法通常用于降低阀杆漏热；另外还可以通过采用热导率较小的材料来降低漏热量，该方法通常用于降低阀门支撑件的漏热，支撑件材料一般采用热导率仅为 0.25～0.45W/(m·K) 的玻璃钢。有冷气冷却的构件，其颈管的传热情况比较复杂，包括冷、热两端之间的热传导，冷蒸气与颈内壁的对流传热，颈管外壁与绝热层之间的传热以及通过颈管口对液体的辐射传热等，精确计算其传热是很复杂的。为了减少颈管部分的传热量，除采用低热导率材料，减薄管壁、增加管长等措施外，增加颈管内壁粗糙度和进行涂黑处理，以及对颈管外壁进行抛光，均可以减少其传热量。

### 5.11.8　阀门零部件的深冷处理

低温阀门中一般采用不锈钢材料作壳体，而奥氏体不锈钢在低温状态下存在奥氏体组织向马氏体组织转化的倾向。当奥氏体向马氏体转化时就会造成体积的变化，从而使得阀门密封面可能失去密封性能而失效。为了降低这种转化量，零部件在精加工前要进行深冷处理，通常采用的方法是在液氮中浸泡 1～2h，并重复 2～3 次就能满足使用要求。

# 参考文献

[1] 朱培元，王松松．截止阀设计技术及图册［M］．北京：机械工业出版社，2015.

[2] 陆培文．实用阀门设计手册［M］．北京：机械工业出版社，2004：482-486.

[3] 杨源泉．阀门设计手册［M］．北京：机械工业出版社，2004.

[4] 殷图源，董志峰．电磁阀密封泄漏率模型与计算［J］．北京：中国矿业大学，2016.

[5] 姚长青，郑超．LNG 低温阀门技术发展趋势分析［J］．2014，（51）：3-8.

[6] 王立兴．低温阀门阀盖颈部长度的研究［J］．阀门，1982，（3）：5-11.

[7] 鹿彪．低温阀门阀盖颈部长度的设计计算［J］．阀门，1992，（1）：11-13.

[8] 鹿彪，张丽红．低温阀门设计制造与检验［J］．阀门，1999，（3）：6-10.

[9] 王新权．低温球阀阀杆密封填料的试验与研究［J］．阀门，2001，（4）：22-24.

[10] 李秀峰，陈宗华．低温阀门闸板应力场的数值计算及分析［J］．2005，（32）：27-31.

[11] 金滔，夏雨亮，洪剑平等．低温阀门冷态试验的动态传热过程模拟与分析［J］．低温工程，2007，（4）：35-38.

[12] 丁小东，欧阳峥嵘，张绪德等．低温阀门冷态试验的稳态传热模拟与分析［J］．2008，（36）：23-27.

[13] 朱立伟，柳建华，张良等．LNG 船用超低温球阀的低温应力分析及数值模拟［J］．低温与超导，2010，（5）：11-14.

[14] 吴堂荣，唐勇，孙晔等．LNG 船用超低温阀门设计研究［J］．船舶工程，2010，（32）：73-77.

[15] 吴若菲，柳建华，吴堂荣等．基于 ANSYS 的 LNG 船用超低温阀门的数值模拟分析［J］．2010，（1）：44-48.

[16] 张周卫，汪雅红，张小卫等．LNG 截止阀．中国：2014100537774［P］，2014-02-18.

[17] He Li，Zhou-Wei Zhang，Ya-Hong Wang，Li Zhao．Research and Development of new LNG Series valves technology［C］. International Conference on Mechatronics and Manufacturing Technologies（MMT 2016，Wuhan China），2016（4），121-128.

[18] Zhang Zhou-wei，Wang Ya-hong，Xue Jia-xing．Research on cryogenic characteristics in spatial cold-shield system［J］．Advanced Materials Research，2014，Vols．1008-1009 ：873-885.

# 第6章 LNG减压阀设计计算

阀门广泛应用于石油、化工、冶金、电力、纺织、轻工、机械制造、建筑和国防军工等国民经济各部门，已成为各种流体装置中不可缺少的控制设备。阀门的品种规格很多，分别起着不同的作用，如开、关、调节、安全保护、节能和疏水等，是一种量大面广的产品。减压阀系阀门的一种，它能自动控制管路工作压力。在实际工作中在给定减压范围后，可通过减压阀的调节作用使较高压力的介质下降至给定压力。如果阀前管路内液体压力高于给定压力，可按照阀后管路的压力需求通过减压阀进行压力调节。目前，在矿井、高层建筑和城市水管网等水压过高的区域常用减压阀来平衡给水系统中各用水点的服务水压和水流量。一般水的漏失率及浪费程度越高，给水系统的水压越大，用减压阀可有效改善管路运行压力，同时在一定程度上起到节水作用。减压阀阀体如图6-1所示。

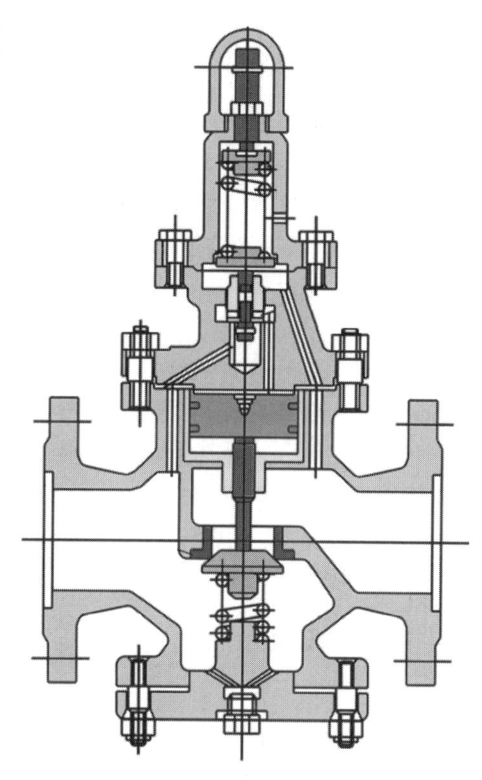

图6-1　减压阀阀体

1949年以来，我国减压阀的制造生产，从无到有，发展很快，取得了巨大的成绩。经过几十年的发展，减压阀的种类已经相当全面，有关减压阀的国家标准已相当完备，针对减压阀的技术参数已形成了系列化，标准化。这为减压阀的发展奠定了良好的基础。因此，在近些年中，减压阀的技术和生产呈百花齐放的趋势。这也为行业的发展提供了良好的基础，经过早期的技术引进，中期的技术改进，在现阶段减压阀的技术发展逐渐向技术创新的方向发展。经过近些年与国际技术先进厂家的合作，减压阀的技术虽然有了长足的进步，但是国内在减压阀方面技术力量和生产水平与国外同类产品相比，品种和性能指标还有较大差距。

在国外，减压阀的生产设计较早，并且经过了长期的技术积累和技术进步，国外在减压阀的技术发展上已形成了完善、良性的发展体系，减压设备能传递很大的力或力矩，单位功率重量轻，结构尺寸小，在同等功率下，反应速度快、准、稳；又能在大范围内方便地实现无级变速；易实现功率放大；易进行过载保护；能自动润滑，寿命长、制造成本较低。因此，世界各国均已广泛地应用在锻压机械、工程机械、机床工业、汽车工业、冶金工业、农业机械、船舶交通、铁道车辆和飞机、坦克、导弹、火箭、雷达等国防工业中。任何一个减压系统，不论其如何的简单，都不能够缺少减压阀；同一工艺目的的减压机械设备，通过减压阀的不同组合与使用，可以组成油路结构截然不同的多种减压系统方案，故减压阀是减压技术中品种与规格最多、应用最广泛、最活跃的元件；减压阀作为减压阀的一种，其在减压系统中起着非常重要的作用。一个减压系统设计的合理性、安装维护的便利性以及能否按照既定要求正常可靠地运行，在很大程度上取决于其中所采用的各种减压阀的性能优劣及其参数匹配是否合理。减压阀的功能主要是通过调节，将进口压力减至某一需要的出口压力，并依靠介质本身的能量，使出口压力自动保持稳定的阀门，其属于压力控制阀类。

在许多减压系统中都需要有匀速平稳进给运动，所以保持输出油路压力恒定是很重要的，必须使用减压阀。减压阀是减压系统中的一类关键控制元件。

## 6.1 概述

### 6.1.1 背景

随着天然气的应用越来越广泛，减压阀的设计也就成为了必要，尤其是现在非常重视天然气运输的问题，对于运输管道有它特有的减压阀，使得它效率更高。

减压阀的实际应用使得管道运输越来越方便，它利用介质自身能量来调节和控制管道压力，故 LNG 减压阀的重要性就体现出来了。

### 6.1.2 天然气

天然气是一种多组分的混合气态化石燃料，主要成分是烷氢。其中甲烷占绝大多数，另有少数的乙烷、丙烷和丁烷。天然气燃烧后无废渣，废水产生，相较煤炭，石油等能源有使用安全，热值高，洁净等优势。因其绿色环保、经济实惠、安全可靠等优点而被公认为一种优质清洁燃料。我国的天然气资源比较丰富，据不完全统计，总资源量达到 38 万亿立方米，陆上天然气主要分布在中部和西部地区。随着技术的发展，近几年我国在勘探、开发、利用方面均有较大的进展。

### 6.1.3 液化天然气

液化天然气简称 LNG，是指天然气原料经过预处理，脱去其中的杂质后再通过低温冷冻工艺在-162℃下形成的低温液体混合物。与 LNG 工厂生产的产品组成不同，这主要取决于生产工艺和气源气的组成。按照欧洲标准 EN1160 的规定，LNG 的甲烷含量应高于 75%，氮含量应低于 5%。一般商业 LNG 产品的组成如表 6-1 所示。由表 6-1 可见，LNG 的主要成分为甲烷，其中还有少量的乙烷、丙烷、丁烷及氮气等惰性组分。

**表 6-1 商业 LNG 的基本组成** 单位：%

| 组分 | $\phi$ | 组分 | $\phi$ |
|---|---|---|---|
| 甲烷 | 92～98 | 丁烷 | 0～4 |
| 乙烷 | 1～6 | 其他烃类化合物 | 0～1 |
| 丙烷 | 1～4 | 惰性成分 | 0～3 |

LNG 的性质随组分的变化而略有不同，一般商业 LNG 的基本性质为：在-162℃与 0.1MPa 下，LNG 为无色无味的液体，其密度约为 430kg/$m^3$，燃点为 650℃，热值一般为 37.62MJ/$m^3$，在-162℃时的汽化潜热约为 510kJ/kg，爆炸极限为 5%～15%，压缩系数为 0.740～0.820。

LNG 的主要优点表现在以下方面：

① 安全可靠。LNG 的燃点比汽油高 230℃，比柴油更高；LNG 爆炸极限比汽油高 2.5～4.7 倍；LNG 的相对密度为 0.47 左右，汽油为 0.7 左右，它比空气轻，即使稍有泄漏，也将迅速挥发扩散，不至于自然爆炸或形成遇火爆炸的极限浓度。

② 清洁环保。天然气在液化前必须经过严格的预净化，因而 LNG 中的杂质含量较低。根据取样分析对比，LNG 作为汽车燃料，比汽油、柴油的综合排放量降低约 85%左右，其中 CO 排放减少 97%、$NO_x$ 减少 30%～40%、$CO_2$ 减少 90%、微粒排放减少 40%、噪声减少 40%，而且无铅、苯等致癌物质，基本不含硫化物，环保性能非常优越。

③ 便于输送和储存。通常的液化天然气多储存在温度为 112K、压力为 0.1MPa 左右的低温储罐内，其密度为标准状态下甲烷的 600 多倍，体积能量密度为汽油的 72%，十分有利于输送和储存。

④ 可作优质的车用燃料。天然气的辛烷值高、抗爆性好、燃烧完全、污染小，与压缩天然气相比，LNG 储存效率高，自重轻且建站不受供气管网的限制。

⑤ 便于供气负荷的调节。对于定期或不定期的供气不平衡，LNG 储罐能很好地起到削峰填谷的调节作用。

## 6.2　减压阀

### 6.2.1　减压阀工作原理

减压阀是通过调节，将进口压力减至某一需要的出口压力，并依靠介质本身的能量，使出口压力自动保持稳定的阀门。从流体力学的观点看，减压阀是一个局部阻力可以变化的节流元件，即通过改变节流面积，使流速及流体的动能改变，造成不同的压力损失，从而达到减压的目的，然后依靠控制与调节系统的调节，使阀后压力的波动与弹簧力相平衡，使阀后压力在一定的误差范围内保持恒定。

### 6.2.2　阀门设计的基本内容

阀门作为管道系统中一个重要的组成部分，应保证安全可靠地运行管道系统对阀门提出的使用要求。因此，阀门设计必须满足工作介质的压力、温度、腐蚀和流体特性以及操作、制造、安装和维修等方面对阀门提出的全部要求。

### 6.2.3　减压阀的性能要求

① 在给定的弹簧压力级范围内，使出口压力在最大值与最小值之间能连续调整，不得有卡阻和异常振动。

② 对于软密封的减压阀，在规定时间内不得有渗漏，对于金属密封的减压阀，其渗漏量应不大于最大流量的 0.5%。

③ 出口流量变化时，直接作用式的出口压力偏差值不大于 20%，先导式不大于 10%。

④ 进口压力变化时，直接作用式的出口压力偏差值不大于10%，先导式不大于5%。

⑤ 常减压阀的阀后压力$P_c$应小于阀前压力的0.5倍，即$P_c<0.5P_j$。减压阀的应用范围比较广泛，在蒸汽、压缩空气、工业用气、水、油和许多其他液体介质的设备和管路上均可使用。介质流经减压阀出口处的量，一般用质量流量$q_m$(kg/s)或体积流量$q_v$($m^3$/s)表示。

## 6.3 LNG减压阀的设计计算

### 6.3.1 LNG减压阀工作原理以及设计要求

（1）阀门工作原理

本次设计的LNG减压阀为先导活塞式减压阀，如图6-1所示，拧开调节螺钉，顶开导阀阀瓣，介质从进口侧进入活塞上方，由于活塞面积大于主阀瓣面积，推动活塞向下移动，使主阀打开，由阀后压力平衡调节弹簧的压力改变导阀的开度，从而改变活塞上方的压力，控制主阀瓣的开度，使阀后的压力保持平衡。

（2）低温阀门的设计要求

低温阀门，其工作温度极低，在设计这一类阀门时，除了遵循一般阀门的设计原则外，还有一些特殊的要求，即

① 阀门在低温介质及周围环境温度下应当具有长时间工作的能力，一般寿命为10年或3000～5000次循环；

② 阀门不应成为低温系统的一个显著热源，这是因为热量的流入除了会降低除热效率以外，如果流入的热量过多，还会使内部流体急速蒸发，产生异常升压，造成危险；

③ 低温介质不应对手轮操作及填料密封性能产生有害的影响；

④ 直接与低温介质接触的阀门组合件应当具有防爆和防火结构；

⑤ 在低温下工作的阀门组合件无法润滑，所以需要采取结构措施，以防止摩擦件擦伤。

（3）设计参数

本设计中LNG减压阀为先导式减压阀，设计流量3200$m^3$/d，设计压力4.6MPa，公称压力$PN$为4.6MPa，工作压力为0.1MPa。使用的主体材料为0Gr18Ni9T或0Gr18Ni10Ti，材料的许用应力$\sigma_w=122.5MPa$，$\sigma_L=102.9MPa$，$\tau=61.25MPa$，试验温度-162℃，LNG的密度取450kg/$m^3$，进口压力0.1MPa，允许偏差10%，出口压力为0.05MPa，允许偏差10%。

（4）阀门零部件要求

① 阀体两端连接法兰的流道直径应当相同，且和公称通径一致；

② 阀体底部应设有排泄孔，并用螺塞堵封；

③ 主阀座喉部直径一般不小于0.8$DN$；

④ 导阀瓣采用平面密封阀瓣，其密封面宽度不大于0.5mm；

⑤ 导阀瓣上端面与膜片应有0.1～0.3 mm的间隙；

⑥ 弹簧的设计制造应当按照GB 1239《普通圆柱螺旋弹簧》中表6-2的规定；

⑦ 弹簧指数（中径和钢丝直径之比）应在4～10范围内选择；

⑧ 弹簧两端应各有不少于3/4圈的支承面，支承圈不小于一圈；

⑨ 弹簧的工作变形量应在全变形量的20%～80%范围内选取。

表 6-2 调节弹簧压力级分档 单位：MPa

| 公称压力 $PN$ | 出口压力 | 弹簧压力级 | 公称压力 $PN$ | 出口压力 | 弹簧压力级 |
|---|---|---|---|---|---|
| 1.6 | 0.1～1.0 | 0.05～0.5<br>0.5～1.0 | 4 | 0.1～2.5 | 0.1～1.0<br>1.0～2.5 |
| 2.5 | 0.1～1.6 | 0.1～1.0<br>1.0～1.6 | 6.4 | 0.1～3.0 | 0.1～2.0<br>1.0～3.0 |

## 6.3.2 阀门的公称通径

LNG 的密度为 450kg/m$^3$，故减压阀的质量流量为：

$$q_m = \frac{3200}{24 \times 3600} \times 450 = 16.7\text{kg/s}$$

$$q_m = \frac{\pi \times 10^{-6}}{4} DN^2 \mu\rho \tag{6-1}$$

式中 $q_m$ ——质量流量，kg/s；

$DN$ ——阀门公称通径，mm；

$\mu$ ——介质的流通速度，m/s，按表 6-3 选取，选择 $\mu = 3\text{m/s}$；

$\rho$ ——介质的密度，kg/m$^3$。

表 6-3 介质的流动速度 $\mu$ 单位：m/s

| 介质 | 压力/MPa | 流动速度 | 介质 | 压力/MPa | 流动速度 |
|---|---|---|---|---|---|
| 液体 | | 1～3 | 低压蒸汽 | ≤1.6 | 20～40 |
| 低压气体 | ≤0.8 | 2～10 | 中压蒸汽 | 2.5～6.4 | 40～60 |
| 中压气体 | >0.8 | 10～20 | 高压蒸汽 | >1.6 | 60～80 |

阀门的公称通径为：

$$DN = \sqrt{\frac{4q_m \times 10^6}{\pi\rho\mu}} = 126\text{mm}$$

故阀门公称通径为 $DN$150。

## 6.3.3 LNG 减压阀结构长度的确定

减压阀结构长度确定如表 6-4 所示。

表 6-4 减压阀结构长度

| 公称通径 $DN$/mm | 公称压力 $PN$/MPa | | |
|---|---|---|---|
| | 1 | 1.6 和 2.5 | 4 和 6.4 |
| | 结构长度 $L$/mm | | |
| 150 | JB/T 2205—2000 | 450 | 500 |

按照公称通径 $DN$ 150，设计压力 4.6MPa 查得，结构长度 $L = 500\text{mm}$。

### 6.3.4 主阀流通面积及主阀瓣开启高度的计算

（1）主阀瓣流通面积的计算

对于 LNG 减压阀，根据流量的基本方程可得出主阀的流通面积：

$$A_z = \frac{707 q_m}{\mu \sqrt{\rho \Delta p_z}} = \frac{707 Q}{\mu \sqrt{\dfrac{\Delta p_z}{\rho}}} \tag{6-2}$$

$$\Delta p_z = p_j - p_c = 0.05\text{MPa}$$

式中　$A_z$——主阀的流通面积，$mm^2$；

$\mu$——流量系数，参见表 6-5；

$\Delta p_z$——减压阀进口和出口的压差，MPa；

$p_j$——减压阀进口压力，MPa；

$p_c$——减压阀出口压力，MPa。

**表 6-5　流量系数**

| 介质 | 水 | 空气 | 煤气 | 蒸汽 |
|---|---|---|---|---|
| $\mu$ | 0.5 | 0.7 | 0.6 | 0.8 |

故 LNG 减压阀的主阀瓣流通面积为：

$$A_z = 4149\text{mm}^2$$

（2）主阀瓣开启高度的计算

主阀瓣开启后，与阀座形成一个环形面积，此面积应大于或等于主阀瓣的流通面积。对于不同形式的阀瓣采用不同的方法计算主阀瓣的开启高度。

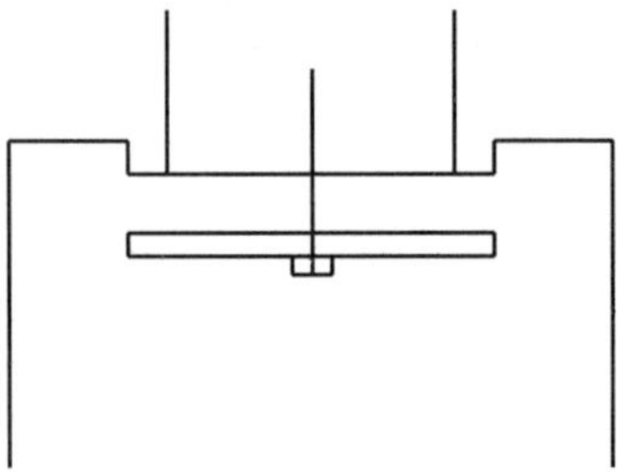

图 6-2　平面密封阀瓣

对于平面密封阀瓣，如图 6-2 所示，理论开启高度按式（6-3）计算：

$$H_z = \frac{A_z}{\pi D_t} \tag{6-3}$$

式中　$H_z$——主阀瓣的开启高度，mm。

选定实际开启高度时，应大大超过理论开启高度 $H_z$ 值，一般可取

$$H'_z = \frac{D_t}{4} > H_z \tag{6-4}$$

式中　$H'_z$——主阀瓣的实际开启高度，mm。

主阀的通道直径

$$D_t = \sqrt{\frac{4A_z}{\pi}} \tag{6-5}$$

式中　$D_t$——主阀的通道直径，mm。

代入数据得

$$D_t=\sqrt{\frac{4\times4149}{\pi}}=73\text{mm}$$

故主阀瓣的实际开启高度为：

$$H'_z=\frac{73}{4}=18.25\text{mm}$$

## 6.3.5　副阀流通面积及副阀瓣开启高度的计算

（1）副阀泄漏量

计算副阀瓣流通面积之前，必须首先确定副阀的泄漏量（即副阀的流量）。当流体从阀前经过时，一部分通过副阀阀杆，另一部分通过活塞环与气缸的间隙向低压泄漏。同时亦依靠这种不断的流体消耗而使副阀腔体和活塞上腔保持所需的压力 $p_h$，否则无法进行正常的减压工作。

副阀的泄漏量由通过活塞环的泄漏量和副阀阀杆的泄漏量两部分组成，即

$$q_f=q_{f1}+q_{f2} \tag{6-6}$$

式中　$q_f$ ——通过副阀的泄漏量，kg/s；

$q_{f1}$ ——通过活塞环的泄漏量，kg/s；

$q_{f2}$ ——通过副阀阀杆的泄漏量，kg/s。

对于活塞环和副阀阀杆，他们的进口压力都为 $p_j$，出口压力都为 $p_c$。出口压力 $p_c$ 的临界值 $p_L$ 按式（6-7）计算：

$$p_L=\frac{0.85p_h}{\sqrt{z_1+1.5}} \tag{6-7}$$

式中　$p_L$ ——临界压力，MPa；

$p_h$ ——作用于活塞上腔的绝对压力，MPa；

$z_1$ ——活塞环数，$z_1$ 取 8。

作用在活塞上的力 $p_h$ 的计算

$$p_h=p_c+\frac{(p_j+p_c)A_t+Q_m-Q_{zt}-Q_h}{A_h} \tag{6-8}$$

$$A_t=\frac{\pi}{4}D_t^2 \tag{6-9}$$

$$Q_m=f_1Q_1 \tag{6-10}$$

$$Q_m=B_1q \tag{6-11}$$

$$q=\frac{\frac{\Delta}{h}E}{7.08\frac{D_h}{h}\left(\frac{D_h}{h}-1\right)^3} \tag{6-12}$$

$$B_1=\pi D_hbz_1 \tag{6-13}$$

$$Q_{zt}=\lambda H+Q_q \tag{6-14}$$

$$A_{h}=\frac{\pi}{4}D_{h}^{2} \tag{6-15}$$

式中　$A_t$ ——主阀瓣通道面积，$mm^2$；

$Q_m$ ——活塞环的摩擦力，N；

$Q_{zt}$ ——主阀弹簧作用力，N；

$Q_h$ ——活塞和主阀瓣的重力，N；

$A_h$ ——活塞面积，$mm^2$；

$f_1$ ——摩擦系数，取0.2；

$Q_1$ ——活塞环对气缸壁的作用力，N；

$q$ ——活塞环对气缸壁的比压，MPa；

$B_1$ ——活塞环和气缸的接触面积，$mm^2$；

$\Delta$ ——活塞环处于自由状态和工作状态时缝隙之差，mm；

$h$ ——活塞环的径向厚度，mm；

$E$ ——活塞环的弹性模数，MPa，当采用铸铁时可取$1\times10^5$MPa；

$D_h$ ——活塞直径，mm，一般取$1.5D_t=1.5\times73=110$mm；

$b$ ——活塞环的宽度，mm；

$\lambda$ ——主阀瓣弹簧的刚度，N/mm；

$H$ ——主阀瓣开启高度，mm；

$Q_q$ ——主阀瓣弹簧安装负荷，N，近似$1.2Q_h$。

对作用于活塞上腔的压力$p_h$也可以按照经验取进、出口压力的平均值，即

$$p_{h}=\frac{p_{j}+p_{c}}{2} \tag{6-16}$$

代入数据得

$$p_{h}=0.5(0.1+0.05)=0.075\text{MPa}$$

泄漏量按下列情况计算：

因为出口压力大于临界压力，即$p_c>p_L$时：

$$q_{f1}=3.13\times10^{-3}\mu A_{1}\sqrt{\frac{g(p_{j}^{2}-p_{c}^{2})}{z_{1}p_{j}v_{h}}} \tag{6-17}$$

$$q_{f2}=3.13\times10^{-3}\mu A_{2}\sqrt{\frac{g(p_{j}^{2}-p_{c}^{2})}{z_{2}p_{j}v_{h}}} \tag{6-18}$$

$$A_{1}=\pi D_{h}\delta \tag{6-19}$$

式中　$\mu$ ——流量系数，取0.6；

$A_1$ ——活塞环与气缸之间的间隙面积，$mm^2$；

$v_h$ ——流体在$p_h$绝对压力下的比体积，$mm^3$/kg；

$A_2$ ——副阀阀杆与阀座之间的最大间隙面积，$mm^2$；

$z_2$ ——副阀阀杆上迷宫槽数；

$\delta$ ——活塞环与气缸之间的间隙，mm，一般取 $\delta = 0.03$。

则

$$q_{\mathrm{f}} = q_{\mathrm{f1}} + q_{\mathrm{f2}} = 0.0167\mathrm{kg/s}$$

（2）副阀流通面积

副阀的泄漏量（即其流量）确定后，便可以进行流通面积的计算：

$$A_{\mathrm{f}} = \frac{707q_{\mathrm{f}}}{\mu\sqrt{\Delta p_{\mathrm{f}}\rho}} = \frac{707Q_{\mathrm{f}}}{\mu\sqrt{\frac{\Delta p_{\mathrm{f}}}{\rho}}} \tag{6-20}$$

$$\Delta p_{\mathrm{f}} = p_{\mathrm{j}} - p_{\mathrm{c}} \tag{6-21}$$

式中　$A_{\mathrm{f}}$ ——副阀流通面积，$\mathrm{mm}^2$；

$\Delta p_{\mathrm{f}}$ ——副阀的压力差，MPa；

$Q_{\mathrm{f}}$ ——副阀的体积泄漏流量，$\mathrm{mm}^3/\mathrm{s}$。

代入数据得

$$A_{\mathrm{f}} = \frac{707q_{\mathrm{f}}}{\mu\sqrt{\Delta p_{\mathrm{f}}\rho}} = \frac{707Q_{\mathrm{f}}}{\mu\sqrt{\frac{\Delta p_{\mathrm{f}}}{\rho}}} = 1867\mathrm{mm}^2$$

（3）副阀开启高度

副阀瓣通常采取锥形密封，开启高度可按式（6-22）、式（6-23）计算：

$$H_{\mathrm{f}} = \frac{H_{\mathrm{f1}}}{\sin\frac{\alpha}{2}} \tag{6-22}$$

$$H_{\mathrm{f1}} = \frac{\pi d_{\mathrm{f}} - \sqrt{(\pi d_{\mathrm{f}})^2 - 4\pi A_{\mathrm{f}}\cos\frac{\alpha}{2}}}{2\pi\cos\frac{\alpha}{2}} \tag{6-23}$$

式中　$H_{\mathrm{f}}$ ——副阀瓣开启高度，mm；

$H_{\mathrm{f1}}$ ——副阀瓣开启后密封锥间的垂直距离，mm。

在结构设计时，应使实际开启高度 $H_{\mathrm{f}}' > H_{\mathrm{f}}$。

代入数据得

$$H_{\mathrm{f1}} = \frac{\pi d_{\mathrm{f}} - \sqrt{(\pi d_{\mathrm{f}})^2 - 4\pi A_{\mathrm{f}}\cos\frac{\alpha}{2}}}{2\pi\cos\frac{\alpha}{2}} = 17.9\mathrm{mm}$$

$$H_{\mathrm{f}} = \frac{H_{\mathrm{f1}}}{\sin\frac{\alpha}{2}} = 35.8\mathrm{mm}$$

$$H_{\mathrm{f}}' > H_{\mathrm{f}} = 35.8\mathrm{mm}$$

### 6.3.6　弹簧的计算

减压阀弹簧主要包括主阀瓣弹簧、副阀瓣弹簧和调节弹簧。计算时，应首先确定弹簧的最大工作负荷，据此再确当弹簧钢丝的直径。亦可以根据结构情况先选定标准弹簧，然后进行核算。有关弹簧的基本计算公式和数据见 GB 1239《普通圆柱螺旋弹簧》。

（1）弹簧材料以及结构的选择

弹簧的材料选择 0Cr18Ni9，结构的选择通过查表确定，弹簧端部结构型式采用两端圈并紧并磨平的结构型式。

（2）主阀弹簧的设计

① 主阀弹簧的预压缩量。主阀弹簧的作用是在主阀芯上升时作为复位力，并且主阀弹簧刚度较小，因此又称为弱性弹簧。减小主阀弹簧的刚度 $K_1$，有利于提高减压阀的压力稳定性，但是，$K_1$ 值过小会使减压阀动态过渡时间延长，降低阀的动态性能。所以，合理地选择主阀弹簧的刚度 $K_1$ 很重要。

根据已有的性能良好的减压阀资料统计，主阀弹簧的预压紧力 $P_t$ 可以按照以下范围来选取：对于工作压力为 4.0～6.4MPa 的减压阀，额定流量小于 250L/min 时，主阀弹簧的预压紧力 $P_t = 19.6 \sim 45\text{N}$；额定流量 $q = 250 \sim 500\text{L/min}$ 时，主阀弹簧的预压紧力 $P_t = 58.8 \sim 78.4\text{N}$；额定流量 $q > 1000\ \text{L/min}$ 时，主阀弹簧预压紧力 $P_t = 196 \sim 294\text{N}$。主阀弹簧的预压缩量 $Y$ 推荐按公式（6-24）计算：

$$Y = (2 \sim 5)S \tag{6-24}$$

式中　$S$——主阀开口量，cm。

② 主阀阀口最大开口量。为使阀口的最大开口量 $S_{max}$ 时，液化天然气流经阀口不产生扩散损失，应使开口面积不大于主阀芯与主阀体间环形截面积，即

$$\pi D S_{max} \leqslant \frac{\pi}{4}(D^2 - D_1^2) \tag{6-25}$$

取 $D_1 = D/2 = 75\text{mm}$，则

$$S_{max} = 29\text{mm}$$

$$Y = (2 \sim 5)S = 145\text{mm}$$

减压阀经过阻尼孔后的压力损失经验为：$2 \sim 3\text{bar}$。

根据计算公式得

$$p_{min} \pi r^2 = K_1 Y \tag{6-26}$$

$$p_{max} \pi r^2 = K_1 (S_{max} + Y) \tag{6-27}$$

式中　$p_{min}$——0.2MPa；

$p_{max}$——0.3MPa；

$r$——阀芯低面槽的半径，cm；

$Y$——主阀弹簧的预压缩量，cm；

$S_{max}$——阀口最大开口量，cm。

计算得出 $K_1 = 1680\text{N/m}$。

在主阀弹簧的刚度 $K_1$ 和预压缩量 $Y$ 选定之后，由式（6-28）计算出主阀弹簧的预压紧力 $P_t$：

$$K_1 = \frac{P_t}{Y} \tag{6-28}$$

得 $P_t = 243.6\text{N}$ 。$P_t$ 在额定流量 $q > 1000\text{L/min}$ 时，主阀弹簧的预压紧力 $P_t = 196 \sim 294\text{N}$ ，符合要求。

现在已知主阀弹簧的最大载荷

$$F = K_1(S_{max} + Y) = 1680 \times (0.029 + 0.145) = 292.32\text{N}$$

$$\lambda = 30\text{mm}$$

根据工作要求确定弹簧的结构、材料和许用应力，要求中需滑阀动作灵敏、可靠，所以这种弹簧材料为碳素弹簧，应该列为第Ⅰ组类首选，先初选弹簧的直径为 $d = 3\text{mm}$ ，选择弹簧的指数 $C = 8$ ，计算弹簧丝的直径。由公式（6-29）得曲度系数为：

$$K = \frac{4C-1}{4C-4} + \frac{0.615}{C} = 1.4 \tag{6-29}$$

查表得，弹簧材料在 $d = 3\text{mm}$ 时，碳素弹簧钢丝的拉伸强度极限 $\sigma_B = 2000\text{MPa}$ ，$[\tau] = 0.4\sigma_B = 0.4 \times 2000 = 800\text{MPa}$ 。最大工作载荷为 $F$ ，其强度公式为：

$$\tau = K\frac{8FC}{\pi d^2} \leqslant [\tau] \tag{6-30}$$

式中　$[\tau]$ ——弹簧材料的许用扭转应力，MPa;

$F$ ——轴向载荷，N;

$d$ ——弹簧丝的直径， mm ;

$C$ ——弹簧指数，又称为旋绕比， $C = D_2 / 2$ ， $D_2$ 为弹簧的中径;

$K$ ——曲度系数，又称应力修正系数。

$$d \geqslant \sqrt{\frac{8KFC}{\pi[\tau]}} = 1.6 \times \sqrt{\frac{KFC}{[\tau]}} = 2.98\text{mm}$$

由以上计算可得 $d < 3\text{mm}$ ，说明与初选值相符，故采用 $d = 3\text{mm}$ 的弹簧丝。

③ 计算弹簧的工作圈数。根据公式：

$$n = \frac{G\lambda d}{8FC^3} \tag{6-31}$$

式中　$G$ ——弹簧材料的剪切弹性模量，对于钢，$G$ 为 80000MPa；对于青铜，$G$ 为 40000MPa。

$$n = \frac{G\lambda d}{8FC^3} = \frac{80000 \times 30 \times 3}{8 \times 292.32 \times 8^3} = 6.01$$

所以，取 $n = 7$ 。

④ 弹簧的稳定性校核。弹簧的自由高度 $H_0$ 与中径 $D_2$ 之比，称为高径比 $b$ ，也称为细长比。当高径比 $b$ 值较大时，轴向载荷 $F$ 如果超过一定的限度，就会使弹簧产生侧向弯曲而失稳，这在工作中是不允许的，故设计压缩弹簧时应该给予校核。

要使弹簧不产生失稳现象，其高径比应该小于临界高径比 $b_c$ ，即 $b = H_0 / D_2 \leqslant b_c$ ， $b_c$ 的值视弹簧端部支承方式而定。端部支承为两端固定时， $b_c = 5.3$ ；一端固定，一端可自由转动时， $b_c = 3.7$ ；两端可自由转动时， $b_c = 2.6$ 。

弹簧的节距 $t$ ，查表得：

$$t = d + \delta \geqslant d + \frac{\lambda}{n} + 0.1d$$

式中　$\delta$——相邻两圈间的间隙，mm。

$$t = d + \delta \geqslant d + \frac{\lambda}{n} + 0.1d = 3 + \frac{30}{7} + 0.3 = 7.59\text{mm}$$

所以取 $t = 8\text{mm}$，两端支承圈共为 3 圈。

由表查得弹簧的自由高度为：

$$H_0 = nt + 2d = 7 \times 8 + 2 \times 3 = 62\text{mm}$$

高径比：$b = H_0 / D_2 = \dfrac{H_0}{Cd} = \dfrac{62}{8 \times 3} = 2.58$，一端固定，一端可以自由转动，$b_c = 3.7$，$b < b_c$，故弹簧的稳定性校核通过。

⑤ 其他计算

极限载荷：

$$[\tau_i] \leqslant 1.25[\tau] = 1.25 \times 800 = 1000\text{MPa}$$

弹簧的极限载荷 $F_j$：

$$F_j = \frac{\pi d^2 \tau_i}{8CK} = 128.13\text{N}$$

最小工作载荷 $F_1$：

$$F_1 = 0.4F = 42.21\text{N}$$

极限载荷下的变形量：

$$\lambda_i = \frac{F_j}{K} = 44.65\text{mm}$$

极限载荷下的弹簧高度：

$$H_i = H_0 - \lambda_i = 17.35\text{mm}$$

最大工作载荷下的弹簧高度：

$$H_2 = H_0 - \lambda_1 = 32\text{mm}$$

最小工作载荷下的弹簧高度：

$$H_1 = H_0 - 10 = 52\text{mm}$$

弹簧的中径 $D_2$、外径 $D$、内径 $D_1$ 分别为：

$$D_2 = Cd = 24\text{mm}$$

$$D = D_2 + d = 27\text{mm}$$

$$D_1 = D_2 - d = 21\text{mm}$$

总圈数：

$$n_1 = n + 2.5 = 7 + 2.5 = 9.5$$

弹簧螺旋线升角：

$$\alpha = \tan^{-1}\frac{t}{\pi D_2} = 6.4^\circ$$

弹簧的展开长度 $L$：

$$L=\frac{\pi D_2 n}{\cos\alpha}=153.173\approx 153.2\text{mm}$$

⑥ 工作图。弹簧的端部结构对弹簧的正常工作起着很重要的作用，比较重要的弹簧的两端各有 3/4～7/4 圈的并紧支承圈，端面经磨平并与弹簧的轴线垂直，主阀瓣弹簧如图 6-3 所示。

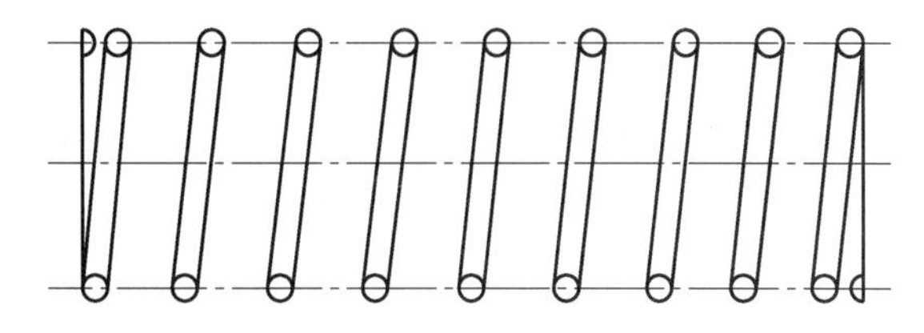

图 6-3　主阀瓣弹簧

技术要求：1．总圈数 $n_1=9.5$。

2．工作圈数 $n=7$。

3．展开长度 $L=153.2\text{mm}$。

（3）先导阀弹簧的设计计算

首先初选弹簧的直径为 $d=3\text{mm}$，根据工作要求确定弹簧的结构、材料和许用应力，这种弹簧也选用碳素弹簧钢丝，但应该列为第Ⅱ组类。当压力为 5.0 MPa 时，压力损失为 0.2～0.3MPa，先导阀的最大载荷 $F_{\max}=139\times\dfrac{\pi}{4}=437\text{N}$。由表查得弹簧系数 $C=4$，曲度系数为：

$$K=\frac{4C-1}{4C-4}+\frac{0.615}{C}=1.4$$

查表得，弹簧材料在 $d=3\text{mm}$ 时，碳素弹簧钢丝的拉伸强度极限 $\sigma_B=1700\text{MPa}$，查表得 $[\tau]=0.4\sigma_B=0.4\times1700=680\text{MPa}$。最大工作载荷为 $F$，其强度公式为：

$$\tau=K\frac{8FC}{\pi d^2}\leqslant[\tau] \tag{6-32}$$

再根据式（6-33）计算弹簧丝的直径：

$$d\geqslant\sqrt{\frac{8KFC}{\pi[\tau]}} \tag{6-33}$$

式中　$[\tau]$——弹簧材料的许用扭转应力，MPa;

$F$——轴向载荷，N;

$d$——弹簧丝的直径，mm；

$C$——弹簧指数，又称为旋绕比，$C=D_2/d$，$D_2$ 为弹簧的中径;

$K$——曲度系数，又称应力修正系数。

$$d\geqslant\sqrt{\frac{8KFC}{\pi[\tau]}}=1.6\sqrt{\frac{KFC}{[\tau]}}=2.93\text{mm}$$

由以上计算得 $d<3\text{mm}$，说明与初选值相符，故采用 $d=3\text{mm}$ 的弹簧丝。

由式（6-34）计算弹簧的工作圈数：

$$n=\frac{G\lambda d}{8FC^3} \tag{6-34}$$

式中　$G$——弹簧材料的剪切弹性模量，对于钢，$G$ 为 80000MPa；对于青铜，$G$ 为 40000MPa。

$$n=\frac{G\lambda d}{8FC^3}=10.8$$

所以取 $n=11$。

弹簧的稳定性校核：

弹簧的节距 $t$，查表得：

$$t=d+\delta\geqslant d+\frac{\lambda}{n}+0.1d \tag{6-35}$$

式中　$\delta$——相邻两圈间的间隙，mm。

$$t=d+\delta\geqslant d+\frac{\lambda}{n}+0.1d=4.2\text{mm}$$

所以取 $t=5\text{mm}$，两端支承圈共为 2.5 圈。由表查得弹簧的自由高度为：

$$H_0=nt+2d=61\text{mm}$$

高径比：$b=H_0/D_2=H_0/(Cd)=5.08$，端部支承为两端固定时，$b_c=5.3$，$b<b_c$ 故弹簧的稳定性校核通过。

极限载荷：

$$[\tau_i]\leqslant1.25[\tau]=1.25\times720=900\text{MPa}$$

弹簧的极限载荷 $F_j$：

$$F_j=\frac{\pi d^2\tau_i}{8CK}=567.72\text{N}$$

最小工作载荷 $F_1$：

$$F_1=0\text{N}$$

弹簧的刚度：

$$K_2=\frac{Gd}{8C^3n}=42.61\text{N/mm}$$

极限载荷下的变形量：

$$\lambda_i=\frac{F_j}{K}=13.32\text{mm}$$

最小工作载荷的变形量为 0。

极限载荷下的弹簧高度：

$$H_i=H_0-\lambda_i=47.68\text{mm}$$

最大工作载荷下的弹簧高度：

$$H_2=H_0-\lambda_1=51\text{mm}$$

最小工作载荷下的弹簧高度：

$$H_1 = H_0 - 10 = 61\text{mm}$$

弹簧的中径 $D_2$、外径 $D$、内径 $D_1$ 分别为:

$$D_2 = Cd = 12\text{mm}$$

$$D = D_2 + d = 15\text{mm}$$

$$D_1 = D_2 - d = 9\text{mm}$$

总圈数:

$$n_1 = n + 2.5 = 13.5$$

弹簧螺旋线升角:

$$\alpha = \tan^{-1}\frac{t}{\pi D_2} = 7.6^\circ$$

弹簧的展开长度 $L$:

$$L = \frac{\pi D_2 n}{\cos\alpha} = 418.37 \approx 418.4\text{mm}$$

弹簧的端部结构对弹簧的正常工作起着很重要的作用,比较重要的弹簧的两端各有 3/4～7/4 圈的并紧支承圈，端面经磨平并与弹簧的轴线垂直，先导阀瓣弹簧如图 6-4 所示。

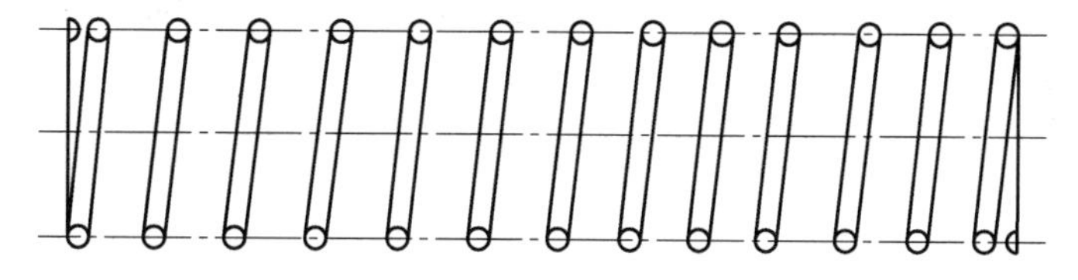

图 6-4　先导阀瓣弹簧

技术要求：1．总圈数 $n_1 = 13.5$。

2．工作圈数 $n_1 = 11$。

3．展开长度 $L = 418.4\text{mm}$。

## 6.4　减压阀阀体的设计

### 6.4.1　阀体的功能

阀体是阀门中最重要的零件之一，阀体的重量通常占整个阀门总重量的 70%左右。阀体的主要功能有:

① 作为工作介质的流动通道;

② 承受工作介质压力、温度、冲蚀和腐蚀;

③ 在阀体内部构成一个空间，设置阀座，以容纳启闭件、阀杆等零件;

④ 在阀体端部设置连接结构，满足阀门与管道系统安装的使用要求;

⑤ 承受阀门启闭载荷和安装使用过程中因为温度变化、振动、水击等影响所产生的附加载荷。

## 6.4.2 阀体的设计

（1）确定阀体材料

LNG 减压阀的工作环境为-162℃，故阀体的选择应能充分承受温度的变化而引起的膨胀、收缩，而且阀座的结构不会因为温度的变化而产生永久变形，故阀体的材料选择0Gr18Ni10Ti。

（2）阀体结构设计

① 阀体的流道。阀体流道的设计原则如下：

a．阀体端口必须为圆形，介质流道应尽量设计为直线型或流线型，尽可能避免介质的流动方向的突然改变和通道形式和截面面积的急剧变化，以减少流体阻力，腐蚀和冲蚀；

b．在直通式阀体设计时应保证通道喉部的流动面积至少等于阀体端口的截面积；

c．阀座的直径不得小于阀口端口直径（公称通径）的 90%；

d．直流阀体设计时，阀瓣启闭轴线（阀杆轴线）与流体通道出口端轴线的夹角 $\alpha$ 通常为 45°～60°。

根据设计的原则，LNG 减压阀阀体的流道选用直通式流道，通道喉部面积等于阀体端口的截面积，阀座直径为 135mm，阀瓣启闭轴线与流体通道出口端轴线的夹角 $\alpha$ 为 60°。

② 阀体的结构。阀体的结构采用铸造阀体，铸造阀体是目前应用最广的一种结构形式，其最大的优点就是通过铸件造型，既能达到理想的、合理的几何形状，特别是流道形状，又可少受重量方面的限制。

（3）阀体壁厚的计算

① 阀体通道处最小壁厚

$$t'_B = 1.5\frac{6KPNd}{290S_0 - 7.2KPN} + C_1 \tag{6-36}$$

式中 $PN$ ——公称压力，MPa；

$d$ ——管路进口端最小内径，mm；

$K$ ——系数；

$S_0$ ——应力系数，MPa，取 48.3；

$C_1$ ——附加裕量，mm，取 4.48 mm。

代入数据得

$$t'_B = 1.5\frac{6KPNd}{290S_0 - 7.2KPN} + C_1 = 9.5\text{mm}$$

$$t_B > t'_B = 9.5\text{mm}$$

② 阀体中腔处最小壁厚

$$t'_{B1} = 1.5\frac{6KPNd''}{290S_0 - 7.2KPN} + C_1 \tag{6-37}$$

式中 $PN$ ——公称压力，MPa；

$S_0$ ——应力系数，MPa，取 48.3；

$C_1$ ——附加裕量，mm，取 4.48mm；

$d''$ ——中腔的内径，mm，取 100mm。

代入数据得

$$t'_{B1} = 1.5\frac{6KPNd''}{290S_0 - 7.2KPN} + C_1 = 7.8\text{mm}$$

$$t_B > t'_{B1} = 7.8\text{mm}$$

③ 第四强度理论最小壁厚

$$t'_B = \frac{pd'}{2.3[\sigma_L] - p} + C_1 \tag{6-38}$$

式中 $p$——取公称压力$PN$数值的1/10；

$d'$ ——计算内径，mm；

$[\sigma_L]$ ——许用拉应力，MPa；

$C_1$ ——附加裕量，mm，取4.48 mm。

代入数据得

$$t'_B = \frac{pd'}{2.3[\sigma_L] - p} + C_1 = 7.8\text{mm}$$

$$t_B > t'_B = 7.8\text{mm}$$

## 6.5 阀盖壁厚的设计和计算

### 6.5.1 阀盖的设计和强度校核

阀体和阀盖共同组成承压壳体，阀盖承受的介质压力、温度等技术参数与阀体基本相同，因为工作环境为-162℃，故阀盖目的在于能起到保护填料函的功能，因为填料函的密封性是低温阀的关键之一，该处如果有泄漏，将降低保冷效果，导致液化气体气化。在低温状态下，随着温度的降低，填料弹性逐渐消失，防漏性能随之下降。由于介质渗漏造成填料与阀杆处结冰，影响阀杆的正常操作，同时也会因为阀杆上下移动而将填料划伤，引起严重泄漏，故阀盖设计必须满足低温条件下的要求。

### 6.5.2 阀盖厚度的计算

阀盖的材料采用0Gr18Ni9T，阀盖的计算方法采用中国计算法，阀盖的结构型式采用I型平板阀盖（平法兰垫片），故阀盖的厚度计算公式如式（6-39）所示：

$$t_B = D_1\sqrt{\frac{0.162p}{[\sigma_w]}} + C \tag{6-39}$$

式中 $D_1$——螺栓孔中心圆直径，mm；

$p$——$PN$值的1/10；

$C$ ——附加裕量，mm，取4.48mm；

$[\sigma_w]$——材料的许用弯曲应力，MPa。

代入数据得

$$t_B = D_1\sqrt{\frac{0.162p}{[\sigma_w]}} + C = 28\text{mm}$$

### 6.5.3 阀盖强度的验算

弯曲应力：

$$\sigma_w = Kp\frac{D_1}{(S_B - C)^2} \tag{6-40}$$

式中 $p$——设计压力，MPa；

$D_1$——螺丝孔中心圆直径，mm；

$S_B$——实际厚度，mm；

$C$——腐蚀裕量，mm，取 4.48mm；

$K$——形状系数，取 0.18。

代入数据得

$$\sigma_w = Kp\frac{D_1}{(S_B - C)^2} = 25\text{MPa}$$

由以上计算知 $\sigma_w < [\sigma_w]$，验算合格。

## 6.6 阀座及密封面的设计

### 6.6.1 阀座的结构型式

阀座的结构型式采用整体式阀座，加工方法采用无圈结构的堆焊和喷焊，密封面的材料采用硬质合金，材料的基体采用不锈钢。

### 6.6.2 阀座尺寸的确定

阀座的内径不小于阀口端口直径的 90%，故阀座的内径为 135mm，阀座密封面的内径一般与阀座内径相等，堆焊的密封面，由于工艺上的要求，密封面内径通常大于阀座的内径 2～3mm，故密封面的内径 $D_{MN}$ 取 136mm。由于工作环境为-162℃，密封面的材料采用聚四氟乙烯。

密封面如图 6-5 所示，宽度 $b_M = (1/20～1/50)DN$，通径越大取值越小，密封面宽度通常不小于 2～3mm。

$$b_M = \left(\frac{1}{20}～\frac{1}{50}\right)DN = 3\text{mm} \tag{6-41}$$

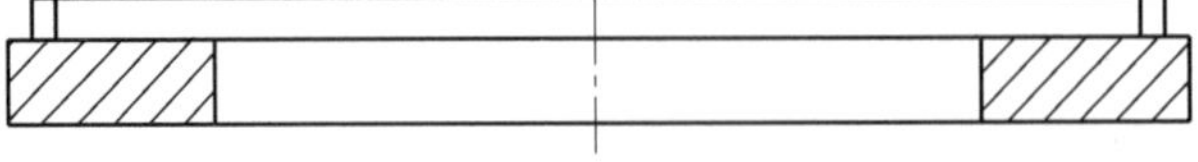

图 6-5　密封面

密封面上的总作用力：

$$F_{MZ} = F_{MJ} + F_{MF} \tag{6-42}$$

式中 $F_{MZ}$——密封面上总作用力，N；

$F_{MJ}$ ——密封面处介质作用力，N；

$F_{MF}$ ——密封面上密封力，N。

密封面处介质作用力可按式（6-43）计算：

$$F_{MJ}=\frac{\pi}{4}(D_{MN}+b_{M})^{2}p \tag{6-43}$$

式中　$D_{MN}$ ——密封面内径，mm；

$b_{M}$ ——密封面宽度，mm；

$p$ ——取公称压力，MPa，取 4.6 MPa。

代入数据得

$$F_{MJ}=\frac{\pi}{4}(D_{MN}+b_{M})^{2}p=69804\text{N}$$

密封面上密封力可按式（6-44）计算：

$$F_{MF}=\pi(D_{MN}+b_{M})b_{M}q_{MF} \tag{6-44}$$

式中　$q_{MF}$ ——密封面上必需比压，MPa。

密封面的材料为硬质合金：

$$q_{MF}=\frac{3.5+PN}{\sqrt{\frac{b_{M}}{10}}}=14.8\text{MPa}$$

$$F_{MF}=\pi(D_{MN}+b_{M})b_{M}q_{MF}=19399\text{N}$$

$$F_{MZ}=F_{MJ}+F_{MF}=89203\text{N}$$

### 6.6.3　密封面计算比压的验算

对密封面宽度进行比压验算，验算合格的条件为：

$$q_{MF}<q<[q] \tag{6-45}$$

式中　$q_{MF}$ ——密封面上需要的比压，MPa；

$[q]$ ——密封面上的许用比压，MPa，取 $[q]=80\text{MPa}$；

$q$ ——验算的实际比压，MPa。

密封面比压的计算：

$$q=\frac{F_{MZ}}{\pi b_{M}(D_{MN}+b_{M})} \tag{6-46}$$

式中　$D_{MN}$ ——阀座密封面内径，mm；

$b_{M}$ ——阀座密封面宽度，mm；

$q$ ——密封面比压，MPa；

$F_{MZ}$ ——出口端阀座密封面上的总作用力。

代入数据得

$$q=\frac{F_{MZ}}{\pi b_{M}(D_{MN}+b_{M})}=68.1\text{MPa}$$

符合条件$q_{MF}<q<[q]$，故验算合格。

## 6.7 阀杆的设计和强度校核

### 6.7.1 阀杆及紧固材料的选用和尺寸的确定

① LNG 减压阀的工作环境为-162℃，阀杆的材料采用奥氏体不锈耐酸钢制造，由于耐酸钢硬度低，会造成阀杆和填料之间相互擦伤，导致填料处泄漏。所以，阀杆表面必须镀硬铬（镀层厚 0.05 mm）以提高表面硬度，从而防止阀杆与填料、填料压套（压盖）相互咬死，损坏密封填料，造成填料函泄漏。为了防止螺母和螺栓咬死，螺母一般采用 Ni 钢，同时在螺纹表面涂二硫化钼。

② 确定阀杆参数，阀杆及阀杆受力图分别如图 6-6、图 6-7 所示。查《实用阀门设计手册》表 9-44 可得，阀杆的直径为 44mm，阀杆长 400mm。阀杆材料的许用应力为$[\sigma_Y]=155\text{MPa}$，$[\sigma_L]=135\text{MPa}$，$[\tau_N]=90\text{MPa}$，$[\sigma_\Sigma]=145\text{MPa}$。

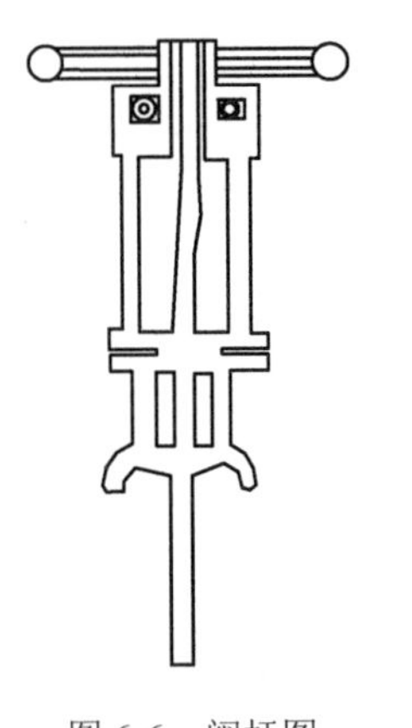

图 6-6 阀杆图

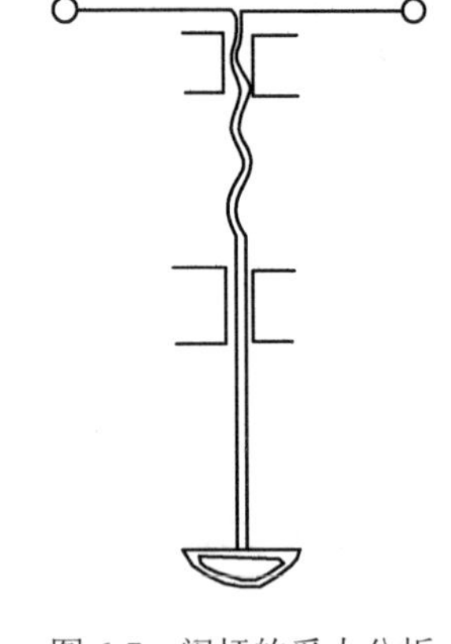

图 6-7 阀杆的受力分析

### 6.7.2 阀杆强度校核

最终产生的阀杆总轴向力：

$$F'_{FZ}=K_2F_{MF}+K_1F_{MJ}+F_J+F_T \tag{6-47}$$

式中 $F'_{FZ}$——关闭最终时的阀杆总轴向力，N；

$F_{MF}$——密封力，即在密封面上形成密封比压所需要的轴向力，N；

$F_{MJ}$——关闭时，作用在阀瓣上的介质力，N；

$F_T$——阀杆与填料之间的摩擦力，N；

$K_1$、$K_2$——查表，取 1.1；

$F_J$——阀杆径向截面上的介质作用力。

对于平面密封，密封面上密封力$F_{MF}$的计算如式（6-48）所示：

$$F_{MF}=\pi(D_{MN}+b_M)b_Mq_{MF} \tag{6-48}$$

式中 $D_{MN}$——密封面内径，mm；

$b_M$ ——密封面宽度，mm；

$q_{MF}$ ——阀座必须比压，MPa。

代入数据得

$$F_{MF} = \pi(D_{MN} + b_M)b_M q_{MF} = 19399\text{N}$$

密封面处介质作用力可按式（6-49）计算：

$$F_{MJ} = \frac{\pi}{4}(D_{MN} + b_M)^2 p \tag{6-49}$$

式中　$D_{MN}$ ——密封面内径，mm；

$b_M$ ——密封面宽度，mm；

$p$ ——取公称压力，MPa，取 4.6MPa。

代入数据得

$$F_{MJ} = \frac{\pi}{4}(D_{MN} + b_M)^2 p = 69804\text{N}$$

阀杆径向截面上介质作用力：

$$F_J = \frac{\pi}{4} d_F^2 p \tag{6-50}$$

式中　$d_F$ ——阀杆直径，mm。

代入数据得

$$F_J = \frac{\pi}{4} d_F^2 p = 6995\text{N}$$

阀杆与填料摩擦力：

$$F_T = \psi d_F b_T p \tag{6-51}$$

式中　$\psi$ ——取 9.5；

$b_T$ ——填料宽度。

代入数据得

$$F_T = \psi d_F b_T p = 9.5 \times 44 \times 11 \times 4.6 = 21151\text{N}$$

则

$$F'_{FZ} = K_2 F_{MF} + K_1 F_{MJ} + F_J + F_T = 126269.3\text{N}$$

轴向应力：

$$\sigma_L = \sigma_Y = \frac{F_{FZ}}{F_s} \tag{6-52}$$

式中　$F_s$ ——阀杆最小截面积。

代入数据得

$$\sigma_L = \sigma_Y = \frac{F_{FZ}}{F_s} = \frac{126269.3}{980} = 89\text{MPa}$$

扭应力：

$$\tau_N = \frac{M'_{FZ}}{W_s} \tag{6-53}$$

式中　$M'_{FZ}$ ——关闭时阀杆螺纹摩擦力矩，N · mm；

$W_s$ ——阀杆最小断面系数，查表取。

代入数据得

$$\tau_N = \frac{M'_{FZ}}{W_s} = 53\text{MPa}$$

合成应力：

$$\sigma_\Sigma = \sqrt{\sigma_Y^2 + 4\tau_N^2} = 138\text{MPa}$$

由以上计算得 $\sigma_L < [\sigma_L]$，$\tau_N < [\tau_N]$，$\sigma_\Sigma < [\sigma_\Sigma]$，验算合格。

### 6.7.3　阀杆头部强度验算

阀杆头部结构如图 6-8 所示。

剪应力：

$$\tau = \frac{(F'_{FZ} - F_T)}{2bh} \tag{6-54}$$

式中　$F'_{FZ}$ ——阀杆总轴向力，N；

$F_T$ ——阀杆与填料摩擦力，N；

$b$ ——取 50mm；

$h$ ——取 25mm。

代入数据得

$$\tau = \frac{(F'_{FZ} - F_T)}{2bh} = 42\text{MPa}$$

由以上计算知 $\tau < [\tau] = 81\text{MPa}$，验算合格。

### 6.7.4　阀杆稳定性验算

阀杆受力图如图 6-9 所示。

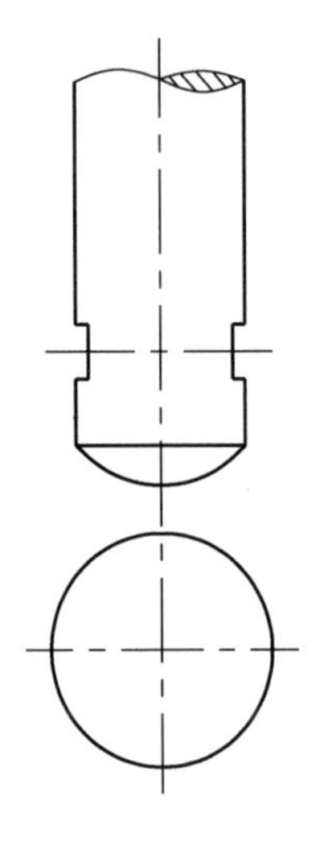

图 6-8　阀杆头部结构

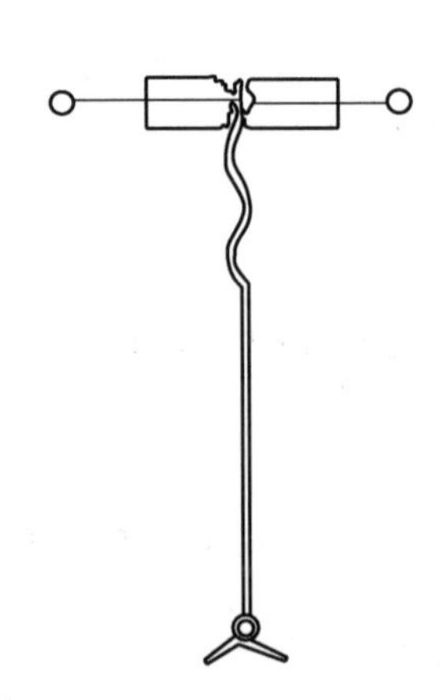

图 6-9　阀杆受力图

实际细长比：

$$\lambda=\frac{4\mu l_F}{d_F} \tag{6-55}$$

式中　$\mu$ ——支承型式影响系数，取 0.699；

$l_F$ ——计算长度，mm；

$d_F$ ——阀杆直径，mm，取 44mm。

代入数据得

$$\lambda=\frac{4\mu l_F}{d_F}=26$$

允许细长比 $\lambda_0$ 取 30，则 $\lambda<\lambda_0$，验算合格。

## 6.8　垫片材料以及尺寸的确定

低温阀门所使用的垫片必须在常温、低温以及温度变化下具有可靠的密封性和复原性。由于垫片材料在低温下会硬化和降低塑形，所以应选择性能变化较小的垫片材料，故选择柔性石墨与耐酸钢绕制而成的缠绕式垫片，相关参数见表 6-6。

表 6-6　垫片

| 尺寸/mm | 垫片材料 | 垫片系数/m | 比压 $y$/MPa |
|---|---|---|---|
| 10 | 不锈钢 | 1.25 | 2.8 |

① 垫片的接触宽度 $b_{DP}=10\text{mm}$，基本宽度 $b_{DJ}=b_{DP}/2=5\text{mm}$。

② 垫片的有效密封宽度 $B_N$，因为 $b_{DJ}<6.4\text{mm}$，所以垫片的有效密封宽度 $B_N=b_{DJ}=5\text{mm}$。

③ 垫片压紧力作用中心圆直径的确定，因为 $b_{DJ}<6.4\text{mm}$，所以 $D_G$ 等于垫片接触面的平均直径，即 $D_G=3\text{mm}$。

④ 垫片压紧力的计算

$$F_G=3.14D_GB_Ny \tag{6-56}$$

式中　$D_G$ ——垫片接触面的平均直径，mm；

$B_N$ ——垫片的有效密封宽度，mm；

$y$ ——比压，MPa。

代入数据得

$$F_G=3.14D_GB_Ny=3.14\times3\times5\times2.8=131.88\text{MPa}$$

⑤ 螺栓材料、规格数量的确定。根据标准参照法可以确定螺栓数量 8 个，螺纹规格为 M24，螺栓孔的直径为 26mm，许用拉应力 $[\sigma_L]=188\text{MPa}$，螺距为 $p=5\text{mm}$，螺纹中径 $d_2=23.5\text{mm}$，升角 $\alpha_L=3°53'$，摩擦系数 $f_L=0.17$。

## 6.9　中法兰连接螺栓的设计和强度校核

### 6.9.1　中法兰连接螺栓的设计

阀体和阀盖的连接采用法兰连接，法兰连接拆卸方便、密封可靠，适用于各种压力大小口径的阀门。确定阀体中法兰尺寸的方法采用“标准法兰参照法”，根据阀体的公称通径 $DN150$，取美洲体系的钢管外径为 168.3 mm，法兰类型采用整体法兰。在-162℃的工作环境下，中法兰连接螺栓（见图 6-10）应满足以下要求：

① 螺栓应有足够的强度，这是因为螺栓在反复载荷下工作，常会因为疲劳而产生断裂；

② 因螺栓在螺纹根部易引起应力集中，所以最好采用全螺纹结构的螺栓；

③ 拧紧螺栓的预紧力大小不均匀时，易产生疲劳破坏，所以最好用力矩扳手来拧紧螺栓。

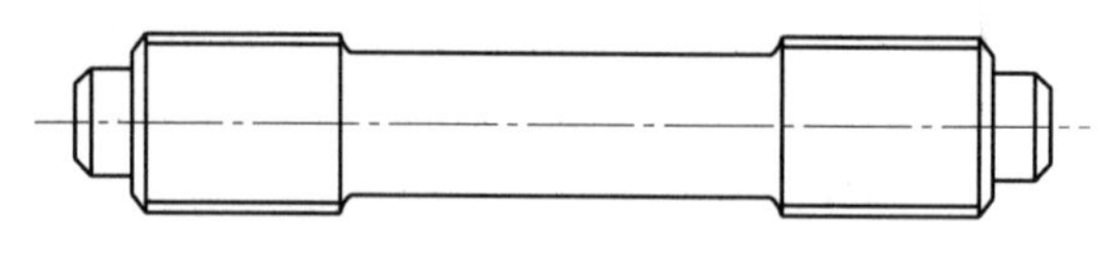

图 6-10　中法兰连接螺栓结构

## 6.9.2　中法兰连接螺栓强度的验算

操作下总作用力：

$$F' = F_{DJ} + F_{DF} + F_{DT} + F_z' \tag{6-57}$$

式中　$F_{DJ}$ ——垫片处介质作用力，N；

$F_{DF}$ ——垫片上密封力，N；

$F_{DT}$ ——垫片弹性力，N；

$F_z'$ ——关闭阀杆总轴向力，N。

垫片处介质作用力：

$$F_{DJ} = \frac{\pi}{4} D_{DP}^2 p \tag{6-58}$$

式中　$D_{DP}$ ——垫片平均直径，mm；

$p$ ——计算压力，取设计压力，MPa。

代入数据得

$$F_{DJ} = \frac{\pi}{4} D_{DP}^2 p = 33\text{N}$$

垫片上密封力：

$$F_{DF} = 2\pi D_{DP} B_N M_{MP} p \tag{6-59}$$

式中　$B_N$ ——垫片有效宽度，mm；

$M_{MP}$ ——垫片系数，取 2.5。

代入数据得

$$F_{DF} = 2\pi D_{DP} B_N M_{MP} p = 1084\text{N}$$

垫片弹性力：

$$F_{DT} = \eta F_{DJ} \tag{6-60}$$

式中　$\eta$ ——系数，按固定法兰取 0.2。

代入数据得

则

$$F_{DT} = \eta F_{DJ} = 6.6\text{N}$$

$$F' = F_{DJ} + F_{DF} + F_{DT} + F_z' = 127393\text{N}$$

螺栓计算载荷：

$$F_L = F' \tag{6-61}$$

螺栓拉应力：

$$\sigma_L = \frac{F_L}{A_L} \tag{6-62}$$

式中　$A_L$——螺栓总截面积，$mm^2$。

螺栓总截面积：

$$A_L = ZA_1 \tag{6-63}$$

式中　$Z$——螺栓数量，个；

$A_1$——单个螺栓截面积，$mm^2$。

代入数据得

$$A_L = ZA_1 = 8\pi \times 169 = 4245\text{mm}^2$$

$$\sigma_L = \frac{F_L}{A_L} = 30\text{MPa}$$

由以上计算知$\sigma_L < [\sigma_L]$，故验算合格。

## 6.9.3　中法兰设计和强度校核

中法兰工作环境为-162℃，所以中法兰的材料采用奥式体钢，中法兰结构形式如图 6-11 所示。

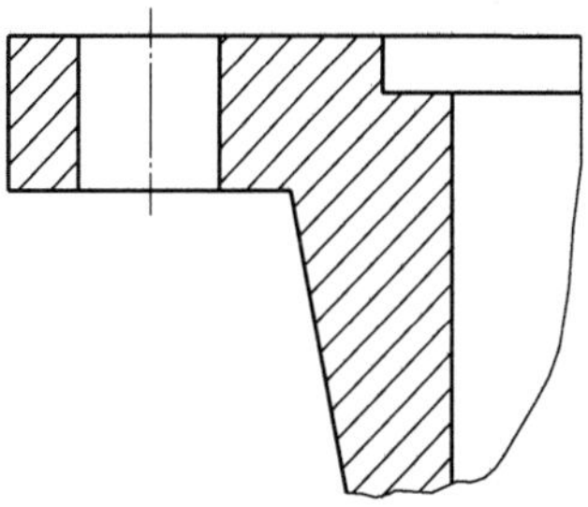

图 6-11　中法兰结构形式

计算弯曲应力：

$$\sigma_w = \frac{FL_1}{W_1} \tag{6-64}$$

式中　$L_1$——力臂，mm；

$W_1$——断面系数，$mm^3$。

力臂的计算：

$$L_1 = (D_1 - D_M)/2 \tag{6-65}$$

式中　$D_1$——螺栓孔中心圆直径，mm，取 44mm；

$D_M$——中法兰根部直径，mm，取 40mm。

$$L_1 = (D_1 - D_M)/2 = 2\text{mm}$$

断面系数的计算：

$$W_1 = \frac{1}{6}\pi D_M h^2 \tag{6-66}$$

式中　$h$——中法兰厚度，mm，取 12mm。

代入数据得

$$W_1=\frac{1}{6}\pi D_{\rm M}h^2=3016\text{mm}^3$$

$$\sigma_{\rm w}=\frac{FL_1}{W_1}=85\text{MPa}$$

由以上计算可知$\sigma_{\rm w}<[\sigma_{\rm w}]$，强度校核合格。

# 6.10 填料函及填料的设计和强度校核

## 6.10.1 填料函与填料的材料

填料函不能与低温段直接接触，而设在长颈阀盖顶端，使填料函处于离低温段较远的位置，在 0℃以上工作。这样，提高了填料函的密封效果。在泄漏时，或当低温流体直接接触填料造成密封效果下降时，可以从填料函中间加入润滑脂形成油封层，降低填料函的压差，作为辅助的密封措施，填料函多采用带有中间金属隔离环的二段填料结构。

在低温阀门设计中，一方面由结构设计来保证填料处于接近环境温度工作，当采用长颈阀盖结构时，使填料尽量远离低温介质，同时选择材料时要考虑填料的低温特性，低温阀中一般采用浸渍聚四氟乙烯的石棉填料。

## 6.10.2 填料函的尺寸

图 6-12 为填料函结构图，填料函宽度：

$$s=1.6\sqrt{d_1} \tag{6-67}$$

式中　$d_1$——阀杆直径，mm。

代入数据得

$$s=1.6\sqrt{d_1}=10.6\text{mm}$$

经取整，$s$取 11mm。

查《实用阀门设计手册》表 9-52 可得，填料函的内径为 66mm；查《实用阀门设计手册》表 9-56 可得，填料函的深度为 104.5mm。

## 6.10.3 填料函的校核计算

操作下总作用力：

$$F'_{\rm T}=F_{\rm TMJ}+F_{\rm TMF} \tag{6-68}$$

填料函密封面处介质作用力：

$$F_{\rm TMJ}=\frac{\pi}{4}(D_{\rm TN1}+b_{\rm TM})^2p \tag{6-69}$$

式中　$D_{\rm TN1}$——填料箱密封面内径，mm；

$b_{\rm TM}$——填料箱密封面宽度，mm；

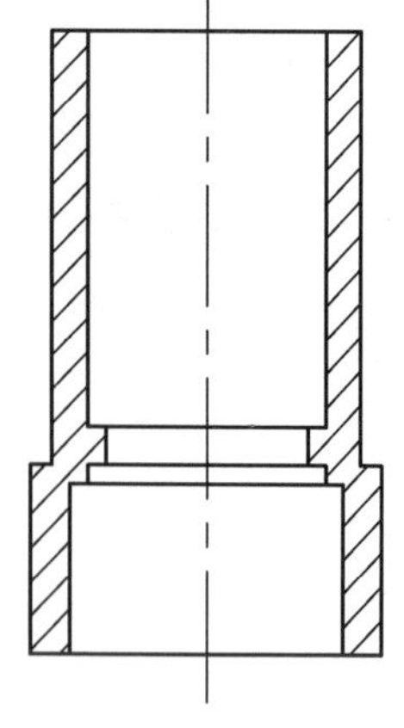

图 6-12　填料函

$p$ ——取公称压力 $PN$，MPa。
代入数据得

$$F_{TMJ} = \frac{\pi}{4}(D_{TN1} + b_{TM})^2 p = 27346\text{N}$$

填料函密封面上密封力：

$$F_{TMF} = \pi(D_{TN1} + b_{TM})b_{TM}q_{MT} \tag{6-70}$$

式中　$q_{MT}$ ——填料函密封面密封比压，MPa。

填料函密封比压：

$$q_{MT} = np\sqrt{\frac{b_{TM}}{10}} \tag{6-71}$$

式中　$n$ ——系数，取值 4。
代入数据得

$$q_{MT} = np\sqrt{\frac{b_{TM}}{10}} = 19.3\text{MPa}$$

故填料函密封面上密封力：

$$F_{TMF} = \pi(D_{TN1} + b_{TM})b_{TM}q_{MT} = 58026\text{N}$$

填料箱密封面必须预紧力：

$$F_{TYJ} = \pi(D_{TN1} + b_{TM})b_{TM}q_{YJ}K_{DP} \tag{6-72}$$

式中　$q_{YJ}$ ——填料箱密封面必须比压，MPa，取 $q_{MT}$；
$K_{DP}$ ——形状系数，取 1。
代入数据得

$$F_{TYJ} = \pi(D_{TN1} + b_{TM})b_{TM}q_{YJ}K_{DP} = \pi(76 + 11)\times 11\times 19.3 = 58026\text{N}$$

填料箱密封面必须比压：

$$q = \frac{F_{TMZ}}{\pi(D_{TN1} + b_{TM})b_{TM}} \tag{6-73}$$

式中　$F_{TMZ}$ ——取 $F'_T$。
代入数据得

$$q = \frac{F_{TMZ}}{\pi(D_{TN1} + b_{TM})b_{TM}} = 28.4\text{MPa}$$

填料箱密封面许用比压：

$$[q] = 0.5\sigma_s \tag{6-74}$$

式中　$\sigma_s$ ——材料屈服极限，取 200MPa。
代入数据得

$$[q] = 0.5\sigma_s = 100\text{MPa}$$

由上述计算知 $q_{YJ} < q < [q]$，验算合格。

剪应力：

$$\tau=\frac{F_{YJ}}{\pi D_{TN}h} \tag{6-75}$$

压紧填料总力：

$$F_{YJ}=\frac{\pi}{4}(D_{TW}^2-D_{TN}^2)q_T \tag{6-76}$$

式中　$D_{TW}$——填料箱外径，mm；

$D_{TN}$——填料箱内径，mm；

$q_T$——填料必须比压，MPa。

填料必须比压：

$$q_T=\psi p \tag{6-77}$$

式中　$\psi$——系数，取 9.5。

代入数据得

$$q_T=\psi p=32.2\text{MPa}$$

$$F_{YJ}=\frac{\pi}{4}(D_{TW}^2-D_{TN}^2)q_T=76882\text{N}$$

$\tau=\frac{F_{YJ}}{\pi D_{TN}h}$=12.88MPa $<[\tau]=100$ MPa，故填料函校验合格。

## 6.11　上密封座和阀座的结构形式和尺寸计算

### 6.11.1　上密封座的结构形式和尺寸计算

低温阀都设有上密封座结构，上密封面要采用堆焊钴铬钨硬质合金，精加工后研磨。

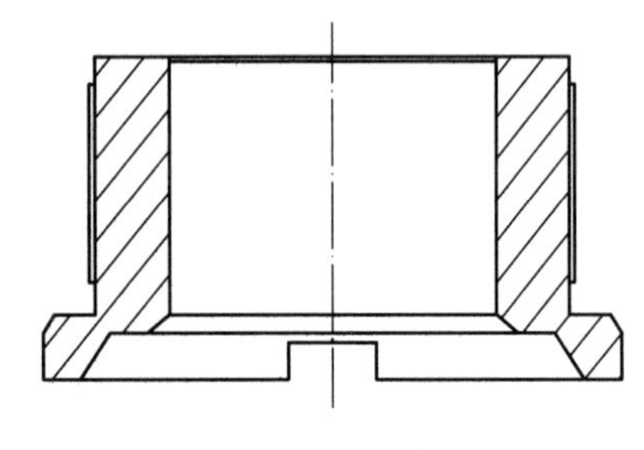

图 6-13　上密封座

公称压力 $PN$ 为 1.6～6.4MPa，公称通径 $DN$ 为 50～300mm，采用的上密封座的结构形式如图 6-13 所示。

密封座的尺寸查《实用阀门设计手册》表 6-47 可得：$d=44$mm，$M=\text{M}68\times2$，$d_1=65$mm，$d_2=64$mm，$D=78$mm，$D_1=68$mm，$D_2=68$mm，$D_3=50$mm，$h=25$mm，$H=35$mm，$C=5$mm，$C_1=4$mm，$G=0.69$g。

### 6.11.2　阀座的结构形式和尺寸

阀座（见图 6-14）的工作环境为-162℃，故阀座的材料采用奥式体钢。

图 6-14　阀座

阀座的尺寸为：$b=5\text{mm}$，$D=150\text{mm}$，$D_1=175\text{mm}$，$D_2=155\text{mm}$，$D_3=160\text{mm}$，$C=2.5\text{mm}$，$H=20\text{mm}$。

## 6.12 膜片的计算

减压阀的膜片（薄膜）通常是一侧受介质出口压力 $p_c$ 的作用，另一侧受调节弹簧力的作用，两者保持平衡，膜片材料可根据介质的特性选择金属（铜、不锈钢）和橡胶等。用橡胶作为膜片材料，橡胶膜片的厚度按式（6-78）计算：

$$\delta_m=\frac{0.7p_c A_{mz}}{\pi D_m[\tau]} \tag{6-78}$$

式中 $A_{mz}$ ——膜片的自由面积，$\text{mm}^2$；

$D_m$ ——膜片直径，mm；

$[\tau]$ ——橡胶材料的许用切应力，MPa。

代入数据得

$$\delta_m=\frac{0.7p_c A_{mz}}{\pi D_m[\tau]}=5\text{mm}$$

## 6.13 低温阀门的特殊结构

### 6.13.1 保冷

保冷板又称隔温板，如图 6-15 所示，是一块焊在填料函下部长颈部分的圆形板。其主要作用，一是为了支持保温材料，二是提高保温效果。

### 6.13.2 预防异常升压的措施

阀门关闭后，阀腔内会残留一些液体。随着时间的增加，这些残留在阀腔里的液体会渐渐吸收大气中的热量，回升到常温并重新气化。气化后，其体积急剧膨胀，约增加 620 倍之多，因而产生极高的压力，并作用于阀体内部。这种情况称为异常升压，这是低温阀门特有的现象。例如，液化天然气在-162℃时压力为4.2～6.4MPa，当温度上升到 20℃时，压力增加到 29.3MPa。发生异常升压现象时，会使闸板紧压在阀座上，导致闸板不能开启。这时，高压会将中法兰垫片冲出或冲坏填料，也可能引起阀体、阀盖变形，使阀座密封性显著下降，甚至阀盖破裂，造成严重事故。

为了防止异常升压现象的发生，一般低温阀门在结构上会采用以下措施：

① 设置泄压孔，又称为压力平衡孔或者排气孔，即在弹性闸板或双闸板进口侧钻一个小孔，作为阀体内腔和进口侧的压力平衡孔，如图 6-16 所示，当阀腔压力升高时，气体可以通过小孔排出，这种方法比较简单。

② 在阀门上设置引出管或安装安全阀以排出异常高压，一般是在阀盖上装一只安全阀。当压力升到某一定值时，安全阀开启，排放出异常高压，保证阀体安全。也可以在阀体下部安装排气阀，将阀体中腔内的残液排除干净，以防止异常升压的发生。

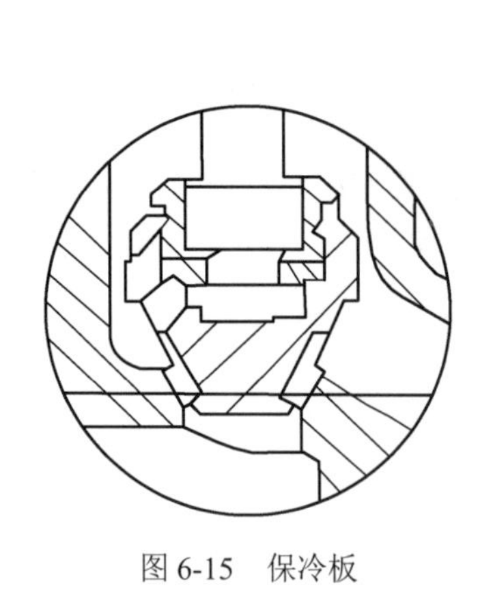

图 6-15　保冷板

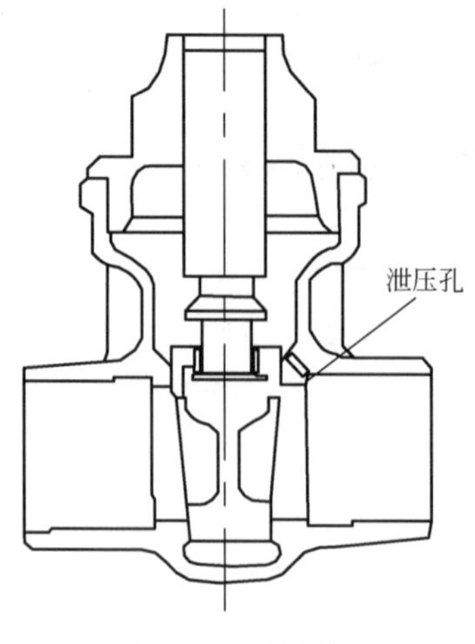


图 6-16　泄压孔

## 6.14　减压阀的性能指标及验算

### 6.14.1　减压阀的主要静态性能指标

减压阀的主要静态性能指标有：调压范围、压力稳定性、压力偏移、进口压力变化引起的出口压力变化量、外泄漏量、反向压力损失和动作可靠性等。

（1）调压范围

减压阀的调压范围是指将调压阀的调压手轮从全松到全闭时，阀出口压力的可调范围。减压阀的出口压力范围应该随着调压手轮的调节而平稳的上升或下降，不应该有突跳和迟滞现象。

（2）压力稳定性

压力稳定性是指出口压力的振摆。对于公称压力为 16MPa 以上的减压阀，一般会要求压力振摆值不超过±0.5MPa；对于公称压力为 16MPa 以下的减压阀，压力振摆值不超过±0.3MPa。

（3）压力偏移

压力偏移是指出油口的调定压力在规定时间内的偏移量。一般按 1 min 计算，对采用 Ha、Hb、Hc、Hd 四根不同调压弹簧的减压阀，其压力偏移值一般对应要求为 0.2 MPa、0.4 MPa、0.6MPa 和 1.0MPa。

（4）进口压力变化引起的出口压力变化量

当减压阀进口压力变化时，必然对出口压力产生影响，出口压力的波动值越小，减压阀的静性能也越好。测试时，一般使被试减压阀的进口压力在比调压范围的最低值高 2MPa 至公称压力的范围内变化时，测量出口压力的变化量。对于采用 Ha、Hb、Hc、Hd 四根不同调压弹簧的先导式减压阀，一般规定，其压力偏移值分别不超过 0.2MPa、0.4MPa、0.6MPa 和 0.8MPa。

（5）流量变化引起的出口压力的变化量

当减压阀的进口压力恒定时，通过阀的流量变化往往引起出口压力的变化，使出口压力不能保持调定值。测试时，是被试减压阀的进口压力调为公称压力，出口压力为调压范围的最低值，当通过调压阀的流量从零至公称流量范围内变化时，测量减压阀出口的压力变化量。

（6）外泄漏量

外泄漏量是指当减压阀起到减压作用时，每分钟从泄油口流出的先导流量。其数值一般应该小于 1.5～2.0L/min。测试时，是被试减压阀的进口压力调为公称压力，出口压力为调压范围的最低值，测得的泄油口流量即为外泄漏量。

（7）反向压力损失

对于单向减压阀，当反向通过公称流量时，减压阀的压力损失即为反向压力损失。一般规定反向压力损失应该小于 0.4MPa。

（8）动作可靠性

动作可靠性是指减压阀的出油口压力在反复的升压和卸荷中，动作应该正常并且没有异常的声音和振动。

## 6.14.2　减压阀的动态性能

减压阀的动态性能反映的是其工况发生突变时二次压力变化的过程，与溢流阀类似，通常也用时域特性进行评价。将减压阀或者单向减压阀的出油口突然卸荷或突然升压，通过液压试验系统和压力传感器及相关二次电气仪表，即可得到升压与卸荷时的瞬态特性曲线，如图 6-17 所示，整个动态响应过程是一个过渡过程，时域特性反映了减压阀或单向减压的快速性、稳定性和准确性等，具体指示及意义如下：

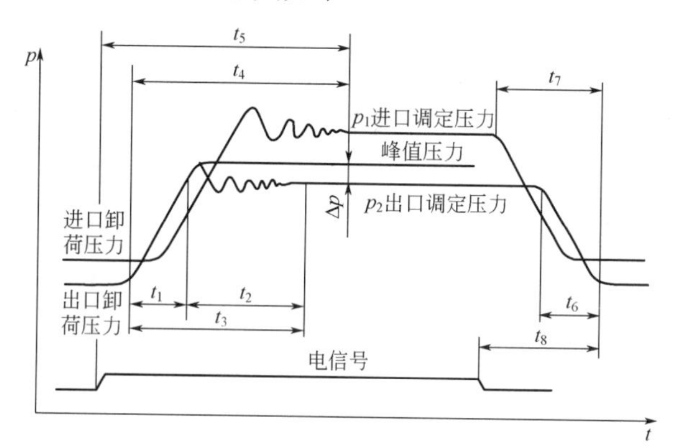


图 6-17　减压阀动态特性曲线

$\Delta p$ —出口压力超调量；$t_1$ —出口压力升压时间；$t_2$ —出口压力升压稳定时间；$t_3$ —出口压力回升时间；$t_4$ —升压过程时间；$t_5$ —升压动作时间；$t_6$ —出口压力卸荷时间；$t_7$ —卸荷过程时间；$t_8$ —卸荷动作时间

出口压力超调量 $\Delta p$ 是指过程中出口处峰值压力和调定压力之间的差值。出口压力升压时间 $t_1$ 指出口压力由卸荷状态时的压力升至调定压力时所需的时间；出口压力升压稳定时间 $t_2$ 指出口压力升到调定压力后至压力稳定时所需的时间；出口压力回升时间 $t_3$ 是指出口压力由卸荷状态时的压力升至调定压力稳定时所需的时间；升压过程时间 $t_4$ 是指出口压力由卸荷压力状态升压至进口压力达稳定时所需的时间；升压动作时间 $t_5$ 是指发出电信号至进口压力升压到稳定时所需的时间；出口压力卸荷时间 $t_6$ 指出口压力由调定压力状态卸荷至卸荷压力时所需的时间；卸荷过程时间 $t_7$ 指进口压力由调定压力状态到出口压力至卸荷压力时所需的时间；卸荷动作时间 $t_8$ 指发出电信号使出口压力到卸荷压力时所需的时间。

一个性能优良的减压阀的被控压力（出口压力）应该具有较小的压力超调量，较小的压力振荡即达到稳态时较短的调整（稳定）时间。

### 6.14.3 减压阀静态特性偏差值的验算

先导式减压阀的性能主要取决于副阀的性能，实际上是把副阀当作反作用式减压阀的性能来考虑。

① 流量特性偏差值。稳定流动状态下，当进口压力一定时，减压阀流量变化所引起的出口压力变化值即为流量特性偏差值，其值按式（6-79）验算：

$$\Delta p_{cl} = -\frac{\lambda_f + \lambda_t}{A_m - A_f}\Delta H_f \tag{6-79}$$

式中 $\Delta p_{cl}$ ——流量特性偏差值的计算值，MPa；

$\lambda_t$ ——调节弹簧刚度，N/mm；

$\Delta H_f$ ——由于流量改变而引起的副阀瓣开启高度变化值，mm。

代入数据得

$$\Delta p_{cl} = -\frac{\lambda_f + \lambda_t}{A_m - A_f}\Delta H_f = 0.083$$

对于先导式减压阀，GB 12246《先导式减压阀》标准要求的流量特性负偏差见表 6-7，经验算的流量特性偏差值应小于或等于标准规定的偏差值。即 $\Delta p_{cl} = 0.083 < 0.1$，验算合格。

**表 6-7 GB 12246 规定的流量特性负偏差值** 单位：MPa

| 出口压力 | 偏差值 |
| --- | --- |
| <1 | 0.1 |
| 1～1.6 | 0.15 |
| 1.6～3.0 | 0.2 |

② 压力特性偏差值。出口流量一定时，进口压力改变时，进口压力的变化值即为压力特性偏差值，其值按式（6-80）验算：

$$\Delta p_{cy} = -\frac{A_f}{A_m - A_f}\Delta p_j \tag{6-80}$$

式中 $\Delta p_{cy}$ ——压力特性偏差的计算值，MPa；

$\Delta p_j$ ——进口压力变化值，MPa。

代入数据得

$$\Delta p_{cy} = -\frac{A_f}{A_m - A_f}\Delta p_j = 0.03$$

对于先导式减压阀，GB 12246《先导式减压阀》标准要求的压力特性偏差值见表 6-8，经验算的压力特性偏差值应小于或等于标准规定的偏差值。即 $\Delta p_{cy} = 0.03 < 0.1$，故验算合格。

**表 6-8 GB 12246 规定的压力特性偏差值** 单位：MPa

| 出口压力 | 偏差值 |
| --- | --- |
| <1 | ±0.05 |
| 1～1.6 | ±0.06 |
| 1.6～3.0 | ±0.1 |

# 参考文献

[1] 赵艺．普通螺纹及其应用［M］．太原：山西人民出版社，1983.

[2] 李振清，彭荣济，崔国泰．机械零件［M］．北京：北京工业学院出版社，1987.

[3] 吴宗泽．机械零件设计手册［M］．北京：机械工业出版社，2004.

[4] 陆培文，孙晓霞，杨炯良．阀门选用手册［M］．北京：机械工业出版社，2001.

[6] 陆培文．国内外阀门新结构［M］．北京：中国标准出版社，1997.

[7] 陆培文．阀门设计计算手册［M］．北京：中国标准出版社，1994.

[8] 杨源泉．阀门设计手册［M］．北京：机械工业出版社，1992.

[9] GB/T 12244—200.

[10] JB/T 1700—2008.

[11] JB/T 1712—2008.

[12] 张展．机械设计通用手册［M］．北京：机械工业出版社，2008.

[13] 陆培文．调节阀实用手册［M］．北京：机械工业出版社，2006.

[14] 陆培文．实用阀门设计手册（第二版）［M］．北京：机械工业出版社，2007.

[15] 张周卫，陈光奇，厉彦忠，等．双压控制减压节流阀．2009201441063［P］，2010-03-24.

[16] 汪雅红，张小卫，张周卫，等．中流式低温过程控制减压节流阀．2011102949578［P］，2014-04-16.

[17] 张周卫，汪雅红，张小卫，等．低温系统管道内置减压节流阀．2011102928798［P］，2013-10-23.

[18] 张周卫，汪雅红，张小卫，等．管道内置多股流低温减压节流阀．2011102930571［P］，2014-04-23.

[19] 张周卫，张国珍，周文和，等．双压控制减压节流阀的数值模拟及实验研究［J］．机械工程学报，2010，46（22），130-135.

# 第 7 章 LNG 节流阀设计计算

近年来，随着能源结构的调整，LNG 能源的使用量在急剧的增加，势必造成低温阀门的需求量猛增。然而，我国的低温阀门起步较晚，相关的低温难题并未突破。本课题结合低温难题和节流阀相关设计，分析了节流阀通道面积、阀杆长度、阀盖厚度、阀芯受力、手轮尺寸 等特殊参数。

工质在流动过程中，如果突然遇到缩口，流动截面突然收缩，就会出现流体流速加快，局部阻力增大，压力降低并且温度发生变化的现象，这就是焦耳—汤姆逊效应。因此，工质在流经节流阀时，会出现温度的变化。当流经节流阀的流体的分子内部势能增大时，其温度将会降低，这就是焦耳—汤姆逊效应的积分负效应。同时，节流阀还是制冷系统中至关重要的部件之一，其起到降压、降温、流量调节匹配的作用。所以，节流阀是制冷系统功能实现和稳定运行的关键部件。

图 7-1　节流阀示意图

节流阀以其独特的特点结合制冷剂物理特性利用焦耳—汤姆逊效应的积分负效应，获得低温冷量的方法广泛地应用在制冷领域。然而，随着液化天然气、空气分离、低温工程工业的快速发展，对节流阀提出了新的要求。这些技术都为超低温工艺，需要节流阀适应其超低温工况下的复杂变化环境（如低温液体因温度的影响而迅速汽化升压、低温扩散产生阀门密封失效、低温下材料性能的急剧转化等）。节流阀示意图如图 7-1 所示。

LNG 超低温阀门是与液化天然气相关的一类特殊阀门，它广泛应用于液化天然气的生产工厂、接收站、运输装置、气化站等地方。由于液化天然气的分子量小、浸透性强、黏度低，而且具有易燃、易爆、易汽化等特性，LNG 超低温阀门必须具有自动泄压结构、防静电结构、防火结构、滴水板结构、长颈阀盖结构、采用多重密封保证密封可靠性。LNG 超低温阀门的设计工艺和技术要领与普通的阀门相比也有很大的不同。首先是材料的选择，由于液化天然气是一种不同于常规流体的一种特殊的低温流体，在选择阀门材料时必须要综合考虑-163℃的工作温度和 LNG 的特性；其次是阀门的密封性，由于工作温度不稳定、变化较大，温度变化所引起的误差必须要进行有效地补偿，因此需要采用柔性结构；此外，由于工作温度能达到-163℃的超低温，阀门的金属零部件必须进行深冷处理，以稳定材料的特性，消除可能存在的低温变形，使材料在服役过程中，不会出现突然的失效。由于常见的一些金属材料，在很低的温度下其强度和韧性可能会有所变化，当流经阀门的流体温度低于-70℃时，一般使用非金属密封材料，目前国内低温球阀采用 PCTFE 材料作为软密封阀座材料，其他低温阀门密封材料主要还是选择金属材料，但缺少金属材料低温下组织结构和变形规律的研究。

## 7.1　概述

### 7.1.1　节流阀简介

节流阀是一种最简单最基本的流量控制阀，它是借助于控制机构使阀芯相对于阀体孔运动，以改变阀口的过流面积，从而调节输出流量的阀类。节流阀（Choke Valve）的外形结构与截止阀并无区别，只是它们启闭件的形状有所不同。节流阀的启闭件大多为圆锥流线型，通过它改变通道截面积而达到调节流量和压力。节流阀供在压力降极大的情况下作降低介质压力之用。

介质在节流阀瓣和阀座之间流速很大，以致使这些零件表面很快损坏（即所谓气蚀现象）。为了尽量减少气蚀影响，阀瓣采用耐气蚀材料（合金钢制造）并制成顶尖角为 140°～180°的流线型圆锥体，这还能使阀瓣能有较大的开启高度，一般不推荐在小缝隙下节流。

为防止 LNG 着火和爆炸，LNG 系统不允许有任何泄漏发生，LNG 在结构设计、密封件（填料、垫片和密封圈等）材料控制方面都需采取严格和有效的措施来保证。

### 7.1.2　节流阀的设计要点

节流阀设计的主要内容是根据液压系统对节流阀的要求（包括工作压力范围、最大流量、最小稳定流量、允许的压力损失等）选择节流口的形式。

（1）节流阀的结构要求

由于流体介质温度较低，在结构上要求对液化天然气低温阀门进行特殊设计。

① 阀体：整体锻造或铸造，阀体的底部设置泄放孔；

② 阀盖：配套长颈阀杆设计，阀盖上部设置隔水板；

③ 螺柱：采用奥氏体不锈钢全螺纹螺柱；

④ 中法兰：内部采用碟簧组预紧式结构；

⑤ 整体：防静电设计，防火设计。

（2）主要零件的选用

① 0Gr18Ni9Ti 或类似材料 0Gr18Ni10T，以保证介质在高速流过阀门时不会因为含碳量高而引起电火花爆炸，且含碳量低也有利于管道的焊接；

② 阀顶密封圈采用低温密封材料 PFE，它含有特别长而富有饶性的全氟烷氧基侧链，能增进高温性能，有较高的熔点及较佳的热安定性，在低温下具有良好的弹性和韧性。该材料可以保证阀门在低温和常温下保持良好的密封性能。

### 7.1.3　设计步骤

（1）节流口的选择

节流口的形式及其特性在很大程度上决定着流量控制阀的性能，是流量阀的关键部位。

如图 7-2 所示。几种常用节流口形式为：

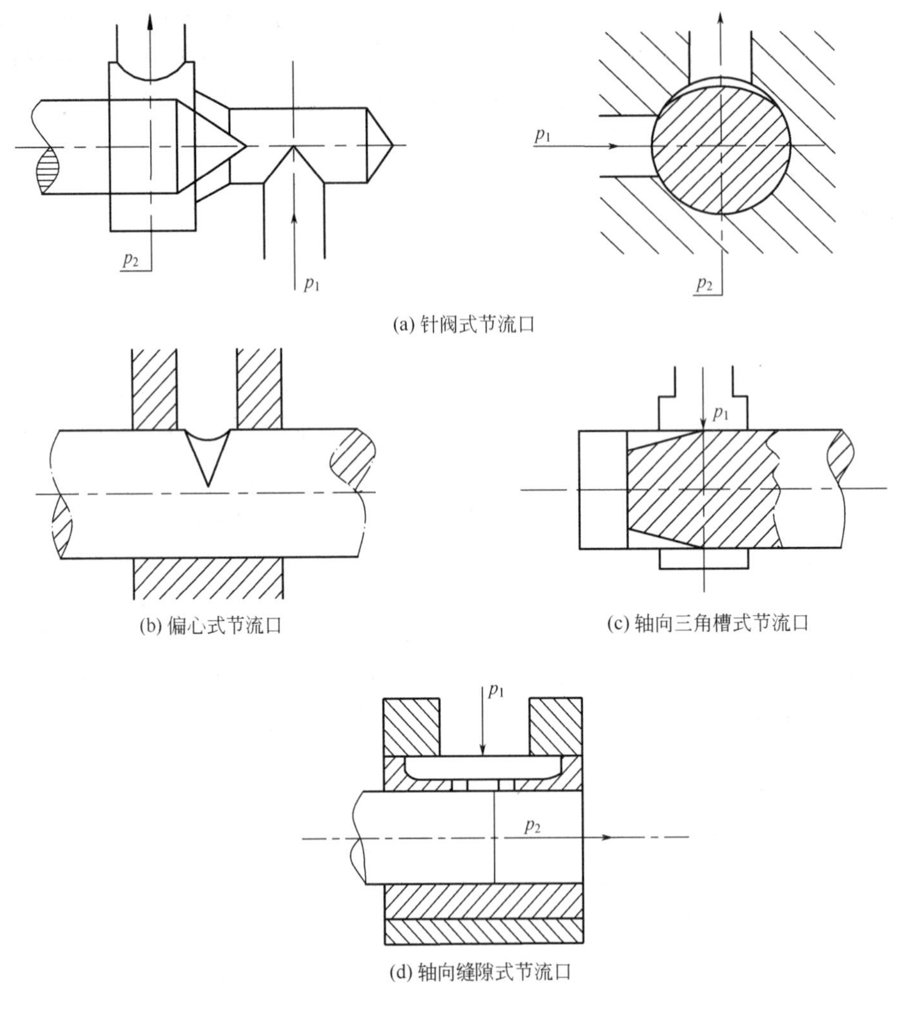


图 7-2　节流口的形式

① 针阀式节流口。针阀做轴向移动时，调节了环形通道的大小，由此改变了流量。这种结构加工简单，但节流口长度大，水力半径小，易堵塞，流量受油温影响较大，一般用于对性能要求不高的场合。

② 偏心式节流口。在阀芯上开一个截面为三角形（或矩形）的偏心槽。当转动阀芯时，就可以改变通道大小，由此调节流量。这种节流口的性能与针阀式节流口相同，但容易制造。其缺点是阀芯上的径向力不平衡，旋转阀芯时较费力，一般用于压力较低、流量较大和流量稳定性要求不高的场合。

③ 轴向三角槽式节流口。在阀芯端部开有一个或两个斜三角槽，轴向移动阀芯就可以改变三角槽通流面积从而调节流量。在高压阀中有时在轴端铣两个斜面来实现节流。这种节流口水力半径较大。

④ 轴向缝隙式节流口。在套筒上开有轴向缝隙，轴向移动阀芯就可改变缝隙的通流面积大小。这种节流口可以做成单薄刃或双薄刃式结构，流量对温度不敏感。在小流量时，水力半径大，故小流量时稳定性好，可用于性能要求较高的场合，但节流口在高压下易变形，

使用时应改变结构刚度。

由于本设计中阀的设计工作压力较低，但要求调节灵敏，可选用针阀式节流口。要求油温变化对流量的影响较小时，应采用薄刃结构，必要时可采用油温补偿的方式。当要求带载进行流量调节时，应考虑阀芯上液压力的平衡问题。

（2）节流阀进出油口流量的确定

$$q = KA\Delta p^{m} \tag{7-1}$$

式中　$\Delta p$——孔口前后压差，MPa；

$K$——节流系数，由几何形状决定；

$m$——由节流口形状和结构决定的指数，$0.5 \leqslant m \leqslant 1$，当节流口近似薄壁刃口时，$m$接近0.5。

（3）节流阀的刚度

$$T = \frac{\Delta p^{1-m}}{KAm} \tag{7-2}$$

式中　$A$——孔口过流面积，$mm^2$；

$m$——由节流口形状和结构决定的指数；

$K$——节流系数；

$T$——节流阀刚度，N/mm。

在工作状态下，节流阀进出油口压差将随系统中执行元件负载的变化在很大程度上变化。在设计节流阀时要确定一个$\Delta p$值，以此作为计算节流开口大小及通过的最小稳定流量和最大流量的依据。

由式（7-1）可知，对一定的流量，阀进出油口压差取值越大，阀的开口面积就越小，阀口就越容易堵塞。因此，从获得较小的稳定流量和不易堵塞的角度考虑，应取小一些。

但从节流阀的刚度来看，由式（7-2）可知，为了得到较大的刚度，压差应取大一些。这两个要求相互矛盾，在设计确定$\Delta p$时应根据具体情况而定。一般取$0.15\text{MPa} < \Delta p < 0.4\text{MPa}$，要求获得较小稳定流量的节流阀取小值，对刚性要求较大的节流阀取大值。

（4）节流阀最大和最小开口面积的确定

节流阀的最大开口面积$A_{max}$应保证在最小的进出油口压差$\Delta p_{min}$作用下能够通过要求的最大流量$q_{max}$；节流阀的最小开口面积$A_{min}$应保证在最大的进出油口压差$\Delta p_{max}$作用下能够通过最小流量$q_{min}$，且不会发生堵塞现象。即

$$A_{max} = q_{max} / K\Delta p_{min} \tag{7-3}$$

$$A_{min} = q_{min} / K\Delta p_{max} \geqslant [A_{min}] \tag{7-4}$$

式中　$[A_{min}]$——节流口不发生堵塞的最小开口面积，其值与节流口的结构形式有关。

（5）节流阀通流部分的尺寸

节流阀通流部分任意过流断面（节流口除外）的液流速度应不超过液压管路内的流速，一般不超过6m/s。同时应使流道局部阻力尽量减小。

（6）此外，还包括阀芯受力、弹簧设计、内泄漏量的计算、手轮计算等。

### 7.1.4　节流制冷理论

节流是获取低温的重要手段。早在1898年，杜瓦就用液态空气预冷氢气，后利用绝热

节流液化氢气，温度降低至 204K；1908 年卡莫林昂纳斯更是利用绝热节流将氦气液化，获得 4.2K 的低温。所以，绝热节流在获取低温方面起着重要的作用。

7.1.4.1　节流的特点

节流是工质或流体迅速流过缩口、孔板或狭缝时，由于克服局部阻力而引起压力显著降低的现象。

工质在此时，在流道内发生节流时常来不及与外界交换较多的热量，一般都可近似地视作在绝热条件下进行。由于工质在缩口附近发生强烈的摩擦扰动，大部分动能均以不可逆方式转变成摩擦热，而最终又全为工质本身所吸收，导致工质和系统的熵值增大，做功能力变小，因此，它是一个不可逆的绝热流动过程。

因此节流具有以下特点：

① 当节流前后工质的流速（或动能）没有变化时，其焓值保持不变；

② 经节流后，工质热能的数量虽有可能保持不变，但质量必将明显降低，故不利于能量的有效利用。因此，工程技术上为满足实际需要也常利用节流来降低流体的压力、调节或测定流体的流量。

7.1.4.2　节流的原理工程

在节流过程中，流体通过缩孔的时候，由于流体通道的减小，流体的动能增加，压能减少，并产生强烈的扰动和摩擦，但是产生的扰动和摩擦又将增加的动能转变为热量，而这部分热量又被流体所吸收，所以才说节流过程是等焓的。对于理想气体而言，焓值是温度的单值函数。因此节流前后的焓值不变，流体的温度也不应发生变化。但是对于实际气体节流后的温度的变化就比较复杂。节流后的温度变化，可以是上升，也可以是降低。

根据热力参数间一般函数的微分关系式确定热系数，采用分析焓值不变时温度对压力的关系来分析节流过程中温度的变化。对于定焓过程，温度对压力的关系$\left(\dfrac{T}{P}\right)^{h}$定义为焦耳—汤姆逊系数，采用 $\mu_{\mathrm{J}}$ 来表示。

对于焓的热力学微分方程有：

$$\mathrm{d}h = c_{\mathrm{p}}\mathrm{d}T + \left[v - T\left(\frac{\delta v}{\delta T}\right)_{\mathrm{P}}\right]\mathrm{d}\,p \tag{7-5}$$

节流过程中焓值不变，则 $\mathrm{d}h = 0$，所以

$$c_{\mathrm{p}}\mathrm{d}T + \left[v - T\left(\frac{\delta v}{\delta T}\right)_{\mathrm{P}}\right]\mathrm{d}\,p = 0 \tag{7-6}$$

所以

$$\mu_{\mathrm{J}} = \left(\frac{\delta T}{\delta P}\right)_{\mathrm{h}} = \frac{T\left(\dfrac{\delta v}{\delta T}\right)_{\mathrm{P}} - v}{c_{\mathrm{p}}} \tag{7-7}$$

同时，$\mu_{\mathrm{J}}$ 被称为节流的微分效应。因此，节流前后的温差变化就可以用公式（7-8）计算：

$$\Delta T = \int_{1}^{2} \mu_{\mathrm{J}}\,\mathrm{d}\,p \tag{7-8}$$

对于节流产生的温度差 $\Delta T$ 被称作节流积分效应。节流过程中压力的变化总是减小，结

合节流微分效应 $\mu_J$ 的值就可以判断出节流温度变化 $\Delta T$ 的正负，所以

① 若节流微分效应为负值（即 $\mu_J<0$），节流积分效应为正值（即 $\Delta T>0$），产生热效应；

② 若节流微分效应为正值（即 $\mu_J>0$），节流积分效应为负值（即 $\Delta T<0$），产生冷效应；

③ 若节流微分效应为零值（即 $\mu_J=0$），节流积分效应为零值（即 $\Delta T=0$），产生零效应。

对于公式（7-5）中的 $(\delta v/\delta T)_P$，其为定压下比容随温度的变化率。同时，物质的体积膨胀系数 $\beta$ 为：

$$\beta=\frac{1}{v}\left(\frac{\delta v}{\delta T}\right)_P \tag{7-9}$$

所以，焦耳—汤姆逊系数 $\mu_J$ 可转化为：

$$\mu_J=\left(\frac{\delta T}{\delta P}\right)_h=\frac{(T_\beta-1)v}{c_p}=\frac{(\beta-1/T)Tv}{c_p} \tag{7-10}$$

从式（7-10）可以看出，当体积膨胀系数大于温度的倒数时，节流微分效应为正值，实现冷效应；当体积膨胀系数小于温度的倒数时，节流微分效应为负值，实现热效应；当体积膨胀系数等于温度的倒数时，节流微分效应为零值，实现零效应。

物体温度的高低是物体内部分子运动强弱的标志，物体的体积情况影响着物体内部分子的相互作用力。所以，对于绝热节流工程中，流体的热量没有与外界进行交换。然而流体的温度发生变化，同时结合节流微分效应的正负和体积膨胀系数、温度的倒数相关可以相信，节流过程产生的制冷和制热，实际上是流体内部分子的能量的相互转化。节流后的流体，分子间距离发生改变。如果分子间距离增大，分子间的总势能增大，分子之间的吸引力减弱。然而，系统绝热势必要维持系统的能量守恒，在分子的总势能增加的同时，分子之间的总动能势必减小，分子运动减慢，对应于物体的温度将会降低；反之，分子的总势能降低，分子间的总动能就会升高，分子运动加剧，物体的温度将会升高。对于理想气体，其假设为分子之间没有相互的作用力，所以其在节流过程中分子内部无能量转换，所以没有发生温度的变化。

根据理想气体的状态方程 $PV=RT$ 得出

$$\left(\frac{\delta v}{\delta T}\right)_P=\frac{v}{T} \tag{7-11}$$

带入式（7-7）得

$$\mu_J=\left(\frac{\delta T}{\delta P}\right)_h=\frac{T\dfrac{v}{T}-v}{c_p}=0 \tag{7-12}$$

对理想气体的节流微分效应为零，所以理想气体节流前后的温度不发生变化。

## 7.2 阀体的计算

节流阀的阀体实际为圆柱形管道，同时，对于一般的管道来说，管道壁厚圆柱体的 $R/r$ 都会小于 1.8，所以，采用圆柱形体壁计算公式来确定选用管道的厚度。阀体结构示意图如图 7-3 所示。

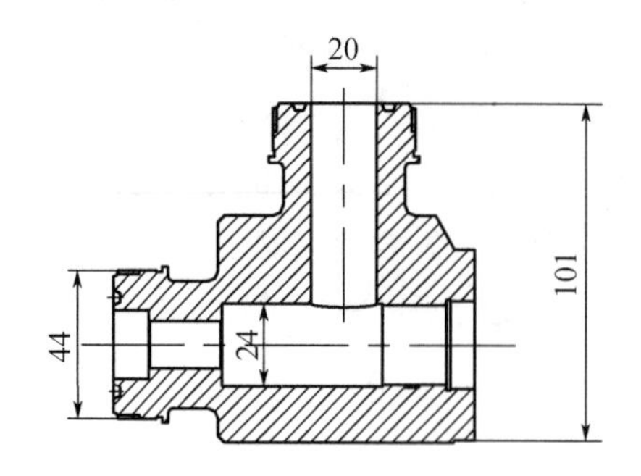


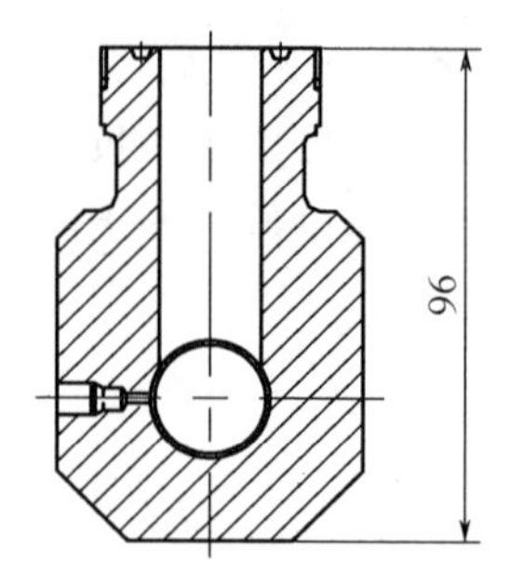


图 7-3　阀体结构示意图

$$S=\frac{pD}{203\sigma-p}+C \tag{7-13}$$

式中　$S$——阀体壁厚，mm；

$p$——流体压力，MPa；

$D$——阀体内径，mm；

$\sigma$——许用拉伸应力，N；

$C$——考虑锈蚀和体壁公称尺寸的制造偏差的附加值。

根据上面的计算，选取管道时，要求管道壁厚大于 3.5mm，考虑到气蚀等复杂情况，选取壁厚 5 mm 的 *DN*50 管道。

## 7.3　主阀流通面积的计算

对于不可压缩的流体，如水和其他液体介质，根据流量的基本方程可得出主阀的流通面积

$$A_Z=\frac{707Q}{\mu\sqrt{\Delta p_z\rho}} \tag{7-14}$$

$$\Delta p_z=p_j-p_c \tag{7-15}$$

式中　$A_Z$——主阀的流通面积，$mm^2$；

$\mu$——流量系数，见表 7-1；

$\Delta p_z$——节流阀进出口压差，MPa；

$p_j$——节流阀进口压力，MPa；

$p_c$——节流阀出口压力，MPa。

表 7-1　流量系数

| 介质 | 水 | 空气 | 煤气 | 蒸气 | 液化天然气 |
|---|---|---|---|---|---|
| $\mu$ | 0.5 | 0.7 | 0.6 | 0.8 | 0.65 |

主阀的实际流通面积为：

$$A_Z=\frac{\pi}{4}D_t^2 \tag{7-16}$$

式中　$A_Z$——主阀的实际流通面积，$mm^2$；

$D_t$——主阀的通道直径，mm。

为满足上述要求，通常根据不同介质按经验选取主阀的通道直径。

液体介质为 $D_t = DN$；蒸汽介质为 $D_t = 0.8DN$；空气介质为 $D_t = 0.6DN$。

GB 12246 标准规定，节流阀通道直径一般不小于 $0.8DN$。

计算如下：

已知：$Q = 3200 m^3/d = 0.037 m^3/s$，$P_j = 4.6 MPa$，$P_c = 1.2 MPa$

所以，$\Delta p_z$=3.4MPa。

查得 $u = 15.3$。

由资料查得：$\rho = 450 kg/m^3$。

所以主阀的流通面积

$$A_Z = \frac{707Q}{\mu\sqrt{\dfrac{\Delta p_z}{\rho}}} = \frac{707 \times 0.037}{15.3 \times \sqrt{\dfrac{3.4 \times 10^6}{450}}} = 0.019669 m^2 = 19669 mm^2$$

解得：$D = 158.29 mm$

所以取 $D_t = 1 \times 0.15829 = 0.15829 mm^2$

主阀的实际流通面积

$$A_Z = \frac{\pi}{4} D_t^2 = 0.019669 m^2$$

# 7.4　阀芯受力计算

## 7.4.1　阀芯简介

作用在阀芯上的液压推力中含有液体和气体，由于多相流理论还不成熟，目前还只能借用单相流理论来分析和计算。计算作用在阀芯上的压推力原则上可用两种方法：一是先求出阀芯表面每点的表面力，再对整个表面积分以求出总作用力。此法计算工作量繁重到实际上不能应用的程度。二是用流动液体的动量方程直接求出总作用力，即所谓控制体积法。

## 7.4.2　轴向推力计算

控制体积在高压腔，设阀杆直径为 $d_0$，阀出口孔直径为 $d_l$，倒角处直径为 $d_2$，阀芯锥角为 $2a$；阀的进口压力为 $p_1$，出口压力为 $p_2$，阀芯开启高度为 $x$，从阀口流出液流速度为 $v_2$，液流的密度为 $\rho$；考虑到阀芯调节时位移变化缓慢，忽略瞬态液动力；并考虑一般情况阀座倒角不大时，作用在锥阀芯上的轴向液压推力：

$$F = \frac{\pi}{4}(d_0^2 - d_m^2) p_1 + \frac{\pi}{4} d_1^2 p_2 + \rho q v_2 \cos\alpha \tag{7-17}$$

其中

$$d_m = (d_1 + d_2) \tag{7-18}$$

$$q = c_q \pi d_m \sin\alpha \sqrt{\frac{2}{\rho}(p_1 - p_2)} \tag{7-19}$$

$$v_2 = c_v \sqrt{\frac{2}{\rho}(p_1 - p_2)} \tag{7-20}$$

则

$$F = \frac{\pi}{4}(d_0^2 - d_m^2)p_1 + \frac{\pi}{4}d_1^2 p_2 + c_q c_v \pi d_m x(p_1 - p_2)\sin 2\alpha \tag{7-21}$$

当出口处压力很低时，$p_2 = 0$，则有

$$F = \frac{\pi}{4}(d_0^2 - d_m^2)p_1 + c_q c_v \pi d_m x p_1 \sin 2\alpha \tag{7-22}$$

已知

$$d_0 : d_1 : d_2 : d_3 = 1 : 2.3 : 3.2 : 3.8 = 0.0813 : 0.187 : 0.26017 : 0.30894$$

式中，$d_m^2 = (d_1 + d_2)^2 = 0.19996$，$c_q = 0.65$，$\alpha = 15°$，$x = 4d_0 = 0.3252$。

计算得 $F = \frac{\pi}{4}[(0.0813)^2 - (0.19996)^2]p_1 + \frac{\pi}{4}d_1{}^2 p_2 = -165.06\text{kN}$

## 7.4.3 阀芯尺寸计算

阀芯的结构如图 7-4 所示。

（1）进出油口直径 $d$

阀的进出油口直径 $d$ 应满足

$$d \geqslant \sqrt{\frac{4q_n}{\pi[v_s]}} \tag{7-23}$$

式中　$q_n$ ——阀的额定流量，L/min；

$[v_s]$ ——进出油口的许用流速，m/s，一般取 $[v_s] = 6\text{m/s}$。

（2）节流阀阀芯台肩大直径 $D_2$、小直径 $d_2$ 一般按经验取

$$D_2 \geqslant 22 \times 10^{-3}\sqrt{q_n} \tag{7-24}$$

$$d_2 \geqslant 0.5D_2 \tag{7-25}$$

（3）节流阀进油口孔直径 $d_j$，$d_j$ 处的流速也应小于 $[v_s]$

$$d_j = \sqrt{\frac{4q_n}{\pi z_j [v_s]}} \tag{7-26}$$

（4）节流阀节流口的最大开口量 $\delta_{max}$

先根据节流阀节流口流量压力方程，求出节流口面积 $A$，再根据过流面积的形状转换出相应的最大开口量 $\delta_{max}$。即

$$A = \frac{q_n}{z_j c_d \sqrt{\frac{2\Delta p}{\rho}}} \tag{7-27}$$

式中　$c_d$——节流阀阀口流量系数；

$A$——在设定节流口进出油口压力差$\Delta p$及额定流量下，节流口的过流面积，$mm^2$；

$z_j$——节流阀节流口过流面积的个数。

（5）节流阀阀芯行程 $S$

$$S=\delta_{max}+L_f \tag{7-28}$$

式中　$L_f$——节流阀节流口全关闭时的封油长度，m。

计算如下：

① 进出油口直径 $d$

$$d \geqslant \sqrt{\frac{4q_n}{\pi[v_s]}}=\sqrt{\frac{4\times0.041666}{\pi\times6}}=0.094\text{m}$$

② 节流阀阀芯台肩大直径 $D_2$、小直径 $d_2$

$$D_2 \geqslant 22\times10^{-3}\sqrt{q_n}=22\times10^{-3}\sqrt{0.041666}=0.004906\text{m}=4.906\text{mm}$$

$$d_2 \geqslant 0.5D_2=0.5\times0.004906=0.002453\ \text{m}=2.453\text{mm}$$

③ 节流阀进油孔口直径 $d_j$，$d_j$处的流速也应小于$[v_s]$

$$d_j \geqslant \sqrt{\frac{4q_n}{\pi[v_s]}}=\sqrt{\frac{4\times0.041666}{\pi\times6}}=0.094\text{m}$$

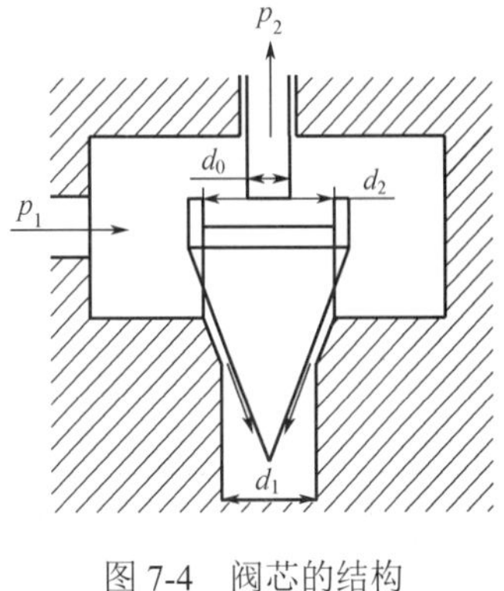


图 7-4　阀芯的结构

④ 节流口面积 $A$

$$A=\frac{q_n}{z_jc_d\sqrt{\frac{2\Delta p}{\rho}}}=\frac{0.041666}{15.3\sqrt{\frac{2\times3.4\times10^6}{450}}}=2.2153\times10^{-5}\text{m}^2=22\text{mm}^2$$

⑤ 节流阀阀芯行程 $S$

$$S=\delta_{max}+L_f$$

$$L_f=(d_4-D_2)\sin\alpha=(0.2898-0.004906)\sin52°=0.0737\text{m}$$

$$d_4=d_0\times4.2=0.069\times4.2=0.2898\text{m}$$

$$a=\sqrt{A}=4.69\text{mm}$$

$$S=4.69+73.7=78.39\text{mm}$$

当 $F$ 为正时，阀芯受到的轴向力方向向上，阀杆轴向受压；当 $F$ 为负时，阀芯受到的轴向力方向向下，阀杆轴向受压。根据阀的结构尺寸可计算出作用于阀芯上的轴向液压推力。此外，阀芯的力学模型可以看成阀杆上部固定的悬臂梁。由于液流从一侧进入阀腔，固相颗粒和气体也非完全均匀地分布于液体中，因此阀芯周围的压力和速度实际上并非中心轴对称，并且流场中同一点的速度、压力与密度随时间变化而变化，从而使阀芯受到随机变化的横向作用力，使阀芯产生横向振动。目前尚未见到这方面的具体研究报道，工程上还无法做出具体计算，仅能定性地考虑它的影响。

## 7.5　阀盖的设计计算

低温阀门应设置加长的阀盖，加长材料温度应足以使阀杆填料的温度保持在允许操作的填料材料的公称温度范围内。

阀盖的计算方法跟它的形状有关。图 7-5 所示为 I 型平板阀盖结构。

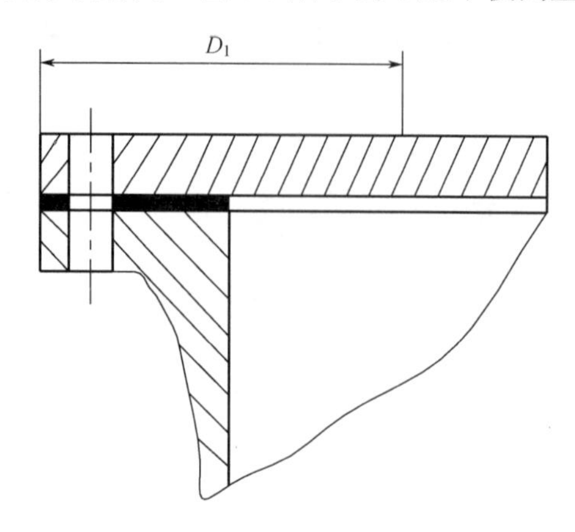


图 7-5　I 型平板阀盖的结构

I 型平板阀盖其厚度的计算见表 7-2。

表 7-2　I 型平板阀盖厚度

| 序号 | 名称 | 公式或索引 |
| --- | --- | --- |
| 1 | 阀盖厚度，$t_B$ / mm | $D_1\sqrt{\dfrac{0.162p}{[\sigma_w]}}+C$ |
| 2 | 螺栓孔中心圆直径，$D_1$ / mm | 设计给定 |
| 3 | 设计压力 | 取公称压力 $PN$ 数值的 1/10 |
| 4 | 附加裕量，$C$ / mm | 见表 |
| 5 | 材料许用弯曲应力，$[\sigma_w]$ / MPa | 见表 |

表 7-3　附加裕量 $C$　　单位：mm

| $t_b$ | $C$ | $t_b$ | $C$ |
| --- | --- | --- | --- |
| <5 | 5 | 21～30 | 2 |
| 6～10 | 4 | >30 | 1 |
| 11～12 | 3 | | |

表 7-4　铸造阀门管件用材料的许用压力

| 材料牌号 | 结构特点 | $\sigma_L$ | $\sigma_W$ | $\sigma_Y$ | $\tau$ |
| --- | --- | --- | --- | --- | --- |
| | | MPa | | | |
| 0Gr18Ni9Ti | 阀体，闸板 | 45 | 65 | | 23 |
| | 法兰，支架 | | 100 | | |

如图 7-6 所示，按垫片的不同结构形式可分为两种。

全平面垫片平板阀盖厚度的计算见表 7-5。

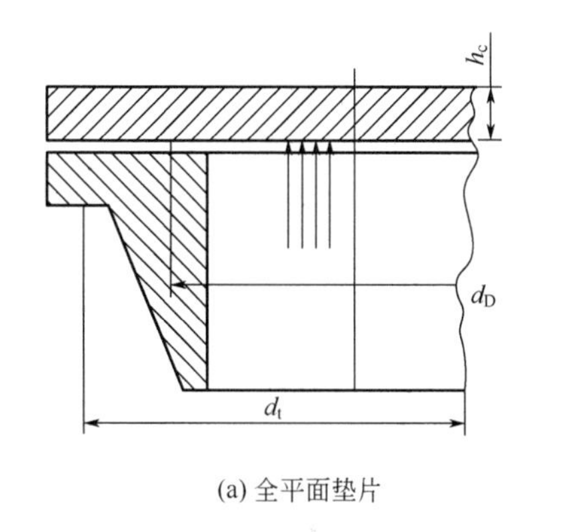


(a) 全平面垫片

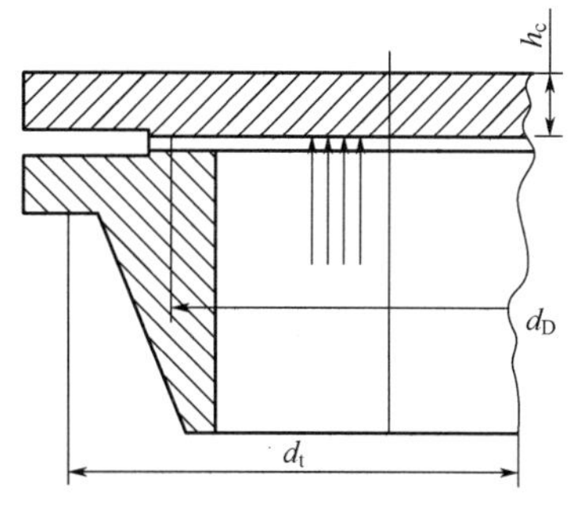


(b) 凸面法兰垫片

图 7-6　平板阀盖的结构（欧洲）

**表 7-5　全平面垫片平板阀盖厚度（$I_3$）**

| 序号 | 名　称 | 公式或索引 |
| --- | --- | --- |
| 1 | 平板阀盖厚度，$h_c$/mm | |
| 2 | 取决于直径不同比率的计算系数，$C_x$ | 取 1.0 |
| 3 | 取决于直径不同比率的计算系数，$C_y$ | 取 1.0 |
| 4 | 取决于直径不同比率的计算系数，$C_z$ | 取 0.35 |
| 5 | 螺栓孔中心圆直径，$d_D$/mm | 设计给定 |
| 6 | 设计压力，$p$/MPa | 取公称压力 $PN$ 数值的 1/10 |
| 7 | 公称设计应力，$f$/MPa | 见参考文献[15]中表 3-14～表 3-16 |
| 8 | 允许的制造偏差，$C_1$/mm | 设计给定 |
| 9 | 腐蚀裕量，$C_2$/mm | 对于碳素钢取 1mm 其他钢取 0 |

凸面法兰垫片平板阀盖厚度的计算见表 7-6。

**表 7-6　凸面法兰垫片平板阀盖厚度（$I_4$）**

| 序号 | 名　称 | 公式或索引 |
| --- | --- | --- |
| 1 | 平板阀盖厚度，$h_c$ / mm | |
| 2 | 取决于直径不同比率的计算系数，$C_x$ | 取 1.0 |
| 3 | 计算系数，$C_y$ | 见参考文献[15]中 $\delta$ 和 $d_1 / d_D$ 比值选取 |
| 4 | 螺栓力对压力的比值，$\delta$ | $1+4\dfrac{mb_D S_D}{d_D}$ |
| 5 | 垫片系数，$m$ | 见参考文献[15] |
| 6 | 垫片宽度，$b_D$ / mm | 设计给定 |
| 7 | 操作条件系数，$S_D$ | 取 1.2 |
| 8 | 垫片平均直径，$d_D$ / mm | 如图 7-6 所示设计给定 |
| 9 | 计算系数，$C_z$ | 取 1.0 |
| 10 | 螺栓孔中心圆直径，$d_1$ / mm | 设计给定 |
| 11 | 设计压力，$p$/MPa | 取公称压力 $PN$ 数值的 1/10 |

Ⅰ型阀盖厚度的计算：

求阀盖的厚度公式如表7-2所示。

$$t_B = D_1\sqrt{\frac{0.162p}{[\sigma_w]}} + C \tag{7-29}$$

已知阀盖的设计压力由设计所给定，取4MPa；螺栓孔中心圆直径：$D_1 = 300\text{mm}$。

查表7-3，表7-4可知：

附加裕量：$C = 1\text{mm}$；材料许用弯曲应力：$[\sigma_w] = 40\text{MPa}$。

把数据代入公式（7-29）得

$$t_B = D_1\sqrt{\frac{0.162p}{[\sigma_w]}} + C = 31.17\text{mm} \tag{7-30}$$

所以阀盖的厚度为32mm。

# 7.6 阀杆的设计计算

## 7.6.1 阀杆的选择

节流阀阀杆选用旋转升降杆。

## 7.6.2 最大轴向力计算

介质从阀瓣下方流入时，阀杆最大轴向力在关闭最终时产生，按式（7-31）计算：

$$Q_{FZ} = Q_{MF} + Q_{MJ} + Q_T \sin\alpha_L \tag{7-31}$$

式中 $Q_{FZ}$——关闭最终时的阀杆总轴向力，N；

$Q_{MF}$——密封力，即在密封面上形成密封比压所需的轴向力，N；

$Q_{MJ}$——关闭时，作用在阀瓣上的介质力，N；

$Q_T$——阀杆与填料间的摩擦力，N；

$\alpha_L$——阀杆螺纹的升角，查表7-7。

表7-7 阀杆螺纹的升角

| 阀杆直径 $d_F$ /mm | 螺纹 | | |
|---|---|---|---|
| | 螺距 $S$/mm | 直径 $d$/mm | 升角 $\alpha_L$ |
| 44 | 8 | 40 | 3°38′ |
| 48 | | 44 | 3°18′ |
| 50 | | 46 | 3°10′ |
| 55 | | 51 | 2°51′ |
| 60 | | 56 | 2°36′ |

（1）密封力$Q_{MF}$

① 对平面密封（如图7-7所示）

$$Q_{\mathrm{MF}} = \pi D_{\mathrm{mp}} b_{\mathrm{M}} q_{\mathrm{MF}} \tag{7-32}$$

式中　$D_{\mathrm{mp}}$——阀座密封面的平均直径，mm；

$b_{\mathrm{M}}$——阀座密封面宽度，mm；

$q_{\mathrm{MF}}$——密封必需比压，MPa，查表得。

$q_{\mathrm{MF}}$亦可按公式计算如下。

对气体介质：

$$q_{\mathrm{MF}} = 2p \tag{7-33}$$

式中　$p$——计算压力，MPa，设计时可取$p = PN$。

对液体介质：

$$q_{\mathrm{MF}} = 4.5p$$

② 对锥面密封（如图 7-8 所示）

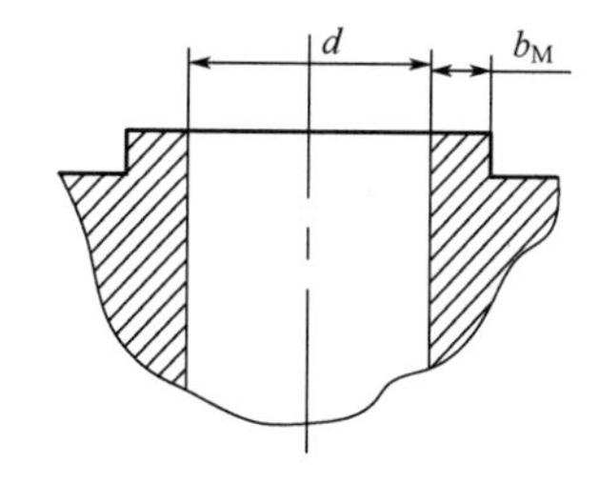


图 7-7　平面密封

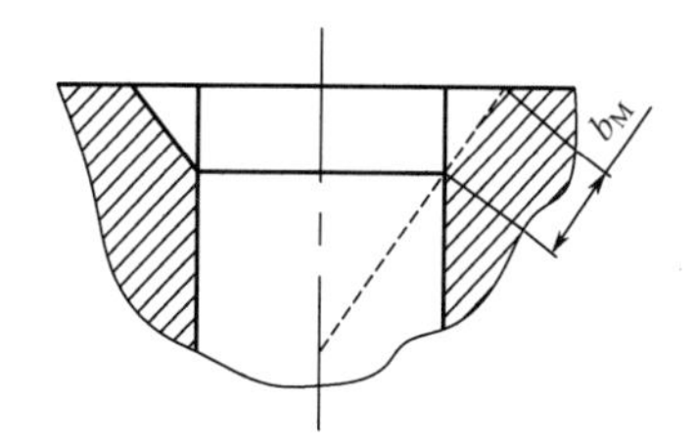


图 7-8　锥面密封

$$Q_{\mathrm{MF}} = \pi D_{\mathrm{mp}} b_{\mathrm{M}} \sin\left(1+\frac{f_{\mathrm{M}}}{\tan^{-1}\alpha}\right) q_{\mathrm{MF}} \tag{7-34}$$

式中　$\alpha$——半锥面直径，mm；

$f_{\mathrm{M}}$——锥形密封面摩擦系数。

③ 对线接触密封（刀型密封）

$$Q_{\mathrm{MF}} = \pi D_{\mathrm{m}} q_{\mathrm{ml}} \tag{7-35}$$

式中　$D_{\mathrm{m}}$——阀座密封面直径，mm；

$q_{\mathrm{ml}}$——线密封比压，N/mm。

当$p < 205\mathrm{MPa}$，对于刚密封面，$q_{\mathrm{ml}} = 20 \sim 30\mathrm{N/mm}$；对于氟塑料密封面：$q_{\mathrm{ml}} = l + p$。

（2）关闭时，作用在阀瓣上的介质力$Q_{\mathrm{MJ}}$

$$Q_{\mathrm{MJ}} = \frac{\pi}{4} D_{\mathrm{mp}}^2 p \tag{7-36}$$

（3）阀杆与填料间的摩擦力$Q_{\mathrm{T}}$

$$Q_{\mathrm{T}} = \pi d_{\mathrm{F}} h_{\mathrm{T}} \mu_{\mathrm{T}} p \tag{7-37}$$

式中　$d_{\mathrm{F}}$——阀杆直径，mm；

$h_{\mathrm{T}}$——填料层的总高度，mm；

$\mu_{\mathrm{T}}$——阀杆与填料间的摩擦系数，对石棉填料：$\mu_{\mathrm{T}} = 0.15$；对聚四氟乙烯填料：$\mu_{\mathrm{T}} = 0.05 \sim 0.1$。

（4）$\alpha_L$ 除按表7-8查取外，还可按式（7-38）计算

$$\alpha_L = \cos^{-1}\frac{S}{\pi d_{fp}} \tag{7-38}$$

式中　$S$——螺距，mm；

$d_{fp}$——螺纹平均直径，mm。

### 7.6.3　阀杆设计计算

选用锥面密封，计算如下：

（1）$Q_{MF}$ 密封力

由《阀门设计手册》表4-65查得：$q_{MF}=6.2\text{MPa}$，此时，$PN=4.0\text{MPa}$，并且知道 $b_M=13.5\text{mm}$，$D_{mp}=85\text{mm}$。

所以

$$Q_{MF}=\pi D_{mp}b_M q_{MF} \tag{7-39}$$

计算得

$$Q_{MF}=\pi\times 85\times 13.5\times 6.2 \ =14419.913\text{N}$$

（2）$Q_{NJ}$ 关闭时作用在阀瓣上的介质力

$$Q_{NJ}=\frac{\pi}{4}D_{mp}^2 p \tag{7-40}$$

计算得

$$Q_{NJ}=\frac{\pi}{4}\times 85\times 4.2=280.3871\text{kN}$$

（3）$Q_T$ 阀杆与填料间的摩擦力

对聚四氟乙烯填料，$\mu_T=0.05\sim0.1$，所以取0.1，$d_F=50\text{mm}$，$h_T=25\text{mm}$。

$$Q_T=\pi d_F h_T \mu_T p \tag{7-41}$$

计算得

$$Q_T=\pi\times 50\times 25\times 0.1\times 4.4=1727\text{N}$$

（4）$Q_{FZ}$ 关闭最终时的阀杆总轴向力

$$\text{Q}_{FZ}=\text{Q}_{MF}+\text{Q}_{NJ}+\text{Q}_T\,\alpha_L \tag{7-42}$$

计算得

$$\text{Q}_{FZ}=14419.913\text{N}+280.3871\text{kN}+1727\times 3.1\text{N}=20054\text{N}$$

## 7.7　阀门的密封

### 7.7.1　密封材料

由于LNG常压下的温度为−162℃，且易燃易爆，因此在设计LNG深冷阀门时，对其密

封性能提出了更高和更严格的要求。阀门的密封性能是考核阀门质量优劣的主要指标之一，其主要包括在两个方面，即内密封性能和外密封性能。内密封是指阀座与关闭阀件之间对介质所达到的密封程度。

密封材料可以分为金属对非金属材料密封和金属对金属材料密封。在某些介质不允许排入大气的特殊工况下，外密封比内密封更为重要。

目前在设计低温阀门时，一般温度低于−70℃时不再采用非金属密封副材料，或将非金属材料通过特殊工艺加工成金属与非金属复合结构型式。

在低温状态下，随着温度的降低，填料弹性逐渐消失，防漏性能随之下降。由于介质渗漏造成填料与阀杆处结冰，将会影响阀杆的正常操作，同时也会因阀杆运动而将填料划伤，引起严重泄漏。所以在一般情况下要求低温阀填料在 0℃以上温度工作，这就要求设计时通过长颈阀盖结构，使填料函远离低温介质，同时选用具有低温特性的填料。常用填料有聚四氟乙烯、石棉、浸渍聚四氟乙烯石棉绳和柔性石墨等，其中由于石棉无法避免渗透性泄漏，聚四氟乙烯线膨胀系数很大、冷流现象严重，所以一般不采用。柔性石墨是一种优良的密封材料，对气体、液体均不渗透，压缩率大于 40%，回弹性大于 15%，应力松弛小于 5%，较低的紧固压力就可达到密封。它还有自润滑性，用作阀门填料可以有效防止填料与阀杆的磨损，其密封性能明显优于传统的石棉材料，因此是目前优秀的密封材料之一。

## 7.7.2　密封面

锥形结构形式密封比压在 20℃和−162℃下对泄漏率的影响如图 7-9 所示。

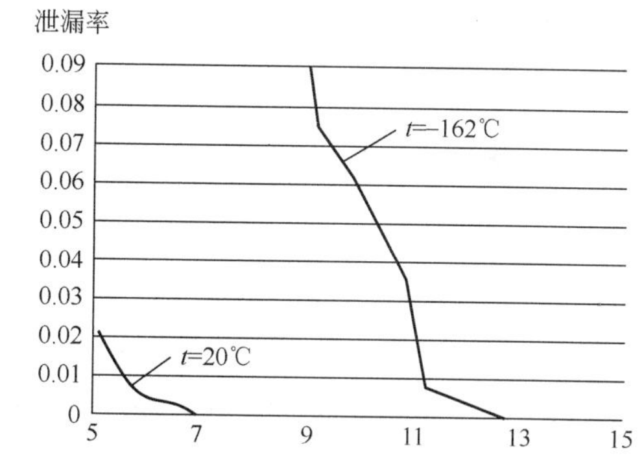


图 7-9　锥面结构形式密封比压对泄漏率的影响

从密封的机理看出，泄漏率与工作介质压力、密封面宽度和工作介质的物性有关，相应的公式为：

$$q = \frac{C + Kp}{\sqrt{b}} \tag{7-43}$$

式中　$C$ ——与密封面材料有关的系数；

$K$ ——与工作介质物性有关的系数；

$p$ ——工作压力，MPa；

$b$ ——密封面宽度，mm。

所以得出结论，当密封结构泄漏率控制在不大于 60 Pa/min 时，其密封比压计算公式为：

$$q = \frac{5.5 + 3.2}{\sqrt{b}} \tag{7-44}$$

在此低温阀门设计时，采用平面密封结构，并运用公式（7-43）进行密封设计，阀门密封效果良好。

# 7.8　法兰的设计与计算

法兰设计与计算时必须同时考虑如下问题：

① 法兰强度和刚度直接影响着法兰连接的安全性和密封性。因此，法兰尺寸必须足以承受由于流体压力和其他载荷所引起的应力。

② 螺栓应力的确定及密封垫片比压值的选取，为保持垫片密封必须拧紧螺栓而引起的法兰中的应力。

③ 由于阀门使用过程中温度变化、振动、水击以及由于管路传递载荷而引起的法兰中的应力。

④ 材料的高温力学性能。

总之，在设计与计算中法兰时，应将法兰、螺栓、垫片与管件视为一个整体受压元件，同时加以统筹考虑。

中法兰设计的主要内容有：确定法兰型式和密封面型式；选择垫片（材料、型式和尺寸）；确定螺栓直径和数量及材料；确定法兰颈部尺寸、法兰宽度和厚度尺寸等。

## 7.8.1 法兰形式

选择圆形法兰，锥形密封面。圆形法兰如图 7-10 所示。

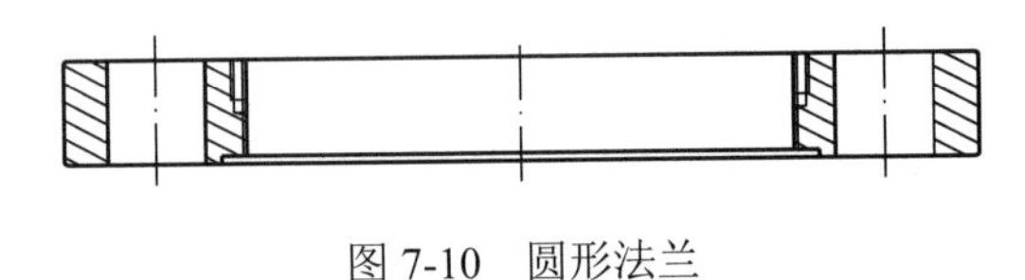

图 7-10 圆形法兰

中法兰螺栓强度校核。

① 给定：螺栓数量 $n=2$，螺栓名义直径 $d_B=\text{M20}$。

② 操作状态下需要的最小螺栓载荷 $W_P$ 计算

$$W_P = F + F_P \tag{7-45}$$

$$F = 0.785 D_G^2 p \tag{7-46}$$

由已知得 $D_G = 65\text{mm}$，$p = 4.0\text{MPa}$。

计算得

$$F = 0.785 \times 65^2 \times 4.0 = 13266.5\text{N}$$

由于垫片密封宽度 $b_0 = 4.75\text{mm} < 6.4\text{mm}$，$b = b_0 = 4.75\text{mm}$，并且查表知：$m = 3.5$。

$$F_P = 6.28 D_G bmp = 6.28 \times 65 \times 4.75 \times 3.5 \times 4.0 = 27145.3\text{N}$$

所以

$$W_P = F + F_P = 13266.5 + 27145.3 = 404118\text{N}$$

## 7.8.2 中法兰的设计计算

（1）确定法兰形式和密封面形式

本设计拟采用带颈对焊法兰连接，密封面形式为凹凸面，为保证-162℃下密封性能良好，材料选用奥氏体不锈钢。

（2）选择垫片材料、形式及尺寸

设计温度高于-196℃，低温最高使用压力为 5MPa 时，可采用不锈钢带石棉缠绕式垫片、不锈钢带聚四氟乙烯缠绕式垫片或不锈钢带膨胀石墨缠绕式垫片。此处采用不锈钢带石棉缠绕式垫片。特此强调，所有低温材料部件在精加工之前必须进行深冷处理以减小低温阀门在低温工况下的收缩变形。

查《阀门设计手册》（杨源泉主编）表 4-18 可知垫片系数 $m$ 和比压 $y$ 分别为 3MPa 和 69MPa，且垫片接触宽度 $N$=22，基本密封宽度为：

$$b_0 = \frac{N}{2} = 11\text{mm}$$

故垫片的有效密封宽度：当 $b_0 \geqslant 6.4\text{mm}$ 时，$b = 2.53\sqrt{b_0} = 8.4\text{mm}$。

垫片压紧力作用中心圆直径计算为：当 $b_0 \geqslant 6.4\text{mm}$ 时，$D_G = D - 2b = 121.2\text{mm}$。

（3）垫片压紧力的计算：

① 预紧状态下需要的最小垫片压紧力

$$F_G = 3.14 D_G b y \tag{7-47}$$

将数据代入得

$$F_G = 3.14 \times 121.2 \times 8.4 \times 69 = 220577\text{N}$$

② 操作状态下需要的最小垫片压紧力

$$F_P = 6.28 D_G b m p \tag{7-48}$$

将数据代入得

$$F_P = 6.28 \times 121.2 \times 8.4 \times 3 \times 4.6 = 88231\text{N}$$

③ 垫片在预紧状态下受到最大螺栓载荷的作用，可能因压紧过度而失去密封性能，为此垫片须有足够的宽度，其值按式（7-49）校核。

$$N_{\min} = \frac{A_b[\sigma]_b}{6.28 D_G y} < N \tag{7-49}$$

则 $N_{\min} = \dfrac{3389 \times 102.9}{6.28 \times 121.2 \times 69}$=6.6mm $< N = 22\text{mm}$，故合格。

## 7.8.3　螺栓材料、规格及数量的确定

（1）螺栓材料的选择

温度低于−100℃时，螺栓材料可采用奥氏体不锈钢。螺母材料一般采用 Mo 钢或 Ni 钢，同时螺纹表面涂二硫化钼。

（2）螺栓的间距

螺栓的最小间距应满足扳手操作空间的要求，推荐的螺栓嘴角间距 $\overline{S}$ 和法兰的径向尺寸 $S_e$、$S$ 均可由《阀门设计手册》查得，设计给定螺栓数目为 $n=4$，名义直径为 $d_B$ = M20，则 $S$=30mm，$S_e$=20mm，$\overline{S}$=46mm。

① 螺栓的最大间距

$$\overline{S} = 2d_B + \frac{6\delta_f}{(m+0.5)} \tag{7-50}$$

计算得

$$\bar{S}=2\times 20+\frac{6\times 39.2}{(3+0.5)}=107.2\text{mm}$$

② 操作状态下需要的最小螺栓载荷 $W_P$

$$W_P=F+F_P \tag{7-51}$$

式中　$F$ ——流体静压总轴向力，N，$F=0.785D_G^2PN$；

$D_G$ ——垫片压紧力作用中心圆直径，mm，$D_G=121.2\text{mm}$

$PN$ ——设计压力，MPa，4.6MPa

计算得

$$F=0.785\times 121.2^2\times 4.6=53043.6\text{N}$$

$F_P$ ——操作状态下需要的最小垫片压紧力，N，$F_P=89134\text{N}$。

则

$$W_P=F+F_P=53043.6+89134=142177.6\text{N}$$

③ 设计的螺栓拉应力

$$\sigma_{bl}=\frac{F_P}{A_b} \tag{7-52}$$

式中　$\sigma_{bl}$ ——设计的螺栓拉应力，MPa；

$A_b$ ——实际螺栓面积，$\text{mm}^2$。

$$A_b=\frac{\pi}{4}\times 4\times(20-1.5)^2=1074.67\text{mm}^2$$

计算得

$$\sigma_{bl}=\frac{89134}{1074.67}=82.9\text{MPa}$$

而设计温度下螺栓材料的许用应力$[\sigma]_b^{-162}=156\text{MPa}$。

显然：$\sigma_{bl}<[\sigma]_b^{-162}$。

故螺栓强度符合要求。

### 7.8.4　确定法兰颈部尺寸，法兰宽度和厚度尺寸

#### 7.8.4.1　法兰操作力矩

计算公式如下：

$$M_P=F_DS_D+F_TS_T+F_GS_G \tag{7-53}$$

式中　$F_D$ ——作用于法兰中腔内径截面上的流体静压轴向力，N，

$$F_D=0.785D_i^2PN \tag{7-54}$$

$D_i$ ——法兰中腔内直径，mm，$D_i=116\text{mm}$（设计给定）

计算得

$$F_D=0.785\times 116^2\times 4.6=48589.6\text{N}$$

$S_D$ ——为螺栓中心至 $F_D$ 作用位置处的径向距离，mm，$S_D = 22.3\text{mm}$（设计给定）；

$F_T$ ——流体静压总轴向力与作用于法兰中腔内径截面上的流体静压轴向力之差，N；

$$F_T = F - F_D = 56421.9 - 48589.6 = 7832.3\text{N}$$

$S_T$ ——螺栓中心至作用位置的径向距离，mm；

$$S_T = \frac{S + \delta_1 + S_G}{2} \tag{7-55}$$

$S$ ——螺栓中心至法兰颈部与背面交点的径向距离，mm，$S = 12.5\text{mm}$（设计给定）；

$\delta_1$ ——法兰颈部大端有效厚度，mm，$\delta_1 = 17.5\text{mm}$（设计给定）；

$S_G$ ——螺栓中心至 $F_G$ 作用位置处的径向距离，mm，$S_G = 25\text{mm}$（设计给定）。

则

$$S_T = \frac{12.5 + 17.5 + 25}{2} = 27.5\text{mm}$$

$F_G$ ——法兰垫片压紧力，N。

$$F_G = F_P = 89134\text{N}$$

则有 $M_P = 48589.6 \times 22.3 + 7832.3 \times 27.5 + 89134 \times 25 = 3.53 \times 10^6 \text{N} \cdot \text{mm}$。

7.8.4.2　预紧状态下螺柱所受载荷

计算公式如下：

$$W_a = \pi b D_G y \tag{7-56}$$

式中　$D_G$ ——垫片压紧力作用中心圆直径，mm；

$y$ ——垫片比压，MPa；

$b$ ——垫片宽度，mm。

则

$$W_a = \pi \times 8.5 \times 121 \times 69 = 222834.8\text{N}$$

7.8.4.3　螺栓面积

（1）预紧状态下最小螺栓面积 $A_a$

$$A_a = \frac{W_a}{[\sigma]_b} \tag{7-57}$$

式中　$[\sigma]_b$ ——常温下螺栓材料的许用应力，MPa，$[\sigma]_b = 230\text{MPa}$。

计算得

$$A_a = \frac{222834.8}{230} = 968.8\text{mm}^2$$

（2）操作状态下需要的最小螺栓面积 $A_P$

$$A_P = \frac{W_P}{[\sigma]_b^{-162}} \tag{7-58}$$

式中　$W_P$ ——操作状态下最小螺栓载荷，N；

$[\sigma]_b^{-162}$ ——法兰在−162℃下的螺栓材料的许用应力，MPa，$[\sigma]_b^{-162} = 156\text{MPa}$。

将以上数据代入可得

$$A_{\mathrm{P}}=\frac{142002.7}{156}=910.3\mathrm{mm}^2$$

（3）需要的螺栓面积 $A_{\mathrm{m}}$

$$A_{\mathrm{m}}=\max(A_{\mathrm{a}},A_{\mathrm{P}}) \tag{7-59}$$

显然：$A_{\mathrm{m}}=A_{\mathrm{P}}=968.8\mathrm{mm}^2$。

（4）设计时给定螺栓总截面积 $A_{\mathrm{b}}$

$$A_{\mathrm{b}}=\frac{\pi}{4}nd_{\min}^2=\frac{\pi}{4}\times4\times(20-1.5)^2=1074.7\mathrm{mm}^2 \tag{7-60}$$

因 $A_{\mathrm{b}}>A_{\mathrm{m}}$，选用螺栓强度合格。

（5）紧状态下螺栓设计载荷 $W$

$$W=\frac{A_{\mathrm{m}}+A_{\mathrm{b}}}{2}[\sigma]_{\mathrm{b}} \tag{7-61}$$

计算得

$$W=\frac{968.8+1074.7}{2}\times230=235002.5\mathrm{N}$$

（6）法兰预紧力矩 $M_{\mathrm{a}}$

$$M_{\mathrm{a}}=WS_{\mathrm{G}}=235002.5\times25=5875062.5\mathrm{N\cdot mm} \tag{7-62}$$

（7）法兰设计力矩 $M_0$

$$M_0=\max\left[M_{\mathrm{a}}\frac{[\sigma]_{\mathrm{f}}^{-162}}{[\sigma]_{\mathrm{f}}},M_{\mathrm{p}}\right] \tag{7-63}$$

$$M_{\mathrm{p}}=3530000\mathrm{N\cdot mm}$$

式中　$[\sigma]_{\mathrm{f}}^{-162}$——−162℃下法兰材料的许用应力，MPa，$[\sigma]_{\mathrm{f}}^{-162}=122.5\mathrm{MPa}$；

$[\sigma]_{\mathrm{f}}$——常温下法兰材料的许用应力，MPa，$[\sigma]_{\mathrm{f}}=102.9\mathrm{MPa}$。

其中

$$M_{\mathrm{a}}\frac{[\sigma]_{\mathrm{f}}^{-162}}{[\sigma]_{\mathrm{f}}}=\frac{5875062.5\times122.5}{102.9}=6994122\mathrm{N\cdot mm}$$

$$M_{\mathrm{p}}=3530000\mathrm{N\cdot mm}$$

所以 $M_0=6994122\mathrm{N\cdot mm}$。

（8）法兰应力计算

① 轴向应力 $\sigma_{\mathrm{H}}$

$$\sigma_{\mathrm{H}}=\frac{fM_0}{\lambda\delta_1^2D_{\mathrm{i}}} \tag{7-64}$$

式中　$f$——整体法兰颈部应力校正系数，$f=1$；

$\lambda$——参数，$\lambda=2$（查表计算）；

$\delta_1^2$——法兰颈部大端有效厚度，mm，$\delta_1=17.5\mathrm{mm}$（设计给定）；

$D_i$ ——法兰中腔内直径。

代入数据有

$$\sigma_H = \frac{fM_0}{\lambda\delta_1^2 D_i} = \frac{1\times 6994122}{2\times 17.5^2\times 116} = 98.44\text{MPa}$$

② 径向应力 $\sigma_R$

$$\sigma_R = \frac{(1.33\delta_f e + 1)M_0}{\lambda\delta_f^2 D_i} \tag{7-65}$$

式中　$\delta_f$ ——法兰有效厚度，mm，$\delta_f = 25\text{mm}$（设计给定）；

$e$ ——参数，$e = 0.0028$。

代入数据有

$$\sigma_R = \frac{(1.33\times 25\times 0.0028 + 1)\times 6994122}{2\times 25^2\times 116} = 52.7\text{MPa}$$

③ 切向应力 $\sigma_T$

$$\sigma_T = \frac{YM_0}{\delta_f^2 D_i} - z\sigma_R \tag{7-66}$$

式中　$Y$、$z$——系数，查表得 $Y$=3.2，$z$=4.48。

代入数据有

$$\sigma_T = \frac{3.2\times 6994122}{25^2\times 116} - 4.48\times 52.6 = 73.1\text{MPa}$$

（9）应力校核

$$\sigma_H = 98.44\text{MPa} < 1.5[\sigma]_f^{-162} = 1.5\times 122.5 = 183.8\text{MPa}$$

$$\sigma_R = 52.7\text{MPa} < [\sigma]_f^{-162} = 122.5\text{MPa}$$

$$\sigma_T = 73.1\text{MPa} < [\sigma]_f^{-162} = 122.5\text{MPa}$$

$$\frac{\sigma_H + \sigma_T}{2} = \frac{98.44 + 73.1}{2} = 85.8\text{MPa} < [\sigma]_f^{-162} = 122.5\text{MPa}$$

$$\frac{\sigma_H + \sigma_R}{2} = \frac{98.44 + 52.7}{2} = 75.6\text{MPa} < [\sigma]_f^{-162} = 122.5\text{MPa}$$

故中法兰强度满足要求。

#### 7.8.4.4　垫片

低温阀门用垫片必须在常温、低温及温度变化下具有可靠的密封性和复原性。由于垫片材料在低温下会变硬和降低塑性，所以应选择性能变化小的垫片材料。

使用温度为-200℃，低温最高使用压力为 3MPa 时，采用长纤维白石棉的橡胶板。使用温度为-200℃，最高使用压力为 5MPa 时，采用耐酸钢带夹石棉缠绕而成的缠绕式垫片，或是聚四氟乙烯和耐酸钢带绕制而成的缠绕式垫片。膨胀石墨与耐酸钢绕制而成的缠绕式垫片用于-200℃的低温阀门上比较理想。

低温阀门的填料和垫片要求在低温下保持稳定的密封性能。一般常用的填料为膨胀石墨或是浸渍聚四氟乙烯盘根，常用的垫片材料为石墨或浸渍聚四氟乙烯和不锈钢绕制而成的缠绕式垫片。

低温阀门材料的选择将直接影响阀门整体结构设计，不同的材料有着不同的热导率和强度，低温则对材料的热导率、低温脆性影响更大，所以在低温阀门的选材上要根据工作温度和压力，选择合适的材料，以满足在设计下的要求。

表 7-8 低温阀门材料的选择

| 材料 | 标准号 | 热处理 |
| --- | --- | --- |
| AL | GB700 | — |
| 0Cr18Ni9 | GB1220 | 固溶处理 |
| 0Cr18Ni12Mo2Ti | | |

垫片结构形式如图 7-11 所示。

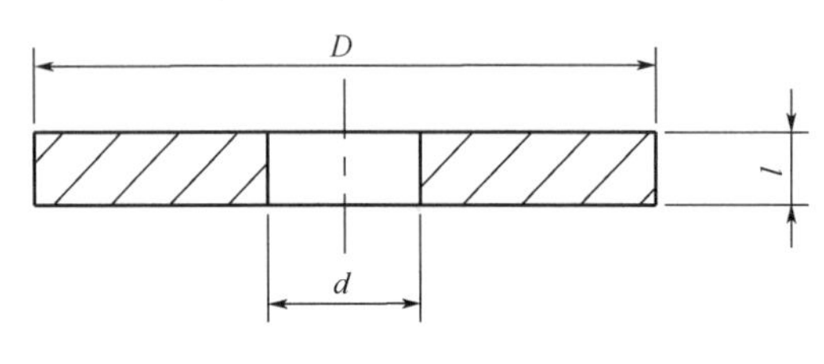


图 7-11 垫片

垫片外形尺寸如表 7-9 所示。

表 7-9 垫片的外形尺寸 单位：mm

| 公称直径 | $d$ | $D$ | 每 1000 个质量/kg |
| --- | --- | --- | --- |
| 30 | 30.5 | 45 | ≈6.75 |
| 33 | 33.5 | 50 | ≈8.49 |
| 36 | 36.5 | 55 | ≈10.43 |
| 42 | 42.5 | 60 | ≈11.05 |
| 48 | 48.5 | 68 | ≈14.00 |
| 52 | 52.5 | 72 | ≈14.96 |
| 60 | 60.5 | 80 | ≈16.88 |
| 64 | 64.5 | 85 | ≈18.89 |

## 7.9 卡簧的材料与选型

### 7.9.1 卡簧的材料

低温阀门用卡簧必须在常温、低温及温度变化下具有可靠的密封性和复原性，因此一般选择性能变化小的卡环材料。如浸渍聚四氟乙烯的石棉填料或成型塑料件填料。而玻璃钢由于热导率很小，大多用作热桥元件。从金相考虑，金属材料中具有面心立方晶格的奥氏体钢、铜和铝在低温状态下不会出现低温脆性，但因铝及铝合金的硬度不高，铝密封面的耐磨、耐擦伤性能差，所以在低温阀门中的使用有一定的限制，仅用于低压和小口径阀门中。

### 7.9.2　卡簧的选型

轴用弹性卡簧是一种安装于槽轴上，用作固定零部件的孔向运动的部件，这类卡簧的内径比装配轴径稍小。安装时须用卡簧钳，将钳嘴插入卡环的钳孔中，扩张卡簧，才能放入预先加工好的轴槽上。分为以下几种：孔用弹性卡簧、E 形弹性卡簧、C 形弹性卡簧、外锁夹紧卡簧、反向孔用弹性卡簧、反向轴用弹性卡簧。

根据 JLK-65-70 角式可调节流阀特征及 C 形弹性卡环用途及优点，选用 C 形弹性卡簧。

### 7.9.3　卡环外形尺寸

卡簧外形图如图 7-12 所示。

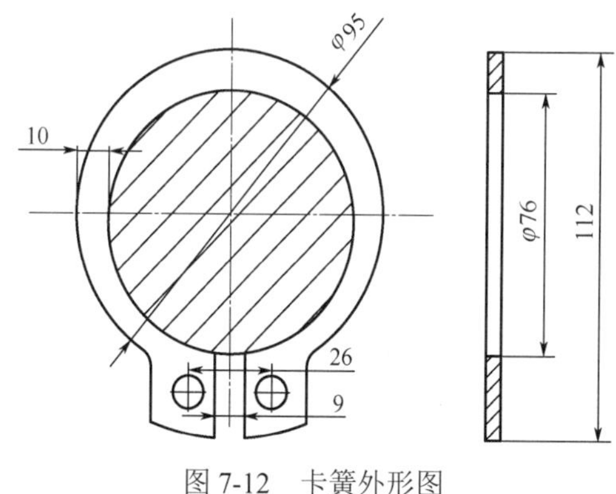


图 7-12　卡簧外形图

## 7.10　手轮调节力矩的计算

### 7.10.1　手轮直径

当手轮直径（长度）小于或等于 320mm 时，只允许一人操作。手轮直径（长度）大于 320mm 时，允许多人操作。本设计为两人操作，平行手轮。

手轮直径按式（7-67）确定：

$$D_s = \frac{2\sum M}{Q} \tag{7-67}$$

式中　$D_s$ ——手轮直径，mm；

$\sum M$ ——阀杆上的最大力矩，N • mm；

$Q$ ——手轮上的圆周力，N。

由表查，选择 $\sum M = 300\text{N} \cdot \text{mm}$；由图查，选择 $Q = 1300\text{N}$。

计算得

$$D_s = \frac{2\times 300\times 10^3}{1300} = 461\text{mm}$$

取 $D_s = 500\text{mm}$。

查《阀门的设计与应用》表 7-3 得手轮尺寸如表 7-10 所示。

**表 7-10　手轮尺寸表**　　单位：mm

| 首轮直径 $D$ | 轮毂 | | | | 轮缘 | | | | | | |
|---|---|---|---|---|---|---|---|---|---|---|---|
| | $H$ | $d_1$ | $d_2$ | $B$ | $h$ | $b$ | $r_2$ | $r_3$ | $r_4$ | $r_5$ | $F$ |
| 500 | 44 | 113 | 120 | 8 | 34 | 40 | 17 | 8 | 4 | 16 | 18 |
| 轮辐 | | | | | 箭头和铸字 | | | | | | |
| 根数 | $b_2$ | $r$ | $r_1$ | $h_3$ | $E$ | $A$ | $K$ | $J$ | $f$ | $G$ | |
| 3 | 32 | 15 | 10 | 34 | 20 | 20 | 25 | 20 | 5 | 12 | |

## 7.10.2　手轮旋向

关阀：顺时针；开阀：逆时针。

手轮直径与圆周力的关系如图 7-13 所示。

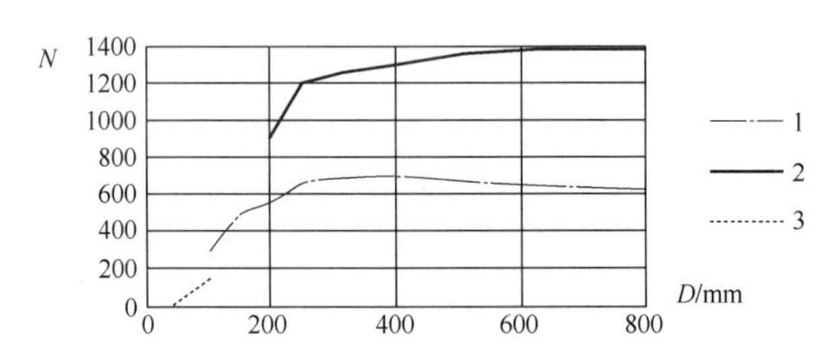


图 7-13　手轮直径与圆周力的关系

1—一个人用两手操作的力，N；2—两个人操作的力，N；3—一个人用一手操作的力，N

经查《阀门的设计与应用》，可得手轮力矩参考表如表 7-11 所示。

**表 7-11　力矩参考表**

| 公称通径/mm | 公称压力/MPa | | | | | | | | | | |
|---|---|---|---|---|---|---|---|---|---|---|---|
| | 0.25 | 0.6 | 1.0 | 1.6 | 2.5 | 4.0 | 6.4 | 10.0 | 16.0 | 20.0 | 32.0 |
| | 力矩/N·mm | | | | | | | | | | |
| 15 | | | | | | 50 | | 80 | | | 100 |
| 20 | | | | | | 80 | | 100 | | | 200 |
| 25 | | | | | 50 | | 100 | 200 | 200 | | 300 |
| 32 | | | | | | 100 | 200 | 200 | 300 | | 450 |
| 40 | | | | | 80 | 200 | 200 | 300 | 300 | | 600 |
| 50 | | | 50 | 80 | 100 | 200 | 300 | 300 | 450 | | 900 |
| 65 | | 50 | 80 | 100 | 200 | 300 | 300 | 450 | 600 | | 1000 |
| 80 | | | 100 | | 200 | 300 | 450 | 600 | 1000 | | 2500 |
| 100 | | 100 | | 200 | 300 | 450 | 600 | 1000 | 1200 | | 3500 |
| 125 | | 200 | | 200 | 450 | 500 | 1000 | 1200 | 1800 | | 4000 |
| 150 | | | | 300 | 500 | 900 | 1200 | 1800 | | | |
| 200 | | | | | 1000 | 1800 | | | | | |
| 225 | | | 500 | | | | | | | | |
| 250 | | 500 | | | | | | | | | |
| 300 | | 500 | | | | | | | | | |
| 350 | 500 | | | | | | | | | | |

# 7.11　传热的计算

## 7.11.1　低温阀门的绝热性能

可以利用阀门进入低温介质的热流流量 $Q$ 与所通过的低温介质的质量比来衡量低温阀门的绝热能力。但是介质种类不变，仅流速发生变化时，其值会变化，这一数值用作绝热完善性的指标是不合适的，因为指标应该是只有一个值适合该阀门。可是无论是介质速度还是介质的密度都不能得出单一的值，对同一个阀门来说可能有几种不同的数值。低温介质不同，$Q$ 值也不同，所以选用公式（7-68）的数值绝热指标 $K_T$ 做统一比较。

$$K_T = \frac{\alpha_T Q}{DN^2 \Delta T} \tag{7-68}$$

式中　$\alpha_T$ ——比例系数；

$\Delta T$ ——周围环境温度 22 ℃与低温介质之间的温度差，℃；

$DN$ ——阀门的公称通径，mm。

这样确定的 $\frac{Q}{\Delta T}$ 值与 $K_T$ 近似于常数，考虑到低温阀门一般在液氮中进行实验，最好是 $\alpha_T = 216$，可得到：

$$K_T = \frac{216Q}{DN^2 \Delta T} \tag{7-69}$$

由公式（7-69）知，对于同一种介质 $K_T$ 近似常数，$K_T$ 只与阀门本身和周围环境有关。

## 7.11.2　低温阀门的冷却性能

低温阀门的冷却性能是指低温阀门从常温冷却到工作温度的能力。这一性能可以利用阀门在绝热过程中所消耗的能量来判定，即在绝热过程中阀门传给低温介质的热量 $Q_1$ 来衡量。低温阀门的冷却性能对于周期性工作的低温阀门系统有着极其重要的意义。例如，对 $DN$100mm 的阀门，零件冷却的冷耗量几乎相当于 48h 内经过绝热层从外界进入的热量。阀门冷却质量的指标为

$$K_M = \frac{216Q_1}{DN^2 \Delta T} \tag{7-70}$$

式中　$Q_1$ ——在不稳定冷却过程中阀门零件传给低温介质的热量，不计入周围空气的漏热，J。

公式中的 $K_M$ 值要取决于阀门的类型、阀门壳体的材料及其组件的结构完善程度。

## 7.11.3　低温阀门启闭密封件的工作能力

当冷却到低温时，密封机构的密封性经常被破坏，为了达到密封，需要增加密封比压。低温阀门启闭密封件的性能指标采用公式（7-71）求得。

$$K_3 = \frac{100\Delta V}{DN} \tag{7-71}$$

式中　$\Delta V$ ——在工作寿命期限内气体的平均泄漏量，$cm^3/min$。

### 7.11.4 低温阀门外表面不结冰的条件

当低温阀门工作时，其外表面不应该结露，也不应该结冰。外表面结冰程度首先取决于周围空气温度和零部件表面温度之间的差值，另外也和空气的露点温度有关。总之，在全天气候条件下，要彻底消除结露是很困难的。但是如上述温度差不超过 5℃，那么结冰的可能性就不大。低温阀门外表面不结冰的条件：

$$\Delta T_{\max} \leqslant \Delta T = 5℃ \tag{7-72}$$

当管道内有温度不同于周围环境温度的工质流动时，管内流体就要通过管壁与管外的保温层向外发散热量。若阀门泄漏量不变，一段时间后传热趋于稳定，散发热量与管壁温度维持为一定值。$t > t_1 > t_2 > t_3 > t_a$，分别为工质、管道内壁、管道外壁、保温层外壁及环境空气的温度。热量沿径向从管内流体以对流换热方式传递给管道内壁，然后以导热方式从内壁传递至管外壁，再以导热方式从管外壁传递至保温层外壁，最后以对流换热方式传递给周围空气。传递热量的大小与工质的温度和流速有关。

由于沿工质流动方向温度逐渐下降，因此沿管壁和保温层纵向也存在导热热量传递$Q_4$与$Q_5$。对管壁纵向温度梯度最大的进口段的壁温测试结果表明：沿管道纵向的管壁导热热量很小，在计算中可以忽略。如某工况下，主汽温度为 538℃，距进口 2.5m 与 7.5m 处的管壁温度测试值分别为 425℃与 337℃。由于钢材的热导率较大，壁厚 11mm 的钢管内外壁的温差仅 0.1℃，取钢管内外壁温度近似相等。以进口处 5 m 为控制体进行计算，由管壁纵向导热而散发的热量为$Q_4 = 0.3640\text{W}$，而总的放热热量为$Q_3 = 425.988\text{W}$，$Q_4$仅为$Q_3$的 0.085 %。沿轴向关闭的前后温度梯度逐渐减小。若管内泄漏量增大，工质对管壁的传热量增加，管道的轴向温度梯度减小，纵向导热量更小。由于纵向导热量更小，可忽略不计。保温层的热导率也可不计。

管内工质通过管壁和保温层以对流-导热-导热-对流 4 种方式向外传热，忽略管壁和保温层的纵向导热后，上述 4 种方式传热的热量相等，即$Q = Q_1 = Q_2 = Q_3$，由于工质对管壁的放热系数与工质流速成正比，所以可根据阀前管道外壁温度$t_2$、周围环境温度$t_a$、管内流体压力$P$和进口工质温度$t_0$来近似计算管道的散热量，从而计算管内流体的流动速度与流量，得到阀门的泄漏量。

管道纵向温度梯度不大，当所取计算控制体足够短时，壁面温度可取其平均值，则管壁与保温层的散热近似为单层均质圆筒壁导热问题，热量传递的计算公式为：

$$Q_1 = \frac{2\pi k L \Delta t}{\ln(d_2 / d_1)} \tag{7-73}$$

式中 $k$——管壁或保温层的热导率，$\text{W/(kg} \cdot \text{K)}$；

$\Delta t$——内外壁的温度差，℃；

$d_1$——管壁或保温层的内径，m；

$d_2$——管壁或保温层的外径，m；

$L$——管壁或保温层的长度，m。

对流换热传递热量计算公式为：

$$Q = \frac{Nu k_f}{d_e} F \Delta t \tag{7-74}$$

式中　$k_f$ ——流体的热导率，$W/(mg \cdot K)$；

$d_e$ ——管道的当量直径，m；

$F$ ——换热面积，$m^2$；

$\Delta t$ ——传热温差，℃；

$Nu$ ——努谢尔数。

为减少散热损失，关闭窗户后室内风速极低，保温层外壁向周围环境传递热量是以自然对流的方式进行。反应流动特性的准则数在 $\mathrm{Gr\,Pr} = 10^5 \sim 10^{10}$ 的范围。其水平与竖直圆柱自然对流换热的准则方程式为：

当 $10^1 < GrPr \leqslant 10^9$ 时：

$$Nu = 0.53(\mathrm{GrPr})^{0.25} \tag{7-75}$$

当 $10^9 < GrPr \leqslant 10^{12}$ 时：

$$Nu = 0.13(\mathrm{GrPr})^{1/3} \tag{7-76}$$

$Pr$ 为普朗特数，$Gr$ 为格拉晓夫数。

传热计算如下：

$$q_1 = \frac{t_a - t_1}{R_{\lambda l1} + R_{\lambda l2} + R_{\lambda l3}} \tag{7-77}$$

计算得

$$q_1 = \frac{t_\mathrm{a} - t_1}{\dfrac{1}{2\pi\lambda_1 \ln\dfrac{d_2}{d_1}} + \dfrac{1}{2\pi\lambda_2 \ln\dfrac{d_3}{d_2}} + \dfrac{1}{2\pi\lambda_3 \ln\dfrac{d_4}{d_3}}}$$

采用泡沫保温材料：$\lambda_2 = 0.02 \sim 0.046 \mathrm{W/(mg \cdot K)}$，取 $0.03 \mathrm{W/(mg \cdot K)}$，外层最高平均温度设计 30℃，阀体热导率为 $\lambda_3 = 16.3 \mathrm{W/(mg \cdot K)}$，壳体材料为聚四氟乙烯，$\lambda_1 = 0.3 \mathrm{W/(mg \cdot K)}$，表面温度 5℃。

外壳厚度可取为 0.01m。

$$q_1 = \frac{30 - (-162)}{\dfrac{1}{2\times\pi\times16.3}\ln\dfrac{0.44}{0.245} + \dfrac{1}{2\times\pi\times0.03}\ln\dfrac{0.64}{0.445} + \dfrac{1}{2\times\pi\times0.3}\ln\dfrac{0.65}{0.445}} = 90.4 \mathrm{W/m}$$

所以此种情况下阀门传热量为 $90.4 \mathrm{W/m}$。

## 参考文献

[1] JB/T 7749—1995.

[2] GB/T 24925—2010.

[3] 张周卫．双效控制减压节流阀：200920144106．3 [P]，2009-04-26.

[4] 朱立伟，柳建华，张良，等．LNG 船用低温球阀的低温应力分析及数值模拟 [J]．低温与超导，2010，38（5）.

[5] 吴荣堂，唐勇，孙晔，等．LNG 船用超低温阀门设计研究 [J]．船舶工程，2010，32.

[6] H．T．洛马宁柯．低温阀门 [M]．沈士良．北京：机械工业出版社，1986.

[7] 蔡慧君．低温阀门 [J]．阀门，1992，（2）：34-36.

[8] 杨世铭，陶文铨．传热学［M］．第三版．北京：高等教育出版社，2008．

[9] 鹿彪，张丽红．低温阀门的设计与研制［J］．流体机械，1994，4：1-5．

[10] 刘干．节流阀结构研究与流场数值模拟分析［D］．西南石油学院，2003．

[11] 丁建春，石朝锋，马飞．低温阀门复合载荷变形分析［J］．真空与低温，2011：115-118．

[12] 彭楠，熊联友，陆文海，等．低温节流阀设计与计算［J］．低温工程，2006，153（05）：32-34．

[13] 金维增．低温阀门房颈部温度场分析与结构设计［D］．兰州：兰州理工大学，2014．

[14] 张祥来．固定节流阀特性研究［J］．天然气工业，2007，27（5）：63-65．

[15] 王德玉，刘清友，何霞．高压节流阀的失效与受力分析［J］．天然气工业，2005，25（6）：94-96．

[16] 姜福祥．电液比例先导式三通减压阀及先导式溢流阀静态仿真研究［D］．南京：东南大学，2001．

[17] 张周卫，汪雅红，张小卫，等．低温系统温度控制节流阀．201120370013X［P］，2012-07-25．

[18] 张周卫，陈光奇，厉彦忠，等．双压控制减压节流阀．2009201441063［P］，2010-03-24．

[19] 汪雅红，张小卫，张周卫，等．中流式低温过程控制减压节流阀．2011102949578［P］，2014-04-16．

[20] 张周卫，汪雅红，张小卫，等．低温系统管道内置减压节流阀．2011102928798［P］，2013-10-23．

[21] 张周卫，汪雅红，张小卫，等．管道内置多股流低温减压节流阀．2011102930571［P］，2014-04-23．

[22] 张周卫，张国珍，周文和，等．双压控制减压节流阀的数值模拟及实验研究［J］．机械工程学报，2010，46（22），130-135．

[23] 张周卫，汪雅红，著．空间低温制冷技术［M］．兰州：兰州大学出版社，2014-3．

[24] 张周卫，厉彦忠，汪雅红，等．空间低红外辐射液氮冷屏低温特性研究［J］．机械工程学报，2010，46（2）：111-118．

[25] 张周卫，厉彦忠，陈光奇，等．空间低温冷屏蔽系统及表面温度分布研究［J］．西安交通大学学报，2009（8）：116-124．

# 第 8 章 LNG 安全阀设计计算

安全阀是启闭件受外力作用下处于常闭状态，当设备或管道内的介质压力升高超过规定值时，通过向系统外排放介质来防止管道或设备内介质压力超过规定数值的特殊阀门。安全阀属于自动阀类，主要用于锅炉、压力容器和管道上，控制压力不超过规定值，对人身安全和设备运行起重要保护作用。安全阀必须经过压力试验才能使用。

安全阀是一种安全保护性的阀门，主要用于管道和各种承压设备上，当介质工作压力超过允许压力数值时，安全阀自动打开向外排放介质，随着介质压力的降低，安全阀将重新关闭，从而防止管道和设备的超压危险。安全阀分为杠杆式、弹簧式、脉冲式。安全阀适用于锅炉房管道以及不同压力级别管道系统中的低压侧。安全阀示意图如图 8-1 所示。

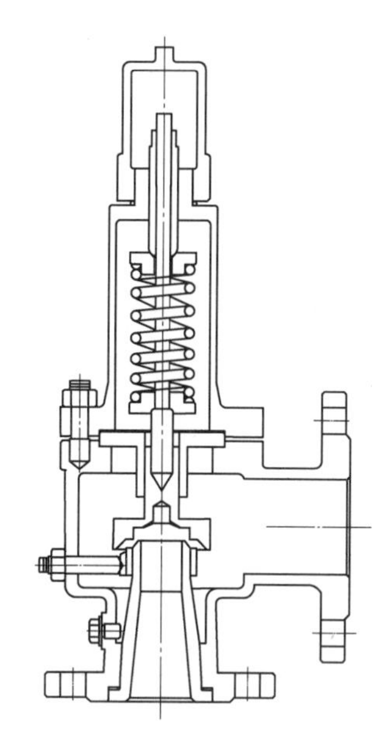

图 8-1　安全阀示意图

## 8.1　基础数据和资料

### 8.1.1　设计背景

液化天然气（Liquefied Natural Gas，LNG），是指天然气原料经过预处理，脱除其中的杂质后，再通过低温冷冻工艺在-162℃下形成的低温液体混合物。LNG 的性质随组分的变化而略有不同，一般商业 LNG 的基本性质为：在-162℃与 0.1 MPa 下，LNG 为无色无味的液体，其密度约为 430～460kg/m$^3$，燃点为 650℃，热值一般为 37.62MJ/m$^3$，在-162℃时的汽化潜热约为 510kJ/kg，爆炸极限为 5%～15%。

一般商业 LNG 产品的组成如表 8-1 所示。由表 8-1 可见，LNG 的主要成分为甲烷，其中还有少量的乙烷、丙烷、丁烷及氮气等惰性组分。

表 8-1　天然气组成

| | |
|---|---|
| 甲烷 | 77.76 % |
| 乙烷 | 9.74 % |
| 丙烷 | 4.85 % |
| 异丁烷 | 1.54 % |
| 正丁烷 | 1.25 % |
| 异戊烷 | 0.27 % |
| 正戊烷 | 0.44 % |
| 己烷 | 0.34 % |
| 氮气 | 1.27 % |
| 二氧化碳 | 1.39 % |

### 8.1.2　设计规范及主要设计参数

8.1.2.1　设计规范

LNG 装置上使用的超低温阀门主要设计规范有：JB/T 7749、GB/T 24925、BS 6364、GB 150 和 GB 151 等。

安全阀设计规范主要有：安全阀一般要求 GB/T 12241—2005、管道元件的公称通径 GB/T 1047、圆柱螺旋弹簧设计计算 GB/T 1239.6、阀门结构要素 JB/T 1752、法兰技术要求 GB/T 9113 等。

8.1.2.2　主要设计参数

主要设计参数如表 8-2 所示。

表 8-2　主要设计参数

| 设计参数 | LNG 安全阀 |
|---|---|
| 设计压力 | 4.6MPa |
| 工作压力 | 4.6MPa |
| 设计温度 | -162℃ |
| 介质名称 | LNG |
| 腐蚀裕度 | 0.1mm |
| 主体材质 | 0Cr18Ni9Ti |

## 8.2　阀门尺寸的确定

### 8.2.1　安全阀排量计算

安全阀的设计压力为 $p=4.6\text{MPa}$，根据 GB 150 附录 B 及压力容器安全技术监察规程附件五安全阀的设计计算，有完善的绝热保温层的液化气体压力容器的安全泄放量按式（8-1）计算：

$$A=\frac{G}{0.076CKp_0\left(\frac{M}{ZT}\right)^2} \tag{8-1}$$

式中 $A$——安全阀通道截面积，$cm^2$；

$G$——安全阀最大泄放量，kg/h；

$p_0$——安全阀在最大泄放量时的进口压力，MPa；

$C$——气体特性系数；

$K$——流量系数，查表取 0.65；

$M$——天然气的分子量；

$Z$——压缩系数；

$T$——阀门设计绝对温度，K。

8.2.1.1 天然气的分子量

$$M=\sum Y_iM_i \tag{8-2}$$

式中 $Y_i$——天然气各组成成分分子量；

$M_i$——天然气各组成成分百分含量。

计算得

$$M=21.47$$

8.2.1.2 压缩系数

$$Z=\frac{100}{100+1.69p^{1.5}} \tag{8-3}$$

式中 $p$——设计压力，$p$=4.6MPa。

计算得

$$Z=\frac{100}{100+1.69\times4.6^{1.5}}=0.857$$

8.2.1.3 天然气密度

查 GB 17820—2012，液化天然气密度为 0.42～0.46g/cm$^3$，取 $\rho$=0.45g/cm$^3$，即 $\rho$=450kg/m$^3$。

8.2.1.4 最大泄放量

安全阀的泄放量应根据具体工艺工程来确定，安全阀的泄放量均认为是单位时间内流过设备的质量流量。则最大泄放量：

$$G=\frac{V_d}{24}\rho \tag{8-4}$$

式中 $V_d$——设计流量，m$^3$/d，$V_d=3200m^3/d$；

$\rho$——天然气密度，kg/m$^3$。

计算得

$$G=\frac{3200}{24}\times450=60000kg/h$$

8.2.1.5 最大泄放压力时的进口压力

安全阀开始起跳时的进口压力称为安全阀的泄放压力或定压。它应等于受压设备管道的设计压力。

可按如下方法计算：

当 $p \leqslant 1.8\text{MPa}$ ， $p_0 = p + 0.18\text{MPa}$

当 $1.8\ \text{MPa} < p \leqslant 7.5\text{MPa}$ ， $p_0 = 1.03p + 0.1\text{MPa}$

当 $p > 7.5\text{MPa}$ ， $p_0 = 1.05p\text{MPa}$

式中　$p$——被保护设备或管道操作绝对压力，MPa。

因 $p$=4.6MPa，所以

最大泄放压力时的进口压力：

$$p_0 = 1.03 \times 4.6 + 0.1 = 4.84\text{MPa}$$

8.2.1.6　安全阀流道截面积

流道截面积计算：

$$A = \frac{60000}{0.076 \times 172 \times 0.65 \times 4.84(21.47/0.857 \times 111)^2} = 3071.09\text{mm}^2$$

### 8.2.2　安全阀流道尺寸及公称尺寸的确定

流道尺寸 $d_0$ 按式（8-5）计算：

$$d_0 = \sqrt{\frac{4A}{\pi}} \tag{8-5}$$

式中　$A$——安全阀流道截面积，mm。

计算得

$$d_0 = \sqrt{\frac{4 \times 3071.09}{\pi}} = 62.55\text{mm}$$

查全启式安全阀管道元件的公称通径 GB/T 1047，如图 8-1 选取流道直径 $d_0$=65mm，其公称直径 $DN = 100\text{mm}$ 的安全阀。

## 8.3　弹簧的设计与计算

弹簧是重要的零件之一，弹簧式安全阀的性能受弹簧的控制，弹簧的设计成功与否决定了安全阀的最终性能是否达到设计要求和使用要求。弹簧在安全阀里的工作原理比较简单，它通过弹簧座把作用力传递给阀杆，阀杆再把弹簧力传递到阀瓣上。

① 为了保证弹簧力能平稳地传递到阀瓣上，在设计制造安全阀弹簧时，应将弹簧的端部磨平，支撑面至少大于平面的 3/4 圈。并且应满足平行度和垂直度的要求；

② 制造安全阀的弹簧材料主要采用 0Cr19Ni10，该材料的性能见表 8-3；

③ 为了防止弹簧松弛，在计算时取较低的许用应力值，制造时进行强化处理。

表 8-3　弹簧材料

| 标准号 | 标准名称 | 牌号 | 直径规格/mm | 剪切模量/MPa | 许用切应力/MPa | 性能 | 备注 |
|---|---|---|---|---|---|---|---|
| YB11 | 弹簧用不锈钢丝 | 0Cr19Ni10 | 0.8～12 | 71000 | 446.5 | -200～300 | 适用于高低温、腐蚀性环境 |

## 8.3.1　弹簧结构的确定

弹簧的结构如图 8-2 所示。

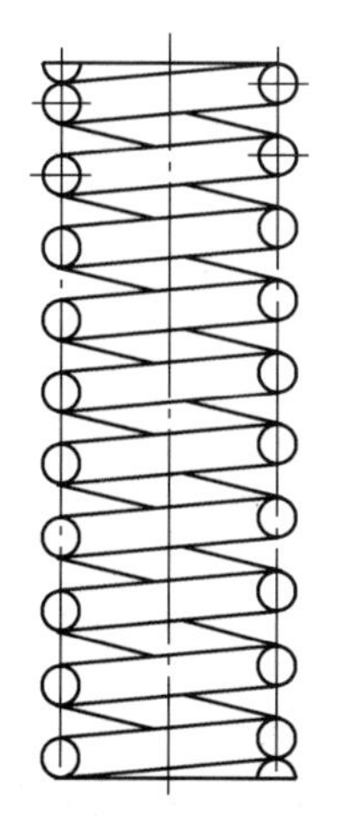

图 8-2　弹簧结构图

### 8.3.1.1　弹簧结构

弹簧外径小于导向套尺寸（80mm），内层弹簧的内径大于内壁尺寸（30mm）。由于阀内空间有限，经过反复进行参数校核，确定的弹簧参数如表 8-4 所示。

**表 8-4　弹簧设计参数**

| 弹簧中径 $D$/mm | 节距 $d_i$/mm | 有效圈数 $n$ | 总圈数 $N$ | 自由高度 $H_0$/mm | 螺旋角 $\varphi$/° | 展开长度 $L$/mm |
|---|---|---|---|---|---|---|
| 62.000 | 20.445 | 10 | 12 | 200 | 5.538 | 2348.2 |

### 8.3.1.2　弹簧丝直径的计算

$$d_t = 1.6\sqrt{\frac{KpCD}{[\tau]}} \tag{8-6}$$

式中　$d_t$ ——弹簧丝直径，mm；

$K$ ——曲度系数；

$C$ ——旋绕比；

$D$ ——弹簧中径，mm；

$p$ ——设计压力，MPa；

$[\tau]$ ——许用切应力，MPa。

（1）旋绕比

$$C=\frac{D}{d_t} \tag{8-7}$$

式中　$D$ ——弹簧中径，mm；

$d_t$ ——弹簧丝直径，mm。

在实际使用中，通常$4 \leqslant C \leqslant 25$，因为$C$太小，弹簧丝变形很厉害，尤其受动负荷的弹簧，弹簧丝弯曲太厉害时使用寿命就短；而太大，弹簧本身重量在巨大的直径上不断地颤动而发生摇摆，同时缠绕以后容易松开，直径难于掌握。

假定弹簧丝直径$d_t = 3\text{mm}$，则

$$C = \frac{62}{3} = 20.67$$

所以满足要求。

（2）曲度系数

$$K = \frac{4C-1}{4C-4} + \frac{0.615}{C} \tag{8-8}$$

式中　$C$——旋绕比。

计算得

$$K = \frac{4 \times 20.67 - 1}{4 \times 20.67 - 4} + \frac{0.615}{20.67} = 1.068$$

实际所需弹簧丝直径：

$$d_t = 1.6\sqrt{\frac{1.068 \times 4.6 \times 20.67}{446.5}} = 0.763\text{mm} < d_t' = 3\text{mm}$$

所以假设合理，弹簧丝直径符合强度要求。

## 8.3.2 弹簧强度的校核

### 8.3.2.1 弹簧应力校核

$$\tau = K\frac{8Dp}{\pi d_t^3} \tag{8-9}$$

式中　$\tau$——弹簧所受切应力，MPa；

$K$——曲度系数；

$D$——弹簧中径，mm；

$p$——设计压力，MPa；

$d_t$——弹簧丝直径，mm。

计算得

$$\tau = 1.068 \times \frac{8 \times 62 \times 4.6}{\pi \times 3^3} = 28.74\text{MPa} < [\tau] = 446.5\text{MPa}$$

符合设计要求。

### 8.3.2.2 弹簧干涉校核

弹簧受压后，中径发生变化，其变化量

$$\Delta D = 0.05(t^2 - d_t^2)/D = 0.119\text{mm}$$

装配时，弹簧与外壁距离为18mm，弹簧与外壁距离远大于弹簧中径变化量，符合设计要求。

8.3.2.3 弹簧稳定性校核

对于两端固定的弹簧，根据规范，其高度和直径比应满足 $b \leqslant 5.3$ 。

$$b=\frac{H_0}{D} \tag{8-10}$$

式中 $H_0$ ——自由高度，mm；

$D$ ——弹簧中径，mm。

计算得

$$b=\frac{200}{62}=3.23<5.3$$

所以稳定性符合设计要求。

## 8.4 阀体壁厚计算及校核

安全阀是通过阀体使零件相互连接成为一个完整的产品，安全阀是通过阀体的法兰或螺纹管接头或焊接连接在系统上的。阀体承受着被保护系统的压力作用，所以阀体应有足够的强度和密封性，不允许出现变形或泄漏。阀体应按有关标准进行强度试验。

### 8.4.1 阀体选择原则

① 阀体材料的选择。阀体材料选用 0Cr18Ni9Ti，其材料特性如下：抗拉强度 $[\sigma_t]=520\text{MPa}$ ；条件屈服强度 $[\sigma_L]=205\text{MPa}$ 。

② 安全阀排放时，介质通过阀体泄放至安全的地方，所以要求通道部分的尺寸和形状应保证其流体阻力最小。

③ 阀体的进口和出口支管承受着安全阀和排放管道的重量以及安全阀排放时的反用力，阀体应有足够的强度和刚度。

④ 为了提高排放能力，阀座通道截面积不因有导向筋的存在而缩小介质流动畅通，不仅在阀座通道中，在阀瓣打开的环状间隙处也没有涡流现象。阀体和出口支管的通道截面积为 $2.5d_0$。由于排放能力高，安全阀的阀座通道截面积较小，使安全阀易于密封。

综上所述，查规范选择阀体壁厚 $S_B=8\text{mm}$ 。

### 8.4.2 阀体结构

阀体的结构如图 8-3 所示。

### 8.4.3 阀体计算

阀体壁厚计算式：

$$S_B'=\frac{pDN}{2.3[\sigma_L]-p}+C \tag{8-11}$$

式中 $S_B'$ ——计算壁厚；

$p$ ——计算压力，MPa；

$DN$ ——计算内径，mm；

$C$ ——附加裕量，mm，见表 8-5；

$[\sigma_L]$ ——许用压应力，MPa，查表可知，$[\sigma_L]=205\text{MPa}$。

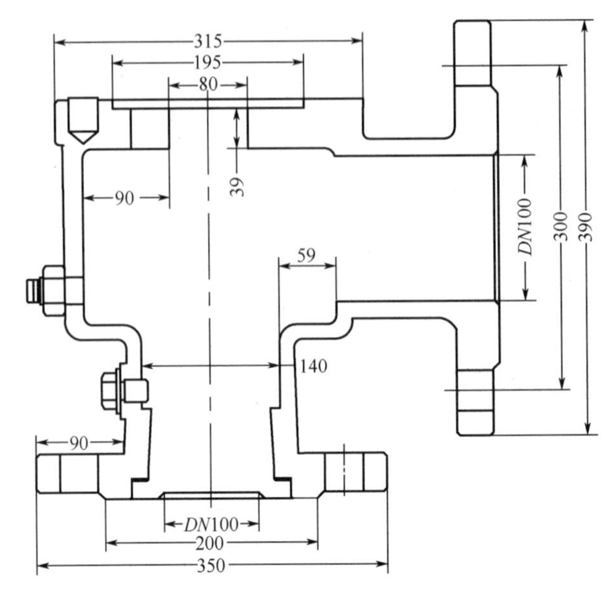


图 8-3　阀体结构图

计算得

$$S_B'=\frac{4.6\times100}{2.3\times205-4.6}+4=4.985\text{mm}$$

$S_B'>S_B$，所以阀体壁厚满足设计要求。

**表 8-5　附加裕量**　　单位：mm

| $S$ | $C$ |
| --- | --- |
| ≤5 | 5 |
| 6～10 | 4 |
| 11～12 | 3 |
| 21～30 | 2 |
| >30 | 1 |

## 8.5　安全阀中法兰自紧密封计算

低温高压阀门通常采用楔形组合自紧密封结构和楔形密封垫结构。阀盖和楔形密封垫之间按线接触密封设计，楔形密封垫的外锥形上开有 1～2 条环形沟槽。楔形密封垫的锥角分别为：$\partial=30^\circ\sim35^\circ$，$\beta=5^\circ$，$\rho=5^\circ\sim10^\circ$。

## 8.5.1　载荷计算

内压力引起的总轴向力为：

$$F=\frac{\pi}{4}D_c^2 p \tag{8-12}$$

式中　$F$——内压力引起的轴向力，N；

$D_c$——密封接触圆直径，mm，$D_c=120$mm（设计给定）；

$p$——设计压力，MPa。

计算得

$$F=\frac{\pi}{4}\times 120^2\times 4.6=51998.4\text{N}$$

预紧状态时，楔形密封垫的轴向分力，即预紧螺栓的载荷为：

$$F_a=\pi D q_1\frac{\sin(\partial+\rho)}{\cos\rho} \tag{8-13}$$

式中　$F_a$——楔形密封垫密封力的轴向力，N；

$\partial$——锥角，取$\partial$=35°；

$D$——阀门公称直径，mm；

$q_1$——线密封比压，对 0Cr18Ni9Ti 取$q_1=500\text{N}/\text{mm}$；

$\rho$——摩擦角，取$\rho$=8° 30′。

计算得

$$F_a=\pi\times 100\times 500\times\frac{\sin(35°+5°)}{\cos 8.5°}=102038.46\text{N}$$

## 8.5.2　支承环的设计计算

支承环结构尺寸确定后，需对作用于纵向截面的弯曲应力和 $a$—$a$ 环向截面的当量应力进行强度校核。

（1）纵向截面的弯曲应力校核

$$\sigma_{ma}=\frac{F_a(D_a-D_b)}{\pi D_a h^2}\leqslant 0.9[\sigma_t] \tag{8-14}$$

式中　$\sigma_{ma}$——弯曲应力，MPa；

$D_a$——$a$—$a$ 环向截面的直径，mm，$D_a=120$mm（设计给定）；

$D_b$——螺栓孔中心圆直径，mm，$D_b=100$mm（设计给定）；

$[\sigma_t]$——设计温度下元件材料的许用应力，MPa；

$h$——厚度，$h$=25.4 mm（设计给定）。

计算得

$$\sigma_{ma}=\frac{102038.46\times(120-100)}{\pi\times 120\times 25.4^2}=8.39\text{MPa}\leqslant 0.9[\sigma_t]=468\text{MPa}$$

所以满足强度要求。

（2）$a$—$a$ 环向截面的当量应力校核

$$\sigma_0=\sqrt{\sigma_{ma}^2+3\tau_a^2}\leqslant 0.9[\sigma_t] \tag{8-15}$$

式中 $\sigma_0$——当量应力，MPa；

$\sigma_{ma}$——$a$—$a$ 环向截面的弯曲应力，MPa；

$\tau_a$——$a$—$a$ 环向截面的切应力，MPa。

其中

$$\sigma_{ma}=\frac{102038.46\times(120-100)}{\pi\times120\times25.4^2}=8.39\text{MPa}$$

则

$$\sigma_0=\sqrt{8.39^2+3\times10.66^2}=20.28\text{MPa}\leqslant 0.9[\sigma_t]=0.9\times520\text{MPa}=468\text{MPa}$$

所以满足强度要求。

## 8.5.3 预紧螺栓的设计计算

预紧螺栓光杆部分直径计算：

$$d_0=\sqrt{\frac{4F_a}{\pi[\sigma_b]n}} \tag{8-16}$$

式中 $d_0$——预紧螺栓光杆部分直径，mm；

$[\sigma_b]$——常温下螺栓材料的许用应力，MPa；

$n$——螺栓数量；

$F_a$——楔形密封垫密封面的轴向力，N。

计算得

$$d_0=\sqrt{\frac{4\times102038.46}{\pi\times520\times4}}=7.905\text{mm}$$

查规范选择预紧螺栓型号为 M8，螺栓光杆部分直径为 8.4mm。

## 8.5.4 阀盖的设计计算

阀盖的结构如图 8-4 所示。

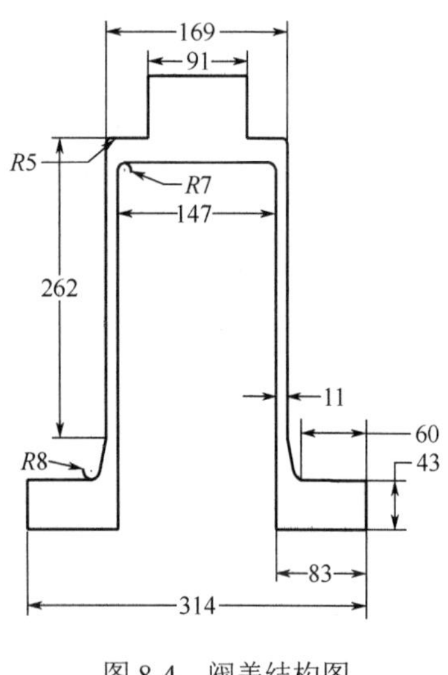


图 8-4 阀盖结构图

阀盖的结构尺寸确定后，对作用于纵向截面的弯曲应力和环向截面的当量应力进行强度校核。

（1）纵向截面的弯曲应力校核

$$\sigma_m=\frac{M}{Z}\leqslant 0.7[\sigma_t] \tag{8-17}$$

式中 $M$——纵向截面的弯矩，N·mm；

$Z$——纵向截面抗弯截面系数。

$M$ 计算如下：

$$M=\frac{1}{2\pi}\left[\left(D-\frac{2}{3}D_c\right)F+(D_c-D_b)F_a\right]$$

计算得

$$M=\frac{1}{2\pi}\left[\left(100-\frac{2}{3}\times120\right)\times51998.4+\left(120-100\right)\times102038.46\right]=490563.25\text{mm}^3$$

$Z$ 按下述方法确定：

$$当 Z_c \geqslant \frac{\delta}{2}时，Z=\frac{I_c}{Z_c}$$

$$当 Z_c < \frac{\delta}{2}时，Z=\frac{I_c}{\delta-Z_c}$$

式中　$Z_c$——纵向截面形心离截面最外端距离（设计给定）；

$\delta$——阀盖高度，mm，$\delta$=184mm（设计给定）；

$D_c$——密封接触圆直径，mm；

$I_c$——纵向截面弯矩，$\text{mm}^4$。

$$I_c=\frac{Dh^3}{12} \tag{8-18}$$

计算得

$$I_c=\frac{100\times25.4^3}{12}=136558.87\text{mm}^4$$

$$Z=\frac{136558.87}{42}=3251.4\text{mm}^3$$

综上所述

$$\sigma_m=\frac{490563.25}{3251.4}=150.88\text{MPa}\leqslant0.7\times520=364\text{MPa}$$

所以满足强度要求。

（2）$a$—$a$ 环向截面的当量应力校核

$$\sigma_0=\sqrt{\sigma_{ma}^2+3\tau_a^2}\leqslant0.7[\sigma_t] \tag{8-19}$$

式中　$\sigma_{ma}$——弯曲应力，MPa；

$\tau_a$——切应力，MPa。

$\sigma_{ma}$ 按式（8-20）计算：

$$\sigma_{ma}=\frac{6(F+F_a)}{\pi D_5 l\sin\alpha} \tag{8-20}$$

式中　$D_5$——$a$—$a$ 环向截面的平均直径，mm。

计算得

$$\sigma_{ma}=\frac{6\times(51998.4+102038.46)}{\pi\times0.07973\times5\times\sin35^\circ}=1.29\text{MPa}$$

$D_5$ 按式（8-21）计算：

$$D_5=D_6-\frac{h}{\tan\alpha} \tag{8-21}$$

式中　$D_6$——116mm（设计给定）。

$$D_5 = 116 - \frac{25.4}{\tan 35^\circ} = 79.73\text{mm}$$

$\tau_a$ 按式（8-22）计算：

$$\tau_a = \frac{F + F_a}{\pi D_5 l \sin\alpha} \tag{8-22}$$

计算得

$$\tau_a = \frac{51998.4 + 102038.46}{\pi \times 0.07973 \times 5 \times \sin 35^\circ} = 0.214\text{MPa}$$

*a*—*a* 环向截面的当量应力校核：

$$\sigma_0 = \sqrt{1.29^2 + 3 \times 0.214^2} = 1.34\text{MPa} \leqslant 0.7[\tau] = 0.7 \times 520 = 364\text{MPa}$$

所以满足强度要求。

## 8.6　阀座密封面设计计算

阀座设计成可拆卸的结构形式，阀座通道设计成拉法尔喷嘴的光滑低阻力形状。喷嘴式安全阀能在长期使用中保持高度密封，减少阀座和阀瓣密封面的机械变形、热变形和侵蚀。阀座的热变形是介质对于非对称阀体的作用引起的，而阀座的机械变形则可能在把阀体紧固在容器上发生。采用可拆卸结构，则阀体的变形一般不易造成阀座的变形，而阀座的变形是导致安全阀泄漏的主要原因。安全阀的主要受压元件是阀座，所以在设计时应进行强度校核，在结构上应设计成圆滑过渡，阀座一般不宜采用铸件，应采用棒料和锻件加工，并需进行强度试验。

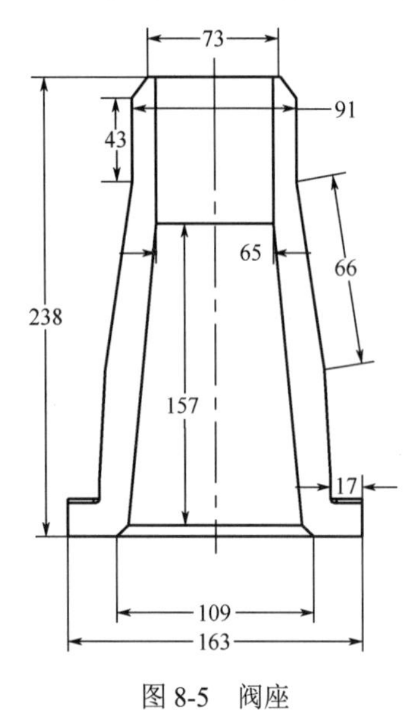

图 8-5　阀座

### 8.6.1　阀座尺寸确定

阀座如图 8-5 所示。

### 8.6.2　阀座密封面设计计算

#### 8.6.2.1　安全阀密封面比压

安全阀密封面比压按式（8-23）计算：

$$q = \frac{Q_{MZ}}{\pi(d + b_M)b_M} \tag{8-23}$$

式中　$Q_{MZ}$——阀座密封面上的总作用力，N。

$Q_{MZ}$ 按式（8-24）计算：

$$Q_{MZ} = Q_{MF} + Q_{MJ} \tag{8-24}$$

式中　$Q_{MF}$——介质密封力，N；

$Q_{MJ}$——阀座密封面上的介质力，N。

$$Q_{MZ} = 14379.62 + 18203.05 = 32582.67\text{N}$$

$Q_{MF}$ 按式（8-25）计算：

对于平面密封面：

$$Q_{MF} = \pi(d + b_M)b_M q_{MF} \quad (8\text{-}25)$$

$$Q_{MF} = \pi \times (65 + 6) \times 6 \times 10.75 = 14379.63\text{N}$$

$Q_{MJ}$ 按式（8-26）计算：

$$Q_{MJ} = \frac{\pi}{4}(d + b_M)^2 p \quad (8\text{-}26)$$

$$Q_{MJ} = \frac{\pi}{4} \times (65 + 6)^2 \times 4.6 = 18203.05\text{N}$$

安全阀密封面比压为：

$$q = \frac{32582.67}{\pi(65 + 6) \times 6} = 24.36\text{MPa}$$

8.6.2.2　密封面材料许用比压

计算值$[q]$必须符合下列条件，此安全阀的密封才是安全可靠的。

$$[q] > q > q_{MF} \quad (8\text{-}27)$$

式中　$[q]$——密封面材料许用比压，MPa；

$q_{MF}$——保证密封必需的比压，MPa，$q_{MF} = 10.75\text{MPa}$。

查密封材料的许用比压表和必需比压表可知$[q] = 40\text{MPa}$，$q_{MF} = 10.75\text{MPa}$。

所以满足$[q] > q > q_{MF}$，故此安全阀的密封是可靠的。

# 8.7　阀杆的设计与计算

安全阀弹簧的作用力是通过阀杆传递给阀瓣，形成初始密封。当安全阀动作时，阀杆沿着弹簧上下面的弹簧座移动，因此阀杆的作用很重要。

① 阀杆力不是通过钢球传递给阀瓣时，阀杆的端部应做成球面，球面半径按施加于阀杆的作用力来选取。当作用力小于 600N 时，$r = 1.5\text{mm}$；作用力达 1800N 时，$r = 4\text{mm}$。

球面半径也可按安全阀口径来选取，即$r = (0.05\sim0.08)d_0$。

② 阀杆的结构及尺寸如图 8-6 所示。

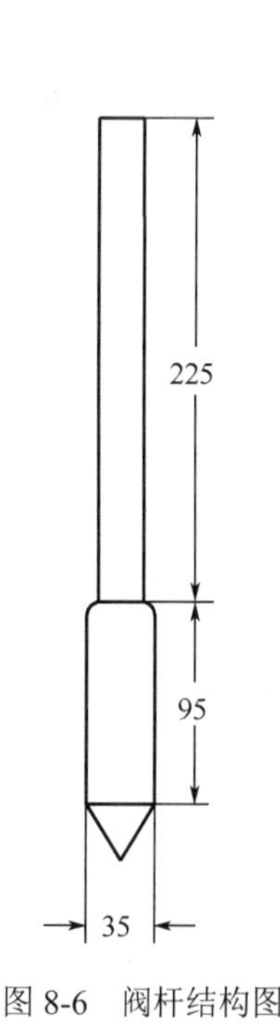


图 8-6　阀杆结构图

## 8.7.1　阀杆总轴向力

8.7.1.1　阀杆最大轴向力

介质从阀瓣下方流入时，阀杆最大轴向力在关闭最终时产生，按式（8-28）计算：

$$Q_{FZ} = Q_{MF} + Q_{MJ} + Q_T \sin\alpha_L \quad (8\text{-}28)$$

式中　$Q_{FZ}$——关闭最终时阀杆总轴向力，N；

$Q_{MF}$——密封力，即在密封面上形成密封比压所需的轴向力，N；

$Q_{MJ}$——关闭时作用在阀瓣上的介质力，N；

$Q_T$——阀杆与填料间的摩擦力，N；

$\alpha_L$——阀杆螺纹的升角，对于梯形螺纹，可按螺纹直径和螺距查表。

计算得

$$Q_{FZ} = 9229.72 + 18203.05 + 1444.4 \times \sin 2.59^\circ = 27507.11\text{N}$$

（1）$Q_{MF}$ 计算

对平面密封：

$$Q_{MF} = \pi(d_{MP} + b_M)b_M q_{MF} \tag{8-29}$$

式中　$d_{MP}$——阀座密封面的平均直径，mm，$d_{MP} = 71\text{mm}$（设计给定）；

$b_M$——阀座密封面宽度，mm；

$q_{MF}$——密封必须比压，MPa。

$$Q_{MF} = \pi \times 71 \times 6 \times 6.9 = 9229.72\text{N}$$

对液体介质，$q_{MF}$ 计算如下：

$$q_{MF} = 1.5p$$

式中　$p$——计算压力，MPa。

$$q_{MF} = 1.5 \times 4.6 = 6.9\text{MPa}$$

（2）$Q_{MJ}$ 计算

$$Q_{MJ} = \frac{\pi}{4} D_{MP}^2 p \tag{8-30}$$

计算得

$$Q_{MJ} = \frac{\pi}{4} \times 71^2 \times 4.6 = 18203.05\text{N}$$

（3）$Q_T$ 计算

$$Q_T = \pi d_F h_T \mu_T p \tag{8-31}$$

式中　$d_F$——阀杆直径，mm；

$h_T$——填料层的总高度，$h_T = 25\text{mm}$；

$\mu_T$——阀杆与填料间的摩擦系数，对石棉填料：$\mu_T = 0.15$；对聚四氟乙烯填料 $\mu_T = 0.05$～$0.1$。

计算得

$$Q_T = \pi \times 40 \times 25 \times 0.1 \times 4.6 = 1444.4\text{N}$$

8.7.1.2　调整螺杆

介质从阀门下方流入时，阀杆最大轴向力在关闭时产生，计算公式如下：

$$Q'_{FZ} = Q_{MF} + Q_{MJ} + Q_T + Q'_J$$

式中　$Q'_{\mathrm{J}}$——关闭时，导向键阀杆的摩擦力，N。

计算得

$$Q'_{\mathrm{FZ}}=9229.72+18203.05+1444.4+4477.08=33354.25\mathrm{N}$$

关闭时，导向键阀杆的摩擦力：

$$Q'_{\mathrm{J}}=\frac{Q_{\mathrm{MF}}+Q_{\mathrm{MJ}}+Q_{\mathrm{T}}}{\dfrac{R_{\mathrm{J}}}{f_{\mathrm{J}}R'_{\mathrm{FM}}}-1} \tag{8-32}$$

式中　$R_{\mathrm{J}}$——计算半径，mm，$R_{\mathrm{J}}=7\mathrm{mm}$（设计给定）；

$f_{\mathrm{J}}$——导向键与阀杆键槽间的摩擦系数，可取 $f_{\mathrm{J}}=0.2$；

$R'_{\mathrm{FM}}$——关闭时，阀杆螺纹的摩擦半径，mm，查表得 $R'_{\mathrm{FM}}=4.7\mathrm{mm}$。

计算得

$$Q'_{\mathrm{J}}=\frac{9229.72+18203.05+1444.4}{\dfrac{7}{0.2\times4.7}-1}=4477.08\ \mathrm{N}$$

## 8.7.2　安全阀阀杆力矩

### 8.7.2.1　阀杆力矩计算

对于介质从阀瓣下方流入的情况，阀杆力矩按式（8-33）计算：

$$M'_{\mathrm{F}}=M'_{\mathrm{FL}}+M_{\mathrm{FT}}+M'_{\mathrm{FD}} \tag{8-33}$$

式中　$M'_{\mathrm{F}}$——关闭时的阀杆力矩，$\mathrm{N\cdot mm}$；

$M'_{\mathrm{FL}}$——关闭时的阀杆螺纹摩擦力矩，$\mathrm{N\cdot mm}$；

$M_{\mathrm{FT}}$——阀杆与填料间的摩擦力矩，$\mathrm{N\cdot mm}$；

$M'_{\mathrm{FD}}$——关闭时，阀杆头部与阀瓣接触面间的摩擦力矩，$\mathrm{N\cdot mm}$。

计算得

$$M'_{\mathrm{F}}=156764.97+28849.72+27657.38=213272.07\mathrm{N\cdot mm}$$

$M'_{\mathrm{FL}}$ 按式（8-34）计算：

$$M'_{\mathrm{FL}}=Q'_{\mathrm{FZ}}R'_{\mathrm{FM}} \tag{8-34}$$

式中　$R'_{\mathrm{FM}}$——关闭时，阀杆螺纹的摩擦半径，mm。

计算得

$$M'_{\mathrm{FL}}=33354.25\times4.7=156764.97\mathrm{N\cdot mm}$$

$M_{\mathrm{FT}}$ 按式（8-35）计算：

$$M_{\mathrm{FT}}=\frac{1}{2}Q_{\mathrm{T}}d_{\mathrm{F}}\cos\alpha_{\mathrm{L}} \tag{8-35}$$

计算得

$$M_{\mathrm{FT}}=\frac{1}{2}\times1444.4\times40\times\cos2.95°=28849.72\mathrm{N\cdot mm}$$

$M'_{\mathrm{FD}}$ 按式（8-36）计算：

$$M'_{FD} = 0.132 Q'_{FZ} \sqrt{\frac{2Q'_{FZ}R_0}{E}} \tag{8-36}$$

式中　$R_0$ ——阀杆头部球面半径，$R_0 = 42\text{mm}$；

$E$ ——阀杆材料的弹性模数，MPa。

计算得

$$M'_{FD} = 0.132 \times 33354.25 \times \sqrt{\frac{2 \times 33354.25 \times 42}{71000}} = 27657.38\text{N} \cdot \text{mm}$$

8.7.2.2　调整螺杆

对于介质从阀瓣下方流入的情况，阀杆力矩按式（8-37）计算：

$$M'_F = M'_{FL} \tag{8-37}$$

阀门的驱动力矩按式（8-38）计算：

$$M'_Z = M'_{FL} + M'_{FJ} \tag{8-38}$$

式中　$M'_Z$ ——关闭时，阀门的驱动力矩，$\text{N} \cdot \text{mm}$；

$M'_{FJ}$ ——关闭时，阀杆螺母凸肩与支架间的摩擦力矩，$\text{N} \cdot \text{mm}$。

$M'_{FJ}$ 按式（8-39）计算：

$$M'_{FJ} = \frac{1}{2} Q'_{FZ} f_J d_p \tag{8-39}$$

式中　$f_J$ ——凸肩与支架的摩擦系数，查表得 $f_J = 0.1$；

$d_p$ ——凸肩与支架间环形接触面的平均直径，mm。

计算得

$$d_p = \frac{36 + 42}{2} = 39\text{mm}$$

阀杆螺母凸肩与支架间的摩擦力矩为：

$$M'_{FJ} = \frac{1}{2} \times 33354.25 \times 0.1 \times 39 = 65040.79\ \text{N} \cdot \text{mm}$$

阀门的驱动力为：

$$M'_Z = 156764.97 + 65040.79 = 221805.76\ \text{N} \cdot \text{mm}$$

## 8.7.3　安全阀阀杆的强度计算

阀杆材料使用 0Cr18Ni9Ti，其在设计温度-162℃下的许用应力需查表得。

8.7.3.1　拉压应力校核

拉压应力按式（8-40）校核：

$$\sigma = \frac{Q_{FZ}}{F} \leqslant [\sigma] \tag{8-40}$$

式中　$\sigma$ ——阀杆所受的拉压应力，MPa;

$Q_{FZ}$ ——阀杆总轴向力，N;

$F$ ——阀杆的最小截面积，一般为螺纹根部或退刀槽的面积，$\text{mm}^2$；

$[\sigma]$ ——材料的许用拉或压应力，MPa。

计算得

$$\sigma = \frac{27507.11 + 33354.25}{\frac{\pi}{4} \times 36^2} = 59.82\text{MPa} \leqslant [\sigma] = 80\text{MPa}$$

8.7.3.2　扭转剪应力校核

扭转剪应力按式（8-41）校核：

$$\tau_{\text{N}} = \frac{M}{\varpi} \leqslant [\tau_{\text{N}}] \tag{8-41}$$

式中　$\tau_{\text{N}}$ ——阀杆所受的扭转剪应力，MPa；

$M$ ——计算截面处的力矩，N•mm；

$\varpi$ ——计算截面的抗扭截面系数，$\text{mm}^3$，对圆形截面：$\varpi = 0.2d^3$；

$[\tau_{\text{N}}]$ ——材料的许用扭转剪应力，MPa。

计算得

$$\tau_{\text{N}} = \frac{M'_{\text{F}} + M'_{\text{Z}}}{0.2d_1^3} = \frac{213272.07 + 221805.76}{0.2 \times 36^3} = 46.63\text{MPa} \leqslant [\tau_{\text{N}}] = 50\text{MPa}$$

8.7.3.3　合成应力校核

合成应力按式（8-42）校核：

$$\sigma_{\Sigma} = \sqrt{\sigma^2 + 4\tau_{\text{N}}^2} \leqslant [\sigma_{\Sigma}] \tag{8-42}$$

式中　$\sigma_{\Sigma}$ ——阀杆所受的合成应力，MPa；

$[\sigma_{\Sigma}]$ ——材料的许用合成应力，MPa；

$\tau_N$ ——扭转剪应力，MPa。

计算得

$$\sigma_{\Sigma} = \sqrt{59.82^2 + 4 \times 46.63^2} = 83.52\text{MPa} \leqslant [\sigma_{\Sigma}] = 85\text{MPa}$$

所以满足强度要求。

8.7.3.4　调整螺杆端部剪应力校核

升降杆端部剪应力按式（8-43）校核：

$$\tau = \frac{Q_{\text{MZ}}}{\pi d_1 h} \leqslant [\tau] \tag{8-43}$$

式中　$\tau$ ——升降杆端部所受的剪应力，MPa；

$Q_{\text{MZ}}$ ——阀杆端部所受的轴向力，N；

$[\tau]$ ——材料的许用剪应力，MPa；

$h$ ——螺杆的长度，mm；

$d_1$ ——螺杆的内径，mm。

计算得

$$\tau = \frac{27432.77}{\pi \times 36 \times 10} = 24.27\text{MPa} \leqslant [\tau] = 48\text{MPa}$$

所以满足强度要求。

$Q_{\text{MZ}}$ 计算如下：

$$Q_{\text{MZ}} = Q''_{\text{FZ}} - Q_{\text{T}} - Q''_{\text{J}} \tag{8-44}$$

式中　$Q''_{\text{FZ}}$ ——开启瞬时的阀杆总轴向力，N；

$Q_T$ ——阀杆与填料间的摩擦力，N；

$Q_J''$ ——开启时，导向键对阀杆的摩擦力，N。

$$Q_{MZ} = 33354.25 - 1444.4 - 4477.08 = 27432.77\text{N}$$

## 8.8 安全阀阀瓣设计与计算

阀瓣的设计中厚度是重要的因素，厚度的选择可先按壳体厚度的2～2.5倍来初设定其厚度，然后进行校核。取阀瓣厚度$S_b = 2S_B = 2\times 8 = 16\text{mm}$

阀瓣的密封面，其宽度应大于阀座上密封面，应保证每次关闭阀门，阀瓣上密封面都能罩的住密封面。阀瓣是和阀座一起组成密封面，其密封面一侧要直接承受介质的压力、温度等，它的结构设计合理与否，直接影响到安全阀的密封性能。阀瓣的结构设计是根据安全阀要达到的密封性能指标、密封面宽度和密封比压、受弹簧预紧力的大小、所使用的介质特性等诸多因素来考虑的。

### 8.8.1 阀瓣结构及尺寸

阀瓣结构如图8-7所示。

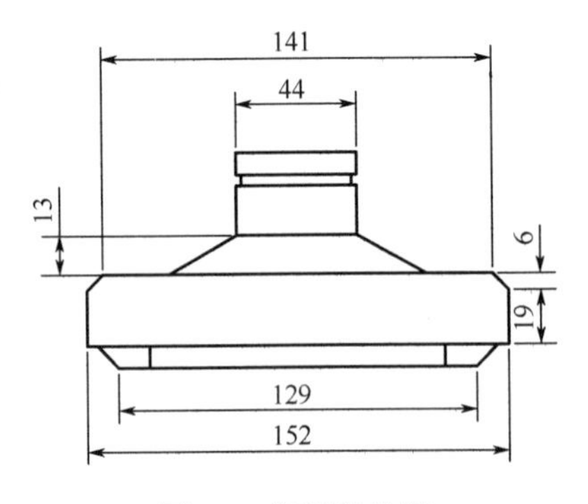


图8-7 阀瓣结构图

### 8.8.2 阀瓣密封面上总作用力及计算比压

密封面上总作用压力按式（8-45）计算：

$$F_{MZ} = F_{MJ} + F_{MF} \tag{8-45}$$

式中 $F_{MJ}$ ——密封面处介质作用力，N；

$F_{MF}$ ——密封面上密封力，N。

$F_{MJ}$ 计算如下：

$$F_{MJ} = \frac{\pi}{4}(D_{MN} + b_M)^2 p \tag{8-46}$$

式中 $D_{MN}$ ——密封面内径，mm，$D_{MN} = 65\text{mm}$；

$b_M$ ——密封面宽度，mm，$b_M = 6\text{mm}$（设计给定）；

$p$ ——设计压力，MPa。

计算得

$$F_{MJ}=\frac{\pi}{4}\times(65+6)^2\times4.6=18203.05\text{N}$$

$F_{MF}$ 计算如下：

$$F_{MF}=\pi(D_{MN}+b_M)b_M q_{MF} \tag{8-47}$$

式中　$q_{MF}$——密封面必需比压，MPa，查表得 $q_{MF}=10.75\text{MPa}$。

计算得

$$F_{MF}=\pi\times(65+6)\times6\times10.75=14379.63\text{N}$$

密封面上总作用压力为：

$$F_{MZ}=18203.05+14379.63=32582.68\text{N}$$

密封面比压计算如下：

$$q=\frac{F_{MZ}}{\pi(D_{MN}+b_M)b_M}$$

计算得

$$q=\frac{32582.68}{\pi(65+6)\times6}=24.36\text{MPa}$$

计算值 $q$ 必须符合下列条件，此安全阀的密封才是安全可靠的。

$$[q]>q>q_{MF} \tag{8-48}$$

式中　$[q]$——密封面材料许用比压；

$q_{MF}$——保证密封的必需比压。

查密封材料的必需比压表可知 $q_{MF}=10.75\text{MPa}$；查密封材料的许用比压表可知 $[q]=40\text{MPa}$。所以有 $[q]>q>q_{MF}$，故此安全阀阀瓣的密封是可靠的。

## 8.8.3　阀瓣强度校核

（1）Ⅰ—Ⅰ断面剪应力

$$\tau_1=\frac{F_{MZ}}{\pi d(S_b-C)}\leqslant[\tau] \tag{8-49}$$

式中　$F_{MZ}$——密封面上总作用力，N；

$d$——阀瓣颈部直径，mm，$d=35\text{mm}$（设计给定）；

$S_b$——实际厚度，mm；

$C$——腐蚀裕量，mm，$C=0.1\text{mm}$。

$$\tau_1=\frac{32582.68}{\pi35\times(16-0.1)}=18.65\text{MPa}\leqslant[\tau]=48\text{MPa}$$

所以满足强度要求。

（2）Ⅰ—Ⅰ处弯曲应力

$$\sigma_{\mathrm{W}} = K_2 \frac{F_{\mathrm{MZ}}}{\pi (S_{\mathrm{b}} - C)^2} \leqslant [\sigma_{\mathrm{W}}] \tag{8-50}$$

$R$ 计算如下：

$$R = \frac{1}{2}(D_{\mathrm{MN}} + b_{\mathrm{M}}) \tag{8-51}$$

计算得

$$R = \frac{1}{2} \times (65 + 6) = 35.5\mathrm{mm}$$

又因为

$$r = \frac{1}{2} d$$

$$r = \frac{1}{2} \times 35 = 17.5\mathrm{mm}$$

可得 $\frac{R}{r} = 2.03$，查表得 $K_2 = 1.04$。

所以

$$\sigma_{\mathrm{W}} = 1.04 \times \frac{32582.68}{\pi (16 - 0.1)^2} = 42.7\mathrm{MPa} \leqslant [\sigma_{\mathrm{W}}] = 50\mathrm{MPa}$$

综上，强度满足要求。

## 8.9 阀杆螺母的计算

阀杆及阀杆螺母通常采用单头标准梯形螺纹，工作时，阀杆螺母承受阀杆轴向力，其强度验算如下。

### 8.9.1 螺纹表面的挤压应力计算

$$\sigma_{\mathrm{ZY}} = \frac{Q_{\mathrm{FZ}}}{n A_{\mathrm{Y}}} \leqslant [\sigma_{\mathrm{ZY}}] \tag{8-52}$$

式中 $Q_{\mathrm{FZ}}$ ——常温时阀杆的最大总轴应力，$\mathrm{kgf/cm^2}$，取 $Q'_{\mathrm{FZ}}$ 及 $Q''_{\mathrm{FZ}}$ 中较大值；

$A_{\mathrm{Y}}$ ——单牙螺纹受挤压面积，$\mathrm{cm^2}$，查表得 $A_{\mathrm{Y}} = 3.467\mathrm{cm^2}$；

$n$ ——螺纹的计算圈数；

$[\sigma_{\mathrm{ZY}}]$ ——材料的许用挤压应力，$\mathrm{kgf/cm^2}$。

螺纹的实际圈数取计算圈数的 1.25 倍，而实际圈数的旋合长度不大于最大旋合长度，查表得 $l = 55$ mm。

$$\sigma_{\mathrm{ZY}} = \frac{33354.25}{20 \times 3.467} = 481.02\mathrm{kgf/cm^2} \leqslant [\sigma_{\mathrm{ZY}}] = 550\mathrm{kgf/cm^2}$$

所以满足强度要求。

### 8.9.2　螺纹根部剪应力计算

$$\tau = \frac{Q_{FZ}}{nA_j} \leqslant [\tau] \tag{8-53}$$

式中　$A_j$——螺母单牙螺纹根部受剪面积，$cm^2$，查表得 $A_j = 5.27cm^2$；

$[\tau]$——材料的许用剪应力，$kgf/cm^2$。

计算得

$$\tau = \frac{33354.25}{20 \times 5.27} = 316.45kgf/cm^2 \leqslant [\tau] = 400kgf/cm^2$$

所以满足强度要求。

## 8.10　填料装置的计算

填料装置包括压盖、T 形槽或活节螺栓、销轴等零件，适用于 $PN \leqslant 160kgf/cm^2$ 的小口径，特别是锻造的阀门上。

### 8.10.1　填料压盖的主要尺寸参数

填料孔的直径与填料宽度有关，而填料宽度 $b_t$ 通常在 $(1\sim1.6)\sqrt{d_f}$ 的范围内选取，其中 $d_f$ 为阀杆直径。故选用填料宽度 $b_t = 8mm$，填料高度 $l = 25mm$。选用聚四氟乙烯作为填料。以聚四氟乙烯作为填料的填料孔，对于带孔压盖式和压紧螺母式，中填料圈数分别取 $Z = 3$ 和 $Z = 4$。对于开口压盖式，当 $PN = 16\sim64MPa$，中填料圈数取 $Z = 3$。填料孔的深度 $H$ 等于上、中填料和填料垫装配后的总高度加上裕量 2～5mm。

填料压盖圆柱部分的高度 $l$ 在$(2\sim5)\,b_t$ 范围内选取，但必须保证 $l > H - h_t - \delta_t$，其中 $\delta_t$ 为填料垫的厚度。选用填料压盖圆柱部分的高度 $l = 25mm$。

### 8.10.2　填料装置主要零件的强度校验

8.10.2.1　填料压盖的应力计算

（1）Ⅰ—Ⅰ断面的弯曲应力

$$\sigma_{W1} = \frac{M_I}{W_I} \leqslant [\sigma_W] \tag{8-54}$$

式中　$M_I$——Ⅰ—Ⅰ断面的弯矩，kgf/cm。

$M_I$ 按式（8-55）计算：

$$M_I = \frac{Q_{YT}}{2} l_1 \tag{8-55}$$

式中　$l_1$——力臂，cm。

$$l_2 = \frac{L}{2}$$

$$l_1 = l_2 - \frac{D}{2}$$

计算得

$$l_2 = \frac{205}{2} = 102.5\text{mm}$$

$$l_1 = 102.5 - \frac{100}{2} = 52.5\text{mm}$$

Ⅰ—Ⅰ断面的弯矩

$$M_{\text{I}} = \frac{9656.09}{2} \times 52.5 = 253472.36\text{kgf/cm}$$

压紧填料的总力

$$Q_{\text{YT}} = 0.785(D^2 - d^2)q_{\text{T}} \tag{8-56}$$

式中　$Q_{\text{YT}}$ ——压紧填料的总力，kgf；

$d$ ——填料压盖的直径，cm；

$q_{\text{T}}$ ——压紧填料所必须施加于填料上部的比压，$\text{kgf/cm}^2$。

其中：$q_{\text{T}} = \varphi$，$\varphi$ 为石棉绳填料最大轴向比系数，查表得 $\varphi = 2.13$。

计算得

$$Q_{\text{YT}} = 0.785 \times (100^2 - 65^2) \times 2.13 = 9656.09\text{kgf}$$

$$W_{\text{I}} = \frac{1}{6} b_1 h_1^2 \tag{8-57}$$

式中　$W_{\text{I}}$ —— Ⅰ—Ⅰ断面的截面系数，$\text{cm}^3$；

$b_1$ —— Ⅰ—Ⅰ断面的宽度，cm；

$h_1$ —— Ⅰ—Ⅰ断面的高度，cm。

计算得

$$W_{\text{I}} = \frac{1}{6} \times 90 \times 40^2 = 24000\text{cm}^3$$

所以，Ⅰ—Ⅰ断面的弯曲应力

$$\sigma_{\text{W1}} = \frac{253472.36}{24000} = 10.56\text{kgf/cm}^2 \leqslant [\sigma_{\text{W}}] = 500\text{kgf/cm}^2$$

满足强度要求。

（2）Ⅱ—Ⅱ断面的弯曲应力

$$\sigma_{\text{W2}} = \frac{M_{\text{II}}}{W_{\text{II}}} \leqslant [\sigma_{\text{W}}] \tag{8-58}$$

式中　$M_{\text{II}}$ ——Ⅱ—Ⅱ断面的弯矩，kgf • cm；

$M_{\text{II}}$ ——Ⅱ—Ⅱ断面的截面系数，$\text{cm}^3$。

$M_{\text{II}}$ 按式（8-59）计算：

$$M_{\text{II}} = \frac{Q_{\text{YT}}}{2}\left(l_2 \frac{D_{\text{p}}}{\pi}\right) \tag{8-59}$$

式中　$D_{\text{p}}$ ——填料反力处的平均直径，mm。

$$D_{\mathrm{p}}=\frac{D+d}{2}$$

计算得

$$D_{\mathrm{p}}=\frac{100+65}{2}=82.5\mathrm{mm}$$

所以

$$M_{\mathrm{II}}=\frac{9656.09}{2}\times\left(102.5-\frac{82.5}{\pi}\right)=368023.11\mathrm{kgf\cdot cm}$$

对于钢制填料压盖，截面系数按式（8-60）计算：

$$W_{\mathrm{II}}=\frac{I_{\mathrm{II}}}{y_2} \tag{8-60}$$

式中　$y_2$ ——II—II 断面中性轴到填料压盖上端面的距离，cm；

$$y_2=\frac{h_2(D-d)+h_1^2(b_2-D)}{2[h_2(D-d)]+h_1(b_2-D)} \tag{8-61}$$

$I_{\mathrm{II}}$ ——II—II 断面对其中性轴的惯性矩，$\mathrm{cm}^4$。

$$I_{\mathrm{II}}=\frac{1}{3}[(b_2-d)y_2^3+(D-d)(h_2-y_2)^3-(b_2-D)(y_2-h_1^{\ 3})] \tag{8-62}$$

II—II 断面中性轴到填料压盖上端面的距离

$$y_2=\frac{100^2\times(100-65)+40^2\times(120-100)}{2\times[100\times(100-65)+40\times(120-100)]}=44.42\mathrm{cm}$$

II—II 断面对其中性轴的惯性矩

$$I_{\mathrm{II}}=\frac{1}{3}[(120-65)\times44.42^3+(100-65)(100-44.42)^3-(120-100)(44.42-40)^3]=353461.33\mathrm{cm}^4$$

II—II 断面截面系数

$$W_{\mathrm{II}}=\frac{353461.33}{44.42}=7957.26\mathrm{cm}^3$$

II—II 断面的弯曲应力

$$\sigma_{\mathrm{W}_2}=\frac{368023.11}{7957.26}=46.25\mathrm{kgf/cm^2}\leqslant[\sigma_{\mathrm{W}}]=500\mathrm{kgf/cm^2}$$

所以满足强度要求。

（3）III—III断面的弯曲应力

$$\sigma_{\mathrm{W}_3}=\frac{M_{\mathrm{III}}}{W_{\mathrm{III}}}\leqslant[\sigma_{\mathrm{W}}] \tag{8-63}$$

式中　$M_{\mathrm{III}}$ ——III—III断面的弯矩，kgf/cm，

$$M_{\mathrm{III}}=\frac{Q_{\mathrm{YT}}}{2}l_3 \tag{8-64}$$

$l_3$ ——力臂，cm；

$$l_3 = l_2 - \frac{1}{2}D_p$$

$W_{III}$ ——III—III断面的截面系数

$$W_{III} \approx \frac{1}{6}b_3 h_3^2$$

计算得

$$l_3 = 102.5 - \frac{1}{2} \times 82.5 = 61.25\text{mm}$$

III—III断面的弯矩

$$M_{III} = \frac{9656.09}{2} \times 61.25 = 295717.76\text{kgf}\cdot\text{cm}$$

III—III断面的系数

$$W_{III} \approx \frac{1}{6} \times 100 \times 25^2 = 10416.67\text{cm}^3$$

III—III断面的弯曲应力

$$\sigma_{W_3} = \frac{295717.76}{10416.67} = 28.39\text{kgf/cm}^2 \leqslant [\sigma_W] = 500\text{kgf/cm}^2$$

所以满足强度要求。

8.10.2.2　活节螺栓（或 T 形槽螺栓）应力计算

螺栓的拉应力

$$\sigma_L = \frac{Q_{YT}}{2A_1} \leqslant [\sigma_L] \tag{8-65}$$

式中　$Q_{YT}$ ——压紧填料的总力，kgf;

$A_1$ ——单个螺栓的断面积，$\text{cm}^2$；

$[\sigma_L]$ ——螺栓材料的许用拉应力，$\text{kgf/cm}^2$ 。

$$\sigma_L = \frac{9656.09}{2 \times 7.552} = 639.31\text{kgf/cm}^2 \leqslant [\sigma_L] = 800\text{kgf/cm}^2$$

所以满足强度要求。

8.10.2.3　销轴的应力计算

销轴的剪切应力

$$\tau = \frac{Q_{YT}}{\pi d_S^2} \leqslant [\tau] \tag{8-66}$$

式中　$d_S$ ——销轴直径，cm，$d_S = 3\text{cm}$（设计给定）;

$[\tau]$ ——材料的许用剪应力，$\text{kgf/cm}^2$ 。

计算得

$$\tau = \frac{9656.09}{\pi \times 3^2} = 341.68\text{kgf/cm}^2 \leqslant [\tau] = 480\text{kgf/cm}^2$$

所以强度符合要求。

## 8.10.3　填料与阀杆之间摩擦力的计算

8.10.3.1　聚四氟乙烯成型材料的摩擦力

$$Q_T = \pi h_1 Z_1 1.2PNf \tag{8-67}$$

式中　$h_1$ ——单圈填料与阀杆接触的高度，cm；

$Z_1$ ——填料圈数；

$f$ ——填料与阀杆的摩擦系数，约为 0.05～0.1，取 $f=0.08$。

计算得

$$Q_T = \pi \times 8 \times 3 \times 1.2 \times 4.6 \times 0.08 = 33.28\text{kgf}$$

8.10.3.2　橡胶 O 形圈的摩擦力

$$Q_T = \pi d\dot{b}Zq_m f \tag{8-68}$$

式中　$d$ ——O 形圈内径，cm；

$\dot{b}$ ——O 形圈与阀杆接触的宽度，cm，取 O 形圈断面半径的 $\frac{1}{3}$；

$Z$ ——O 形圈个数；

$q_m$ ——密封比压；

$f$ ——橡胶 O 形圈与阀杆的摩擦系数，取 $f$=0.08。

$q_m$ 计算如下：

$$q_m = \frac{4+0.6PN}{\sqrt{b_M}}$$

计算得

$$q_m = \frac{4+0.6\times 4.6}{\sqrt{6}} = 2.76\text{kgf/cm}^2$$

橡胶 O 形圈的摩擦力

$$Q_T = \pi \times 50 \times 8 \times 3 \times 2.76 \times 0.8 = 8319.74\text{kgf}$$

## 8.11　安全阀泄漏率的设计计算

### 8.11.1　安全阀的泄漏率的计算

安全阀一般的实验标准为 GB/T 12241，泄漏分软密封和硬密封来区别，其他的泄漏标准如 BS6364 等，其中对软密封的阀门都要求常温泄漏为零泄漏，即没有可见的气泡或液滴，而对金属硬密封安全阀泄漏量要求较多，有的分几级泄漏，最严格的也要求是零泄漏。安全阀的密封应在试验压力为公称压力下进行气压密封试验，其最大允许泄漏率不超过式（8-69）的规定。

$$L_0 = KDN^2\sqrt{p} \times 10^{-6} \tag{8-69}$$

式中　$L_0$ ——最大允许泄漏率，$\text{Pa}\cdot\text{m}^3/\text{s}$；

$K$ ——泄漏系数，按表 8-6 查取；

$DN$ ——安全阀公称通径，mm；

$p$ ——试验压力，MPa。

$$L_0 = 13.6 \times 100^2 \times \sqrt{4.6} \times 10^{-6} = 0.29\text{Pa}\cdot\text{m}^3/\text{s}$$

安全阀的泄漏系数如表 8-6 所示。

表 8-6　安全阀的泄漏系数

| 公称通径 $DN$/mm | 泄漏系数 $K$ | | |
|---|---|---|---|
| | A 级 | B 级 | C 级 |
| ≤300 | 13.6 | 54.3 | 不作规定 |
| 350～600 | 9.0 | 36.2 | |
| 700～900 | 7.3 | 29.0 | |
| 1000～1200 | 7.3 | 29.0 | |
| 1300～1500 | 5.4 | 24.4 | |
| 1600～1800 | 4.5 | 22.7 | |
| 2000～2200 | 3.7 | 20.2 | |
| 2400～2600 | 3.1 | 18.1 | |
| 2800～3000 | 2.7 | 16.3 | |

注：C 级泄漏率用于不考虑泄漏的工况。

安全阀的外漏气密性应在试验压力为 1.1 倍公称压力的气压下无泄漏。

## 8.11.2 漏率设定与漏率换算

黏滞流的漏率范围为$10^{-2}$～$10^{-7}$ Pa • m$^3$/s。当在常压或正压力下，漏孔泄漏的气流特性为黏滞流时，漏率与漏孔两侧压力平方差成正比，与流过气体的黏度系数成反比；漏率与浓度成正比。

经查得，LNG 液化天然气的黏度系数$1.28\times10^{-5}$Pa • s，氦气的黏度系数为$1.86\times10^{-5}$Pa • s，充入试件的氦浓度为 99%，LNG 液化天然气工作时的制冷剂最大容许漏率为 0.29Pa • m$^3$/s，代入计算可得

$$Q_{He}=CQ_{LNG}\left(\frac{\eta_{LNG}}{\eta_{He}}\right)\left(\frac{p_2-p_1}{p_4-p_3}\right) \tag{8-70}$$

式中　$Q_{He}$——检漏时的最大容许氦漏率，Pa • m$^3$/s；

$C$——充入试件的氦浓度，%；

$Q_{LNG}$——试件工作时的制冷剂最大容许漏率，Pa • m$^3$/s；

$\eta_{LNG}$——LNG 液化天然气的黏度系数，$1.28\times10^{-5}$Pa • s；

$\eta_{He}$——氦气的黏度系数，$1.86\times10^{-5}$ Pa • s；

$p_2$——试件充氦的压力，MPa；

$p_1$——试件充氦的压力和待检件外压力（绝对压力），MPa；

$p_4$——试件工作时系统内压力，MPa；

$p_3$——系统外压力（绝对压力），MPa。

计算得

$$Q_{He}=0.99\times 2.2\times 10^{-6}\times\left(\frac{1.28\times 10^{-5}}{1.86\times 10^{-5}}\right)\times\left(\frac{4.6-0.1}{4.6-0.1}\right)=1.5\times 10^{-6}\,\mathrm{Pa\cdot m^3/s}$$

# 8.12 传热计算

## 8.12.1 传热机理的设计计算

当管道内有温度不同于周围环境温度的工质流动时，管内流体就要通过管壁与管外的保温层向外发散热量。若阀门泄漏量不变，一段时间后传热趋于稳定，散发热量与管壁温度维持为一定值。$t>t_1>t_2>t_3>t_a$，分别为工质、管道内壁、管道外壁、保温层外壁及环境空气的温度。热量沿径向从管内流体以对流换热方式传递给管道内壁，然后以导热方式从内壁传递至管外壁，再以导热方式从管外壁传递至保温层外壁，最后以对流换热方式传递给周围空气。传递热量的大小与工质的温度和流速有关。

由于沿工质流动方向温度逐渐下降，因此沿管壁和保温层纵向也存在导热热量传递。对管壁纵向温度梯度最大的进口段的壁温测试结果表明：沿管道纵向的管壁导热热量很小，在计算中可以忽略。管内工质通过管壁和保温层以对流-导热-导热-对流 4 种方式向外传热，忽略管壁和保温层的纵向导热后，上述 4 种方式传递的热量相等，即 $Q=Q_1=Q_2=Q_3$，由于工质对管壁的放热系数与工质流速成正比，所以可根据阀前管道外壁温度 $t_2$、周围环境温度 $t_a$、管内流体压力 $P$ 和进口工质温度 $t_0$ 来近似计算管道的散热量，从而计算管内流体的流动速度与流量，得到阀门的泄漏量。

管道纵向温度梯度不大，当所取计算控制体足够短时，壁面温度可取其平均值，则管壁与保温层的散热近似为单层均质圆筒壁导热问题，热量传递的计算公式为：

$$Q=\frac{2\pi kL\Delta t}{\ln\dfrac{d_2}{d_1}} \tag{8-71}$$

式中 $k$——管壁或保温层的热导率，$\mathrm{W/(m\cdot K)}$；

$\Delta t$——内外壁的温度差，℃；

$d_1$——管壁或保温层的内径，m；

$d_2$——管壁或保温层的外径，m；

$L$——管壁或保温层的长度，m。

对流换热传递热量计算公式为：

$$Q=\frac{Nuk_f}{d_e}F\Delta t \tag{8-72}$$

式中 $k_f$——流体的热导率，$\mathrm{W/(m\cdot K)}$；

$d_e$——管道的当量直径，m；

$F$——换热面积，$\mathrm{m^2}$；

$\Delta t$——传热温差，℃；

$Nu$——努塞尔数。

工质为蒸汽或水时，对管道内壁的传热为管内受迫对流放热，其努塞尔特数关系式：

层流时采用 Hausen 方程：

$$Nu = 3.66 + \frac{0.0688 \frac{d}{L} \mathrm{Re}\,\mathrm{Pr}}{1 + 0.04\left[\left(\frac{d}{L}\right)\mathrm{Re}\,\mathrm{Pr}\right]^{\frac{2}{3}}} \tag{8-73}$$

湍流时采用 Sieder-Tate 方程：

$$Nu = 0.027\,\mathrm{Re}^{0.8}\,\mathrm{Pr}^{\frac{1}{3}}\left(\frac{\mu}{w}\right)^{0.14} \tag{8-74}$$

为减少散热损失，保温层外壁向周围环境传递热量是以自然对流的方式进行。反应流动特性的准则数在 $\mathrm{Gr}\,\mathrm{Pr} = 10^5 \sim 10^{10}$ 的范围。其水平与竖直圆柱自然对流换热的准则方程式为：

当 $10^1 < \mathrm{Gr}\,\mathrm{Pr} < 10^9$ 时：

$$Nu = 0.53(\mathrm{GrPr})^{0.25} \tag{8-75}$$

当 $10^9 < \mathrm{Gr}\,\mathrm{Pr} < 10^{12}$ 时：

$$Nu = 0.13(\mathrm{Gr}\,\mathrm{Pr})^{\frac{1}{3}} \tag{8-76}$$

## 8.12.2 保冷层的设计计算

保冷层的绝热方式采用高真空多层绝热，所选用的材料性能如表 8-7 所示。

**表 8-7 所选材料性能参数表**

| 绝热形式 | 绝热材料 | 表观热导率/[W/(m・K)] | 夹层真空度/Pa |
|---|---|---|---|
| 高真空多层绝热 | MLI，镀铝薄膜 | 0.06 | 0.005 |

根据工艺要求确定保冷计算参数，当无特殊工艺要求时，保冷厚度应采用最大允许冷损失量进行计算并用经济厚度调整，保冷的经济厚度必须用防结露厚度校核。

### 8.12.2.1 按最大允许冷损失量进行计算

此时，绝热层厚度计算中，应使其外径 $D_1$ 满足式（8-77）要求。

$$D_1 \ln\frac{D_1}{D_0} = 2\lambda\left[\frac{(T_0 - T_a)}{[Q]} - \frac{1}{\alpha_s}\right] \tag{8-77}$$

式中 $[Q]$——以每平方米绝热层外表面积为单位的最大允许冷损失量（为负值），W/m$^2$；保温时，$[Q]$应按规范取值；保冷时，$[Q]$ 为负值；当 $T_a - T_d \leqslant 4.5$ 时，$[Q] = -(T_a - T_d)\alpha_s$；当 $T_a - T_d > 4$ 时，$[Q] = -4.5\alpha_s$；

$\lambda$——绝热材料在平均温度下的热导率，W/(m・℃)，取 0.05W/(m・℃)；

$\alpha_s$——绝热层外表面向周围环境的放热系数，W/(m$^2$・℃)；

$T_0$——管道或设备的外表面温度，℃；

$T_a$——环境温度，℃；

$D_1$——绝热层外径，m；

$D_0$——阀体外径，m。

由 GB 50264—97 查得：兰州市内最热月平均相对湿度 $\psi = 61\%$ ，最热月环境温度 $T = 30.5℃$，$T_d$ 为当地气象条件下最热月的露点温度。$T_d$ 的取值应按 GB 50264—97 的附录 C 提供的环境温度和相对湿度查有关的环境温度相对湿度露点对照表（$T_a$、$\psi$、$T_d$ 表）而得到，查 $h$-$d$ 图知，露点温度 $T_d = 22.2℃$ ，当地环境温度 $T_a = 30.5℃$ ，$T_a - T_d = 8.3℃$ 。所以 $T_a - T_d >$ 4.5℃，$[Q] = -4.5\alpha_s$ 。

根据 GB 50264 查得，$\alpha_s = 8.141$ W/(m • ℃)，所以 $[Q] = -4.5 \times 8.141 = -36.63$W/(m • ℃)

按式（8-74）计算可得

$$D_1 l \ln \frac{D_1}{D_0} = D_1 \ln \frac{D_1}{0.3 + 0.016} = 2 \times 0.05 \times \left( \frac{-162 - 30.5}{-36.63} - \frac{1}{8.141} \right)$$

解得：$D_1 = 0.376$mm 。

所以保冷层的厚度

$$\delta = \frac{1}{2} \times (D_1 - D_0) = \frac{1}{2} \times (0.376 - 0.316) = 30\text{mm}$$

8.12.2.2 按防止绝热层外表面结露进行计算

单层防止绝热层外表面结露的绝热层厚度计算中应使绝热层外径 $D_1$ 满足式（8-78）的要求：

$$D_1 \ln \frac{D_1}{D_0} = \frac{2\lambda}{\alpha_s} \times \frac{T_d - T_0}{T_a - T_d} \tag{8-78}$$

式中 $\lambda$ ——绝热材料在平均温度下的热导率，W/(m • ℃)，取 0.05W/(m • ℃)；

$\alpha_s$ ——绝热层外表面向周围环境的放热系数，W/(m$^2$ • ℃)；

$T_0$ ——管道或设备的外表面温度，℃；

$T_d$ ——环境温度，℃；

$D_1$ ——绝热层外径，m；

$D_0$ ——内筒体外径，m；

$T_d$ ——当地气象条件下最热月的露点温度，℃。

$$D_1 \ln \frac{D_1}{0.316} = \frac{2 \times 0.05}{8.141} \times \frac{22.2 - 162}{30.5 - 22.2} = 0.207$$

得：$D_1$=0.336m 。

所以保冷层的厚度

$$\delta = \frac{1}{2}(D_1 - D_0) = \frac{1}{2} \times (0.336 - 0.316) = 10\text{mm}$$

综上所述，保冷层厚度为 $\delta = 10$mm ，故保冷层的层数为 $50 / 10 \times 10 = 50$ ，取 50 层。

## 8.13 介质的排放系统的确定

由于介质的流动，泄压装置排放时会产生排放压力，这一排放反力一般将会传至泄压装置内腔、阀座及其相邻支撑的容器壁上。这一载荷和它所产生应力的具体数值由排放反力的大小和管线系统的结构所确定。

LNG 的排放所排放的是液态天然气，安全阀的排放是密封排放系统。泄压装置在稳定流动状态排向一个封闭系统的情况下，通常不会对进口管线产生大的反力和弯矩，因为在封闭系统内压力和流速的变化是小的。

对于封闭排放系统，无法提供简单分析方法，只有经过对管线系统长时间的复杂分析才能得到传至进口管线系统真实的排放反力和相应的弯矩。

设计结果汇总如表 8-8 所示。

表 8-8 设计结果汇总

| 名称 | 数值 | 单位 |
|---|---|---|
| 阀门规格 | AF-E100/4.6 | |
| 公称直径 | 100 | mm |
| 流道直径 | 65 | mm |
| 腐蚀裕度 | 0.1 | mm |
| 弹簧长度 | 200 | mm |
| 弹簧中径 | 62 | mm |
| 弹簧丝直径 | 3 | mm |
| 阀体壁厚 | 8 | mm |
| 密封面内径 | 95 | mm |
| 密封面外径 | 110 | mm |
| 阀座密封面宽度 | 6 | mm |
| 阀瓣厚度 | 16 | mm |
| 保冷层厚度 | 30 | mm |
| 阀杆长度 | 320 | mm |
| 阀杆直径 | 35 | mm |
| 支架的设计高度 | 200 | mm |
| 支架的长度 | 300 | mm |
| 填料宽度 | 8 | mm |
| 填料高度 | 25 | mm |

## 参考文献

[1] 陆培文. 实用阀门设计手册［M］. 北京：机械工业出版社，2004：482-486.

[2] 朱培元. 安全阀设计技术及图册［M］. 北京：机械工业出版社，2011. 12.

[3] 魏巍，汪荣顺. 国内外液化天然气输运容器发展状态［J］. 低温与超导，2005：40-41.

[4] JB/T 4700-4707—2000.

[5] GB 150—2005.

[6] HG/T 20592-20635—2009.

［7］JB/T 4712．1-4712.4—2007.

［8］JB/T 4736—2002］.

［9］JB/T 7749—1995.

［10］GB/T 24925—2010.

［11］MSSSP-134—2006.

［12］杨世铭，陶文铨．传热学［M］．北京：高等教育出版社，2008.

［13］鹿彪，张丽红．低温阀门的设计与研制［J］．流体机械，1994.

［14］赵想平，汪雅红，张小卫，张周卫等．LNG 低温过程控制安全阀．中国：2011103027816［P］，2013-10-30.

［15］张周卫，汪雅红，张小卫等．低温系统减压安全阀．中国：2011203760357［P］，2012-07-25.

# 第9章 LNG止回阀设计计算

阀门是流体管路的控制装置，它是用来切断和接通管路介质，用于控制流体的压力、方向和流量的装置。止回阀是指依靠介质本身流动而自动开、闭阀瓣，用来防止介质倒流的阀门，又称逆止阀、单向阀、逆流阀和背压阀。止回阀属于一种自动阀门，其主要作用是防止介质倒流、防止泵及驱动电动机反转，以及容器介质的泄放。止回阀还可用于给其中的压力可能升至超过系统压力的辅助系统提供补给的管路上。止回阀主要可分为旋启式止回阀（依重心旋转）与升降式止回阀（沿轴线移动）。止回阀只用于介质单向流动的管路上，阻止介质回流，以防发生事故。

LNG 接收站的主要功能是接卸 LNG 船舶运输而来的 LNG，通过储存、加压、气化等将天然气通过输气管线或直接将 LNG 通过槽车输送到下游用户，它主要包括卸料系统、储存系统、蒸发气处理系统、LNG 加压及气化系统、天然气外输及计量系统、燃料气系统、槽车装车系统、LNG 排放系统和安全泄放系统等。根据工艺要求，LNG 接收站的各个系统几乎均配置了止回阀以防止流体倒流，但由于目前应用于 LNG 行业的该类型阀门全部依赖进口，价格相对昂贵，只有在部分关键位置配置止回阀。

止回阀如图 9-1 所示，由阀体、阀盖和阀瓣组成。阀体是阀门中最重要的零件之一，它

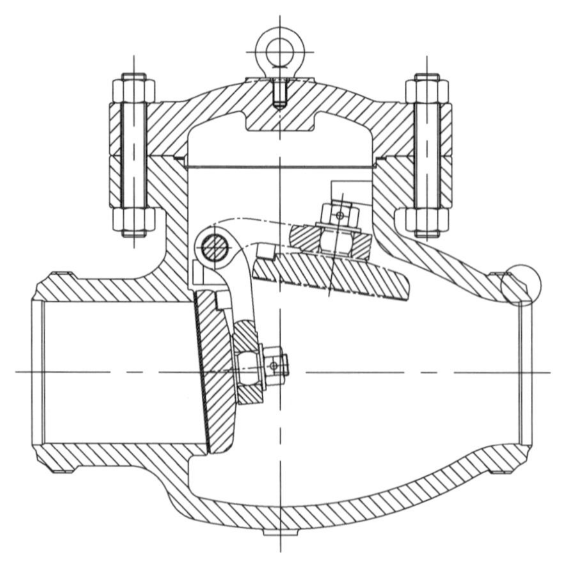

图 9-1　止回阀结构图

是用来传输介质的主要流动通道，承受着工作介质的压力、温度、冲蚀和腐蚀，它是阀门总装配的基础。阀盖是阀门中承受压力的重要零件之一，在使用过程中不但承受介质的压力，还承受着阀瓣启闭的冲击压力。阀瓣是阀门中负责启闭的重要零件之一，在使用过程中，通过介质的压力自动启闭，同时防止介质倒流。为了实现对流体的控制，阀门一般应具备以下性能：即密封性能、强度性能、调节性能、动作性能和流通性能。对大多数阀门来说，密封问题是首要问题。由于密封性能差或密封寿命短而产生流体的外漏或内漏，会造成环境污染和经济损失；有毒性的流体、腐蚀性流体、放射性流体和易燃易爆流体的泄漏有可能产生重大的经济损失，甚至造成人身伤亡。对于高中压气体阀门和安全阀等，阀门的安全可靠性也是十分重要的。强度不够或动作不可靠，将会造成本体或系统的破坏而导致人身伤亡。除了对密封和强度的基本要求外，其调节性能的优劣也具有重大的意义。

## 9.1　概述

### 9.1.1　止回阀的工作原理

止回阀还可用于给其中的压力可能升至超过系统压力的辅助系统提供补给的管路上。止回阀主要可分为旋启式止回阀（依重心旋转）与升降式止回阀（沿轴线移动）。

止回阀这种类型的阀门的作用是只允许介质向一个方向流动，而且阻止反方向流动。通常这种阀门是自动工作的，在一个方向流动的流体压力作用下，阀瓣打开；流体反方向流动时，由流体压力和阀瓣的自重合阀瓣作用于阀座，从而切断流动。

止回阀包括旋启式止回阀和升降式止回阀。旋启式止回阀有一个铰链机构，还有一个像门一样的阀瓣自由地靠在倾斜的阀座表面上。为了确保阀瓣每次都能到达阀座面的合适位置，阀瓣设计在铰链机构，以便阀瓣具有足够有旋启空间，并使阀瓣真正的、全面的与阀座接触。阀瓣可以全部用金属制成，也可以在金属上镶嵌皮革、橡胶、或者采用合成覆盖面，这取决于使用性能的要求。旋启式止回阀在完全打开的状况下，流体压力几乎不受阻碍，因此通过阀门的压力降相对较小。升降式止回阀的阀瓣位于阀体上阀座密封面上。此阀门除了阀瓣可以自由地升降之外，其余部分如同截止阀一样，流体压力使阀瓣从阀座密封面上抬起，介质回流导致阀瓣回落到阀座上，并切断流动。根据使用条件，阀瓣可以是全金属结构，也可以是在阀瓣架上镶嵌橡胶垫或橡胶环的形式。像截止阀一样，流体通过升降式止回阀的通道也是狭窄的，因此通过升降式止回阀的压力降比旋启式止回阀大些，而且旋启式止回阀的流量受到的限制很少。

### 9.1.2　止回阀的分类

（1）按结构分类

按结构划分，可分为升降式止回阀、旋启式止回阀和蝶式止回阀三种。

① 升降式止回阀分为立式和卧式两种；

② 旋启式止回阀分为单瓣式、双瓣式和多瓣式三种；

③ 蝶式止回阀为直通式。

以上几种止回阀在连接形式上可分为螺纹连接、法兰连接、焊接连接和对夹连接四种。

（2）按材质分类

① 铸铁止回阀；
② 黄铜止回阀；
③ 不锈钢止回阀；
④ 碳钢止回阀；
⑤ 锻钢止回阀。
（3）按功能分类
① DRVZ静音式止回阀；
② DRVG静音式止回阀；
③ NRVR静音式止回阀；
④ SFCV橡胶瓣逆止阀；
⑤ DDCV双瓣逆止阀。

## 9.1.3　止回阀的适用场合

① 蝶式双瓣止回阀适用于高层建筑给水管网、有一定化学腐蚀性介质管网、安装空间有限制的管网，还适用于污水管网；

② 升降式静音止回阀适用于给排水工程质量要求高的管网、压力要求相对高的管网（*PN*2.5MPa）；可安装在泵的出口处，是经济实用的防水锤止回阀；

③ 升降式消声止回阀适用于给排水系统、高层建筑管网，可安装在泵的出口处，结构稍加改动，可作为吸水底阀使用，但不适用于污水管网；

④ 卧式止回阀适用于潜水、排水、排污泵，特别适用于污水和污泥系统；

⑤ 旋启式橡胶止回阀适用于生活用水管网中，但不适用于沉积物多的污水；

⑥ 旋启单瓣止回阀适用于给水系统，石油、化工、冶金等工业部门对有安装空间限制的场所最为适用。

## 9.1.4　止回阀的选型标准

止回阀的选型标准内容如下：

① 为了防止介质逆流，在设备、装置和管道上都应安装止回阀。

② 止回阀一般适用于清净介质，不宜用于含有固体颗粒和黏度较大的介质。

③ 一般在公称通径50mm的水平管道上都应选用卧式升降止回阀。

④ 直通式升降止回阀只能在水平管道安装。

⑤ 对于水泵进口管路，宜选用底阀，底阀一般只安装在泵进口的垂直管道上，并且介质自下而上流动。

⑥ 升降式较旋启式密封性好，流体阻力大，卧式宜装在水平管道上，立式装在垂直管道上。

⑦ 旋启式止回阀的安装位置不受限制，它可装在水平、垂直或倾斜的管线上，如装在垂直管道上，介质流向要由下而上。

⑧ 旋启式止回阀不宜制成小口径阀门，因为旋启式止回阀可以做成很高的工作压力，公称压力可达到42MPa，而且公称通径也可以做到很大，最大可以达到2000mm以上。根据壳体及密封件的材质不同可以适用任何工作介质和任何工作温度范围。介质为水、蒸汽、气体、腐蚀性介质、油品、药品等。介质工作温度范围在-196～800℃之间。

⑨ 旋启式止回阀适用场合是低压大口径，而且安装场合受到限制。

⑩ 蝶式止回阀的安装位置不受限制，可以安装在水平管路上，也可以安装在垂直或倾斜的管线上。

⑪ 隔膜式止回阀适用于易产生水击的管路上，隔膜可以很好地消除介质逆流时产生的水击，它一般使用在低压常温管道上，特别适用于自来水管道上，一般介质工作温度在-12～120℃之间，工作压力<1.6MPa，但隔膜式止回阀可以做到较大口径，*DN* 最大可以达到 2000mm 以上。

⑫ 球形止回阀适用于中低压管路，可以制成大口径。

⑬ 球形止回阀的壳体材料可以用不锈钢制作，密封件的空心球体可以包裹聚四氟乙烯工程塑料，所以在一般腐蚀性介质的管路上也可应用，工作温度在-101～150℃之间，其公称压力≤4.0MPa，公称通径范围在 *DN*200～1200 之间。

⑭ 对于不可压缩性流体用止回阀选择时，首先要对所需要的关闭速度进行评估，第二步是选择可能满足所需要的关闭速度的止回阀的类型。

⑮ 对于可压缩性流体用止回阀选择时，可以根据不可压缩性流体用止回阀的类似方法来进行选择，如果介质流动范畴很大，则用于可压缩性流体的止回阀可使用一减速装置，如果介质流连续不断地快速停止和启动，如压缩机的出口那样，则使用升降式止回阀。

⑯ 止回阀应确定响应的尺寸，阀门供应商必须提供选定尺寸的资料数据，这样就能找到给定流速下阀门全开时的阀门尺寸大小。

⑰ 对于 *DN*50mm 以下的高中压止回阀，宜选用立式升降止回阀和直通式升降止回阀。

⑱ 对于 *DN*50mm 以下的低压止回阀，宜选用蝶式止回阀、立式升降止回阀和隔膜式止回阀。

⑲ 对于 *DN* 大于 50mm、小于 600mm 的高中压止回阀，宜选用旋启式止回阀。

⑳ 对于 *DN* 大于 200mm、小于 1200mm 的中低压止回阀，宜选用无磨损球形止回阀。

㉑ 对于 *DN* 大于 50mm、小于 2000mm 的低压止回阀，宜选用蝶式止回阀和隔膜式止回阀。

㉒ 对于要求关闭时水击冲击比较小或无水击的管路，宜选用缓闭式旋启止回阀和缓闭式蝶形止回阀。

## 9.2 止回阀设计程序

### 9.2.1 止回阀设计的基本内容

止回阀作为管道系统中的一个重要组成部分，应保证安全可靠的执行管道系统对阀门提出的要求。因此，止回阀设计必须满足工作介质的压力、温度、腐蚀、流体特性以及操作、制造、安装、维修等方面对阀门提出的全部要求。

止回阀设计所具备的基本数据：

① 止回阀用途或种类；

② 介质的工作压力；

③ 介质的工作温度；

④ 工作介质的物理、化学性能（腐蚀性、易燃易爆性、毒性、物态等）；

⑤ 公称通径；
⑥ 结构长度；
⑦ 与管道的连接形式；
⑧ 止回阀的操作方法。

## 9.2.2 止回阀设计程序

机械产品，包括阀门产品的设计程序，目前世界各国基本上采用典型的“三段设计法”，即设计程序被划分为：初步设计、技术设计、工作图设计三个阶段。

## 9.2.3 止回阀的零部件及材料

止回阀的零部件如表 9-1 所示，止回阀选用材料如表 9-2 所示。

**表 9-1 止回阀零部件**

| 名称 | 说　明 |
|---|---|
| 阀体 | 与管道（或机械设备）直接连接，并控制介质流通的阀门主要零件 |
| 阀盖 | 阀体相连并与阀体（或通过其他零件，如隔膜等）构成压力腔的主要零件 |
| 阀瓣 | 阀门中的启闭件 |
| 阀座 | 安装在阀体上，与启闭件组成密封副的零件 |
| 密封面 | 启闭件与阀座（阀体）紧密贴合，起密封作用的两个接触面 |
| 旋启式止回阀 | 阀瓣绕体腔内固定轴做旋转运动的止回阀 |
| 升降式止回阀 | 阀瓣垂直于阀体进、出口轴线做升降运动的止回阀 |
| 升降立式止回阀 | 阀瓣沿阀体通路轴做旋转运动的止回阀 |
| 底阀 | 安装在泵吸入管端，以保证吸入管内被水充满的止回阀 |
| 销轴 | 旋启式止回阀中，阀瓣绕其旋转的固定轴 |
| 摇杆 | 旋启式止回阀中，连接阀瓣与销轴，并绕销轴旋转的零件 |

**表 9-2 止回阀选用材料**

| 名称 | 铸件 | | 锻件 | | 说明 |
|---|---|---|---|---|---|
| | 牌号 | 使用温度 | 牌号 | 使用温度 | |
| 奥氏体不锈钢 | ZG00Cr18Ni10<br>ZG0Cr18Ni9<br>ZG1Cr18Ni9<br>ZG0Cr18Ni9Ti<br>ZG1Cr18Ni9Ti<br>ZG0Cr18Ni12Mo2Ti<br>ZG1Cr18Ni12Mo2Ti<br>ZG1Cr17Mn9Ni4Mo3 Cu2N<br>ZG1Cr18Mn13Mo2CuN | -196～600℃ | 00Cr18Ni10<br>0Cr18Ni9<br>1Cr18Ni9<br>0Cr18Ni9Ti<br>1Cr18Ni9Ti<br>00Cr17Ni14Mo2<br>0Cr18Ni12Mo2Ti | -196～600℃ | 用于腐蚀性物质 |
| | CF8<br>CF8M<br>CF3<br>CF3M<br>CF8C<br>（CF7M） | — | （304）<br>（316）<br>（304L）<br>（316L）<br>（321）<br>B462 | — | |

# 9.3　止回阀阀体的设计与计算

## 9.3.1　止回阀阀体设计的基本内容

### 9.3.1.1　阀体的功能

阀体是阀门中最重要的零件之一，阀体的重量通常占整个阀门总重量的 70%左右。

阀体的主要功能有：

① 作为工作介质的流动通道；

② 承受工作介质压力、温度、冲蚀和腐蚀；

③ 在阀体内部构成一个空间，设置阀座，以容纳启闭件、阀杆等零件；

④ 在阀体端部设置连接结构，满足阀门与管道系统安装使用要求；

⑤ 承受阀门启闭载荷和在安装使用过程中因温度变化、振动、水击等影响所产生的附加载荷。

### 9.3.1.2　阀体设计的基本内容

阀体设计包括以下设计内容：

① 确定阀体材料；

② 确定阀体的制造方法和结构形式；

③ 确定阀体的结构长度和连接尺寸；

④ 确定阀体的流动通道；

⑤ 结构设计与计算。

结构设计与计算包括以下内容：

① 阀体壁厚设计与计算；

② 为增强阀体的强度、刚度的结构设计；

③ 阀座密封结构设计与计算；

④ 阀体与阀盖连接和密封结构设计与计算。

## 9.3.2　阀体的结构设计

旋启式止回阀阀体结构设计：

① 阀体端口必须为圆形，介质流道应尽可能设计成直线形或流线型，尽可能避免介质流动方向的突然改变和通道形状和截面积的急剧变化，以减少流体阻力、腐蚀和冲蚀。

② 在直通式阀体设计时，应保证通道喉部的流通面积至少等于阀体端口的截面积。

③ 阀座的直径不得小于阀体端口直径（公称通径）的 90%。

特别注意的是：

① 摇杆回转中心距，在整体尺寸允许的情况下要增长一些，从而增大以销轴孔为支点的阀瓣开启力矩。

② 阀瓣应有适当的开启高度。

③ 阀瓣开启时，必须使流道任意处的横截面面积不小于通道口的截面积，因此要特别注意阀体腰鼓形桶体的横截面中心直径 $d_3$ 及纵截面的半径 $R$ 的尺寸。

## 9.4 阀门尺寸计算

### 9.4.1 壳体最小壁厚验算

① 设计给定 $t = 18.7\text{mm}$（参照 GB/T 12236—2008），设计选用材料为 ZG0Cr18Ni9Ti。

② 按第四强度理论计算

$$t'_{\rm B} = \frac{pd'}{2.3[\sigma_{\rm L}] - p} + C \tag{9-1}$$

式中 $t'_{\rm B}$ ——考虑腐蚀裕量后阀体壁厚，mm；

$p$ ——设计压力，MPa，取公称压力 $PN$，已知 $p = 4.6\text{MPa}$；

$d'$ ——阀体中腔最大内径，mm，$d' = 270$ mm；

$[\sigma_{\rm L}]$ ——-162℃阀体材料的许用拉应力，MPa，$[\sigma_{\rm L}] = 137\text{MPa}$；

$C$ ——考虑铸造偏差，工艺性和介质腐蚀等因素而附加的裕量，mm。

$$t'_{\rm B} = \frac{4.6 \times 270}{2.3 \times 137 - 4.6} + C$$

因 $t'_{\rm B} - C = 4$，参照《阀门设计手册》表 4-2，$C$ 取 5mm。

$$t'_{\rm B} = 4 + 5 = 9\text{mm}$$

显然 $t_{\rm B} > t'_{\rm B}$，故阀体最小壁厚满足要求。

### 9.4.2 垫片计算

垫片材料为硬质聚四氟乙烯，垫片厚度为 10mm，垫片基本密封宽度为 15mm，$m$ 为垫片系数，$m = 2.5$。

（1）预紧状态下需要的最小垫片压紧力

$$F_{\rm G} = 3.14 D_{\rm G} by \tag{9-2}$$

式中 $F_{\rm G}$ ——法兰垫片压紧力；

$D_{\rm G}$ ——垫片压紧力作用中心圆直径，mm，$D_{\rm G}$ 取 305mm；

$b$ ——垫片有效密封宽度，mm，$b = 15\text{mm}$；

$y$ ——垫片比压，MPa，$y$ 查阀门设计手册的值为 31.7MPa。

代入数据得

$$F_{\rm G} = 3.14 \times 305 \times 15 \times 31.7 = 455386.35\text{N}$$

（2）操作状态下需要的最小垫片压紧力

$$F_{\rm F} = 6.28 D_{\rm G} bmp \tag{9-3}$$

式中 $D_{\rm G}$ ——垫片压紧力作用中心圆直径，mm，取 $D_{\rm G} = 305\text{mm}$；

$b$ ——垫片有效密封宽度，mm，$b = 15\text{mm}$；

$m$ ——垫片系数，取 2.5；

$p$ ——设计压力，MPa，已知 $p = 4.6\text{MPa}$。

代入数据得

$$F_{\mathrm{F}} = 6.28 \times 305 \times 15 \times 2.5 \times 4.6 = 330406.5\mathrm{N}$$

垫片在预紧状态下受到最大螺栓载荷的作用，可能因压紧过度而失去密封性能，为此垫片必须有足够的宽度 $N_{\min}$ ，其值按式（9-4）计算。

$$N_{\min} = \frac{A_{\mathrm{b}}[\sigma]_{\mathrm{b}}}{6.28 D_{\mathrm{G}} y} < N \tag{9-4}$$

式中　$N_{\min}$ ——最小垫片厚度，mm；

$A_{\mathrm{b}}$ ——实际使用的螺栓总截面积，$\mathrm{mm}^2$，取 $4966.44\mathrm{mm}^2$；

$[\sigma]_{\mathrm{b}}$ ——常温下螺栓材料的许用应力，MPa，查阀门设计手册知$[\sigma]_{\mathrm{b}}$为 137MPa；

$D_{\mathrm{G}}$ ——垫片压紧力作用中心圆直径，mm，$D_{\mathrm{G}}$ 取 305mm；

$y$ ——垫片比压，MPa，$y$ 查阀门设计手册的值为 31.7MPa。

代入数据得

$$N_{\min} = \frac{4966.44 \times 137}{6.28 \times 305 \times 31.7} = 11.2\mathrm{mm}$$

给定垫片厚度为 15mm，显然 $N > N_{\min}$ ，所以垫片厚度符合要求。

## 9.4.3　中法兰螺栓强度校核

### 9.4.3.1　螺栓选型

根据设计要求，已知螺栓数量 $n = 12$ ，螺栓名义直径 $d = \mathrm{M}27$ 。

### 9.4.3.2　螺栓载荷计算

（1）操作状态下的螺栓载荷 $F_{\mathrm{G}}$

$$F_{\mathrm{G}} = F'_{\mathrm{FZ}} + F_{\mathrm{DJ}} \tag{9-5}$$

式中　$F_{\mathrm{G}}$ ——在操作状态下螺栓所受载荷，N；

$F'_{\mathrm{FZ}}$ ——流体静压总轴向力，N，$F'_{\mathrm{FZ}} = 0.785 \times 305^2 \times 4.6 = 335913.275\mathrm{N}$ ；

$F_{\mathrm{DJ}}$ ——操作状态下需要的最小垫片压紧力，N；

$$F_{\mathrm{DJ}} = 2\pi b D_{\mathrm{D}} b_0 m p \tag{9-6}$$

$b_0$ ——垫片基本密封宽度，mm，$b_0 = b = 15\ \mathrm{mm}$ ；

$m$ ——垫片系数，查阀门设计手册得 $m = 2.5$ 。

代入数据得

$$F_{\mathrm{DJ}} = 2 \times 3.14 \times 15 \times 305 \times 2.5 \times 4.6 = 330406.5\mathrm{N}$$

$$F_{\mathrm{G}} = 335913.275 + 330406.5 = 666319.775\mathrm{N}$$

（2）预紧状态下螺栓所受的载荷 $F_{\mathrm{YJ}}$

$$F_{\mathrm{YJ}} = \pi b D_{\mathrm{DP}} q_{\mathrm{YJ}} \tag{9-7}$$

式中　$q_{\mathrm{YJ}}$ ——垫片比压，MPa，查表 3-32 得 $q_{\mathrm{YJ}} = 31.7\mathrm{MPa}$ 。

代入数据得

$$F_{YJ}=3.14\times15\times305\times31.7=455386.35N$$

9.4.3.3 螺栓面积计算

（1）操作状态下需要的最小螺栓面积

$$A_p=F_G/[\sigma]^t \tag{9-8}$$

式中 $[\sigma]^t$——-162℃下螺栓材料的许用拉应力，MPa，$[\sigma]^t=102.9MPa$。

代入数据得

$$A_p=666319.775/102.9=6475.41mm^2$$

（2）预紧状态下需要的最小螺栓截面积

$$A_a=F_{YJ}/[\sigma] \tag{9-9}$$

式中 $[\sigma]$——常温下螺栓材料的许用应力，MPa，查表得$[\sigma]=137MPa$。

代入数据得

$$A_a=455386.35/137=3323.99mm^2$$

（3）设计时螺栓给定的总截面积

$$A_b=\frac{\pi}{4}nd_{min}^2 \tag{9-10}$$

已知$d_{min}$为27mm，则

代入数据得

$$A_b=\frac{\pi}{4}nd_{min}^2=\frac{\pi}{4}\times12\times27^2=6867.18mm^2$$

（4）比较

需要的总截面积$A_m=\max(A_a,A_p)=6475.41mm^2$，显然$A_b>A_m$。故螺栓强度校核合格。

9.4.3.4 螺栓间距

螺栓的最小间距应满足扳手操作空间的要求，推荐螺栓最小间距$S$和法兰的径向尺寸$S_1$，$S_2$按表9-3确定。查得$S=62$，$S_1=38$，$S_2=28$。

推荐的螺栓最大间距$S$按式（9-11）计算。

$$S=2d_B+\frac{6\delta_f}{(m+0.5)} \tag{9-11}$$

式中 $d_B$——螺栓公称直径，mm，$d_B=27mm$；

$\delta_f$——法兰有效厚度，mm，$\delta_f=40mm$；

$m$——垫片系数，$m=2.5$。

代入数据得

$$S=2\times27+\frac{6\times40}{(2.5+0.5)}=134mm$$

**表 9-3**　螺栓尺寸　　单位：mm

| 螺栓公称直径 $d$ | $S_1$ | $S_2$ | 螺栓最小间距 $S$ | 螺栓公称直径 $d$ | $S_1$ | $S_2$ | 螺栓最小间距 $S$ |
|---|---|---|---|---|---|---|---|
| 12 | 20 | 16 | 32 | 30 | 44 | 30 | 70 |
| 16 | 24 | 18 | 38 | 36 | 48 | 36 | 80 |
| 20 | 30 | 20 | 46 | 42 | 56 | 42 | 90 |
| 22 | 32 | 24 | 52 | 48 | 60 | 48 | 102 |
| 24 | 34 | 26 | 56 | 56 | 70 | 55 | 116 |
| 27 | 38 | 28 | 62 | | | | |

## 9.4.4　中法兰强度校核

9.4.4.1　法兰力矩计算（查阀门设计手册图 5-124）

（1）法兰操作力矩 $M_p$

$$M_p = M_D + M_T + M_G = F_D S_D + F_T S_T + F_G S_G \tag{9-12}$$

式中　$F_D$——作用于法兰内直径截面上的流体静压轴向力，N；

$S_D$——螺栓中心至 $F_D$ 作用位置处的径向距离，mm，已知 $S_D = 45\text{mm}$；

$F_T$——流体静压总轴向力与作用于内径截面上的流体静压轴向力之差，N；

$S_T$——螺栓中心至 $F_T$ 作用位置处的径向距离，mm，已知 $S_T = 42.5$；

$F_G$——法兰垫片压紧力，N；

$S_G$——螺栓中心至 $F_G$ 作用位置处的径向距离，mm，$S_G = 50\text{mm}$。

$$F_D = 0.785 D_i^2 p \tag{9-13}$$

代入数据得

$$F_D = 0.785 \times 270^2 \times 4.6 = 263241.9\text{N}$$

$$F_T = F'_{FZ} - F_D = 335913.275 - 263241.9 = 72671.375\text{N}$$

$$F_G = F_{DJ} = 276241.5\text{N}$$

$$M_p = 263241.9 \times 45 + 72671.375 \times 42.5 + 666319.775 \times 50 = 48214056.25\text{N} \cdot \text{mm}$$

（2）法兰预紧力矩 $M_a$

$$M_a = F_G S_G \tag{9-14}$$

$$F_G = W \tag{9-15}$$

式中　$W$——螺栓的设计载荷，N。

$$W = \frac{A_m + A_b}{2}[\sigma] \tag{9-16}$$

代入数据得

$$W = \frac{3730 + 4578}{2} \times 137 = 569098\text{N}$$

$$M_a = 569098 \times 50 = 28454900\text{N} \cdot \text{mm}$$

（3）法兰设计力矩 $M_o$

$$M_o = \max\left(M_a \frac{[\sigma]_f^t}{[\sigma]_f}, M_p\right) \tag{9-17}$$

式中 $[\sigma]_f^t$——-162℃下法兰材料的许用应力，MPa，查阀门设计手册 $[\sigma]_f^t = 102.9\text{MPa}$；

$[\sigma]_f$——常温下法兰材料的许用应力，MPa，查阀门设计手册 $[\sigma]_f = 138\text{ MPa}$。

代入数据得

$$M_a \frac{[\sigma]_f^t}{[\sigma]_f} = 28454900 \times \frac{102.9}{138} = 21220515.22\text{N} \bullet \text{mm}$$

所以 $M_o = M_p = 28746493.94\text{N} \bullet \text{mm}$。

9.4.4.2 法兰应力计算

（1）轴向应力 $\sigma_H$

$$\sigma_H = \frac{fM_o}{\lambda D_{i1} \delta_1^2} \tag{9-18}$$

式中 $f$——整体法兰颈部应力校正系数，查阀门设计手册 $f=1$；

$\lambda$——参数，按阀门设计手册图 5-138 选取 $\lambda = 1.42$；

$D_{i1}$——计算直径，mm。

因 $f<1$，故 $D_{i1} = D_i + \delta_0 = 270 + 19 = 289\text{mm}$，则

$$\sigma_H = \frac{1 \times 28746493.94}{1.42 \times 289 \times 33^2} = 64.32\text{MPa}$$

（2）径向应力 $\sigma_R$

$$\sigma_R = \frac{(1.33\delta_f e + 1)\ M_o}{\lambda \delta_f^2 D_i} \tag{9-19}$$

式中 $\delta_f$——法兰有效厚度，mm，$\delta_f = 40$；

$e$——系数，按阀门设计手册图 5-137 计算 $e = 0.016$。

代入数据得

$$\sigma_R = \frac{(1.33 \times 40 \times 0.016 + 1) \times 28746493.94}{1.42 \times 40^2 \times 270} = 86.75\text{MPa}$$

（3）切向应力 $\sigma_T$

$$\sigma_T = \frac{YM_o}{\delta_f^2 D_i} - Z\sigma_R \tag{9-20}$$

式中 $Y$，$Z$——系数，查阀门设计手册表 4-20 得 $Y$= 1.8 ，$Z$=2.059。

代入数据得

$$\sigma_T = \frac{1.8 \times 28746493.94}{40^2 \times 270} - 2.059 \times 86.75 = -58.84\text{MPa}$$

9.4.4.3 应力校核

法兰应力应满足下列条件：

$$\sigma_H = 64.32\text{MPa} < 1.5[\sigma]_f^t = 1.5 \times 102.9 = 154.35\text{MPa}$$

$$\sigma_R = 86.75\text{MPa} < [\sigma]_f^t = 102.9\text{MPa}$$

$$\sigma_T = 53.72\text{MPa} < [\sigma]_f^t = 102.9\text{MPa}$$

$$\frac{\sigma_H + \sigma_T}{2} = \frac{64.32 + 53.72}{2} \leqslant [\sigma]_f^t$$

$$\frac{\sigma_H + \sigma_R}{2} = \frac{64.32 + 86.75}{2} \leqslant [\sigma]_f^t$$

故中法兰强度满足要求。

## 9.4.5　自紧密封设计与计算

### 9.4.5.1　楔形垫组合自紧密封的结构设计

为了防止密封力过大而压溃密封面，设计楔形垫时应注意选配适当强度的材料。其选材原则是：在保证耐腐蚀性和耐工作温度性能的条件下，其表面硬度应低于阀体和阀盖密封层硬度；易产生塑形变形，同时又要有足够的强度。为了解决这一矛盾，满足塑形和强度两方面的要求，通常将强度高的材料表面镀一层软质镀层或涂覆层。镀层金属有：银、金、铂、铜、锡、铅等。在高温高压阀门中通常采用纯铁镀银作楔形垫。在温度低于 200℃的阀门中涂覆层主要有：聚四氟乙烯、聚三氟氯乙烯等。

楔形垫组合密封的主要优点：

① 在高压下和温度与压力有波动时，密封性能良好，密封可靠；

② 与强制密封相比，无中法兰和连接螺栓，使阀门重量减轻，结构紧凑，特别是在大口径高压阀门中，其优点更加明显；

③ 去掉了连接螺栓，不需要很大的螺栓预紧力，因此拆装方便。

它的缺点是：结构复杂、零件加工精度高、装配要求高。

### 9.4.5.2　楔形垫组合自紧密封的设计计算

（1）载荷计算

内压引起的总轴向力

$$F = \frac{\pi}{4} D_c^2 p \tag{9-21}$$

式中　$F$ ——内压引起的轴向力，N；

$D_c$ ——密封接触圆直径，mm，$D_c = 305\text{mm}$；

$p$ ——设计压力，MPa，$p = 4.6\text{MPa}$。

代入数据得

$$F = \frac{\pi}{4} \times 305^2 \times 4.6 = 335913.28\text{N}$$

预紧状态时，楔形密封垫密封的轴向分力，即预紧螺栓的载荷按式（9-22）计算：

$$F_a = \pi D_c q_1 \frac{\sin(\alpha + \rho)}{\cos\rho} \tag{9-22}$$

式中　$F_a$ ——楔形密封垫密封力的轴向分力，N；

$q_1$ ——线密封比压，N/mm，$q_1 = 200\ \text{N/mm}$；

$\rho$ ——摩擦角，$\rho = 8^\circ 30'$。

代入数据得

$$F_{\mathrm{a}}=3.14\times305\times200\times\frac{\sin38^{\circ}30'}{\cos8^{\circ}30'}=120560.71\mathrm{N}$$

（2）支承环的设计计算

支承环结构尺寸确定后，需对作用于纵向截面的弯曲应力和环向截面的当量应力进行强度校核。纵向截面的弯曲应力按式（9-23）校核：

$$\sigma_{\mathrm{m}}=\frac{3F_{\mathrm{a}}(D_{\mathrm{a}}-D_{\mathrm{b}})}{3.14(D_3-D_1-2d_{\mathrm{k}})d^2}\leqslant0.9[\sigma]_{\mathrm{t}} \tag{9-23}$$

式中 $\sigma_{\mathrm{m}}$ ——弯曲应力，MPa；

$D_{\mathrm{a}}$ ——截面的直径，mm，取 $D_{\mathrm{a}}=345\mathrm{mm}$；

$D_{\mathrm{b}}$ ——螺栓孔中心圆直径，mm，取 $D_{\mathrm{b}}=305\mathrm{mm}$；

$D_3$ ——支承环外径，mm，取 $D_3=350\mathrm{mm}$；

$D_1$ ——支承环内经，mm，取 $D_1=290\mathrm{mm}$；

$d_{\mathrm{k}}$ ——螺栓孔直径，mm，取 $d_{\mathrm{k}}=27\mathrm{mm}$；

$[\sigma]_{\mathrm{t}}$ ——设计温度下元件材料的许用应力，MPa，$[\sigma]_{\mathrm{t}}=102.9\mathrm{MPa}$。

代入数据得

$$\sigma_{\mathrm{m}}=\frac{3\times120560.71\times(345-305)}{3.14\times(350-290-2\times27)\times102.9^2}=72.52\mathrm{MPa}\leqslant0.9[\sigma]_{\mathrm{t}}=0.9\times102.9=92.61\mathrm{MPa}$$

环向截面的当量应力按式（9-24）校核：

$$\sigma_0=\sqrt{\sigma_{\mathrm{ma}}^2+3\tau_{\mathrm{a}}^2}\leqslant0.9[\sigma]_{\mathrm{t}} \tag{9-24}$$

式中 $\sigma_0$ ——当量应力，MPa；

$\tau_{\mathrm{a}}$ ——环向截面的切应力，MPa；

$\sigma_{\mathrm{ma}}$ ——环向截面的弯曲应力，MPa；

$$\sigma_{\mathrm{ma}}=\frac{3F_{\mathrm{a}}(D_{\mathrm{a}}-D_{\mathrm{b}})}{\pi D_{\mathrm{a}}h^2} \tag{9-25}$$

$F_{\mathrm{a}}$ ——预紧螺栓的载荷，N；

$h$ ——厚度，mm，取 $h=12\mathrm{mm}$。

代入数据得

$$\sigma_{\mathrm{ma}}=\frac{3\times120560.71\times(345-305)}{\pi\times345\times15^2}=59.35\mathrm{MPa}$$

$$\tau_{\mathrm{a}}=\frac{F_{\mathrm{a}}}{\pi D_{\mathrm{a}}h} \tag{9-26}$$

代入数据得

$$\tau_{\mathrm{a}}=\frac{120560.71}{\pi\times345\times15}=7.42\mathrm{MPa}$$

所以

$$\sigma_0=\sqrt{59.35^2+3\times7.42^2}=60.73\mathrm{MPa}\leqslant0.9[\sigma]_{\mathrm{t}}=0.9\times102.9=92.61\mathrm{MPa}$$

（3）四合环的设计计算

四合环系由四块元件组成，每块元件有一个径向螺孔，计算时视为一个圆环。

对作用于 $a$—$a$ 环向截面的切应力按式（9-27）计算。

$$\tau_a = \frac{F + F_a}{\pi D_a h - \frac{\pi}{4} n d_k^2} \leqslant 0.9[\sigma]_t \tag{9-27}$$

式中　$D_a$ ——$a$—$a$ 环向截面直径，mm；取 $D_a = 340\text{mm}$；

$d_k$ ——拉紧螺栓孔直径，mm；取 $d_k = 20\text{mm}$；

$n$ ——拉紧螺栓数量，mm；取 $n = 4$；

$h$ ——厚度，mm，取 $h = 10\ \text{mm}$。

代入数据得

$$\tau_a = \frac{335913.28 + 120560.71}{3.14 \times 345 \times 15 - \frac{3.14}{4} \times 4 \times 20^2} = 30.44\text{MPa} \leqslant 0.9[\sigma_t] = 92.61\text{MPa}$$

（4）预紧螺栓的设计计算

预紧螺栓光杆部分直径按式（9-28）计算：

$$d_0 = \sqrt{\frac{4F_a}{\pi[\sigma]_b n}} \tag{9-28}$$

式中　$d_0$ ——预紧螺栓光杆部分直径，mm；

$[\sigma]_b$ ——常温下的螺栓材料许用应力，MPa，$[\sigma]_b$ 为 137MPa；

$n$ ——螺栓数量。

代入数据得

$$d_0 = \sqrt{\frac{4 \times 120560.71}{\pi \times 137 \times 4}} = 16.74\text{mm}$$

## 9.4.6　阀盖厚度计算

阀盖为碟形阀盖，阀盖厚度计算如下：

$$s' = \frac{M_p R_i}{2[\sigma]^t - 0.5p} + C \tag{9-29}$$

式中　$s'$ ——阀盖计算厚度，mm；

$M_p$ ——碟形阀盖形状系数，$M_p = 1.54$；

$R_i$ ——阀盖球面外半径，mm，$R_i = 150\text{mm}$；

$p$ ——设计压力，MPa，取公称压力 $p = 4.6\text{MPa}$；

$[\sigma]^t$ ——-162℃阀盖材料的许用应力，MPa，查表知 $[\sigma]^t$ =102.9MPa；

$C$ ——考虑铸造偏差、工艺性和介质腐蚀等因素而附加的裕量，mm。

$$M_p = \frac{1}{4}\left(3 + \sqrt{\frac{R_i}{r}}\right) \tag{9-30}$$

式中　$r$ ——阀盖球面内半径，mm，$r = 15\ \text{mm}$。

因 $s'-C=\dfrac{M_{p}R_{i}}{2[\sigma]^{t}-0.5p}$，参照实用阀门设计手册，$C$ 取 3mm。$\sigma'=8.2\text{mm}$，已知 $\sigma=10\text{mm}$。显然 $\sigma>\sigma'$，故阀盖壁厚设计满足要求。

## 9.4.7 阀盖强度校核

蝶形阀盖许用应力计算：

$$[p]=\frac{2[\sigma]^{t}\delta_{e}}{M_{p}R_{i}+0.5\delta_{e}} \tag{9-31}$$

式中 $[p]$——蝶形阀盖的许用应力，MPa；

$\delta_{e}$——蝶形阀盖的有效厚度，mm。

代入数据得

$$[p]=\frac{2\times102.9\times10}{1.54\times150+0.5\times10}=8.72\text{MPa}$$

该止回阀设计压力为 4.6MPa，小于 8.72MPa，故阀盖强度满足要求。

## 9.4.8 密封副的设计

### 9.4.8.1 阀座设计

止回阀阀座设计与截止阀基本相同，但其密封面上只有介质压力的作用而无强制密封力的作用，所以密封性通常要比截止阀差，止回阀的阀盖结构图见图 9-2，阀座结构图见图 9-3，尺寸查表 9-4。

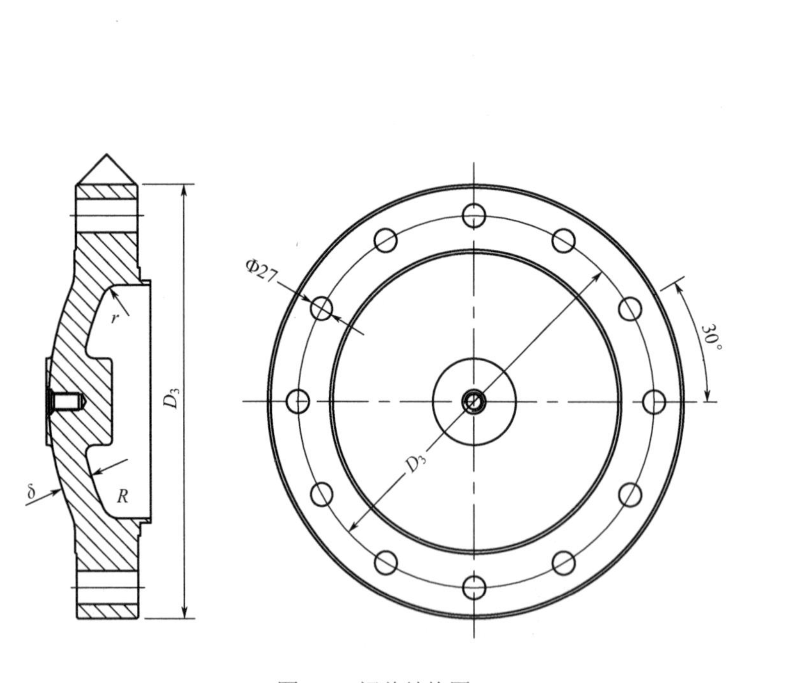


图 9-2 阀盖结构图

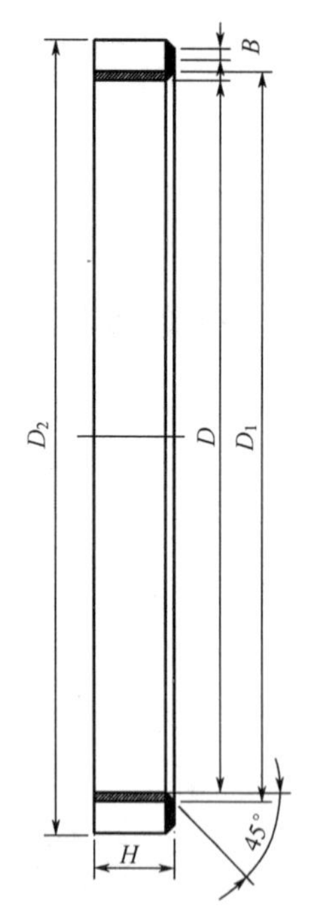


图 9-3 阀座结构图

**表 9-4**　阀座推荐尺寸　　单位：mm

| 公称尺寸 | | $D$ | $D_1$ | $b$ | $H$ | 质量/kg |
|---|---|---|---|---|---|---|
| $DN$50 | NPS2 | 51 | 54 | 2.5 | 15 | 0.23 |
| $DN$65 | NPS2½ | 64 | 67 | 3 | 16 | 0.28 |
| $DN$80 | NPS3 | 76 | 80 | 3 | | 0.34 |
| $DN$100 | NPS4 | 102 | 107 | 4 | 20 | 0.58 |
| $DN$125 | NPS5 | 127 | 132 | 5 | | 0.72 |
| $DN$150 | NPS6 | 152 | 157 | 6 | | 0.90 |
| $DN$200 | NPS8 | 203 | 208 | 8 | 24 | 1.60 |
| $DN$250 | NPS10 | 254 | 260 | 10 | | 2.10 |
| $DN$300 | NPS12 | 305 | 311 | 11 | 24 | 2.58 |
| $DN$350 | NPS14 | 337 | 343 | 12 | | 3.40 |

9.4.8.2　阀瓣设计

钢制止回阀阀瓣见图 9-4，尺寸见表 9-5，其相应的摇杆结构图和销轴结构图分别见图 9-5、图 9-6，尺寸分别见表 9-6 和表 9-7。

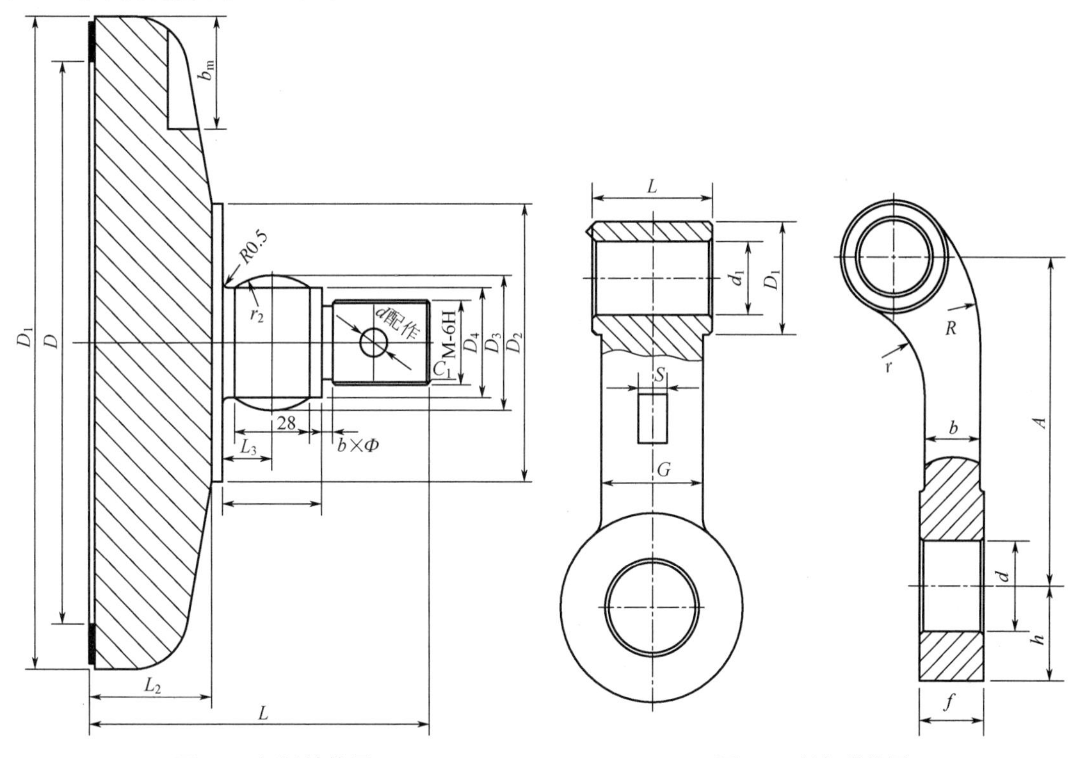


图 9-4　阀瓣结构图　　图 9-5　摇杆结构图

**表 9-5**　阀瓣推荐尺寸　　单位：mm

| 公称通径 | $D$ | $D_1$ | $D_2$ | $L$ | $L_1$ | $r_1$ | $r_2$ | $d$ | $C$ | 质量/kg |
|---|---|---|---|---|---|---|---|---|---|---|
| 50 | 52 | 65 | 25 | 36 | 12 | 3 | 8 | 2.5 | 1.5 | 0.28 |
| 65 | 65 | 78 | 30 | 44 | 14 | | 9 | | 2 | 0.62 |
| 80 | 77 | 93 | 34 | 49 | 17 | | 11 | | | 0.96 |

续表

| 公称通径 | $D$ | $D_1$ | $D_2$ | $L$ | $L_1$ | $r_1$ | $r_2$ | $d$ | $C$ | 质量/kg |
|---|---|---|---|---|---|---|---|---|---|---|
| 100 | 104 | 122 | 42 | 59 | 20 | 5 | 14 | 2.5 | 2.5 | 1.86 |
| 125 | 128 | 150 | 50 | 76 | 24 | | 17 | 3 | | 3.6 |
| 150 | 153 | 178 | 60 | 90 | 28 | | 20 | 4 | 3 | 5.8 |
| 200 | 204 | 232 | 76 | 75 | 25 | 8 | 25 | — | 2 | 12.7 |
| 250 | 256 | 288 | 94 | 86 | 30 | | 31 | | | 17.1 |
| 300 | 307 | 342 | 110 | 100 | 38 | 12 | 38 | | 2.5 | 28.3 |
| 350 | 335 | 376 | 125 | 112 | 44 | | 45 | | | 39 |

**表 9-6　摇杆推荐尺寸**　　单位：mm

| 公称通径 | $D$ | $a$ | $b$ | $A$ | $h$ | $r$ | $H$ | $L$ | $G$ | $s$ | $e$ | 质量/kg |
|---|---|---|---|---|---|---|---|---|---|---|---|---|
| 50 | 22 | 12 | 4 | 53 | 26 | 10 | 10 | 22 | 18 | 6 | 12 | 0.5 |
| 65 | 25 | 16 | 5 | 62 | 30 | | 12 | 26 | 22 | 7 | 14 | 0.7 |
| 80 | 30 | 18 | 6 | 75 | 34 | 15 | 15 | 40 | 30 | 8 | 16 | 1 |
| 100 | 35 | 21 | 7 | 90 | 44 | | 18 | | 32 | 9 | 18 | 1.2 |
| 125 | | 22 | 8 | 110 | 54 | 20 | 22 | | 36 | 10 | 20 | 1.8 |
| 150 | 38 | 25 | 8 | 122 | 63 | | 26 | 50 | 42 | 12 | 24 | 2.4 |
| 200 | 50 | 30 | 10 | 170 | 82 | 28 | 33 | 60 | 50 | 14 | 28 | 3.5 |
| 250 | | 32 | 12 | 180 | 100 | | 36 | 80 | 70 | 16 | 32 | 4.8 |
| 300 | 60 | 42 | 15 | 230 | 118 | 36 | 40 | 100 | 85 | 18 | 36 | 6 |
| 350 | | 46 | 18 | 260 | 134 | | 46 | | | 20 | 45 | 7.8 |

**表 9-7　销轴推荐尺寸**　　单位：mm

| 公称通径 | $D$ | $L$ | $l$ | $C$ | 质量/kg |
|---|---|---|---|---|---|
| 50 | 10 | 58 | 8 | 1 | 0.04 |
| 65 | 14 | 65 | 10 | 1.5 | 0.08 |
| 80 | 16 | 80 | | | 0.13 |
| 100 | 18 | 100 | 12 | | 0.20 |
| 125 | 20 | | | 2 | 0.24 |
| 150 | 22 | 130 | | | 0.38 |
| 200 | 25 | 155 | 15 | | 0.60 |
| 250 | | 180 | | | 0.70 |
| 300 | 32 | 220 | | 2.5 | 1.27 |
| 350 | 36 | 250 | 20 | | 2.05 |

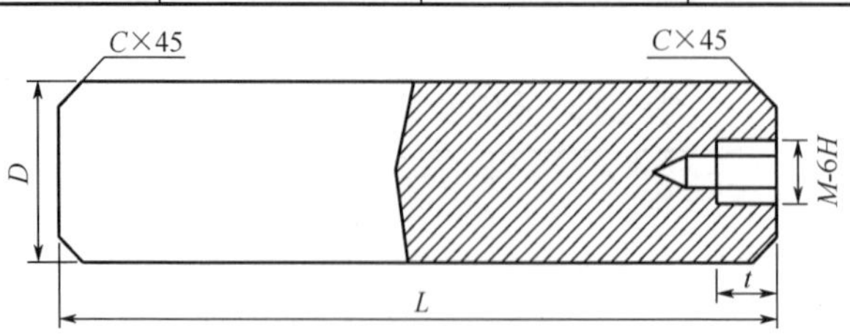


图 9-6　销轴结构图

### 9.4.9 阀瓣厚度验算

$$S'_{\mathrm{B}} = 1.7\frac{pR}{2[\sigma_{\mathrm{W}}]} + C \tag{9-32}$$

式中 $S'_{\mathrm{B}}$——阀瓣计算壁厚，mm；

$R$——内球面半径，$R = 300\mathrm{mm}$；

$p$——介质工作压力，MPa，取 $p = PN = 4.6\mathrm{MPa}$；

$[\sigma_{\mathrm{W}}]$——阀瓣材料许用弯曲应力，MPa，查表知$[\sigma_{\mathrm{W}}] = 102.9\mathrm{MPa}$；

$C$——考虑铸造偏差、工艺性和介质腐蚀等因素而附加的裕量，mm。

因 $S'_{\mathrm{B}} - C = 11.4\mathrm{mm}$，参照实用阀门设计手册取 $C = 3\mathrm{mm}$，所以 $S'_{\mathrm{B}} = 14.4\mathrm{mm}$。已知 $S_{\mathrm{B}} = 16\mathrm{mm}$，显然 $S_{\mathrm{B}} > S'_{\mathrm{B}}$，故阀瓣厚度符合要求。

### 9.4.10 旋启式止回阀阀瓣密封圈

公称压力 $PN = 4.6\mathrm{MPa}$、公称通径 $DN = 50 \sim 600\mathrm{mm}$ 的奥氏体不锈钢旋启式止回阀用阀瓣密封圈的结构形式及尺寸查《阀门设计手册》表 4-173 得，公称通径 $DN = 200\mathrm{mm}$，$D$=235mm，$D_1$=165mm，厚度$\delta$=4mm，$d$=140mm，$d_0$=10mm，$z$=8mm，质量（计算密度 7.6kg/m$^3$）≈0.17kg，阀瓣密封圈的材料为硬质聚四氟乙烯。

### 9.4.11 旋启式止回阀阀瓣密封圈压板

公称压力 $PN$=4.6MPa、公称通径 $DN$=50～600mm 的奥氏体不锈钢旋启式止回阀用阀瓣密封圈压板的结构形式及尺寸选择查《阀门设计手册》表 4-174 得，公称通径 $DN = 200\mathrm{mm}$，$D$=188mm，$D_1$=165mm，$d$=140mm，厚度$\delta$=7mm，$d_0$=10mm，$z$=8mm，质量（计算密度 7.0kg/m$^3$）≈0.57kg。

## 9.5 传热过程基本原理分析

### 9.5.1 传热过程的基本变量及方程

传热过程的温度是物体中几何位置以及时间的函数。在本章中，阀盖组件传热主要以对流和传导的方式进行换热，冷量通过传导由阀盖底部向上传递，接触空气的阀盖及保冷层与空气通过自然流进行换热，其中，阀体与阀盖之间有一定间隙，可视为空气层进行换热。阀门保冷结构主要依靠矿物纤维及聚氨酯等保冷材料对阀门进行保冷，而管道主要依靠保冷层进行保冷。

如果变形对温度场有影响，则

$$Q\mathrm{d}t = \mathrm{d}U - (\sigma_{\mathrm{x}}\mathrm{d}\varepsilon_{\mathrm{x}} + \sigma_{\mathrm{y}}\mathrm{d}\varepsilon_{\mathrm{y}} + \sigma_{\mathrm{z}}\mathrm{d}\varepsilon_{\mathrm{z}}) \tag{9-33}$$

经过热力学和传热学关系的推导整理后，得到弹性体的导热方程式：

$$\frac{\partial T}{\partial t} = \alpha\nabla^2 T - \frac{\beta T_0}{\rho c}\times\frac{\partial e}{\partial t} \tag{9-34}$$

式中　$T_0$ ——物体初温，K；

$e$ ——总应变，mm；

$$e=\varepsilon_{x}+\varepsilon_{y}+\varepsilon_{z} \tag{9-35}$$

$\beta$ ——由材料线膨胀系数、拉压弹性模量和泊松系数组合成的一个物性参数。

$$\beta=\frac{\partial E}{1-2\mu} \tag{9-36}$$

如不考虑内热源，对于该组件，其导热微分方程可简写为：

$$\frac{\partial T}{\partial t}=\alpha\nabla^{2}T \tag{9-37}$$

## 9.5.2 稳态传热过程的有限元分析

对于稳态问题，即温度不随时间变化，有：

$$\frac{\partial T}{\partial t}=0 \tag{9-38}$$

将物体离散为单元体，将单元的温度场 $T^{e}(x,y,z)$ 表示为节点温度的插值关系，有：

$$T^{e}(x,y,z)=N(x,t,z)\,|\,q_{\mathrm{T}}^{e} \tag{9-39}$$

式中，$T^{e}(x,y,z)$ 为形状函数矩阵，$q_{\mathrm{T}}^{e}$ 为节点温度列阵，即

$$q_{\mathrm{T}}^{e}=[T_{1},T_{2},\cdots,T_{n}]^{\mathrm{T}} \tag{9-40}$$

式中，$T_{1},T_{2},\cdots,T_{n}$ 为各节点温度值。

本章阀盖组件模型中，将阀颈与阀盖的间隙认为是竖直封闭间隙，间隙内的换热为自然对流换热，换热量主要取决于以间隙厚度为特征长度的 $Gr_{\delta}$ 数（格拉晓夫数）。

$$Gr_{\delta}=\frac{g\alpha_{\mathrm{v}}\Delta t\delta^{3}}{v^{2}} \tag{9-41}$$

由于间隙壁面间温差很小，当 $Gr_{\delta}<<2860$ 时，间隙中经过气体介质的换热主要考虑纯导热和热辐射。当间隙壁面温差很小时，辐射传热量也很小，可忽略不计。故夹层壁面间换热依靠纯导热。

将空气隔热层看成是单层圆筒的稳定传热，于是可简化公式为：

$$q=\lambda\frac{(t_{1}-t_{2})}{\delta}F \tag{9-42}$$

式中　$F$ ——垂直于热流方向的传热面积，mm；

$\lambda$ ——热导率，热导率是按材料查表所得；

$\delta$ ——空气层厚度，mm。

## 9.5.3 阀门保冷层厚度计算

当流体流经阀门时，可视为稳定流动的开口系统，稳定流动能量方程如式（9-43）所示：

$$q=\Delta h+w_{\mathrm{t}} \tag{9-43}$$

技术功 $w_t = 0$，定压条件下：

$$q = c_p \Delta T \tag{9-44}$$

式中 $\Delta T$ ——阀体流体经过阀门前后的温度差，K；

$c_p$ ——阀内流体的定压比热容，J/(kg・℃)。

则流体流经阀门的冷量散失为：

$$\varphi = c_p \Delta T q_m \tag{9-45}$$

圆柱坐标系下三维非稳态导热微分方程的一般形式如式（9-46）所示：

$$\rho c \frac{\partial t}{\partial \tau} = \frac{1}{r} \times \frac{\partial}{\partial r}\left(\lambda r \frac{\partial t}{\partial r}\right) + \frac{1}{r^2} \times \frac{\partial}{\partial \phi}\left(\lambda \frac{\partial t}{\partial \phi}\right) + \frac{\partial}{\partial z}\left(\lambda \frac{\partial t}{\partial z}\right) + \dot{\phi} \tag{9-46}$$

当稳态传热时，$\frac{\partial t}{\partial \tau} = 0$，无内热源时，$\phi = 0$，圆柱形换热模型在 $\phi$ 方向上无变化，只在 $r$ 和 $z$ 方向上有变化，则稳态导热公式简化得到：

$$\frac{1}{r} \times \frac{\partial}{\partial r}\left(\lambda r \frac{\partial t}{\partial r}\right) + \frac{1}{r^2} \times \frac{\partial}{\partial \phi}\left(\lambda \frac{\partial t}{\partial \phi}\right) + \frac{\partial}{\partial z}\left(\lambda \frac{\partial t}{\partial z}\right) = 0 \tag{9-47}$$

再简化，得

$$\frac{\partial^2 t}{\partial r^2} + \frac{1}{r} \times \frac{\partial t}{\partial r} + \frac{\partial^2 t}{\partial z^2} = 0 \tag{9-48}$$

假设

$$t(r,z) = R(r)Z(z)$$

带入可得

$$\frac{1}{R} \times \frac{d^2 R}{dr^2} + \frac{1}{Rr} \times \frac{dR}{dr} + \frac{1}{Z} \times \frac{d^2 Z}{dz^2} = 0 \tag{9-49}$$

由于 $\frac{1}{R} \times \frac{d^2 R}{dr^2} + \frac{1}{Rr} \times \frac{dR}{dr}$ 只是关于 $r$ 的函数，$\frac{1}{Z} \times \frac{d^2 Z}{dz^2}$ 只是关于 $z$ 的函数，而且冷量沿 $r$ 和 $z$ 的方向一致，因此，可以得到：

$$\frac{1}{R} \times \frac{d^2 R}{dr^2} + \frac{1}{Rr} \times \frac{dR}{dr} = 0 \tag{9-50}$$

$$\frac{1}{Z} \times \frac{d^2 Z}{dz^2} = 0 \tag{9-51}$$

将模型导热边界条件：

$$z = 0, z = t_0$$

$$z = L, -\lambda \frac{\partial Z}{\partial z} = h_2 (t_f - t_5)$$

代入式（9-51），经推导，可得

$$\frac{dZ}{dz} = \frac{h_2 (t_f - t_5)}{-\lambda} \tag{9-52}$$

$$Z = z\frac{h_2(t_f - t_5)}{-\lambda} + t_0$$

式中　$t_0$——底部温度，K；

$t_5$——顶部温度，K；

$t_f$——环境温度，K；

$h_2$——阀体外部换热系数，W/(m$^2$·K)；

$\lambda$——阀杆热导率，W/(m·K)。

根据傅里叶定律可知，单位时间通过阀杆轴向表面所传递的热量为：

$$\varphi_2 = \frac{\pi d_1^{\ 2}}{4} h_2(t_f - t_5) \tag{9-53}$$

式中　$d_1$——阀体内径，mm。

将模型导热边界条件：

$$r = 0, \frac{\partial r}{\partial t} = 0$$

当 $z = z', r = 0$ 时

$$R = Z(z')$$

代入式

$$\frac{1}{R} \times \frac{d^2 R}{dr^2} + \frac{1}{Rr} \times \frac{dR}{dr} = 0 \tag{9-54}$$

推导可得：

$$\frac{dR}{dr} = 0 \tag{9-55}$$

$$R = \frac{h_2(t_f - t_5)}{-\lambda} z' + t_0 \tag{9-56}$$

当 $z = z', r = r_1$ 时，由傅里叶定律可得导热热流量：

$$\varphi_1 = \frac{2\pi \Delta z (t_1 - t_w)}{\dfrac{\ln(d_2/d_1)}{\lambda_1} + \dfrac{\ln(d_3/d_2)}{\lambda_2} + \dfrac{\ln(d_4/d_3)}{\lambda_3}} \tag{9-57}$$

式中　$t_w$——保冷层外表面温度，K；

$t_1$——壁面接触的间隙气体温度，K；

$d_2$——阀盖内壁直径，mm；

$d_3$——阀盖外壁直径，mm；

$d_4$——保冷层外壁直径，mm；

$\lambda_1$——间隙气体的热导率，W/(m·K)；

$\lambda_2$——阀盖的热导率，W/(m·K)；

$\lambda_3$——保冷层的热导率，W/(m·K)。

则

$$M = \frac{\ln(d_2/d_1)}{\lambda_1} + \frac{\ln(d_3/d_2)}{\lambda_2} + \frac{\ln(d_4/d_3)}{\lambda_3} \tag{9-58}$$

同样，在微元段上，冷量经过保冷层与空气进行热传导、对流换热和热辐射，由于热传导和热辐射的换热量远小于对流换热，可将其忽略，则

$$\varphi_1 = \pi d_4 \Delta z h_2 (t_{\mathrm{f}} - t_{\mathrm{w}}) \tag{9-59}$$

联合求解：

$$t_1 = \frac{(d_4 h_2 t_{\mathrm{f}} M - 2) r_1 h_1 \left[ \frac{h_2 (t_{\mathrm{f}} - t_5)}{-\lambda} z' + t_0 \right] M - d_4 h_2 t_{\mathrm{f}} M}{(d_4 h_2 t_{\mathrm{f}} M - 2)(r_1 h_1 M - 1) - 2} \tag{9-60}$$

$$\varphi_1 = 2\pi r_1 L h_1 \left\{ \frac{(d_4 h_2 t_{\mathrm{f}} M - 2) r_1 h_1 \left[ \frac{h_2 (t_{\mathrm{f}} - t_5)}{-2\lambda} L + t_0 \right] M - d_4 h_2 t_{\mathrm{f}} M}{(d_4 h_2 t_{\mathrm{f}} M - 2)(r_1 h_1 M - 1) - 2} - \left[ \frac{h_2 (t_{\mathrm{f}} - t_5)}{-2\lambda} L + t_0 \right] \right\} \tag{9-61}$$

由此可推导出 $M$，以及 $d_4$。保冷层厚度 $H = \frac{d_4 - d_3}{2}$。代入相关数据，最终求得保冷层厚度为 102 mm。

综上，LNG 止回阀的设计结果汇总如表 9-8 所示。

**表 9-8　LNG 止回阀设计结果汇总表**

| 名　称 | 数值 | 单位 |
| --- | --- | --- |
| 壳体最小壁厚 | 18.7 | mm |
| 垫片厚度 | 11.2 | mm |
| 中法兰螺栓载荷 | 455386.35 | N |
| 中法兰螺栓面积 | 3323.99 | mm² |
| 螺栓间距 | 134 | mm |
| 法兰应力 | 50.36 | MPa |
| 支承环弯曲应力 | 92.61 | MPa |
| 阀盖厚度 | 8.22 | mm |
| 阀盖许用应力 | 8.72 | MPa |
| 阀瓣厚度 | 14.4 | mm |
| 保冷层厚度 | 102 | mm |

## 参考文献

[1] 高和平，庞水进．HH44X-10 型微阻缓闭止回阀的调试与应用［J］．陕西水力发电，2001，17（01）：31-32.

[2] 杜渝生．H42-H 型升降式止回阀的改进［J］．浙江电力，2000，25（06）：65-66.

[3] 邹宪军，张桂香，田永建，陈鸿卫．大型止回阀节能新技术研究［J］．节能技术，2008，26（03）：240-242.

[4] 张宇．LYHT 空排止回阀的动态性能测试与分析［J］．阀门，2000，28（02）：14-18.

[5] 任祥云，蔡伟民．LYHT 空排止回阀设计［J］．阀门，1999，27（03）：11-13.

[6] 赵广宇，王水平．大型止回阀阀体密封面堆焊工艺研究［J］．电站辅机，2008，28（02）：43-48.

[7] 朱慧．蝶式止回阀新型阀轴轴向限位机构的设计［J］．流体机械，2001，29（08）：34-35.

[8] 韩旭，周羽．对冲式止回阀原理及启闭特性分析［J］．核动力工程，2006，27（01）：66-69.

[9] 杨源泉. 阀门设计手册 [M]. 北京：机械工业出版社，1992.

[10] 余晓明，孔彪龙，张宇，任祥云. 高压给水空排止回阀特性分析 [J]. 阀门，2000，28（01）：13-16.

[11] 杨丽明，吴秀云，王念慎. 缓闭止回阀防护水锤的研究 [J]. 中国安全科学学报，2004（11）：86-90.

[12] 陆培文. 实用阀门设计手册 [M]. 北京：机械工业出版社，2007.

[13] 徐明阳，韩成延. 止回阀缓闭结构设计 [J]. 机械研究与应用，1999，12（01）：29-30.

[14] 李永德. 止回阀的正确选择 [J]. 油气储运，1994，13（02）：38-42.

[15] 俞劬严. 无动力蝶式止回阀关阀起动转矩自动瞬间加载装置设计 [J]. 流体机械，2001，29（03）：27-29.

[16] 申燕飞，许明恒，郭海保. 梭式止回阀的结构设计与三维建模 [J]. 中国工程机械学报，2005，3（01）：33-35.

[17] 李黎明. ANSYS 有限元分析实用教程 [M]. 北京：清华大学出版社，2005.

[18] 张周卫，汪雅红，张小卫等. LNG 止回阀. 中国：2014100712608 [P]，2014-03-01.

# 第 10 章 LNG 针阀设计计算

液化天然气有时需要做微小流量调节，在这种情况下，只有调节精度很高的针阀才能做到。随着液化天然气的广泛应用，针阀的需求量也随之提高。但是，目前国内在针阀的设计方面还有许多缺陷，大部分技术还需要从国外引进。为了能有自己的设计技术，也为了倡导国家自主研发科技，必须先解决技术缺乏这一难题。

针阀（见图 10-1）的调节精度很高且密封性良好，使用寿命长，即使密封面损坏后，也只需要更换易损零件，即可继续使用，是电站、炼油、化工装置和仪表测量管路中的一种先进连接方式的阀门。针阀的阀芯就是一个很尖的圆锥体，好像针一样插入阀座，由此得名。针阀形比其他类型的阀门能够耐受更大的压力，密封性能好，所以一般用于较小流量、较高压力的气体或者液体介质的密封。

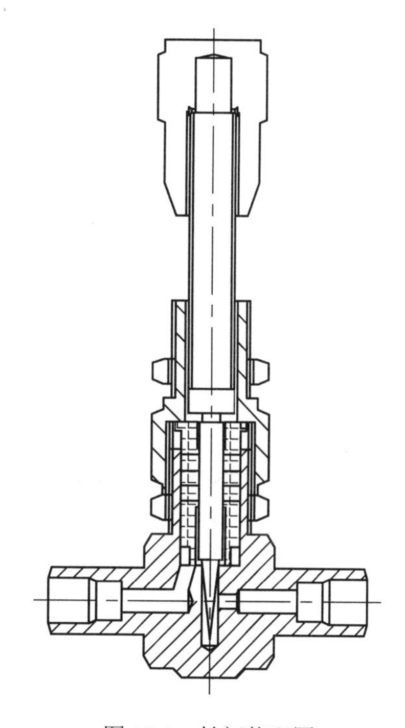

图 10-1　针阀装配图

本章主要从以下几个方面来设计针阀：阀体壁厚的计算、密封面的作用压力及计算比压、阀杆强度的验算、阀芯强度的验算、填料箱部位计算、填料压盖强度计算、阀盖强度计算、流量控制系统设计及旋钮强度校核。

## 10.1 概述

### 10.1.1 背景

液化天然气有时需要做微小流量调节，在这种情况下，只有调节精度很高的针阀才能做到。随着液化天然气的广泛应用，针阀的需求量也随之提高。但是，目前国内在针阀的设计方面还有许多缺陷，大部分技术还需要从国外引进，为了能有自己的设计技术，也为了倡导国家自主研发科技，必须先解决技术缺乏这一难题。

### 10.1.2 天然气

天然气是一种多组分的混合气态化石燃料，主要成分是烷氢，其中甲烷占绝大多数，另有少量的乙烷、丙烷和丁烷。天然气燃烧后无废渣、废水产生，相较煤炭、石油等能源有使用安全、热值高、洁净等优势。因其绿色环保、经济实惠、安全可靠等优点而被公认成一种优质清洁燃料。

我国的天然气资源比较丰富，据不完全统计，总资源量达 38 万亿立方米，陆上天然气主要分布在中部和西部地区。随着技术的发展，近几年我国在勘探、开发和利用方面均有较大的进展。

### 10.1.3 液化天然气

液化天然气（Liquefied Natural Gas，LNG），是指天然气原料经过预处理，脱除其中的杂质后，再通过低温冷冻工艺在-162℃下形成的低温液体混合物。与 LNG 工厂生产的产品组成不同，这主要取决于生产工艺和气源气的组成。按照欧洲标准 EN1160 的规定，LNG 的甲烷含量应高于 75%，氮含量应低于 5%。一般商业 LNG 产品的组成如表 10-1 所示。由表 10-1 可见，LNG 的主要成分为甲烷，其中还有少量的乙烷、丙烷、丁烷及氮气等惰性组分。

**表 10-1 商业 LNG 的基本组成** 单位：%

| 组分 | $\phi$ | 组分 | $\phi$ |
|---|---|---|---|
| 甲烷 | 92～98 | 丁烷 | 0～4 |
| 乙烷 | 1～6 | 其他烃类化合物 | 0～1 |
| 丙烷 | 1～4 | 惰性成分 | 0～3 |

LNG 的性质随组分的变化而略有不同，一般商业 LNG 的基本性质为：在-162℃与 0.1MPa 下，LNG 为无色无味的液体，其密度约为 430kg/m$^3$，燃点为 650℃，热值一般为 37.62MJ/m$^3$，在-162℃时的汽化潜热约为 510kJ/kg，爆炸极限为 5%～15%，压缩系数为 0.740～0.820。

LNG 的主要优点表现在以下方面：

① 安全可靠。LNG 的燃点比汽油高 230℃，比柴油更高；LNG 爆炸极限比汽油高 2.5～4.7 倍；LNG 的相对密度为 0.47 左右，汽油为 0.7 左右，它比空气轻，即使稍有泄漏，也将迅速挥发扩散，不至于自然爆炸或形成遇火爆炸的极限浓度。

② 清洁环保。天然气在液化前必须经过严格的预净化，因而 LNG 中的杂质含量较低。根据取样分析对比，LNG 作为汽车燃料，比汽油、柴油的综合排放量降低约 85%左右，其中 CO 排放减少 97%、$NO_x$ 减少 30%～40%、$CO_2$ 减少 90%、微粒排放减少 40%、噪声减少 40%，而且无铅、苯等致癌物质，基本不含硫化物，环保性能非常优越。

③ 便于输送和储存。通常的液化天然气多储存在温度为 112K、压力为 0.1MPa 左右的低温储罐内，其密度为标准状态下甲烷的 600 多倍，体积能量密度为汽油的 72%，十分有利于输送和储存。

④ 可作优质的车用燃料。天然气的辛烷值高、抗爆性好、燃烧完全、污染小、与压缩天然气相比，LNG 储存效率高，自重轻且建站不受供气管网的限制。

⑤ 便于供气负荷的调节。对于定期或不定期的供气不平衡，LNG 储罐能很好地起到削峰填谷的调节作用。

# 10.2 设计依据的标准及主要设计参数

## 10.2.1 设计依据的标准

LNG 针阀设计依据的标准有《实用阀门设计手册》《阀门设计计算手册》《低温阀门颈部长度设计计算》、ASME B16.34—2004、《法兰、螺纹和焊接端连接到阀门》《低温阀门设计技术研究及分析》《低温阀门设计需要》等。

## 10.2.2 主要设计参数

主要设计参数如表 10-2 所示。

表 10-2 主要设计参数

| 主要设计参数 | 数据 |
| --- | --- |
| 管道流量/（$m^3/d$） | 3200 |
| 设计流量/（L/s） | 0.628 |
| 工作压力/MPa | 0.3 |
| 设计压力/MPa | 4.6 |
| 设计温度/℃ | -162 |
| 主体材料 | 0Gr18Ni9Ti |
| 公称通径（$DN$）/mm | 20 |
| 流速/（m/s） | 2 |

# 10.3 针阀结构设计

## 10.3.1 阀体最小壁厚验算

设计给定 $t'=3.9\text{mm}$（参照 ASME B16.34 选取），阀体最小壁厚按第四强度理论计算：

$$t=1.5\frac{pD_{\text{N}}}{2\sigma-1.2p} \tag{10-1}$$

式中 $t$ ——阀体计算壁厚，mm；

$p$ ——设计压力，MPa，取公称压力 $PN$，即 $p=PN=4.6\text{MPa}$；

$D_{\text{N}}$ ——阀体内径，mm，已知 $D_{\text{N}}=20\text{mm}$；

$\sigma$ —— -162℃材料的许用拉应力，MPa。

查 ASME B16.34 得 $\sigma=18\text{MPa}$，则

$$t=1.5\times\frac{4.6\times20}{2\times18-1.2\times4.6}=4.53\text{mm}$$

显然 $t>t'$，故阀体最小壁厚满足要求。

注：该阀门为低温阀门，在低温环境中，有时会发生异常升压的情况，高压会引起阀体、

阀盖的变形，使阀盖密封性显著下降，甚至阀盖破裂，造成事故。因此，为了防止异常升压现象的发生，故在阀体上设置泄压孔，以平衡阀体内腔的压力。

## 10.3.2 密封面上总作用压力及比压计算

低温阀门密封面选择的材料是聚四氟乙烯，它能较好地适应低温环境。

（1）密封面上总作用力

$$F_{MZ} = F_{MF} + F_{MJ} \tag{10-2}$$

代入数据得

$$F_{MZ} = 176000 + 32000 = 2.08 \times 10^5\,\text{N}$$

（2）密封面处介质作用力

$$F_{MJ} = \frac{\pi}{4}(D_{MN} + b_M)^2 p \tag{10-3}$$

式中　$D_{MN}$ ——密封面内径，mm；

$b_M$ ——密封面宽度，mm；

$p$ ——公称压力，MPa。

代入数据得

$$F_{MJ} = \frac{\pi}{4}(2+1)^2 \times 4.6 \times 10^3 = 3.2 \times 10^4\,\text{N}$$

（3）密封面上密封力

$$F_{MF} = \pi(D_{MN} + b_M) b_M q_{MF} \tag{10-4}$$

代入数据得

$$F_{MF} = \pi \times (2+1) \times 1 \times 18.7 \times 10^3 = 1.76 \times 10^5\,\text{N}$$

（4）密封面上必需比压

查《阀门设计计算手册》（第二版）表 4-16 得 $q_{MF} = 18.7\text{MPa}$ 。

（5）密封面计算比压

$$q = \frac{F_{MZ}}{\pi(D_{MN} + b_M) b_M} \tag{10-5}$$

代入数据得

$$q = \frac{2.08 \times 10^5}{\pi \times (2+1) \times 1} = 22.0\text{MPa}$$

（6）密封面许用比压

查《阀门设计计算手册》（第二版）表 4-17 得 $[q] = 22.5\text{MPa}$ 。

结论：$q_{MF} \leqslant q \leqslant [q]$，合格。

# 10.4　强度计算

## 10.4.1　阀杆强度计算

（1）关闭时阀杆总轴向力

$$Q'_{FZ}=K_1Q_{MJ}+K_2Q_{MF}+Q_P+Q_T\sigma_\Sigma \tag{10-6}$$

式中　$Q'_{FZ}$——关闭时阀杆总轴向力，N；

$K_1$、$K_2$——密封系数，查《实用阀门设计手册》表 3-31；

$Q_{MJ}$——密封面处介质作用力，N，查《实用阀门设计手册》表 5-78 序号 2；

$Q_{MF}$——密封面上密封力，N，查《实用阀门设计手册》表 5-78 序号 8；

$Q_P$——阀杆径向截面上介质作用力，N。

代入数据得

$$Q'_{FZ}=0.15\times32+0+582.4+133.2=720.4\text{N}$$

（2）开启时阀杆总轴向力

$$Q''_{FZ}=K_3Q_{MJ}+K_4Q_{MF}-Q_P+Q_T \tag{10-7}$$

式中　$Q''_{FZ}$——开启时阀杆总轴向力，N；

$K_3$、$K_4$——密封系数，查《实用阀门设计手册》表 3-31；

$Q_{MJ}$——密封面处介质作用力，N，查《实用阀门设计手册》表 5-78 序号 2；

$Q_{MF}$——密封面上密封力，N，查《实用阀门设计手册》表 5-78 序号 8；

$Q_P$——阀杆径向截面上介质作用力，N；

$Q_T$——阀杆与填料摩擦力，N。

代入数据得

$$Q''_{FZ}=0.15\times32+0-582.4+133.2=-444.4\text{N}$$

阀杆总轴向力取 $Q'_{FZ}$ 和 $Q''_{FZ}$ 中的最大值，即

$$Q_{FZ}=720.4\text{N}$$

$$Q_P=\frac{\pi}{4}d_F^2p \tag{10-8}$$

式中　$d_F$——阀杆直径（取值 12.7mm）；

$p$——计算压力，MPa。

代入数据得

$$Q_P=\frac{\pi}{4}\times12.7^2\times4.6=582.4\text{N}$$

$$Q_T=\psi d_F b_T p \tag{10-9}$$

式中　$\psi$——修正系数，按 $\frac{h_T}{b_T}$ 查《实用阀门设计手册》表 3-14 得 $\psi=1.14$；

$h_T$——填料深度（$h_T$ 取 6mm）；

$b_T$——填料宽度（$b_T$取2mm）。

代入数据得

$$Q_T = 1.14 \times 12.7 \times 2 \times 4.6 = 133.2\text{N}$$

（3）轴向应力

$$\sigma_1 = \frac{Q''_{FZ}}{F_S} \tag{10-10}$$

代入数据得

$$\sigma_1 = \frac{444.4}{126.6} = 3.5\text{MPa}$$

$$\sigma_Y = \frac{Q'_{FZ}}{F_S} \tag{10-11}$$

代入数据得

$$\sigma_Y = \frac{720.4}{126.6} = 5.7\text{MPa}$$

（4）阀杆最小截面积

$$F_S = \frac{\pi}{4} \times 12.7^2 = 126.6\text{mm}^2$$

（5）扭应力

$$\tau_N = \frac{M'_{FL}}{W_S} \tag{10-12}$$

式中　$W_S$——阀杆最小断面系数，查《实用阀门设计手册》表3-17得$W_S = 15\text{mm}$。

代入数据得

$$\tau_N = \frac{400}{15} = 26.7\text{MPa}$$

（6）关闭时阀杆螺纹摩擦力矩

$$M'_{FL} = Q''_{FZ} R_{FM} \tag{10-13}$$

代入数据得

$$M'_{FL} = 444.4 \times 0.9 = 400\text{N} \cdot \text{mm}$$

式中　$R_{FM}$——螺纹摩擦半径，mm，查《实用阀门设计手册》表3-16。

（7）合成应力

$$\sigma_\Sigma = \sqrt{\sigma_Y^2 + 4\tau_N^2} \tag{10-14}$$

代入数据得

$$\sigma_\Sigma = \sqrt{5.7^2 + 4 \times 26.7^2} = 53.7\text{MPa}$$

许用拉应力$[\sigma_L]$查《实用阀门设计手册》表3-3得$[\sigma_L] = 18\text{MPa}$；

许用压应力$[\sigma_Y]$查《实用阀门设计手册》表3-3 得$[\sigma_Y] = 155\text{MPa}$；

许用扭应力$[\tau_N]$查《实用阀门设计手册》表3-3 得$[\tau_N] = 81\text{MPa}$；

许用合成应力$[\sigma_{\Sigma}]$查《实用阀门设计手册》表 3-3 得$[\sigma_{\Sigma}]=145\text{MPa}$。

结论：$\sigma_{\text{I}}<[\sigma_{\text{L}}]$，$\tau_{\text{N}}<[\tau_{\text{N}}]$，$\sigma_{\text{Y}}<[\sigma_{\text{Y}}]$，$\sigma_{\Sigma}<[\sigma_{\Sigma}]$，故合格。

注：阀杆需要渡镍磷或经氮化处理，以提高阀杆表面硬度。防止阀杆与填料、填料压套相互咬死，损坏填料，造成填料函泄漏。

### 10.4.2　阀芯强度计算

（1）阀芯颈部断面剪应力

$$\tau_{\text{I}}=\frac{F_{\text{MZ}}}{\pi d(t_{\text{B}}-C)} \tag{10-15}$$

式中　$F_{\text{MZ}}$——密封面上的总作用力，N；

$d$——阀芯颈部直径，mm；

$t_{\text{B}}$——阀芯实际厚度，mm；

$C$——附加裕量，查《阀门设计计算手册》（第二版）表 3-45，得$C=3\text{mm}$。

代入数据得

$$\tau_{\text{I}}=\frac{2.08\times10^{5}}{3.14\times12.7\times(3.8-3)}=6.5\text{MPa}$$

（2）密封面上的总作用力

$$F_{\text{MZ}}=F_{\text{MJ}}+F_{\text{MF}} \tag{10-16}$$

式中　$F_{\text{MJ}}$——密封面处介质作用力，N；

$F_{\text{MF}}$——密封面上密封力，N。

代入数据得

$$F_{\text{MZ}}=208\text{N}$$

（3）密封面处介质作用力

$$F_{\text{MJ}}=\frac{\pi}{4}(D_{\text{MN}}+b_{\text{M}})P \tag{10-17}$$

式中　$D_{\text{MN}}$——密封面内径，mm；

$b_{\text{M}}$——密封面厚度，mm；

$P$——计算压力，N。

代入数据得

$$F_{\text{MJ}}=32\text{N}$$

（4）密封面上密封力

$$F_{\text{MF}}=\pi(D_{\text{MN}}+b_{\text{M}})^{2}q_{\text{MF}} \tag{10-18}$$

式中　$b_{\text{M}}$——密封面厚度，mm；

$q_{\text{MF}}$——密封面必需比压，MPa。

代入数据得

$$F_{\text{MF}}=176\text{N}$$

（5）阀芯断面处弯曲应力

$$\sigma_{\mathrm{w}} = K_2 \frac{F_{\mathrm{MZ}}}{(t_{\mathrm{B}} - C)^2} \tag{10-19}$$

式中 $K_2$——圆板应力系数，查《阀门设计计算手册第二版》表 4-33（根据 $R/r$），得 $K_2 = 0.41$；

$R$——密封面平均半径，mm；

$r$——阀瓣半径，设计给定为 $r = 3.8\mathrm{mm}$；

$F_{\mathrm{MZ}}$——密封面上的总作用力，N；

$t_{\mathrm{B}}$——阀瓣实际厚度，mm；

$C$——附加裕量。

代入数据得

$$\sigma_{\mathrm{w}} = 0.410 \times \frac{208}{(3.8 - 0)^2} = 5.9\mathrm{MPa}$$

结论：$\tau_{\mathrm{I}} < [\tau]$，$\sigma_{\mathrm{w}} < [\sigma_{\mathrm{w}}]$，故合格。GB/T 12224—2005 标注压力-温度额定值是根据材料相应温度下的许用应力而制定的，故不需进行低温强度验算。

## 10.4.3 填料箱部位强度计算

（1）操作下总压力

$$F_{\mathrm{T}}' = F_{\mathrm{TMJ}} + F_{\mathrm{TMF}} \tag{10-20}$$

代入数据得

$$F_{\mathrm{T}}' = 2772 + 6459 = 9231\mathrm{N}$$

（2）最小预紧力

$$F_{\mathrm{T}}'' = F_{\mathrm{TYJ}} \tag{10-21}$$

代入数据得

$$F_{\mathrm{T}}'' = 7648\mathrm{N}$$

（3）填料箱密封面上总压力

填料箱密封面上总压力取 $F_{\mathrm{T}}'$ 和 $F_{\mathrm{T}}''$ 中的较大值，得 $F_{\mathrm{TMZ}} = 9231\mathrm{N}$。

（4）填料箱密封面处介质作用力

$$F_{\mathrm{TMJ}} = \frac{\pi}{4}(D_{\mathrm{TN1}} + b_{\mathrm{TM}})^2 p \tag{10-22}$$

式中 $D_{\mathrm{TN1}}$——填料箱密封面内径，设计给定，mm，$D_{\mathrm{TN1}} = 23\mathrm{mm}$；

$b_{\mathrm{TM}}$——填料箱密封面宽度，设计给定，mm，$b_{\mathrm{TM}} = 4.7\mathrm{mm}$；

$p$——计算压力，取公称压力 $PN$，MPa。

代入数据得

$$F_{\mathrm{TMJ}} = \frac{\pi}{4} \times (23 + 4.7)^2 \times 4.6 = 2772\mathrm{N}$$

（5）填料箱密封面上密封力

$$F_{\mathrm{TMF}} = \pi(D_{\mathrm{TN1}} + b_{\mathrm{TM}}) b_{\mathrm{TM}} q_{\mathrm{MT}} \tag{10-23}$$

代入数据得

$$F_{\mathrm{TMF}} = \pi \times (23 + 4.7) \times 4.7 \times 15.8 = 6459\mathrm{N}$$

（6）填料箱密封面密封比压

$$q_{\mathrm{MT}} = np\sqrt{b_{\mathrm{TM}}/10} \tag{10-24}$$

代入数据得

$$q_{\mathrm{MT}} = 5 \times 4.6 \times \sqrt{4.7/10} = 15.8\mathrm{MPa}$$

（7）填料箱密封面必需预紧力

$$F_{\mathrm{TYJ}} = \pi(D_{\mathrm{TN1}} + b_{\mathrm{TM}})b_{\mathrm{TM}}q_{\mathrm{YJ}}k_{\mathrm{DP}} \tag{10-25}$$

式中　$q_{\mathrm{YJ}}$——填料箱密封面必需比压，MPa，取 $q_{\mathrm{YJ}} = 18.7\mathrm{MPa}$；

　　$k_{\mathrm{DP}}$——形状系数，取 $k_{\mathrm{DP}} = 1$。

代入数据得

$$F_{\mathrm{TYJ}} = \pi \times (23 + 4.7) \times 4.7 \times 18.7 \times 1 = 7648\mathrm{N}$$

（8）填料箱密封面计算比压

$$q = \frac{F_{\mathrm{TMZ}}}{\pi(D_{\mathrm{TN1}} + b_{\mathrm{TM}})b_{\mathrm{TM}}} \tag{10-26}$$

代入数据得

$$q = \frac{9231}{\pi \times (23 + 4.7) \times 4.7} = 22.6\mathrm{MPa}$$

（9）填料箱密封面许用比压

$$[q] = 0.5[\sigma_{\mathrm{S}}] \tag{10-27}$$

代入数据得

$$[q] = 0.5 \times 200 = 100\mathrm{MPa}$$

材料屈服极限 $[\sigma_{\mathrm{S}}]$ 查《阀门设计计算手册》（第二版）表 4-4 得 $[\sigma_{\mathrm{S}}] = 200\mathrm{MPa}$。

（10）剪应力

$$\tau = \frac{F_{\mathrm{YJ}}}{\pi D_{\mathrm{TN}} h} \tag{10-28}$$

式中　$h$——填料箱深度，mm，已知 $h = 25\mathrm{mm}$。

代入数据得

$$\tau = \frac{4353.6}{\pi \times 21 \times 25} = 2.6\mathrm{MPa}$$

（11）压紧填料总力

$$F_{\mathrm{YJ}} = \frac{\pi}{4}(D_{\mathrm{TW}}^2 + D_{\mathrm{TN}}^2)q_{\mathrm{T}}D_{\mathrm{TN}} \tag{10-29}$$

式中　$D_{\mathrm{TW}}$——填料箱外径，已知 $D_{\mathrm{TW}} = 25\mathrm{mm}$；

　　$D_{\mathrm{TN}}$——填料箱内径，已知 $D_{\mathrm{TN}} = 21\mathrm{mm}$；

$q_T$ ——填料必需比压。

代入数据得

$$F_{YJ}=\frac{\pi}{4}(25^2+21^2)\times 5.2\times 25=108785.3\text{N}$$

（12）填料必需比压

$$q_T=\psi p \tag{10-30}$$

式中　$\psi$ ——无石棉填料系数，按$\frac{h_T}{b_T}$查《实用阀门设计手册》表 3-14 得$\psi=1.14$。

代入数据得

$$q_T=1.14\times 4.6=5.2\text{MPa}$$

查《阀门设计计算手册》（第二版）表 4-3 得，许用剪应力$[\tau]=62.5\text{MPa}$。

结论：$q_{YJ}<q<[q]$，$\tau\leqslant[\tau]$，故合格。

注：填料函不能与低温段直接接触，而设在长颈阀盖顶端，使填料处于离低温较远的位置，这样，提高了填料函的密封效果。在泄漏时，或当低温流体直接接触填料造成密封效果下降时，可以从填料函中间加入润滑脂形成油封层，降低填料函的压差，作为辅助密封措施，填料函采用阀门填料函结构和阀杆能自紧的二重填料函结构等其他形式。

## 10.4.4　填料压盖强度计算

填料压盖如图 10-2 所示。

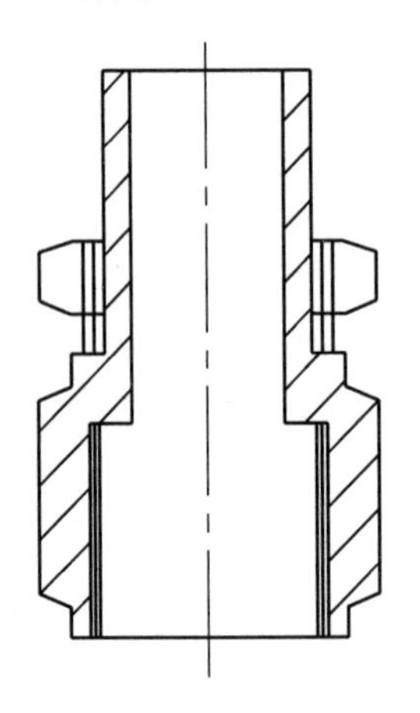

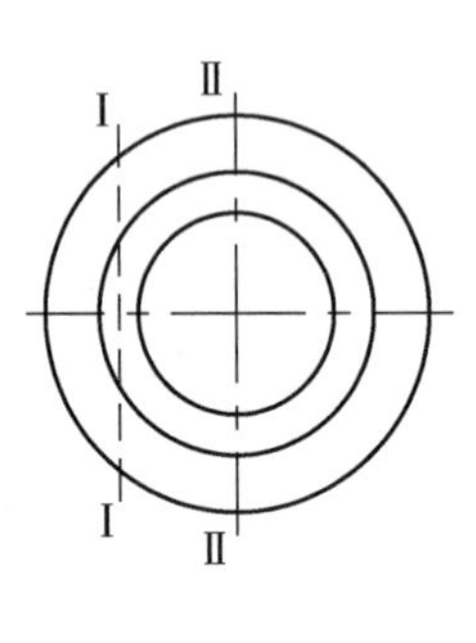


图 10-2　填料压盖图

（1）Ⅰ—Ⅰ断面弯曲应力

$$\sigma_{WI}=M_I/W_I \tag{10-31}$$

代入数据得

$$\sigma_{WI}=3712/552=6.7\text{MPa}$$

（2）Ⅰ—Ⅰ断面断面系数

$$W_I=Bh^2/6 \tag{10-32}$$

式中　$B$ ——Ⅰ—Ⅰ断面宽度，mm，已知 $B = 23\text{mm}$；

　　$h$ ——填料压盖根部厚度，mm，已知 $h = 12\text{mm}$。

代入数据得

$$W_{\text{I}} = 23 \times 12^2 / 6 = 552\text{mm}^3$$

（3）Ⅰ—Ⅰ断面弯曲力矩

$$M_{\text{I}} = F_{\text{YT}} l_1 / 2 \tag{10-33}$$

式中　$l_1$ ——力臂，$l_1 = (l - D_{\text{TN}}) / 2 = (34 - 21) / 2 = 6.5\text{mm}$；

　　$l$ ——螺栓孔中心距，已知 $l = 34\text{mm}$。

代入数据得

$$M_{\text{I}} = 1142 \times 6.5 / 2 = 3712\text{N} \cdot \text{mm}$$

（4）压紧填料总力

$$F_{\text{YT}} = \frac{\pi}{4}(D_{\text{TN}}^2 - d_{\text{F}}^2) q_{\text{T}} \tag{10-34}$$

式中　$D_{\text{TN}}$ ——填料箱内径，mm，已知 $D_{\text{TN}} = 21\text{mm}$；

　　$d_{\text{F}}$ ——阀杆直径，mm，已知 $d_{\text{F}} = 12.7\text{mm}$。

代入数据得

$$F_{\text{YT}} = \frac{3.14}{4}(21^2 - 12.7^2) \times 5.2 = 1142\text{N}$$

（5）压紧填料必需比压

$$q_{\text{T}} = \psi p \tag{10-35}$$

式中　$\psi$ ——无石棉填料系数，查《阀门设计计算手册》（第二版）表 4-18，取 1.14;

　　$p$ ——计算压力，取公称压力 $PN$，为 4.6MPa。

代入数据得

$$q_{\text{T}} = 1.14 \times 4.6 = 5.2\,\text{MPa}$$

（6）Ⅱ—Ⅱ断面弯曲应力

$$\sigma_{\text{WII}} = M_{\text{II}} / W_{\text{II}} \tag{10-36}$$

代入数据得

$$\sigma_{\text{WII}} = \frac{9707}{976.7} = 9.94\text{MPa}$$

（7）Ⅱ—Ⅱ断面弯曲力矩

$$M_{\text{II}} = F_{\text{YT}} l_2 / 2 \tag{10-37}$$

式中　$l_2$ ——力臂，mm，$l_2 = l / 2 = 34 / 2 = 17\text{mm}$。

代入数据得

$$M_{\text{II}} = (1142 \times 17) / 2 = 9707\text{N} \cdot \text{mm}$$

（8）Ⅱ—Ⅱ断面断面系数

$$W_{\text{II}} = I_2 / Y_2 \tag{10-38}$$

代入数据得

$$W_{\text{II}} = \frac{9415}{9.64} = 976.7\text{mm}^3$$

（9）Ⅱ—Ⅱ断面惯性矩

$$I_2 = \frac{1}{3}[(B_{\text{R}} - d)y_2^3 + (B_{\text{R}} - D_{\text{TN}})(y_2 - h)^3 + (D_{\text{TN}} - d)(y_2 - h)^3] \tag{10-39}$$

代入数据得

$$I_2 = \frac{1}{3}[(29-17)\times 9.64^3 + (29-21)\times(9.64-12) + (21-17)\times(26-9.64)^3] = 9415\text{mm}^4$$

（10）Ⅱ—Ⅱ断面中心轴到填料压盖上端面的距离

$$y_2 = \frac{1}{2}\left[\frac{(D_{\text{TN}} - d)H^2 + (B_{\text{R}} - D_{\text{TN}})h^2}{(D_{\text{TN}} - d)H + (B_{\text{R}} - D_{\text{TN}})h}\right] \tag{10-40}$$

式中 $B_{\text{R}}$ ——填料压盖宽度，mm，已知 $B_{\text{R}} = 29\text{mm}$；

$d$ ——填料压盖上部内径，mm，已知 $d = 17\text{mm}$；

$H$ ——填料压盖总高，mm，已知 $H = 26\text{mm}$。

代入数据得

$$y_2 = \frac{1}{2}\times\left[\frac{(21-17)\times 26^2 + (29-21)\times 12^2}{(21-17)\times 26 + (29-21)\times 12}\right] = 9.64\text{mm}$$

许用弯曲应力$[\sigma_{\text{W}}]$查《阀门设计计算手册》（第二版）表 4-3 或 4-5 得，$[\sigma_{\text{W}}] = 125\text{MPa}$。

结论：$\sigma_{\text{WI}} \leqslant [\sigma_{\text{W}}]$，$\sigma_{\text{WII}} \leqslant [\sigma_{\text{W}}]$，故合格。

## 10.4.5 阀盖强度计算

阀盖选用长颈阀盖，该种类型阀盖能提高填料函的温度，改善填料的工作性能，并且长颈阀盖可以防止或减少体腔内的低温向填料函处扩散，使填料在较高的温度下工作，提高填料的使用性能和使用寿命。采用长颈阀盖的原因主要为了保护填料密封的正常功能和操作的安全，在低温场合下，大气中的水分会在温度低于冰点时凝结，形成一层霜冻。如果霜冻在阀杆表面形成，当阀杆被执行机构驱动着上下运动时，这层霜冻有可能会被拉入填料造成撕裂，从而破坏密封，采用长阀杆可以保证填料函温度不至结冰造成的破坏，另外，由于低温管道一般有着较厚的保温层厚度，长颈阀盖可以便于保温施工，并使填料压盖处于保冷层外，有利于需要时随时紧固压盖螺栓或添加填料而无需损坏保冷层。

### 10.4.5.1 均匀圆柱体的一维稳态热传导

图 10-3 为均匀圆柱体的温度分布沿 $X$ 轴方向的变化。由于横向温度梯度较小，所以任一截面均为等温面，属一维传热问题。

为了确定圆柱体中的温度分布，研究微单元的热平衡问题。在稳态条件下，从图中 $X$ 处导入热量 $Q_{\text{X}}$，必须等于在 $X + \Delta X$ 处导出的热量 $Q_{\text{X}+\Delta\text{X}}$ 加上由 $X$ 和 $X + \Delta X$ 之间表面对流带走的热量 $Q_{\text{C}}$，平衡方程为：

$$Q_{\text{X}} - Q_{\text{X}+\Delta\text{X}} - Q_{\text{C}} = 0 \tag{10-41}$$

根据傅里叶定律和牛顿定律，式中

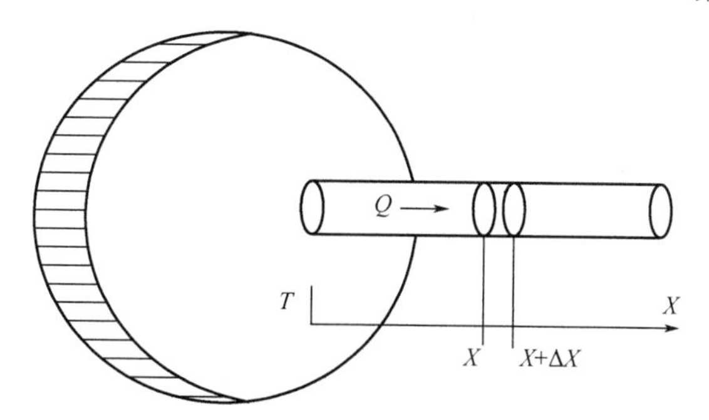


图 10-3　均匀圆柱体的一维稳态热传导

$$Q_x = -KA\frac{dT}{dX}\Big|_X \tag{10-42}$$

$$Q_{X+\Delta X} = -KA\frac{dT}{dX}\Big|_{X+\Delta X} \tag{10-43}$$

$$Q_c = hP\Delta X(T - T_\infty) \tag{10-44}$$

将 $Q_x$，$Q_{X+\Delta X}$，$Q_c$ 代入式（10-41）得

$$-KA\frac{dT}{dX}\Big|_X + KA\frac{dT}{dX}\Big|_{X+\Delta X} = hP\Delta X(T - T_\infty) \tag{10-45}$$

式中　$K$ ——材料的热导率，它是温度的函数，为计算方便视为常数；

$-(dT/dX)$ ——温度梯度，与热传导方向相反；

$A$ ——均匀圆柱体的截面积，$A = 1/4\pi D^2$；

$P$ ——均匀圆柱体的周长，$P = \pi D$；

$T_\infty$ ——均匀圆柱体周围介质温度，$K$ 用 $\Delta X$ 除式（10-45）得

$$\frac{KA\frac{dT}{dX}\Big|_{X+\Delta X} - KA\frac{dT}{dX}\Big|_X}{\Delta X} - hP(T - T_\infty) = 0 \tag{10-46}$$

当 $\Delta X \to 0$ 时，取极限得微分方程得

$$\frac{dT^2}{dX^2} - \frac{4h}{KD}(T - T_\infty) = 0 \tag{10-47}$$

令 $m^2 = \frac{4h}{KD}$，$\theta = T - T_\infty$，代入式（10-47）得

$$\frac{d\theta^2}{dX^2} - m\theta = 0 \tag{10-48}$$

该方程的通解为：

$$\theta = C_1 e^{mX} + C_2 e^{-mX} \tag{10-49}$$

为了求式（10-49）中的系数 $C_1$，$C_2$，需要两个边界条件，下面考虑四组边界条件：

（1）很长的圆柱体

$$X = 0，\ \theta = \theta_0$$

$$X \to \infty, \quad \theta = 0$$

（2）已知 $X = L$ 处的温度

$$X = 0, \quad \theta = \theta_0$$

$$X = L, \quad \theta = \theta_L$$

（3）圆柱端部绝热

$$X = 0, \quad \theta = \theta_0$$

$$X = L, \quad \frac{\mathrm{d}\theta}{\mathrm{d}X} = 0$$

（4）导向端部的热量等于端部的对流换热量

$$X = 0, \quad \theta = \theta_0$$

$$X = L, \quad -K\frac{\mathrm{d}\theta}{\mathrm{d}X} = h_\theta$$

在四组边界条件里，第一个条件都相同，即圆柱根部温度都等于与之相连的物体的表面温度。第二个条件取决于 $X = L$（端部）处的条件。由四组边界条件得出的结果分别为：

（1）组边界条件

$$\frac{\theta}{\theta_0} = \frac{T - T_\infty}{T_0 - T_\infty} = \mathrm{e}^{-mX} \tag{10-50}$$

（2）组边界条件

$$\frac{\theta}{\theta_0} = \frac{T - T_\infty}{T_0 - T_\infty} = \left(\frac{\theta_\mathrm{L}}{\theta_0} - \mathrm{e}^{-ml}\right)\left(\frac{\mathrm{e}^{mX} - \mathrm{e}^{-mX}}{\mathrm{e}^{ml} - \mathrm{e}^{-ml}}\right) + \mathrm{e}^{-mX} \tag{10-51}$$

（3）组边界条件

$$\frac{\theta}{\theta_0} = \frac{T - T_\infty}{T_0 - T_\infty} = \mathrm{e}^{mX}\frac{1 + \mathrm{e}^{2m(L-S)}}{1 + \mathrm{e}^{2mL}} \tag{10-52}$$

（4）组边界条件

$$\frac{\theta}{\theta_0} = \frac{T - T_\infty}{T_0 - T_\infty} = \frac{\cos(h)[m(L-x)] + \left(\dfrac{h}{mk}\right)\sin[m(L-x)]}{\cos(hmL) + \left(\dfrac{h}{mk}\right)\sin(hmL)} \tag{10-53}$$

式（10-52）和式（10-53）反映了不同条件下均匀圆柱体的温度分布。以此可以求出任一截面的温度 $T(X)$，并可以求出通过任一截面导入或导出热量 $q(X)$ 为

$$q(X) = -KA\frac{\mathrm{d}T}{\mathrm{d}X} \tag{10-54}$$

对整个圆柱表面积分又可以求出对流换热量 $q$

$$q = \int_s h(T_\mathrm{X} - T_\infty)\mathrm{d}s = \int_s h_\theta \mathrm{d}s \tag{10-55}$$

式（10-54）、式（10-55）是分析均匀圆柱体一维热传导的基本公式。

10.4.5.2 阀盖颈部长度的计算公式

图 10-4 是低温阀门阀盖颈部的基本结构。颈部长度 $L$ 是指填料底部到上密封座上平面之间的距离。根据前面对均匀圆柱体的讨论，如果忽略阀杆带来的影响，则图 10-4 符合 $a$ 组或 $c$ 组边界条件得出的结果。当填料几何尺寸比较小时，忽略填料的影响，颈部温度分布为：

$$\frac{\theta}{\theta_0}=\frac{T-T_\infty}{T_0-T_\infty}=\mathrm{e}^{-mX} \tag{10-56}$$

将 $X=L$，$\theta=\theta_\mathrm{L}(T=T_\mathrm{L})$ 代入式（10-56）并取自然对数得

$$L=\sqrt{\frac{KD}{4h}}\ln\frac{T_0-T_\infty}{T_\mathrm{L}-T_\infty} \tag{10-57}$$

当填料的影响不易忽略时，颈部温度分布为

$$\frac{\theta}{\theta_0}=\frac{T-T_\infty}{T_0-T_\infty}=\mathrm{e}^{mX}\frac{1+\mathrm{e}^{2m(L-X)}}{1+\mathrm{e}^{2mL}} \tag{10-58}$$

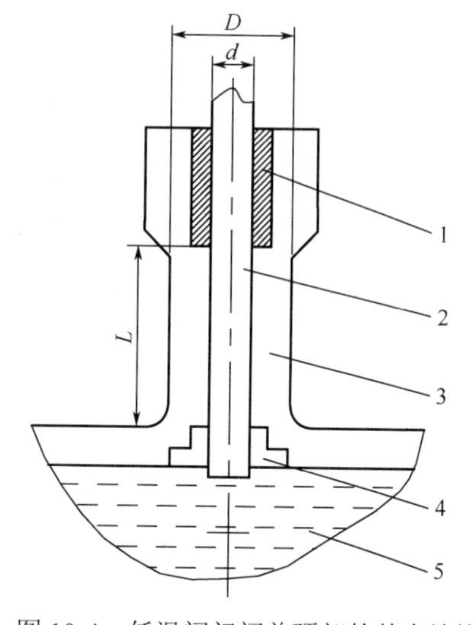

图 10-4 低温阀门阀盖颈部的基本结构
1—填料函；2—阀杆；3—阀盖颈部；4—上封密座；5—低温介质

将 $X=L$，$\theta=\theta_\mathrm{L}(T=T_\mathrm{L})$ 代入式（10-58），并令

$$\mathrm{e}^{mL}=y \tag{10-59}$$

得一元二次方程

$$\theta_\mathrm{L}y^2-2\theta_0 y+\theta_\mathrm{L}=0 \tag{10-60}$$

解方程组得

$$y_{1,2}=\frac{\theta_0\pm\sqrt{\theta_0^2-\theta_\mathrm{L}^2}}{\theta_\mathrm{L}}$$

取 $y_1=\dfrac{\theta_0-\sqrt{\theta_0^2-\theta_\mathrm{L}^2}}{\theta_\mathrm{L}}$，并用 $y=\mathrm{e}^{mL}$ 替换得长颈阀盖颈部长度为：

$$L=\sqrt{\frac{\lambda D}{4h}}\ln\frac{(T_0-T_\infty)-\sqrt{(T_0-T_\infty)^2-(T_\mathrm{L}-T_\infty)^2}}{T_\mathrm{L}-T_\infty} \tag{10-61}$$

式中 $\lambda$——阀盖材料的热导率，$\mathrm{W/(m\cdot K)}$，查《低温阀门阀盖颈部长度的设计计算》得 $\lambda=9.3\mathrm{W/(m\cdot K)}$；

$h$——对流传热系数，$\mathrm{W/(m^2\cdot K)}$，取 $h=30\mathrm{W/(m^2\cdot K)}$；

$D$——阀盖颈部直径，mm，取 $D=27\mathrm{mm}$；

$T_0$——上密封座上平面的温度，等于低温介质的温度，K，$T_0=111\mathrm{K}$；

$T_\mathrm{L}$——填料函底部温度，K，取 $T_\mathrm{L}=273\mathrm{K}$；

$L$——阀盖颈部长度，m。

代入数据得

$$L=\sqrt{\frac{9.3\times0.027}{4\times30}}\ln\frac{(111-300)-\sqrt{(111-300)^2-(273-300)^2}}{273-300}=120\mathrm{mm}$$

10.4.5.3 阀盖强度验算式

断面拉应力按式（10-62）计算：

$$\sigma_L = \frac{PDN}{4(T_B - C)} + \frac{F'_{FZ}}{\pi DN(T_B - C)} \leqslant [\sigma_L] \tag{10-62}$$

式中 $P$ ——计算压力，N；

$DN$ ——公称通径，mm，取 20mm；

$T_B$ ——实际壁厚，mm，取 4.53mm；

$C$ ——附加裕量，mm，查《阀门设计计算手册》表 3-1 序号 5 得 $C = 2\text{mm}$；

$F'_{FZ}$ ——关闭时阀杆总轴向力。

代入数据得

$$\sigma_L = \frac{4.6 \times 20}{4 \times (4.53 - 2)} + \frac{717.2}{3.14 \times 20 \times (4.53 - 2)} = 13.6\ \text{MPa} \leqslant [\sigma_L]$$

关闭时，阀杆总轴向力按式（10-63）计算：

$$F'_{FZ} = K_1 F_{M2} + K_2 F_{MF} + F_P + F_T \tag{10-63}$$

式中 $K_1$、$K_2$ ——阀杆轴向力计算系数，查表 4-37 取 $K_1 = 0.15$，$K_2 = 0$。

代入数据得

$$F'_{FZ} = 717.2\text{N}$$

密封面处介质作用力按式（10-64）计算：

$$F_M = \frac{\pi}{4}(D_{MN} + b_M)^2 p \tag{10-64}$$

式中 $D_{MN}$ ——密封面内径，mm；

$b_M$ ——密封面宽度，mm。

代入数据得

$$F_M = 32\text{N}$$

密封面上密封力按式（10-65）计算：

$$F_{MF} = \pi(D_{MN} + b_M) b_M q_{MF} \tag{10-65}$$

式中 $q_{MF}$ ——密封面必需比压，查表 4-16 取 $q_{MF} = 18.7\text{MPa}$；

$b_M$ ——密封面宽度，mm。

代入数据得

$$F_{MF} = 176\text{N}$$

阀杆径向截面上介质作用力按式（10-66）计算：

$$F_P = \frac{\pi}{4} d_F^2 p \tag{10-66}$$

式中 $d_F$ ——阀杆直径，mm。

代入数据得

$$F_P = 582.4\text{N}$$

阀杆与填料摩擦力按式（10-67）计算：

$$F_{\mathrm{T}} = \psi d_{\mathrm{F}} b_{\mathrm{T}} p \tag{10-67}$$

式中　$\psi$——无石棉填料系数；

$d_{\mathrm{F}}$——填料深度，mm；

$b_{\mathrm{T}}$——填料宽度，mm。

代入数据得

$$F_{\mathrm{T}} = 133.2\mathrm{N}$$

断面剪应力按式（10-68）计算：

$$\tau = \frac{pd_{\tau}}{4(T_{\mathrm{B}} - C)} + \frac{F'_{\mathrm{FZ}}}{\pi d_{\tau}(T_{\mathrm{B}} - C)} \leqslant [\tau] \tag{10-68}$$

式中　$d_{\tau}$——填料箱外径，mm；

$[\tau]$——许用剪应力，查《阀门设计计算手册》（第二版）表 4-5 得$[\tau] = 62.5\mathrm{MPa}$。

代入数据得

$$\tau = \frac{4.6 \times 25}{4 \times (4.53 - 2)} + \frac{717.2}{3.14 \times 25 \times (4.53 - 2)} = 15\mathrm{MPa}$$

结论：$\tau < [\tau]$，故合格。

## 10.5　流量控制系统设计

流量控制要求：要求针阀调节动作平稳，开度较小时调节性能也满足要求，并要保证针阀所通过的介质没有杂质阻塞管道。

### 10.5.1　流量控制机理

流量系数$C_{\mathrm{V}}$是指针阀在一定开度下，两端压差为 0.1 MPa，密度为 1 的水，通过阀门的流量。额定流量系数$C'_{\mathrm{VR}}$是指阀处于全开状态下的流量系数。$C_{\mathrm{VR}}$反映了针阀的固有流通能力，是针阀设计和选用的重要依据。

$$C'_{\mathrm{VR}} = 1.17Q\sqrt{1/(\Delta p \rho)} \tag{10-69}$$

针阀的传统设计程序是首先根据介质参数（流量$Q$、压差$\Delta p$、密度$\rho$），按公式（10-69）求出实际所需额定流量系数$C'_{\mathrm{VR}}$。再根据流通特性（线性、等百分比特性等）确定流通面积［$F = f(1/L)$，$L$为周向行程］，并求出窗口形状。$C_{\mathrm{VR}}$随结构形状的确定而固定了，不会因为介质参数的变化而变化了。

在实际应用中，因为介质参数的变化，或者用户提供不准确，得到的实际所需流量系数$C_{\mathrm{VR}}$与针阀本身固有的额定流量系数$C'_{\mathrm{VR}}$不一致，$C'_{\mathrm{VR}}$大于$C_{\mathrm{VR}}$时，针阀流通能力不足，不能使用。$C'_{\mathrm{VR}}$小于$C_{\mathrm{VR}}$时，针阀流通能力过剩。调节范围缩小，调节特性不好。另一方面，对同一级、同一规格的针阀用户要求多种不同的$C'_{\mathrm{VR}}$，由此必然导致结构多样化。这样既不利于管理，又不利生产。

基于上述原因，针阀的设计从传统的一维调节，设计成二维调节。即一维调节通过调节$F_{\max}$，以调节$C_{\mathrm{VR}}$，使$C_{\mathrm{VR}}$与$C'_{\mathrm{VR}}$相一致；一维调节是$C_{\mathrm{VR}}$调定下流量特性调节，此二维调节都可在现场进行。

### 10.5.2 数据计算说明

由公式（10-69）求出实际所需额定流量系数 $C_{VR}$ 。

$$C'_{VR}=1.17Q\sqrt{1/(\Delta p\rho)} \tag{10-70}$$

已知 LNG 的两端压差为 0.15MPa，液态密度为 0.44g/cm$^3$，流量为 6.28×10$^{-4}$m$^3$/s。则由式（10-70）得

$$C'_{VR}=1.17\times6.28\times10^{-4}\sqrt{1/(0.15\times440)}=9\times10^{-5}$$

然后再按式（10-71），求出最大流通面积（式中 $\xi$ 为阻力系数）。

$$C_{VR}=C'_{VR}=5.04F_{max}/\sqrt{\xi} \tag{10-71}$$

由式（10-70）知，额定流量系数 $C_{VR}=9\times10^{-5}$ ，$\xi=6.4$（查《管件和阀件局部阻力系数表》），即：

$$C_{VR}=C'_{VR}=5.04F_{max}/\sqrt{\xi}=9\times10^{-5}$$

则

$$F_{max}=\frac{C_{VR}\sqrt{\xi}}{5.04}=\frac{9\times10^{-5}\times\sqrt{6.4}}{5.04}=4.5\times10^{-5}\,m^2$$

再由式

$$F_{max}=\frac{\pi}{4}D^2 \tag{10-72}$$

得

$$D=\sqrt{\frac{4F_{max}}{\pi}}=\sqrt{\frac{4\times4.5\times10^{-5}}{\pi}} \tag{10-73}$$

代入数据得

$$D=7.6\times10^{-3}\,m$$

### 10.5.3 螺旋控制器

由式（10-70）中计算过程可知，针阀 LNG 管内流量为 $Q=6.28\times10^{-4}\,m^3/s$ ，最大流通面积 $F_{max}=4.5\times10^{-5}\,m^2$ 。

则将螺旋控制器的刻度分为 4 大格，每格刻度控制的流量大小为：

$$Q'=\frac{1}{4}Q=1.57\times10^{-4}\,m^3/s$$

以便于调节针阀管内流量的大小，根据用户需求来调节流量的大小，满足用户要求。

每一大格又分为五小格，为精密控制管道流量的设置措施。因设计管道内径为 20mm，则螺旋控制器管内可控制长度为 20mm（忽略控制器厚度），即每旋转一格大刻度，阀门挡板旋进 5mm；每旋进一格小刻度，阀门挡板旋进 1mm。每一小格刻度控制的流量大小为：

$$Q'' = \frac{1}{4}Q' = 3.14\times10^{-5}\,\text{m}^3/\text{s}$$

这样便可以实现等精度精细控制的流量调节。

# 10.6　强度校核

## 10.6.1　旋钮剪切强度校核

旋钮在壳体液压实验（试验压力值 $p = 35\text{N/mm}^2$ ）时，最大剪切力为 $Q_{\max}$ 。

（1）受力面积

$$S = \pi R^2 \tag{10-74}$$

式中　$R$ ——由上节中 $D$ 可知， $R = D/2 = 3.8\times10^{-3}\,\text{m}$ 。

代入数据得

$$S = 3.14\times3.8^2 = 45.34\text{mm}^2$$

（2）剪切力

$$Q_{\max} = pS \tag{10-75}$$

代入数据得

$$Q_{\max} = 35\times45.34 = 1586.90\text{N}$$

根据剪切强度条件，由实验数据得，许用剪切应力 $[T_\text{J}] = (0.6\sim0.8)[\sigma]$ ，材料选用 1Cr18Ni9Ti。查《阀门设计手册》得 $[\sigma] = 110\text{N}/\text{mm}^2$ 。

$$[T_\text{J}] = 0.7[\sigma] = 0.7\times110 = 77\text{N/mm}^2$$

（3）剪切面积

$$S_\text{J} = \pi d_\text{J} h \tag{10-76}$$

式中　$d_\text{J}$ ——剪切直径，mm；

$h$ ——剪切厚度，mm，设计给定，取 1mm。

代入数据得

$$S_\text{J} = \pi d_\text{J} h = 3.14\times7.6\times1.0 = 23.86\text{mm}^2$$

则

$$T_{\max} = \frac{Q_{\max}}{S_\text{J}} \tag{10-77}$$

代入数据得

$$T_{\max} = \frac{1586.90}{23.86} = 66.50\text{N/mm}^2$$

由于 $T_{\max} < [T_\text{J}]$，由此可见剪切强度足够。

## 10.6.2　旋钮操作扭矩计算

操作扭矩 $N = N_{针}$ 。

$$N_{针} = F_1KL_1 + F_2KL_2 \tag{10-78}$$

式中　$N_{针}$——针阀与阀座旋转摩擦所产生的扭矩，N；

$K$——摩擦系数，$K = 0.15$；

$F_1$——上阀座力，N；

$F_2$——下阀座力，N；

$L_1$——针中心距上阀座受力点距离，mm，设计给定，取 3.0mm；

$L_2$——针中心距下阀座受力点距离，mm，设计给定，取 3.0mm。

弹簧设计预紧力 $F = 4000\text{N}$，查《阀门设计手册》得：

$$L_1 = L_2 = 3.0\text{mm} = 0.003\text{m}$$

$$N = N_{针} = 4000 \times 0.15 \times 0.003 \times 2 = 3.6\text{N} \cdot \text{m}$$

## 10.6.3　本体压力实验变形校核

根据厚壁圆筒的应力与位移理论计算变量：

$$\frac{U}{R_i} = \frac{1}{E(K^2 - 1)} \times \left[ (1 - v)k + (1 - v)\frac{K^2}{k} \right] p_i \tag{10-79}$$

$$K = R_0 / R_i \tag{10-80}$$

$$k = r / R_i \tag{10-81}$$

式中　$U$——径向位移，mm；

$R_i$——内半径，mm，设计给定，取 3.0mm；

$E$——弹性模量，取 206 GPa（查《GB/T 22315—2008》）；

$v$——泊松比系数，查《GB/T 22315—2008》，取 0.3；

$R_0$——外半径，mm，设计给定，取 3.8mm；

$p_i$——内压，MPa，设计给定，35MPa；

$r$——所求点半径，mm，设计给定，取 3.0mm。

则

$$K = \frac{3.8}{3.0} = 1.27$$

$$k = \frac{3.0}{3.0} = 1$$

$$U = \frac{1}{206 \times (1.27^2 - 1)} \times \left[ (1 - 0.3) \times 1 + (1 - 0.3) \times \frac{1.27^2}{1} \right] \times 35 \times 3.0 = 1.521\text{mm}$$

此变形不影响密封性能。

根据第三强度理论计算本体强度：

$$[p] = \frac{K^2 - 1}{2K^2} \phi[\sigma] \tag{10-82}$$

式中　$[p]$——本体强度，MPa；

$[\sigma]$——材料的许用应力，MPa，为110 MPa；

$\phi$ ——焊缝系数，查《AMSE 规范》，取 1。

$$[p]=\frac{1.27^2-1}{2\times1.27^2}\times110\times1=55\text{MPa}$$

由于 $p_{\max}=35\ \text{MPa}\leqslant[p]$，由此可见强度足够。

## 参考文献


[1] 杨源泉. 阀门设计手册 [M]. 北京：机械工业出版社，2000.

[2] 陆培文. 阀门设计入门与精通 [M]. 北京：机械工业出版社，2009.

[3] 陆培文. 实用阀门设计手册 [M]. 北京：机械工业出版社，2002.

[4] 陆培文. 高凤琴. 阀门设计计算手册 [M]. 北京：中国标准出版社，2009.

[5] 吴堂荣，唐勇，孙晔，孙萌. LNG 船用超低温阀门设计研究 [J]. 船舶工程，2010，32（S2）：73-78.

[6] 陆培文，等. 阀门选用手册. 第 2 版. [M]. 北京：机械工业出版社，2009.

[7] 郎咸东，金瑛. 低温用奥氏体不锈钢阀门零件的深冷处理 [J]. 阀门，2002，31（02）：19-20.

[8] JB/T 749—1995.

[9] 鹿彪. 低温阀门阀盖颈部长度的设计计算 [J]. 阀门，1992，21（1）：11-13.

[10] 陆培文. 阀门设计计算手册 [M]. 北京：中国标准出版社，1993.

# 第 11 章 LNG 呼吸阀设计计算

呼吸阀是维护储罐气压平衡，减少介质挥发的安全节能产品，呼吸阀充分利用储罐本身的承压能力来减少介质排放，其原理是利用正负压阀盘的重量来控制储罐的排气正压和吸气负压；当往罐外抽出介质，使罐内上部气体空间的压力下降，达到呼吸阀的操作负压时，罐外的大气将顶开呼吸阀的负压阀盘，使外界气体进入罐内，使罐内的压力不再继续下降，让罐内与罐外的气压平衡，来保护储罐的安全装置。

本设计为 LNG 低温呼吸阀的设计，LNG 阀门的材料非常重要，材质不合格会造成壳体及密封面的外漏或内漏；零部件的综合机械性能、强度和刚度满足不了使用要求甚至断裂，会导致液化天然气介质泄漏引起爆炸。因此，在开发、设计、研制液化天然气阀门的过程中，材质是首要关键的问题。

根据国家标准《石油化工企业设计防火规范》（GB 50160—92）之规定“储存甲、乙类液体的固定顶罐，应设阻火器和呼吸阀”。可见呼吸阀、阻火器是储罐不可缺少的安全设施。它不仅能维持储罐气压平衡，确保储罐在超压或真空时免遭破坏，且能减少罐内介质的挥发和损耗。呼吸阀具有结构紧凑、通气量大、泄漏量小、密封性能好等特点。最近又开发了具有国际先进水准的防爆阻火呼吸阀（HXF-IZ 型），阻火器位于呼吸阀吸入口处，彻底杜绝火源进入呼吸阀壳体内。具有体积小、质量轻、检修、清洗、更换方便等优点。

## 11.1 设计背景

LNG 超低温呼吸阀主要包括带检修孔的阀体、检修阀盖、呼气阀瓣、阀杆和呼气阀等零部件组成，如图 11-1 所示。

### 11.1.1 阀门的介绍

阀门在国民经济各个部门中有着广泛的应用。在日常自来水、天然气的管道输送系统中，大量使用阀门。目前，国内外天然气资源与用户分布极不均衡，世界上已探明的天然气储量大多位于俄罗斯境内的西伯利亚西部与波斯湾，而中国的天然气资源多分布在中西部地区。随着市场需求的日益增长，天然气用户市场严重缺乏，国家采取“西气东输政策”。为了更合理利用天然气资源，必然要考虑管道运输问题，而呼吸阀具有结构紧凑、通气量大、泄漏量小、密封性能好等特点；还具有体积小、质量轻、检修、清洗、更换方便等优点。

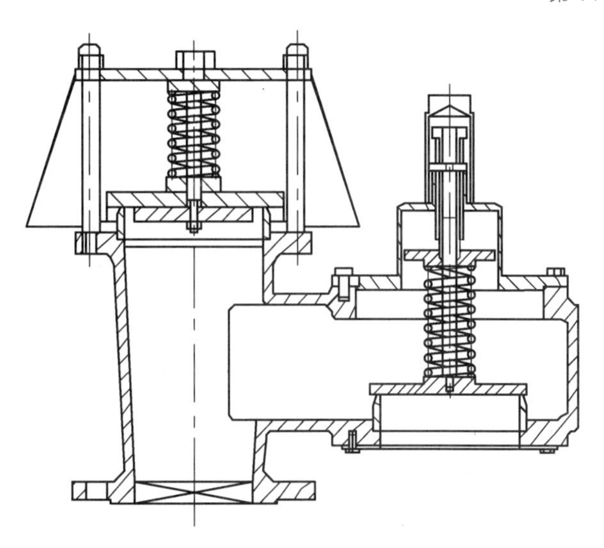

图 11-1　呼吸阀结构图

## 11.1.2　液化天然气介绍

液化天然气（Liquefied Natural Gas，LNG），是指天然气原料经过预处理，脱除其中的杂质后，再通过低温冷冻工艺在-162℃下形成的低温液体混合物。

与 LNG 工厂生产的产品组成不同，这主要取决于生产工艺和气源气的组成。按照欧洲标准 EN1160 的规定，LNG 的甲烷含量应高于 75%，氮含量应低于 5%。

一般商业 LNG 产品的组成如表 11-1 所示。由表 11-1 可见，LNG 的主要成分为甲烷，其中还有少量的乙烷、丙烷、丁烷及氮气等惰性组分。

**表 11-1　商业 LNG 的基本组成**　　单位：%

| 组分 | $\phi$ | 组分 | $\phi$ |
|---|---|---|---|
| 甲烷 | 92～98 | 丁烷 | 0～4 |
| 乙烷 | 1～6 | 其他烃类化合物 | 0～1 |
| 丙烷 | 1～4 | 惰性成分 | 0～3 |

LNG 的性质随组分的变化而略有不同，一般商业 LNG 的基本性质为：在-162℃与 0.1MPa 下，LNG 为无色无味的液体，其密度约为 430kg/m$^3$，燃点为 650℃，热值一般为 37.62MJ/m$^3$，在-162℃时的汽化潜热约为 510kJ/kg，爆炸极限为 5%～15%，压缩系数为 0.740～0.820。

LNG 的主要优点表现在以下方面：

（1）安全可靠。LNG 的燃点比汽油高 230℃，比柴油更高；LNG 爆炸极限比汽油高 2.5～4.7 倍；LNG 的相对密度为 0.47 左右，汽油为 0.7 左右，它比空气轻，即使稍有泄漏，也将迅速挥发扩散，不至于自然爆炸或形成遇火爆炸的极限浓度。

（2）清洁环保。天然气在液化前必须经过严格的预净化，因而 LNG 中的杂质含量较低。根据取样分析对比，LNG 作为汽车燃料，比汽油、柴油的综合排放量降低约 85%左右，其中 CO 排放减少 97%、$NO_x$ 减少 30%～40%、$CO_2$ 减少 90 %、微粒排放减少 40%、噪声减少 40%，而且无铅、苯等致癌物质，基本不含硫化物，环保性能非常优越。

（3）便于输送和储存。通常的液化天然气多储存在温度为 112K、压力为 0.1MPa 左右的低温储罐内，其密度为标准状态下甲烷的 600 多倍，体积能量密度为汽油的 72%，十分有利于输送和储存。

（4）可作优质的车用燃料。天然气的辛烷值高，抗爆性好，燃烧完全，污染小，与压缩天然气相比，LNG 储存效率高，自重轻且建站不受供气管网的限制。

（5）便于供气负荷的调节。对于定期或不定期的供气不平衡，LNG 储罐能很好地起到削峰填谷的调节作用。

### 11.1.3 低温阀门

低温技术是 19 世纪末在液态空气工业上发展起来的，随着科学的进步，目前得到了广泛的应用。低温阀门是低温工业过程中的关键设备，其特点是很容易产生低温脆性破坏。低温脆断是在没有预兆的情况下突然发生的，危害性很大，因此在选材、试验方法和制造等方面均要采取措施，防止低温脆断事故的发生。

适用于介质温度-40～-196℃的阀门称之为低温阀门。低温阀门包括低温球阀、低温闸阀、低温截止阀、低温切断阀、低温安全阀、低温呼吸阀、低温止回阀、低温蝶阀、低温针阀、低温节流阀、低温减压阀等，主要用于乙烯、液化天然气装置，天然气 LPG 和 LNG 储罐。

### 11.1.4 LNG 呼吸阀发展

液化天然气（LNG）是一种清洁、高效的能源。在环境问题日益显著的背景下，天然气作为清洁能源越来越受到青睐。由于这一趋势，天然气应用技术也得到了迅速发展，在液化天然气因其高效而被经常使用的运输领域尤其如此。我国近年来也越发注重对 LNG 的引进，在沿海布置了大量的 LNG 接收站，而 LNG 从生产到消费的整个流程中，需要用到大量的阀门，该类阀门属于超低温阀门之一。对于呼吸阀来说，在 LNG 的运用中也越发重要。因此，研制开发 LNG 用超低温呼吸阀迫在眉睫。

### 11.1.5 设计依据的标准及主要设计参数

LNG 装置上使用的超低温阀门主要设计标准有 SY7511—87、JB /T 7749、GB /T 24925、BS 6364、MSS SP－134、MESC SPE77 /200、GB 5908—86、GB150 和 GB151 等。主要设计参数如表 11-2 所示。

表 11-2 主要设计参数

| 设计参数 | LNG 呼吸阀 |
| --- | --- |
| 吸气阀设计压力/MPa | 0.1 |
| 吸气阀工作压力/MPa | 0.1 |
| 呼气阀设计压力/MPa | 4.6 |
| 呼气阀工作压力/MPa | 4.6 |
| 设计温度/℃ | -162 |
| 工作温度/℃ | -162 |
| 介质名称 | LNG |

续表

| 设计参数 | LNG 呼吸阀 |
| --- | --- |
| 腐蚀裕度/mm | 0.1 |
| 焊接接头系数 | 1 |
| 主体材质 | 0Cr18Ni12Mo2Ti |
| 防爆等级 | BS5501 |
| 设计流量/(m³/d) | 3200 |
| 天然气密度（4.6 MPa，状态下-162℃）/(kg/m³) | 427 |
| 天然气密度（标准状态下）/(kg/m³) | 0.717 |

## 11.2 LNG 呼吸阀结构的初步设计

呼吸阀适用于丙烯腈、石油、液化天然气产品等易燃易爆物品的储罐顶部，其作用一是当罐内液体物品的液面发生变化时，及时排出或吸入适量的气体以保证缸内的压力控制在一定范围内；二是在正常工作条件下使液化天然气产品的蒸汽或其它有毒气体不会扩散到大气中；三是当储罐区发生意外火灾时，呼吸阀可以有效地防止火焰与罐内介质接触，并且可以消除由于温度上升而引起的压力升高，保证储罐不会发生爆炸事故。

工作原理：当罐内介质的压力在呼吸阀的控制操作压力范围之内时，呼吸阀不工作，保持油罐的密闭性。当往罐内补充介质，使罐内上部气体空间的压力升高，达到呼吸阀的操作正压时，压力阀被顶开，气体从呼吸阀呼出口逸出，使罐内压力不再继续增高。罐外的大气将顶开呼吸阀的负压阀盘。

### 11.2.1 阀内压力计算

阀体的流量为$3200\text{m}^3/\text{d}$，即$Q=134\text{m}^3/\text{h}$；呼吸阀通径为 50mm，流通管子截面积取$A=1962.5\text{mm}^2$；关闭时间取$t$=20s。

故压力升值为：

$$p_1=\frac{400Q}{At} \tag{11-1}$$

式中　$Q$——流量，m³/h；

$A$——流通管子截面积，mm²；

$t$——关闭时间，s；

$p_1$——计算压力，MPa。

计算得

$$p_1=\frac{400Q}{At}=\frac{400\times134}{1962.5\times20}=1.37\text{MPa}$$

所以总压力

$$p=p_1+p_c=4.6+1.37=5.97\text{MPa}$$

### 11.2.2 阀体壁厚设计

阀体最小壁厚为：

$$S=\frac{d'}{2}(k_0-1)+C \quad (11\text{-}2)$$

式中　$d'$ ——计算内径，mm；

$k_0$ ——阀体外径与内径的比，$k_0$ 计算式如式（11-3）所示。

$$k_0=\sqrt{\frac{[\sigma_b]}{[\sigma_b]-\sqrt{3}p}} \quad (11\text{-}3)$$

$[\sigma_b]$ ——材料许用应力，MPa，查 GB 150 知 $[\sigma_b]=137\text{MPa}$；

$C$ ——附加裕量，mm；

$p$ ——设计压力，MPa。

$$k_0=\sqrt{\frac{137}{137-\sqrt{3}\times 5.97}}=1.04$$

阀体最小壁厚为：

$$S=\frac{50}{2}(1.04-1)+C=1+C$$

因为 $S-C=1$，参照《阀门设计手册》表 5-79，$C$ 取 5mm，故壁厚 $S=6\text{mm}$。

所以 $S<S'=18.7\text{mm}$，故阀体最小壁厚满足要求。

### 11.2.3　阀体的选材

由于阀体直接与液化天然气接触，承受着内压力和低温，所以在选择材料时应考虑材料在低温深冷条件下的强度和韧性，同时还要考虑材料与液化天然气的相容性。奥氏体不锈钢 0Cr18Ni12Mo2Ti 有较好的低温性能，且与天然气能很好相容，因此阀体的材料选用奥氏体不锈钢 0Cr18Ni12Mo2Ti。低温呼吸阀阀体结构如图 11-2 所示。

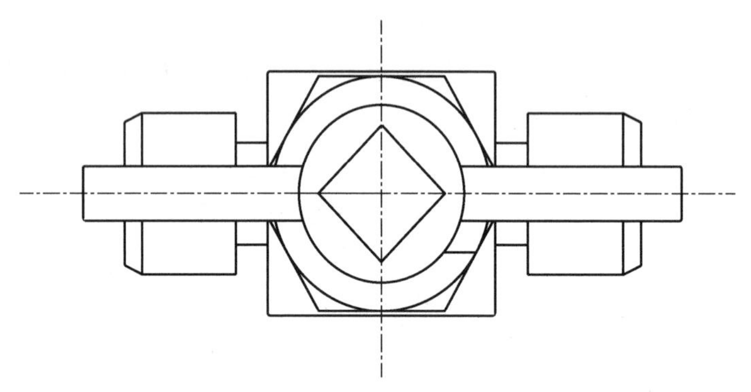

图 11-2　低温呼吸阀阀体结构简图

## 11.3　阀盖的设计

### 11.3.1　阀盖厚度设计

阀盖为碟形阀盖，阀盖厚度计算如下：

$$\partial=\frac{MR_i p}{2[\sigma]^t-0.5p}+C \quad (11\text{-}4)$$

式中　$\partial$ ——阀盖计算厚度，mm；

$R_i$ ——阀盖球面内半径，mm，$R_i = 150\text{mm}$；

$p$ ——设计压力，MPa，取公称压力 $PN$，$p$=4.6MPa；

$M$ ——碟形阀盖形状系数；

$[\sigma]^t$ —— −162℃阀盖材料的许用应力，MPa，查表知$[\sigma]^t = 102.9\text{MPa}$；

$C$ ——考虑铸造偏差、工艺性和介质腐蚀等因素而附加的裕量，mm。

$$M = \frac{1}{4}\left(3 + \sqrt{\frac{R_i}{r}}\right) \tag{11-5}$$

式中　$R_i$ ——阀盖球面内半径，mm，$R_i = 150\text{mm}$；

$r$ ——阀盖半径，mm，$r = 15\text{mm}$。

计算得

$$M = \frac{1}{4}\left(3 + \sqrt{\frac{150}{15}}\right) = 1.55$$

由于

$$\partial - C = \frac{MR_i p}{2[\sigma]^t - 0.5p}$$

参照实用阀门设计手册，$C$ 取 3mm。

所以计算得

$$\partial = \frac{1.55 \times 150 \times 4.6}{2 \times 102.9 - 0.5 \times 4.6} + 3 = 8.5\text{mm}$$

由于设计给定$\partial' = 10$ mm，显然$\partial' > \partial$，故阀盖壁厚设计满足要求。超低温呼吸阀阀盖结构如图 11-3 所示。

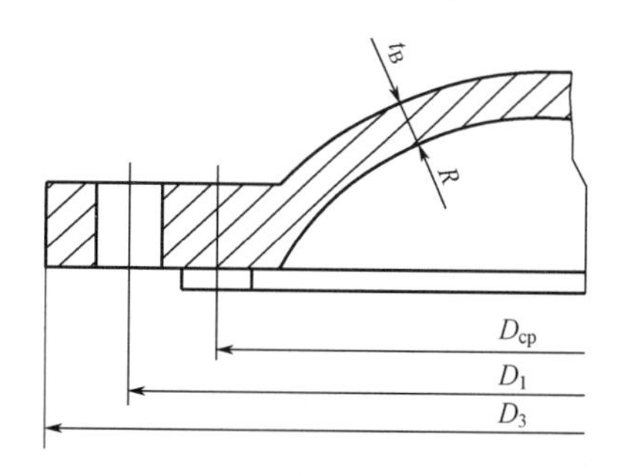


图 11-3　超低温呼吸阀阀盖结构图

## 11.3.2　阀盖强度校核

碟形阀盖许用应力计算：

$$[p] = \frac{2[\sigma]^t \delta_e}{MR_i + 0.5\delta_e} \tag{11-6}$$

式中　$[p]$ ——碟形阀盖的许用应力，MPa；

$R_i$ ——阀盖球面内半径，mm；

$M$ ——碟形阀盖形状系数；

$\delta_e$ ——碟形阀盖的有效厚度，mm。

计算得

$$[p] = \frac{2 \times 102.9 \times 10}{1.54 \times 150 + 0.5 \times 10} = 8.72\text{MPa}$$

该呼吸阀设计压力为 4.6MPa<8.72MPa，所以阀盖强度满足要求。

## 11.3.3　阀体与阀盖的连接设计

密封呼吸阀阀体与阀座的法兰连接由三个零件组成，即法兰、螺栓和垫片。

11.3.3.1　垫片计算

垫片材料为硬质聚四氟乙烯，垫片厚度为10mm，垫片基本密封宽度为15mm，$m$ 为垫片系数，$m=2.5$。

（1）预紧状态下需要的最小垫片压紧力按式（11-7）计算

$$F_G = 3.14 D_G b y \tag{11-7}$$

式中　$F_G$ ——法兰垫片压紧力，N；

$D_G$ ——垫片压紧力作用中心圆直径，mm，$D_G$ 取280mm；

$b$ ——垫片有效密封宽度mm，$b=15\text{mm}$；

$y$ ——垫片比压，MPa，查《阀门设计手册》，为31.7MPa。

计算得

$$F_G = 3.14 \times 280 \times 15 \times 31.7 = 418059.6\text{N}$$

（2）操作状态下需要的最小垫片压紧力按式（11-8）计算

$$F_F = 6.28 D_G bmp \tag{11-8}$$

式中　$D_G$ ——垫片压紧力作用中心圆直径，mm，$D_G = 280\text{mm}$；

$b$ ——垫片有效密封宽度 mm，$b=15\text{mm}$；

$m$ ——垫片系数，取2.5；

$p$ ——设计压力，MPa，由设计给定为4.6MPa。

计算得

$$F_F = 6.28 \times 280 \times 15 \times 2.5 \times 4.6 = 303324\text{N}$$

11.3.3.2　法兰螺栓强度校核

设计时给定：螺栓数量 $n$=8，螺栓名义直径 $d$=M27。

（1）螺栓载荷计算

① 操作状态下的螺栓载荷

$$F_G = F'_{FZ} + F_{DJ} \tag{11-9}$$

式中　$F_G$ ——在操作状态下螺栓所受载荷，N；

$F'_{FZ}$ ——流体静压总轴向力，N；

$$F'_{FZ} = 0.785 \times 280^2 \times 4.6 = 283102.4\text{N}$$

$F_{DJ}$ ——操作状态下需要的最小垫片压紧力，N；

$$F_{DJ} = 2\pi b D_G mp \tag{11-10}$$

由于 $b=b_0=15\text{mm}$；$m$ 为垫片系数，$m=2.5$（查《实用阀门设计手册》）。

计算得

最小垫片压紧力

$$F_{DJ} = 2 \times 3.14 \times 15 \times 280 \times 2.5 \times 4.6 = 303324\text{N}$$

螺栓所受载荷

$$F_G = F'_{FZ} + F_{DJ} = 283102.4 + 303324 = 5864264\text{N}$$

② 预紧状态下螺栓所受的载荷

$$F_{YJ} = \pi b D_G q_{YJ} \tag{11-11}$$

式中　$q_{YJ}$——垫片比压，MPa，$q_{YJ} = 31.7\text{MPa}$。

计算得

$$F_{YJ} = 3.14 \times 15 \times 280 \times 31.7 = 418059.6\text{N}$$

（2）螺栓面积计算

① 操作状态下需要的最小螺栓面积

$$A_P = F_G / [\sigma]^t \tag{11-12}$$

式中　$[\sigma]^t$——-162℃下螺栓材料的许用拉应力，$[\sigma]^t = 102.9\text{MPa}$。

计算得

$$A_P = 5864264 / 102.9 = 56989\text{mm}^2$$

② 预紧状态下需要的最小螺栓截面积

$$A_a = F_{YJ} / [\sigma] \tag{11-13}$$

式中　$[\sigma]$——常温下螺栓材料的许用应力，$[\sigma] = 137\text{MPa}$。

计算得

$$A_a = 418059.6 / 137 = 3051.5\text{mm}^2$$

③ 设计时，螺栓给定的总截面积

$$A_b = \frac{\pi}{4} n d_{\min}^2 = \frac{\pi}{4} \times 8 \times 27^2 = 4580.4\text{mm}^2$$

比较需要的螺栓总截面积

$$A_m = \max(A_a, A_b) = 4580.4\text{mm}^2$$

显然，$A_P > A_m$，所以螺栓强度校核合格。

④ 螺栓间距　螺栓的最小间距应满足扳手操作空间的要求，推荐螺栓最小间距 $S$ 和法兰的径向尺寸按《阀门设计手册》表 4-19 确定，由查表得 $S = 62$，$S_1 = 38$，$S_2 = 28$。

推荐的螺栓最大间距 $S$ 按式（11-14）计算。

$$S = 2d_B + \frac{6\delta_f}{(m + 0.5)} \tag{11-14}$$

式中　$d_B$——螺栓公称直径，mm，$d_B = 27\text{mm}$；

$\delta_f$——法兰有效厚度，mm，$\delta_f = 40\text{mm}$；

$m$——垫片系数，$m = 2.5$。

计算得

$$S = 2 \times 27 + \frac{6 \times 40}{(2.5 + 0.5)} = 134\text{mm}$$

## 11.3.4　法兰强度校核

### 11.3.4.1　法兰力矩计算

（1）法兰操作力矩 $M_p$ 计算（见《实用阀门设计手册》图 5-124）

$$M_p = M_D + M_T + M_G \tag{11-15}$$

又因为

$$M_p = F_D S_D + F_T S_T + F_G S_G$$

式中 $F_D$——作用于法兰内直径截面上的流体静压轴向力，N；

$F_T$——流体静压总轴向力与作用于法兰内径截面上的流体静压轴向力之差，N；

$F_G$——法兰垫片压紧力，N；

$$F_T = F'_{FZ} - F_D = 335913.275 - 283102.4 = 52810.875\text{N}$$

$S_T$——螺栓中心至 $F_T$ 作用位置处的径向距离，mm，$S_T = 43\text{mm}$；

$S_D$——螺栓中心至 $F_D$ 作用位置处的径向距离，mm，$S_D = 46\text{mm}$；

$S_G$——螺栓中心至 $F_G$ 作用位置处的径向距离，mm，$S_G = 50\text{mm}$；

$$F_D = 0.785 D_i^2 p \tag{11-16}$$

$D_i$——阀体中腔内径，mm，$D_i = 280\text{mm}$；

$p$——设计压力，MPa。

计算得

流体静压轴向力

$$F_D = 0.785 \times 280^2 \times 4.6 = 283102.4\text{N}$$

流体静压总轴向力与作用于法兰内径截面上的流体静压轴向力之差

$$F_T = F'_{FZ} - F_D = 335913.275 - 283102.4 = 52810.875\text{N}$$

法兰垫片压紧力

$$F_G = F_{DJ} = 303324\text{N}$$

法兰操作力矩

$$M_p = 283102.4 \times 46 + 52810.875 \times 43 + 303324 \times 50 = 30459778.03\text{N} \cdot \text{mm}$$

（2）法兰预紧力矩 $M_a$

$$M_a = F_G S_G \tag{11-17}$$

其中

$$F_G = W \tag{11-18}$$

式中 $W$——螺栓的设计载荷，N。

$$W = \frac{A_m + A_b}{2}[\sigma] \tag{11-19}$$

计算得

$$W = \frac{3051.5 + 4580.4}{2} \times 137 = 522785.15\text{N}$$

法兰预紧力矩为：

$$M_a = 522785.15 \times 50 = 26139257.5\text{N} \cdot \text{mm}$$

（3）法兰设计力矩 $M_o$

$$M_o = \max\left(M_a \frac{[\sigma]_f^t}{[\sigma]_f}, M_p\right) \tag{11-20}$$

式中　$[\sigma]_f^t$ —— −162℃下法兰材料的许用应力，MPa，查《实用阀门设计手册》得 $[\sigma]_f^t$=102.9MPa；

$[\sigma]_f$ ——常温下法兰材料的许用应力，MPa，$[\sigma]_f = 138$MPa。

计算得

$$M_a \frac{[\sigma]_f^t}{[\sigma]_f} = 26139257.5 \times \frac{102.9}{138} = 19490794.18\text{N} \cdot \text{mm}$$

法兰设计力矩 $M_o = M_p = 30459778.03\text{N} \cdot \text{mm}$。

11.3.4.2　法兰应力计算

（1）轴向应力 $\sigma_H$

$$\sigma_H = \frac{fM_o}{\lambda \delta_1^2 D_{ii}} \tag{11-21}$$

式中　$f$ ——整体法兰颈部应力校正系数，查《实用阀门设计手册》知 $f = 1$；

$\lambda$ ——参数，$\lambda$=1.42；

$D_{ii}$ ——计算直径，mm。

因 $f$ ≤1，所以

$$D_{ii} = D_i + \delta_0 = 280 + 19 = 299\text{mm}$$

计算得

$$\sigma_H = \frac{1 \times 30459778.03}{1.42 \times 33^2 \times 299} = 65.88\ \text{MPa}$$

（2）径向应力 $\sigma_R$

$$\sigma_R = \frac{(1.33\delta_f e + 1)M_o}{\lambda \delta_f{}^2 D_i} \tag{11-22}$$

式中　$\delta_f$ ——法兰有效厚度，mm，$\delta_f = 40$mm；

$e$ ——系数，$e$=0.016。

$$\sigma_R = \frac{(1.33 \times 40 \times 0.016 + 1) \times 30459778.03}{1.42 \times 40^2 \times 280} = 88.64\text{MPa}$$

（3）切向应力 $\sigma_T$

$$\sigma_T = \frac{YM_o}{\delta_f^2 D_i} - Z\partial_R \tag{11-23}$$

式中　$Y$——系数，$Y = 1.8$；

$Z$——系数，$Z = 2.059$。

$$\sigma_T = \frac{1.8 \times 30459778.03}{40^2 \times 280} - 2.059 \times 88.64 = 60.13\text{MPa}$$

11.3.4.3　法兰应力校核

法兰应力应满足下列条件：

$$\sigma_H = 65.88\text{MPa} < 1.5[\sigma]_f^t = 1.5 \times 102.9 = 154.35\text{MPa}$$

$$\sigma_R = 88.64\text{MPa} < [\sigma]_f^t = 102.9\text{MPa}$$

$$\sigma_T = 60.13\text{MPa} < [\sigma]_f^t = 102.9\text{MPa}$$

$$\frac{\sigma_H + \sigma_T}{2} = \frac{65.88 + 60.13}{2} \leqslant [\sigma]_f^t$$

$$\frac{\sigma_H + \sigma_R}{2} = \frac{65.88 + 88.64}{2} \leqslant [\sigma]_f^t$$

故法兰强度满足要求。

## 11.4 阀座的设计

### 11.4.1 阀座设计条件

阀座平面图如图 11-4 所示。

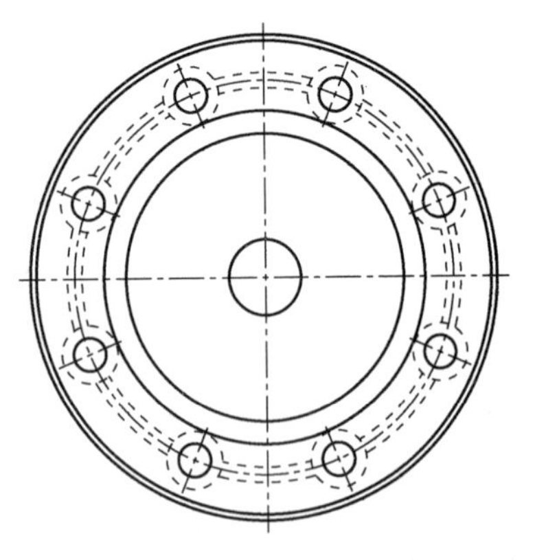

图 11-4 阀座平面图

工作介质：液化天然气；
设计压力：4.6MPa；
设计流量：3200m³/d；
设计温度：−162℃；
密封面内径：95mm；
密封面外径：110mm；
阀座密封面宽度：7.5mm；
密封面与球面接触半角：80°；
密封面摩擦系数：0.3；
密封面必需比压：10MPa；
密封面许用比压：150MPa。

### 11.4.2 密封阀座设计计算

阀座的密封面内径 $D_{MN} = 95\text{mm}$；密封面外径 $D_{MW} = 110\text{mm}$；阀座密封面宽度 $b_M = 7.5\text{mm}$；设计压力 $p = 4.6\text{MPa}$。

故密封面上介质作用力为：

$$Q_{MJ} = \frac{\pi}{4}(D_{MN} + b_M)^2 p \tag{11-24}$$

计算得

$$Q_{MJ} = \frac{\pi}{4} \times (95 + 7.5)^2 \times 4.6 = 37957\text{N}$$

密封面摩擦因数 $f_M = 0.3$；密封面与球面接触半角 $\alpha = 80°$；密封面必需比压 $q_M = 10\text{MPa}$。

故密封面上介质作用力为：

$$Q_{MF} = \frac{\pi}{4}(D_{MW}^2 - D_{MN}^2)\left(1 + \frac{f_M}{\tan\alpha}\right) q_{MF}$$

计算得

$$Q_{\mathrm{MF}}=\frac{\pi}{4}\times(110^2-95^2)\times\left(1+\frac{0.3}{\tan 80^\circ}\right)\times 10=25428\mathrm{N}$$

将 $Q_{\mathrm{MJ}}=37957\mathrm{N}$，$Q_{\mathrm{MF}}=25428\mathrm{N}$ 代入式（11-23），所以密封呼吸阀阀座密封面上总作用力为：

$$Q_{\mathrm{MZ}}=Q_{\mathrm{MJ}}+Q_{\mathrm{MF}} \tag{11-25}$$

计算得

$$Q_{\mathrm{MZ}}=37957+25428=63385\mathrm{N}$$

密封蝶阀阀座密封面上总作用力 $Q_{\mathrm{MZ}}=63385\mathrm{N}$。

故密封面计算比压为：

$$q=\frac{Q_{\mathrm{MZ}}}{\sin\alpha}(D_{\mathrm{MW}}+D_{\mathrm{MN}})\pi b_{\mathrm{M}} \tag{11-26}$$

计算得

$$q=\frac{63385}{\sin 80^\circ}\times(110+95)\times\pi\times 7.5=13.33\mathrm{MPa}$$

密封面必需比压 $q_{\mathrm{M}}=10\mathrm{MPa}$，密封面计算比压 $q=13.33\mathrm{MPa}$，密封面许用比压 $[q]=150\ \mathrm{MPa}$。$q_{\mathrm{M}}<q<[q]$，所以设计合格。

# 11.5　阀瓣的设计

## 11.5.1　阀瓣厚度验算

$$S_{\mathrm{B}}'=1.7\frac{pR}{2[\sigma_{\mathrm{w}}]}+C \tag{11-27}$$

式中　$S_{\mathrm{B}}'$——阀瓣计算壁厚，mm；

$R$——内球面半径，$R$=300mm；

$p$——介质工作压力，MPa，$p=PN=4.6\mathrm{MPa}$；

$[\sigma_{\mathrm{w}}]$——阀瓣材料许用弯曲应力，MPa，查表知 $[\sigma_{\mathrm{w}}]=102.9\mathrm{MPa}$；

$C$——考虑铸造偏差、工艺性和介质腐蚀等因素而附加的裕量，mm。

$$S_{\mathrm{B}}'=1.7\times\frac{4.6\times 300}{2\times 102.9}+C=11.3+C$$

因 $S_{\mathrm{B}}'-C=11.3\mathrm{mm}$，参照实用阀门设计手册取 $C=3\mathrm{mm}$，所以 $S_{\mathrm{B}}'$=14.4mm。

又由于设计给定 $S_{\mathrm{B}}=16\mathrm{mm}$，显然 $S_{\mathrm{B}}>S_{\mathrm{B}}'$，所以阀瓣厚度符合要求。

## 11.5.2　阀瓣的选材

由于阀瓣直接与液化天然气接触，承受着内压力和低温，所以在选择材料时应考虑材料在低温深冷条件下的强度和韧性，同时还要考虑材料与液化天然气的相容性。奥氏体不锈

0Cr18Ni12Mo2Ti 有较好的低温性能，且与天然气能很好相容，因此阀体的材料选用奥氏体不锈钢 0Cr18Ni12Mo2Ti。

### 11.5.3 阀瓣强度校核设计条件

工作介质：液化天然气；
设计压力：4.6MPa；
设计流量：3200m$^3$/d；
设计温度：-162℃；
阀瓣外径：212mm；
阀瓣中心处最大厚度：50mm；
阀瓣与阀杆配合孔长度：125mm；
阀瓣与阀杆配合孔直径：30mm。

### 11.5.4 阀瓣强度校核计算

设计压力 $p = 4.6\text{MPa}$，阀瓣外径 $D_2 = 212\text{mm}$。

$A$—$A$ 断面弯矩为：

$$M_{\text{A}} = \frac{pD_2^3}{12} = \frac{4.6 \times 212^3}{12} = 3652449\text{N} \cdot \text{mm}$$

由已知得：阀瓣中心处最大厚度 $b = 50\text{mm}$，阀瓣与阀杆配合孔长度 $L = 125\text{mm}$，阀瓣与阀杆配合孔直径 $d = 30\text{mm}$。

故 $A$—$A$ 断面惯性矩为：

$$J_{\text{A}} = \frac{L}{6}(b^3 - d^3) = \frac{125}{6} \times (50^3 - 30^3) = 2041667\text{mm}^4$$

将 $A$—$A$ 断面惯性矩 $J_{\text{A}} = 2041667\text{mm}^4$，阀瓣中心处最大厚度 $b = 50\text{mm}$ 代入式（11-28）。

所以 $A$—$A$ 断面抗弯断面系数为

$$W_{\text{A}} = \frac{2J_{\text{A}}}{b} = \frac{2 \times 2041667}{50} = 81667\text{mm}^3 \tag{11-28}$$

将 $A$—$A$ 断面弯矩 $M_{\text{A}} = 3652449\text{N} \cdot \text{mm}$，$A$—$A$ 断面抗弯断面系数 $W_{\text{A}} = 81667\text{mm}^3$ 代入式（11-29）。

所以 $A$—$A$ 断面弯曲应力为

$$\sigma_{\text{WA}} = \frac{M_{\text{A}}}{W_{\text{A}}} = \frac{3652449}{81667} = 44.72\text{MPa} \tag{11-29}$$

阀瓣 $A$—$A$ 断面许用弯曲应力 $[\sigma_{\text{W}}] = 102\text{MPa}$，阀瓣 $A$—$A$ 断面弯曲应力 $\sigma_{\text{WA}} = 44.72\text{MPa}$，显然 $\sigma_{\text{WA}} < [\sigma_{\text{W}}]$，所以阀瓣设计合格。

## 11.6 阀杆的初步设计

### 11.6.1 阀杆的常规设计

阀杆结构如图 11-5 所示。

（1）阀杆设计条件

工作介质：液化天然气；

设计压力：4.6MPa；

公称通径：40mm；

设计温度：-162℃；

介质密度：400kg/m$^3$；

介质流速：7.4m/s；

阀杆直径：90mm；

阀瓣直径：$D$=212mm；

阀流阻系数：1599；

动水力矩系数：4.19×10$^{-7}$；

摩擦系数：0.3；

密封水压：2.3MPa；

阀座密封面宽度：15mm；

阀瓣端至轴套距离：245mm。

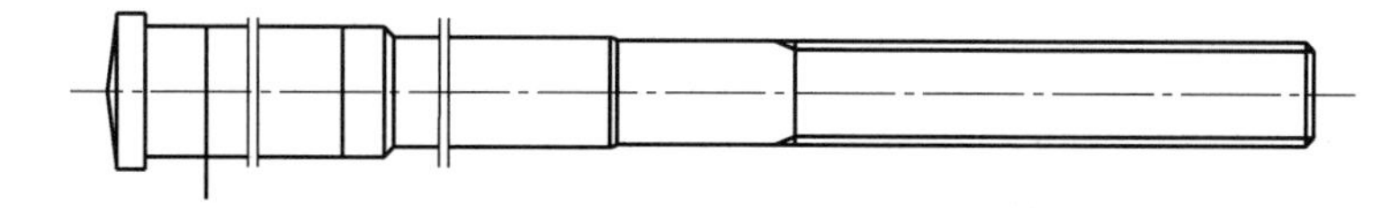

图 11-5　阀杆结构图

（2）阀杆的设计过程

阀流阻系数 $\zeta_v = 1599$；天然气密度 $\rho = 427\text{kg/m}^3$；介质流速 $v = 7.4\text{m/s}$。

① 阀前后压差按式（11-30）计算

$$\Delta p = \zeta_v \frac{\rho v^2}{2g} \times 10^{-6} \tag{11-30}$$

式中　$\rho$ ——介质密度，kg/m³；

$\zeta_v$ ——阀流阻系数；

$v$ ——介质流速，m/s。

计算得

$$\Delta p = 1599 \times \frac{427 \times 7.4^2}{2 \times 9.8} \times 10^{-6} = 1.908\text{MPa}$$

② 动水力矩按式（11-31）计算

$$T_d = C_t D^3 \Delta p \tag{11-31}$$

式中　$C_t$ ——动水力矩系数；

$D$ ——阀瓣直径，mm；

$\Delta p$ ——阀前后压差，MPa。

由于呼气阀阀瓣直径 $D = 212\text{mm}$，动水力矩系数 $C_t = 0.0000000419$，阀前后压差 $\Delta p = 1.908\text{MPa}$。

计算得

$$T_d = 0.0000000419 \times 212^3 \times 1.908 = 76.2\text{N} \cdot \text{mm}$$

③ 摩擦力矩按式（11-32）计算

$$T_b = \frac{\pi}{4} D^2 \Delta p \frac{d_f}{2} \mu_b \tag{11-32}$$

式中 $D$——阀瓣直径，mm；

$\Delta p$——阀前后压差，MPa；

$d_f$——阀杆直径，mm；

$\mu_b$——摩擦系数。

由于密封水压 $p_s = 2.3\text{MPa}$，呼气阀瓣直径 $D = 212\text{ mm}$，阀座密封面宽度 $b_M = 15\text{mm}$，阀杆直径 $d_f = 90\text{mm}$，计算得

$$T_b = \frac{\pi}{4} \times 212^2 \times 1.908 \times \frac{90}{2} \times 0.3 = 9.1 \times 10^5 \text{N} \cdot \text{mm}$$

④ 密封力矩按式（11-33）计算

$$T_s = 0.603 p_s b_M D^2 \tag{11-33}$$

式中 $p_s$——密封水压，MPa；

$b_M$——密封面宽度，mm；

$D$——阀瓣直径，mm。

计算得

$$T_s = 0.603 \times 2.3 \times 15 \times 212^2 = 9.35 \times 10^5 \text{N} \cdot \text{mm}$$

⑤ 静水力矩按式（11-34）计算

$$T_h = \rho g \frac{\pi \left(\frac{D}{1000}\right)^4}{64} \times 1000 \tag{11-34}$$

式中 $\rho$——介质密度，kg/m³；

$D$——阀瓣直径，mm。

计算得

$$T_h = 427 \times 9.8 \times \frac{\pi \left(\frac{212}{1000}\right)^4}{64} \times 1000 = 415\text{N} \cdot \text{mm}$$

⑥ 全闭式阀杆力矩按式（11-35）计算

$$T = T_b + T_s + T_h \tag{11-35}$$

式中 $T_b$——摩擦力矩，$\text{N} \cdot \text{mm}$；

$T_s$——密封力矩，$\text{N} \cdot \text{mm}$；

$T_h$——静水力矩，$\text{N} \cdot \text{mm}$。

计算得

$$T = 9.1 \times 10^5 + 9.35 \times 10^5 + 415 = 1.845 \times 10^6 \text{N} \cdot \text{mm}$$

⑦ 中间开度时，阀杆力矩（开向）按式（11-36）计算

$$T_o = T_b + T_d \tag{11-36}$$

式中　$T_b$ ——摩擦力矩，N•mm；

$T_d$ ——动水力矩，N•mm。

计算得

$$T_o = 9.1\times10^5 + 76.2 = 9.1\times10^5 \text{N}\cdot\text{mm}$$

⑧ 中间开度时阀杆力矩（闭向）按式（11-37）计算

$$T_c = T_b - T_d \tag{11-37}$$

式中　$T_b$ ——摩擦力矩，N•mm；

$T_d$ ——动水力矩，N•mm。

计算得

$$T_c = 9.1\times10^5 - 76.2 = 9.1\times10^5 \text{N}\cdot\text{mm}$$

⑨ 阀杆最大力矩按式（11-38）计算

$$T_{max} = \max(T, T_o, T_c) \tag{11-38}$$

式中　$T$ ——全闭式阀杆力矩，N•mm；

$T_o$ ——中间开度时阀杆力矩（开向），N•mm；

$T_c$ ——中间开度时阀杆力矩（闭向），N•mm。

⑩ 轴套端至轴套载荷支点的距离按式（11-39）计算

$$a = \frac{d_f}{3} \tag{11-39}$$

轴套端至轴套载荷支点的距离 $a = 30\text{mm}$。

⑪ 阀杆弯矩按式（11-40）计算

$$M = 0.393D^2\Delta p(a + c) \tag{11-40}$$

式中　$D$ ——阀瓣直径，mm；

$\Delta p$ ——阀前后压差，MPa；

$a$ ——轴套端至轴套载荷支点的距离，mm；

$c$ ——蝶板端至轴套距离，mm，$c = 245$ mm。

计算得

$$M = 0.393\times212^2\times1.908\times(30+245) = 9.2\times10^6 \text{N}\cdot\text{mm}$$

⑫ 阀杆合成力矩按式（11-41）计算

$$T_\varepsilon = \sqrt{T^2 + M^2} \tag{11-41}$$

式中　$T$ ——全闭式阀杆力矩，N•mm；

$M$ ——阀杆弯矩，N•mm。

$$T_\varepsilon = \sqrt{(1.845\times10^6)^2 + (9.2\times10^6)^2} = 9.4\times10^6 \text{N}\cdot\text{mm}$$

⑬ 计算扭应力按式（11-42）计算

$$\tau_{\mathrm{n}}=\frac{16T_{\varepsilon}}{\pi d_{\mathrm{f}}^{3}} \tag{11-42}$$

式中　$T_{\varepsilon}$ ——阀杆合成力矩，N•mm；

$d_{\mathrm{f}}$ ——阀杆直径，mm。

计算得

$$\tau_{\mathrm{n}}=\frac{16T_{\varepsilon}}{\pi d_{\mathrm{f}}^{3}}=\frac{16\times9.4\times10^{6}}{3.14\times90^{3}}=65.7\mathrm{MPa}$$

许用扭应力$[\tau_{\mathrm{n}}]=145\mathrm{MPa}$，又由于$\tau_{\mathrm{n}}<[\tau_{\mathrm{n}}]$，所以阀杆设计合格。

### 11.6.2　阀杆的选材

当阀门在启闭过程中，阀杆将受到上拉、下压和扭转的作用力，同时还承受介质自身压力，以及与填料之间产生的摩擦力，所以阀杆材料的选择必须满足在规定温度下保证足够的强度、韧性、抗腐蚀性、抗擦伤性，以及良好的工艺性。超低温呼吸阀阀杆如图 11-6 所示。

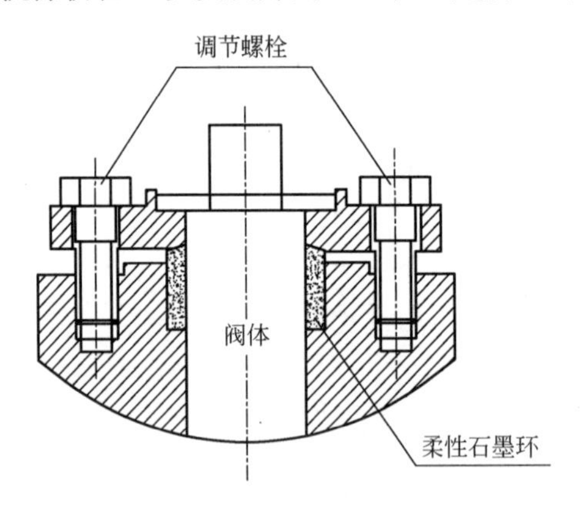


图 11-6　超低温呼吸阀阀杆示意图

## 11.7　呼吸阀的泄漏率的设计计算

### 11.7.1　呼吸阀的泄漏率的计算

呼吸阀泄漏分软密封和硬密封来区别，其他的泄漏标准如 BS6364 等，其中对软密封的阀门都要求常温泄漏为零泄漏，即没有可见的气泡或液滴，而对金属硬密封呼吸阀泄漏量要求较多，有的分几级泄漏，最严格的也要求是零泄漏，而最轻的有要求不泵验的。

呼吸阀的密封应在试验压力为 1 倍的公称压力下进行气压密封试验，其最大允许泄漏率不超过式（11-43）的规定。

$$L_{0}=KDN^{2}\sqrt{p}\times10^{-6} \tag{11-43}$$

式中　$L_{0}$ ——最大允许泄漏率，$\mathrm{Nm^{3}/h}$;

$K$ ——泄漏系数，按表 11-3 的规定;

$DN$ ——吸阀公称通径，mm;

$p$ ——试验压力，MPa。

表 11-3 呼吸阀的泄漏系数

| 公称直径/mm | 泄漏系数 $K$ | | |
|---|---|---|---|
| | A 级 | B 级 | C 级 |
| ≤300 | 13.6 | 54.3 | 不作规定 |
| 350～600 | 9.0 | 36.2 | |
| 700～900 | 7.3 | 29.0 | |
| 1000～1200 | 7.3 | 29.0 | |
| 1300～1500 | 5.4 | 24.4 | |
| 1600～1800 | 4.5 | 22.7 | |
| 2000～2200 | 3.7 | 20.2 | |
| 2400～2600 | 3.1 | 18.1 | |
| 2800～3000 | 2.7 | 16.3 | |

呼吸阀的外漏气密性应在试验压力为 1.1 倍公称压力的气压下无泄漏。

## 11.7.2 漏孔直径与流率计算

本文使用实际泄漏直径 VLD 作为“通用标尺”来描述泄漏。由于实际泄漏定义遵循 Poiseuille 流量等式，部件厂商可用式（11-43）确定所用检测方法的具体质量流率。阀门螺栓如图 11-7 所示。

$$\frac{\mathrm{d}M}{\mathrm{d}t}=\frac{\pi d^4}{256\eta l k_{\mathrm{B}}T}m(p_1^2-p_0^2) \quad (11\text{-}44)$$

式中 $M$ ——泄漏气体的总质量流量，kg/s；

$t$ ——时间，s；

$d$ ——实际泄漏直径，m；

$\eta$ ——气体的动态黏滞度，Pa•s，-162℃的天然气动态黏滞度为0.00012617Pa•s；

$l$ ——虚漏路径长度，m；

$k_{\mathrm{B}}$ ——Boltzman 常量；

$T$ ——温度，K；

$m$ ——一个气体分子的质量，kg；

$p_1$ ——绝对内压，Pa；

$p_0$ ——绝对外压，Pa。

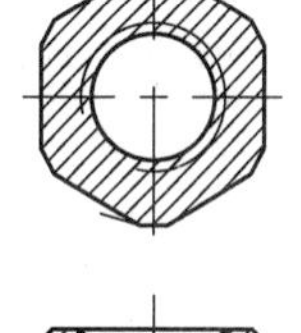

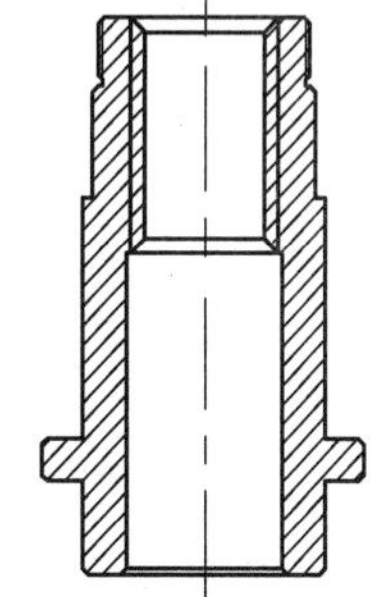

图 11-7 阀门螺栓结构图

## 11.7.3 漏率设定与漏率换算

黏滞流的漏率范围为$10^{-2}\sim10^{-7}\mathrm{Pa}\cdot\mathrm{m}^3/\mathrm{s}$。结合前文的计算，天然气漏率转换为氦气漏率的换算可按黏滞流对应的公式计算。

当在常压或正压力下，漏孔泄漏的气流特性为黏滞流时，漏率与漏孔两侧压力平方差成正比，与流过气体的黏度系数成反比；漏率与检漏时充入的天然气浓度成正比。

经查得制冷剂 LNG 的黏度系数$1.28\times10^{-5}\text{Pa}\cdot\text{s}$，氦气黏度系数$1.86\times10^{-5}\text{Pa}\cdot\text{s}$，充入试件的液化天然气浓度为 99%，LNG 工作时的制冷剂最大容许漏率为 2.8g/a；代入式（11-45）可得 2.8g/a 的冷 LNG 转化为氦气漏率为：

$$Q_{\text{He}}=CQ_{\text{LNG}}\left(\frac{\eta_{\text{LNG}}}{\eta_{\text{He}}}\right)\left(\frac{p_2-p_1}{p_4-p_3}\right) \tag{11-45}$$

计算得

$$Q_{\text{He}}=0.99\times2.2\times10^{-6}\times\left(\frac{1.28\times10^{-5}}{1.86\times10^{-5}}\right)\times\left(\frac{1.1-0.1}{1.1-0.1}\right)=1.56\times10^{-6}\text{Pa}\cdot\text{m}^3/\text{s}$$

式中 $Q_{\text{He}}$——检漏时的最大容许氦漏率，$\text{Pa}\cdot\text{m}^3/\text{s}$；

$C$——充入试件的氦浓度，%；

$Q_{\text{LNG}}$——试件工作时的制冷剂最大容许漏率，$\text{Pa}\cdot\text{m}^3/\text{s}$；

$\eta_{\text{LNG}}$——LNG 的黏度系数，$\text{Pa}\cdot\text{s}$；

$\eta_{\text{He}}$——氦气的黏度系数，$\text{Pa}\cdot\text{s}$；

$p_2$——试件充氦的压力，MPa；

$p_1$——待检件外压力，MPa；

$p_4$——系统外压力，MPa；

$p_3$——试件工作时系统内压力，MPa。

充氦之前先对系统抽真空，但不可能抽至绝对的真空，充入机组的氦浓度通常取 99%。机组的充氦压力为 150～200psig，为保险起见，取下限值 150psig（0～1.0MPa）。

## 11.8 弹簧设计计算

### 11.8.1 最大压力和最小压力的确定

弹簧材料：12Cr18Ni9；

最小压力为：$p_1=0.1\text{MPa}$；

最大压力为：$p_0=4.6\text{MPa}$。

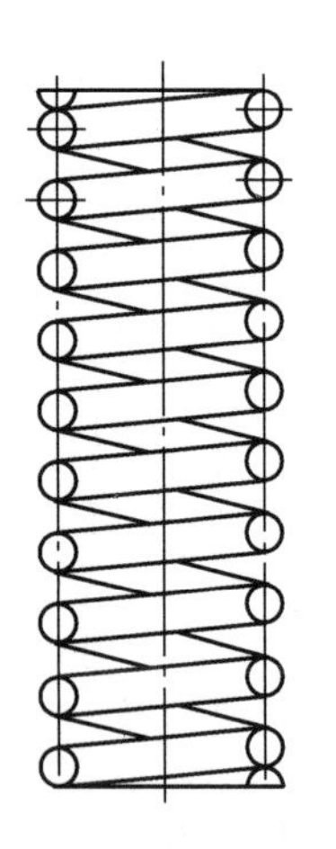

图 11-8 LNG 呼吸阀弹簧结构图

### 11.8.2 呼吸阀弹簧设计

当阀内压力大于 4.6MPa 时，以−162℃的 LNG 呼吸阀为例，为其设计弹簧，由于阀内空间有限，经过反复进行参数校核，确定的弹簧取弹簧中径为$D$=25mm。LNG 呼吸阀弹簧结构如图 11-8 所示。

所以弹簧工作载荷为

$$F_{\text{n}}=p_0S=4.6\times\frac{\pi D^2}{4}=2257\text{N}$$

（1）弹簧直径 $d$

$$d \geqslant 1.6\sqrt{\frac{F_n KC}{\tau_p}} = 1.6\sqrt{\frac{2257 \times 1.21 \times 7}{353.2}} = 11.7\text{mm}$$

式中　$\tau_p$ ——许用切应力，根据Ⅰ、Ⅱ、Ⅲ类载荷按《阀门设计入门与精通》表 8-42 选取，取 $\tau_p = 353.2\text{MPa}$；

$C$ ——旋绕比；

$F_n$ ——工作载荷，N。

系数 $K$ 计算为

$$K = \frac{4C-1}{4C-4} + \frac{0.615}{C} = \frac{4 \times 7 - 1}{4 \times 7 - 4} + \frac{0.615}{7} = 1.21$$

一般初假定 $C = 5 \sim 8$，这里取 $C = 7$，故由《阀门设计入门与精通》表 8-42 得 $d = 12\text{mm}$。

（2）弹簧刚度 $P'$

$$P' = \frac{Gd^4}{8D^3 n} \tag{11-46}$$

计算得

$$P' = \frac{7100 \times 12^4}{8 \times 25^3 \times 7} = 168\text{N/mm}$$

式中　$n$ ——弹簧有效圈数，由《阀门设计入门与精通》表 8-29 得 $n = 7$；

$G$ ——弹簧刚性模量；

$d$ ——弹簧直径，mm；

$D$ ——弹簧中径，mm。

（3）弹簧内径 $D_1$

$$D_1 = D - d = 25 - 12 = 13\text{mm}$$

（4）弹簧内径 $D_2$

$$D_2 = D + d = 25 + 12 = 37\text{mm}$$

（5）节距 $t$

$$t = \frac{H_0 - (1 \sim 2)n}{n} \tag{11-47}$$

计算得

$$t = \frac{115 - 1.5 \times 7}{7} = 14.9\text{mm}$$

式中　$H_0$ ——弹簧长度，由《阀门设计入门与精通》表 8-30 得 $H_0 = 115\text{mm}$；

$n$ ——弹簧有效圈数，由《阀门设计入门与精通》表 8-29 得 $n = 7$。

（6）间距 $\delta$

$$\delta = t - d = 14.9 - 12 = 2.9\text{mm}$$

（7）工作载荷下弹簧伸缩距离 $S_1$

$$S_1 = \frac{8nF_n D^3}{Gd^4} \tag{11-48}$$

计算得

$$S_1 = \frac{8 \times 7 \times 2257 \times 25^3}{7100 \times 12^4} = 13.4\text{mm}$$

（8）最大工作载荷时的高度 $H_n$

$$H_n = H_0 - S_1 = 115 - 13.4 = 101.6\text{mm}$$

（9）弹簧展开长度 $L$

$$L = \frac{\pi D n_1}{\cos\alpha} \tag{11-49}$$

计算得

$$L = \frac{3.14 \times 25 \times 7.5}{\cos 6^\circ} = 592\text{mm}$$

式中　$n_1$ ——弹簧总圈数，由《阀门设计入门与精通》表 8-32 得：

$$n_1 = n + \frac{1}{2} = 7.5$$

$\alpha$ ——螺旋角，对压缩弹簧推荐 $\alpha = 5^\circ \sim 9^\circ$，这里取 $\alpha = 6^\circ$。

当罐体压力大于平衡压力时，介质对阀杆的作用力增大。为了使罐体压力平衡，呼吸阀呼气后，阀杆需带动调节套筒快速回位，所以弹簧的刚性和弹性要足够大，才能保证平衡后呼吸阀紧闭，弹簧能快速、及时地调整调节套筒的开度，呼吸阀平衡罐体压力。

当阀内压力小于 0.1MPa 时，以−162℃的 LNG 呼吸阀为例，为其设计弹簧，由于阀内空间有限，经过反复进行参数校核，确定的弹簧取弹簧中径为 $D$=18mm 。

所以弹簧工作载荷为：

$$F_n = p_0 S = 0.1 \times \frac{\pi D^2}{4} = 25.4\text{N}$$

（1）弹簧直径 $d$

$$d \geqslant 1.6\sqrt{\frac{F_n K C}{\tau_p}} = 1.6 \times \sqrt{\frac{25.4 \times 1.21 \times 7}{353.2}} = 1.25\text{mm}$$

式中　$\tau_p$ ——许用切应力，根据 I 、II 、III类载荷按《阀门设计入门与精通》表 8-42 选取，取 $\tau_p = 353.2$ MPa ；

$C$ ——旋绕比；

$F_n$ ——工作载荷，N。

系数 $K$ 计算为：

$$K = \frac{4C-1}{4C-4} + \frac{0.615}{C} = \frac{4 \times 7 - 1}{4 \times 7 - 4} + \frac{0.615}{7} = 1.21$$

一般初假定 $C = 5 \sim 8$，这里取 $C = 7$，故由《阀门设计入门与精通》表 8-42 得 $d = 2$mm 。

（2）弹簧刚度 $P'$

$$P' = \frac{G d^4}{8 D^3 n}$$

计算得

$$P' = \frac{7100 \times 2^4}{8 \times 18^3 \times 7} = 0.35\text{N/mm}$$

式中　$n$——弹簧有效圈数，由《阀门设计入门与精通》表 8-29 得 $n = 7$；

$G$——弹簧刚性模量；

$d$——弹簧直径，mm；

$D$——弹簧中径，mm。

（3）弹簧内径 $D_1$

$$D_1 = D - d = 18 - 2 = 16\text{mm}$$

（4）弹簧内径 $D_2$

$$D_2 = D + d = 18 + 2 = 20\text{mm}$$

（5）节距 $t$

$$t = \frac{H_0 - (1\sim2)n}{n}$$

计算得

$$t = \frac{115 - 1.5 \times 7}{7} = 16.7\text{mm}$$

式中　$H_0$——弹簧长度，由《阀门设计入门与精通》表 8-30 得 $H_0 = 115\text{mm}$；

$n$——弹簧有效圈数，由《阀门设计入门与精通》表 8-29 得 $n = 7$。

（6）间距 $\delta$

$$\delta = t - d = 16.7 - 2 = 14.7\text{mm}$$

（7）最小工作载荷时的高度 $H_1$

$$H_1 = H_0 - S_1 = 115 - 73 = 42\text{mm}$$

（8）工作载荷下弹簧伸缩距离 $S_1$

$$S_1 = \frac{8nF_n D^3}{Gd^4}$$

计算得

$$S_1 = \frac{8 \times 7 \times 25.4 \times 18^3}{7100 \times 2^4} = 73\text{mm}$$

（9）弹簧展开长度 $L$

$$L = \frac{\pi D n_1}{\cos\alpha}$$

计算得

$$L = \frac{3.14 \times 18 \times 7.5}{\cos 6^\circ} = 426\text{mm}$$

式中　$n_1$——弹簧总圈数，由《阀门设计入门与精通》表 8-32 得：

$$n_1 = n + \frac{1}{2} = 7.5$$

$\alpha$ ——螺旋角，对压缩弹簧推存$\alpha = 5° \sim 9°$，这里取$\alpha = 6°$。

当罐体压力小于平衡压力时，介质对阀杆的作用力减小。为了使罐体压力平衡，呼吸阀吸气后，阀杆需带动调节套筒快速回位，所以弹簧的刚性和弹性要足够大，才能保证平衡后呼吸阀紧闭，弹簧能快速、及时地调整调节套筒的开度，呼吸阀平衡罐体压力。

## 11.9 保冷层的设计计算

保冷层的绝热方式采用高真空多层绝热，所选用的材料性能如表11-4所示。

表11-4 所选材料性能参数表

| 绝热形式 | 绝热材料 | 表观热导率/[W/(m·K)] | 夹层真空度/Pa |
|---|---|---|---|
| 高真空多层绝热 | MLI，镀铝薄膜 | 0.06 | 0.005 |

根据工艺要求确定保冷计算参数，当无特殊工艺要求时，保冷厚度应采用最大允许冷损失量进行计算并用经济厚度调整，保冷的经济厚度必须用防结露厚度校核。

### 11.9.1 按最大允许冷损失量进行计算

此时绝热层厚度计算中，应使其外径$D_1$满足式（11-50）要求：

$$D_1 \ln\frac{D_1}{D_0} = 2\lambda\left[\frac{(T_0 - T_a)}{[Q]} - \frac{1}{\alpha_s}\right] \tag{11-50}$$

式中 $[Q]$——以每平方米绝热层外表面积为单位的最大允许冷损失量（为负值），$W/m^2$；保温时，$[Q]$应按附录取值；保冷时，$[Q]$为负值；当$T_a - T_d \leqslant 4.5$时，$[Q] = -(T_a - T_d)\alpha_s$；当$T_a - T_d > 4.5$时，$[Q] = -4.5\alpha_s$；

$\lambda$——绝热材料在平均温度下的热导率，$W/(m \cdot ℃)$，取$0.05W/(m \cdot ℃)$；

$\alpha_s$——绝热层外表面向周围环境的放热系数，$W/(m^2 \cdot ℃)$；

$T_0$——管道或设备的外表面温度，℃；

$T_a$——环境温度，℃；

$D_1$——绝热层外径，m；

$D_0$——阀体外径，m。

由GB 50264—97查得：兰州市内最热月平均相对湿度$\psi = 61\%$，最热月环境温度$T = 30.5℃$，$T_d$为当地气象条件下最热月的露点温度（℃）。$T_d$的取值应按GB 50264—97的附录C提供的环境温度和相对湿度查有关的环境温度相对湿度露点对照表（$T_a$、$\psi$、$T_d$表）而得到，查$h$-$d$图知，露点温度$T_d$=22.2℃，当地环境温度$T_a = 30.5℃$，$T_a - T_d = 8.3℃$。所以$T_a - T_d >$ 4.5℃，$[Q] = -4.5\alpha_s$。

根据GB 50264查得，$\alpha_s = 8.141W/(m^2 \cdot ℃)$，所以

$$[Q] = -4.5 \times 8.141 = -36.63W/(m^2 \cdot ℃)$$

计算得

$$D_1 ln\frac{D_1}{D_0}=D_1 ln\frac{D_1}{0.3+0.016}=2\times0.05\times\left[\frac{(-162-30.5)}{-36.63}\times\frac{1}{8.141}\right]$$

经计算 $D_1=0.376\text{m}$。

所以保冷层的厚度为：

$$\delta=\frac{1}{2}\times(D_1-D_0)=\frac{1}{2}\times(0.376-0.316)=30\text{mm}$$

## 11.9.2　按防止外表面结露进行计算

单层防止绝热层外表面结露的绝热层厚度计算中应使绝热层外径 $D_1$ 满足式（11-51）的要求。

$$D_1\ln\frac{D_1}{D_0}=\frac{2\lambda}{\alpha_s}\times\frac{T_d-T_0}{T_a-T_d}\tag{11-51}$$

式中　$\lambda$——绝热材料在平均温度下的热导率，W/(m•℃)，取 0.05W/(m•℃)；

$\alpha_s$——绝热层外表面向周围环境的放热系数，W/(m²•℃)；

$T_0$——管道或设备的外表面温度，℃；

$T_a$——环境温度，℃；

$D_1$——绝热层外径，m；

$D_0$——内筒体外径，m；

$T_d$——当地气象条件下最热月的露点温度，℃。

计算得

$$D_1\ln\frac{D_1}{0.316}=\frac{2\times0.05}{8.141}\times\frac{22.2+162}{30.5-22.2}=0.273$$

经计算 $D_1$=0.356m。

所以保温层的厚度为

$$\delta=\frac{1}{2}(D_1-D_0)=\frac{1}{2}\times(0.356-0.316)=20\text{mm}$$

综上所述，保冷层厚度为 $\delta$=20mm，取整得 $\delta$=20mm。所选保温材料的层密度为 50/30（层/mm），故保温层的层数为 $50/30\times20=33.34$，取 34 层。

# 11.10　呼吸阀阻火器计算

在易燃易爆气体的进出口处，储罐上的呼吸阀和泄压安全阀出口处及其附近区域内常常含有一定量的易燃气体，这些气体和空气混合在一起就可以形成局部燃烧，甚至爆炸的环境。当遇到雷击、明火或其他各种偶然情况产生的点火因素时，就可能点燃局部预混气，并且火焰可能会沿着未燃预混气的分布方向传入储罐内，引起储罐内部起火爆炸等灾难事故。

## 11.10.1　阻火器的计算方法

目前火焰在狭缝中的传播和熄灭的理论研究过程较少，对阻火器的设计多依赖与经验与半经验公式，波纹型阻火器所能阻止的最大爆燃火焰传播速度为：

$$V = 0.38\frac{aL}{d^2}$$

式中 $V$ ——阻火器能阻止的最大火焰传播速度，m/s；

$a$ ——有效面积比；

$L$ ——阻火层厚度，mm。

阻爆燃型阻火器可以阻止介质与混合物的最大火焰传播速度为：

$$V = 6.833\frac{L}{h^2}$$

式中 $V$ ——阻火器能阻止的最大火焰传播速度，m/s；

$h$ ——阻火单元高度，mm；

$L$ ——阻火层厚度，mm。

阻火器厚度与火焰速度与直径的关系为：

$$L = 2VRH^2$$

式中 $V$ ——火焰传播速度，m/s；

$L$ ——阻火器厚度，mm；

$R$ ——火焰半径，mm。

在通过上述两式计算后可得，燃气火焰传播速度与阻火器的阻火厚度成正比，与孔隙直径的平方成反比。

## 11.10.2 阻火器的工作原理

阻火器的传热作用：燃烧所需要的必要条件之一就是要达到一定的温度，即着火点。低于着火点，燃烧就会停止。依照这一原理，只要将燃烧物质的温度降到其着火点以下，就可以阻止火焰的蔓延。当火焰通过阻火元件的许多细小通道之后将变成若干细小的火焰。设计阻火器内部的阻火元件时，则尽可能扩大细小火焰和通道壁的接触面积，使火焰温度降到着火点以下，从而阻止火焰蔓延。

器壁效应：燃烧与爆炸并不是分子间直接反应，而是受外来能量的激发，分子键遭到破坏，产生活化分子，活化分子又分裂为寿命短但却很活泼的自由基，自由基与其他分子相撞，生成新的产物，同时也产生新的自由基再继续与其他分子发生反应。当燃烧的可燃气通过阻火元件的狭窄通道时，自由基与通道壁的碰撞几率增大，参加反应的自由基减少。当阻火器的通道窄到一定程度时，自由基与通道壁的碰撞占主导地位。由于自由基数量急剧减少，反应不能继续进行，即燃烧反应不能通过阻火器继续传播。

## 11.10.3 阻火器的选用

阻火器的分类：目前有几类分类方法。依据阻火器使用场合不同可分放空阻火器和管道阻火器。依据阻火元件可划分为：填充型、板型、金属丝网型、液封型和波纹型 5 种，其中波纹型阻火器性能稳定在石油化工装置中应用较多。

# 参考文献


[1] 敬加强，梁光川．液化天然气技术问答［M］．北京：化学工业出版室，2006，12．

[2] 魏巍，汪荣顺．国内外液化天然气输运容器发展状态［J］．低温与超导，2005，(02)：40-41．

[3] 董大勤，袁凤隐．压力容器设计手册．第二版．［M］．北京：化学工业出版社，2014．

[4] JB/T 4700-4707—2000．

[5] GB 150—2005．

[6] HG/T 20592-20635—2009．

[7] JB/T 4712.1-4712.4—2007．

[8] JB/T 4736—2002．

[9] JB/T 7749—1995．

[10] GB/T 24925—2010．

[11] MSSSP 134—2006．

[12] 吴荣堂，唐勇，孙晔，等．LNG 船用超低温阀门设计研究［J］．船舶工程，2010，32．

[13] 沈士良．低温阀门［M］北京：机械工业出版社，1986．

[14] 蔡慧君．低温阀门［J］阀门，1992，2：34-36．

[15] 杨世铭，陶文铨．传热学．第三版．［M］．北京：高等教育出版社，2008．

[16] 鹿彪，张丽红．低温阀门的设计与研制［J］．流体机械，1994，22：1-5．

[17] 丁建春，石朝锋，马飞．低温阀门复合载荷变形分析［J］．真空与低温，2011，(增刊 1)：115-118．

[18] 彭楠，熊联友，陆文海，等．低温节流阀设计与计算［J］．低温工程，2006，153（05)；32-34．

[19] GB 5908—2005．

[20] SY/T 0511—1996．

[21] 张周卫，吴金群，汪雅红，等．低温液氮用气动控制快速自密封加注阀．2013105708411［P］，2014-03-19．

# 第12章 LNG温控阀结构设计计算

温控阀是流量调节阀在温度控制领域的典型应用，其基本原理是通过控制换热器，空调机组或其他用热、冷设备，一次热、冷媒入口流量，以达到控制设备出口温度目的，当负荷产生变化时，通过改变阀门开启度调节流量，以消除负荷波动造成的影响，使温度恢复至设定值。温控阀一般是装在换热器前面，通过自动调节流量，实现所需要的温度。温控阀结构示意图如图12-1所示。

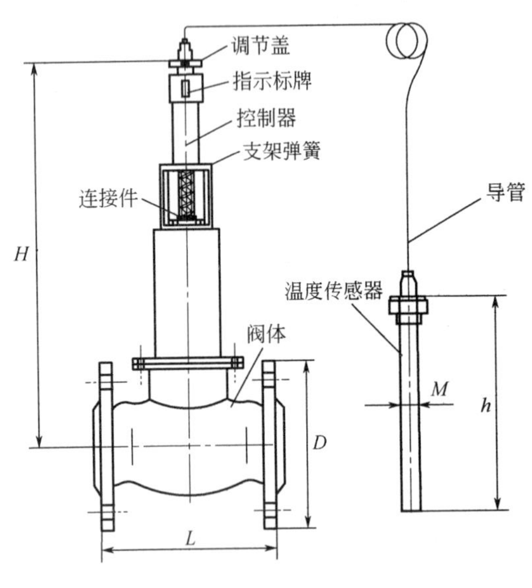


图12-1 温控阀结构示意图

温控阀的感温包与阀体一般组装成一个整体，感温包本身即是现场温度感受器。恒温控制阀是由恒温控制器、流量调节阀以及一对连接件组成，其中恒温控制器核心部件是传感器单元，即感温包。感温包可以感应周围环境温度变化而产生的体积变化，带动调节阀阀芯产生位移，进而调节散热器水量来改变散热器的散热量。恒温阀设定温度可以人为调节，恒温阀会按设定要求自动控制和调节散热器水量，来达到控制室内温度的目的。感温探头内的油受温度变化而发生收缩或膨胀来带动阀门机械结构的开与闭。

## 12.1 温控阀结构设计计算

### 12.1.1 原始数据

① 天然气体积流量：300000Nm$^3$/d；

② 液化天然气（LNG）体积流量：504m$^3$/d；

③ 工作温度：-162℃；

④ 工作介质：液化天然气；

⑤ 工作压力：4.6MPa；

⑥ 天然气密度：0.717kg/m$^3$（标准状态下），427kg/m$^3$（4.6MPa，状态下-162℃）；
⑦ 天然气的成分：97%甲烷，2%乙烷，1%丙烷；
⑧ 安全等级：常规级；
⑨ 主体材料：3Cr13；
⑩ 密封副结构：环状密封；
⑪ 中法兰结构：凹凸面；
⑫ 阀杆结构：明杆。

## 12.1.2 阀门壁厚的计算

由于天然气在温度为-162℃，压力为 4.6MPa 下会液化，流速为 2～3m/s，此处取 2m/s。根据质量守恒定律

$$\rho_1 V_1 = \rho_2 V_2 \tag{12-1}$$

$$V_2 = \frac{\rho_1 V_1}{\rho_2} = \frac{0.717\times 300000}{427} = 504\text{m}^3/\text{d}$$

式中　$\rho_1$ ——天然气在标准状况下的密度，0.717kg/m$^3$；
$\rho_2$ ——天然气在 4.6MPa，-162℃状况下的密度，427kg/m$^3$；
$V_1$ ——天然气在标准状况下的体积流量，300000m$^3$/d；
$V_2$ ——天然气在 4.6MPa，-162℃状况下的体积流量。

计算阀体直径，因为

$$V_2 = Av \tag{12-2}$$

$$A = \frac{\pi D_\text{D}^2}{4} \tag{12-3}$$

式中　$A$ ——阀体管径面积，m$^2$；
$v$ ——天然气在 4.6MPa，-162℃状况下的流体流动速度，m/s；
$DN$ ——阀体的计算内径，m。

由式（12-2），式（12-3）得

$$DN = \sqrt{\frac{4V_2}{3600\times 2\pi\times 24}} = \sqrt{\frac{4\times 504}{3600\times 2\pi\times 24}} = 0.06\text{m}$$

故选取阀体的公称直径为 80mm。

根据《阀门设计计算手册》得，计算阀门最小壁厚

$$S'_\text{B} = \frac{PNDN}{2.3[\sigma_\text{L}] - PN} + C = \frac{4.6\times 60}{2.3\times 125 - 4.6} + 3 = 3.98\text{mm} \tag{12-4}$$

式中　$S'_\text{B}$ ——阀门壁厚，mm；
$PN$ ——天然气的公称压力，MPa；
$[\sigma_\text{L}]$ ——阀体材料许用拉应力，MPa，查表$[\sigma_\text{L}] = 125\text{MPa}$；
$DN$ ——阀体计算内径，mm，$DN$=60 mm；
$C$ ——腐蚀裕量，mm，查《阀门设计手册》，取$C = 3\text{mm}$，见表 12-1。

表 12-1 附加裕量 单位：mm

| 阀门实际壁厚 $S_B$ | $C$ | 阀门实际壁厚 $S_B$ | $C$ |
| --- | --- | --- | --- |
| <5 | 5 | 21～30 | 2 |
| 6～12 | 4 | >30 | 1 |
| 11～20 | 3 | | |

阀体实际壁厚为 $S_B = 12.7\text{mm}$。

结论：$S_B > S'_B$，满足条件。

注：该阀门为低温阀门，在低温环境中，有时会发生异常升压的情况，高压会引起阀体、阀盖的变形，使阀盖密封性显著下降，甚至阀盖破裂，造成事故。因此，为了防止异常升压现象的发生，故在阀体上设置泄压孔，以平衡阀体内腔的压力。

## 12.1.3 密封面、环上总作用力及计算比压计算式

12.1.3.1 密封面上的总作用力

$$Q_{MZ} = Q_{MJ} + Q_{MF} = 24876.2 + 11493.3 = 36369.5\text{N} \tag{12-5}$$

式中 $Q_{MZ}$ ——密封面的总作用力，N；

$Q_{MJ}$ ——密封面处介质作用力，N；

$Q_{MF}$ ——密封面上密封力，N。

12.1.3.2 密封面处介质作用力

$$Q_{MJ} = \frac{\pi}{4}(D_{MN} + b_M)^2 p = \frac{\pi}{4}(80+3)^2 \times 4.6 = 24876.2\text{N} \tag{12-6}$$

式中 $Q_{MJ}$ ——密封面处介质作用力，N；

$D_{MN}$ ——密封面内径，mm；

$b_M$ ——密封面宽度，mm。

12.1.3.3 密封面上密封力

$$Q_{MF} = \pi(D_{MN} + b_M)b_M q_{MF} = \pi(80+3)\times 3\times 14.7 = 11493.3\text{N} \tag{12-7}$$

式中 $Q_{MF}$ ——密封面密封力，N；

$q_{MF}$ ——密封面上必需比压，查《阀门设计计算手册》（第二版）表 4-16 得 $q_{MF} = 14.7\text{MPa}$。

12.1.3.4 密封面计算比压 $q$

$$q = \frac{Q_{MZ}}{\pi(D_{MN} + b_M)b_M} = \frac{36369.5}{\pi\times(80+3)\times 3} = 46.5\text{MPa} \tag{12-8}$$

密封面许用比压 $[q]$，查《阀门设计计算手册》（第二版）表 4-17 得 $[q] = 250\text{MPa}$。

结论：$q_{MF} < q < [q]$，所以合格。

## 12.1.4 阀杆轴向力计算

阀杆结构如图 12-2 所示。

（1）阀杆为升降杆，介质从阀瓣下方流入，最大轴向力在关闭的瞬时产生，用式（12-9）计算阀杆轴向最大力

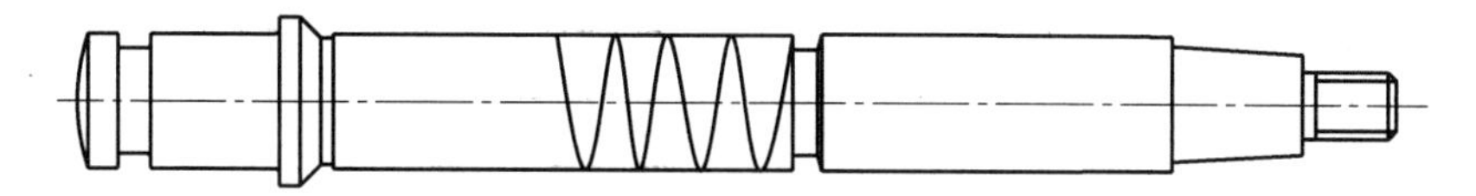

图 12-2　阀杆结构示意图

$$Q'_{FZ}=Q_{MJ}+Q_{MF}+Q_T+Q'_J=24876.2+11493.3+1646.6+345.6=38361.7N \quad (12\text{-}9)$$

式中　$Q'_{FZ}$——关闭时，阀杆轴向最大力，N；

$Q_T$——阀杆和填料的摩擦力，N，按《阀门设计手册》进行计算，N；

$Q'_J$——关闭时，防转结构中的摩擦力，N。

$$Q_T=1.2\pi d_F h_1 ZPNf=1.2\pi\times20\times9.5\times5\times4.6\times0.1=1646.6N \quad (12\text{-}10)$$

式中　$d_F$——阀杆的直径，mm，$d_F=20mm$；

$h_1$——单圈填料和阀杆直接接触的高度，mm，$h_1=9.5mm$；

$Z$——填料的圈数，$Z$=5；

$f$——填料和阀杆的摩擦系数，取 $f$=0.1。

$$Q'_J=\frac{Q_{MF}+Q_{MJ}+Q_T}{\dfrac{R}{f_J R_{FM}}-1}=\frac{11493.3+24876.2+1646.6}{\dfrac{80}{0.2\times3.6}-1}=345.6N \quad (12\text{-}11)$$

式中　$R$——计算半径，mm，$R$=80mm；

$f_J$——防转结构中的摩擦系数，取 0.2；

$R_{FM}$——关闭时阀杆螺纹的摩擦半径，mm，取 $R_{FM}$=3.6mm。

（2）阀杆为升降杆，介质从阀瓣下方流入，最大轴向力在开启的瞬时产生，用式（12-12）计算阀杆轴向最大力

$$Q''_{FZ}=Q_{MJ}+Q_T+Q''_J-F_P=24876.2+1646.6+282.2-1444.4=25360.6N \quad (12\text{-}12)$$

式中　$Q''_{FZ}$——开启时，阀杆轴向最大力，N；

$F_P$——介质作用在杆上的轴向力，N。

（3）介质作用在杆上的轴向力

$$F_P=\frac{\pi}{4}d_F^2 p=\frac{\pi}{4}\times20^2\times4.6=1444.4N \quad (12\text{-}13)$$

式中　$d_F$——阀杆直径，mm；

$p$——计算压力，MPa，取公称压力 $PN$=4.6MPa。

（4）开启式时，防转结构中的摩擦力 $Q''_J$

$$Q''_J=\frac{Q_{MJ}+Q_T}{\dfrac{R}{f_J R'_{FM}}-1}=\frac{24876.2+1646.6}{\dfrac{80}{0.2\times3.12}-1}=208.5N \quad (12\text{-}14)$$

式中　$Q''_J$——开启式时，防转结构中的摩擦力，N；

$R'_{FM}$——开启时阀杆螺纹的摩擦半径，mm，取 $R_{FM}=3.12mm$。

## 12.1.5　LNG 温控阀阀杆应力校核

阀杆压应力 $\sigma_y$ 计算如下：

$$\sigma_y=\frac{Q'_{FZ}}{A}=\frac{38361.7}{314}=122.1MPa \quad (12\text{-}15)$$

式中　$\sigma_y$——阀杆压应力，MPa；

$A$——阀杆截面积，查《阀门设计计算手册》表 4-20，得 $A_w = 314\text{mm}^2$。

根据《阀门设计计算手册》表 4-11 查得 $[\sigma_y] = 260\text{MPa}$。

结论：$\sigma_y < [\sigma_y]$，满足条件。

## 12.1.6 阀杆稳定性验算

### 12.1.6.1 阀杆柔度（细长比）λ

根据《阀门设计》阀杆的强度，计算阀杆柔度 $\lambda$。

$$\lambda = \frac{4\mu_\lambda l_F}{d_F} = \frac{4\times0.51\times400}{20} = 40.8 \tag{12-16}$$

式中　$\lambda$——阀杆实际细长比；

$l_F$——阀杆计算长度，mm，阀杆螺母螺纹总长中点到阀杆端部的长度，$l_F = 400\text{mm}$；

$d_F$——阀杆光杆处的直径，mm，$d_F$=20mm；

$\mu_\lambda$——阀杆两端的支承状态相关系数，由《阀门设计计算手册》表 4-23 查得 $\mu_\lambda = 0.51$。

### 12.1.6.2 阀杆的稳定性校核

由《阀门设计》可以查得阀杆柔度上临界 $\lambda_2$ 与阀杆柔度下临界 $\lambda_1$=60，$\lambda_2$=115.0。$\lambda \leqslant \lambda_1$，满足第一种情况，属于低细长比小柔度压杆，不进行稳定性验算。结论：低细长比阀杆稳定性更好。

## 12.1.7 阀杆头部强度验算

阀杆头部示意图如图 12-3 所示。

① 阀杆头部剪应力

$$\tau = \frac{Q''_{FZ} - Q_T}{2bh} = \frac{25360.6 - 1646.6}{2\times17.5\times7.5} = 90.3\text{MPa} \tag{12-17}$$

式中，$b = 17.5\text{mm}$；$h = 7.5\text{mm}$。

② 开启时，阀杆总作用力：$Q''_{FZ} = 25360.6\text{N}$。

③ 阀杆与填料摩擦力：$Q_T = 1646.6\text{N}$。

查《阀门设计计算手册》表 4-11 得，许用剪应力：$[\tau] = 144\text{MPa}$。

结论：$\tau < [\tau]$，满足条件。

## 12.1.8 阀瓣设计与计算

设计温控阀阀瓣，厚度是最重要的要素。设计人员可先按壳体厚度的 2～2.5 倍来初步设定其厚度，然后进行校核。锥面密封可参照平面密封进行校核。阀瓣结构如图 12-4 所示。

阀瓣的密封面，无论是锥面密封还是平面密封，其宽度都应大于阀座上的密封面，应保证每次关闭阀门，阀瓣上密封面都能罩得住密封面，并且其硬度要大于阀座。阀瓣上密封面材料可堆焊也可镶圈。不锈钢类的也可直接用本体材料。

$$\tau_1 = \frac{Q_{MJ} + Q_{MF}}{\pi d(t_B - C)} = \frac{24876.2 + 11493.3}{\pi\times80\times(20-3)} = 8.5\text{MPa} \tag{12-18}$$

式中　$Q_{MJ}$——密封面处介质的作用力，N；

$Q_{MF}$ ——密封面上的密封力，N；

$\tau_1$ ——1—1 断面的剪切应力，MPa；

$d$ ——阀座密封面内径，mm，$d=80$mm（设计给定）。

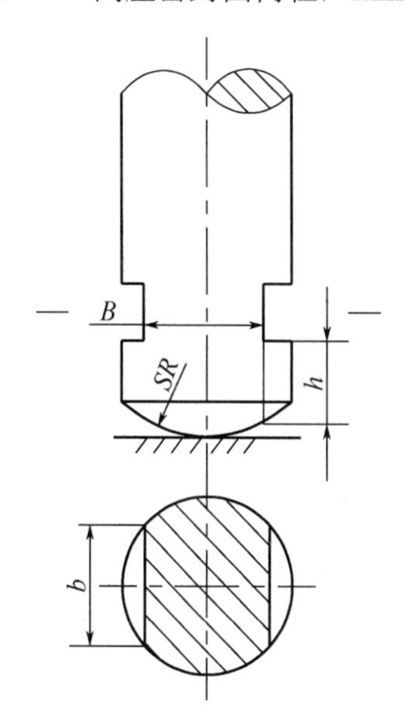


图 12-3　阀杆头部示意图

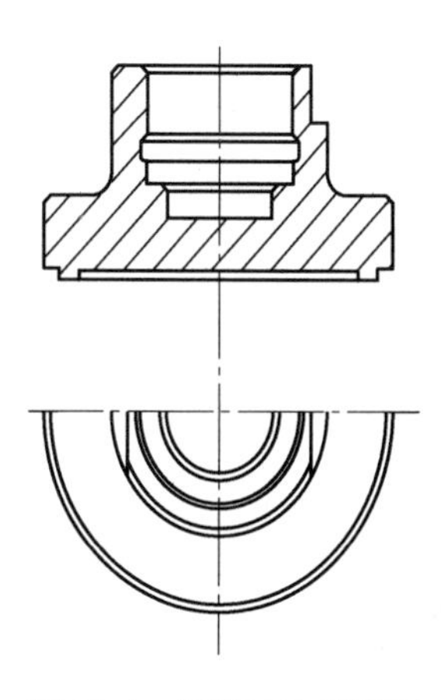

图 12-4　阀瓣结构示意图

而阀瓣的许用剪切应力，根据《阀门设计计算手册》表查得$[\tau]$=75MPa 。

结论：$\tau_1 \leqslant [\tau]$，所以阀瓣强度满足要求。

## 12.1.9　LNG 温控阀中法兰连接螺栓

### 12.1.9.1　拉应力计算

（1）操作下总作用力

$$Q' = Q_{DJ} + Q_{DF} + Q_{DT} + Q'_{FZ} = 75921.3 + 125662.8 + 15184.3 + 38361.7 = 255130.1\text{N} \quad (12\text{-}19)$$

式中　$Q_{DT}$ ——垫片处介质的作用力，N；

$$Q_{DJ} = \frac{\pi}{4} D_{DP}^2 p_N = \frac{\pi}{4} \times 145^2 \times 4.6 = 75921.3\text{N} \quad (12\text{-}20)$$

$D_{DP}$ ——垫片的平均直径，mm，$D_{DP}=145$mm；

$Q_{DF}$ ——垫片上密封力，N；

$$Q_{DF} = 2\pi D_{DP} B_N m_{DP} p_N = 2\pi \times 145 \times 10 \times 3 \times 4.6 = 125662.8\text{N} \quad (12\text{-}21)$$

$B_N$ ——垫片的有效宽度，查《阀门设计计算手册》表 4-20 得 $B_N$=10；

$m_{DP}$ ——垫片系数，查《阀门设计计算手册》表 4-27 得 $m_{DP}$=3；

$Q_{DT}$ ——垫片的弹性力，N；

$$Q_{DT} = \eta Q_{DJ} = 0.2 \times 75921.3 = 15184.3\text{N} \quad (12\text{-}22)$$

$\eta$ ——系数，按固定法兰取 $\eta$=0.2。

（2）必须预紧力

$$Q_{YJ} = \pi D_{DP} B_N q_{YJ} K_{DP} = \pi \times 145 \times 10 \times 31.7 \times 1 = 144330.1\text{N} \quad (12\text{-}23)$$

式中　$q_{YJ}$ ——密封面的预紧比压，查《阀门设计计算手册》表 4-27 得 $q_{YJ}=31.7\text{MPa}$；

$K_{DP}$ ——垫片的形状系数，$K_{DP}=1$。

12.1.9.2　螺栓计算载荷

$$Q_L=\max\{Q',Q_{YJ}\}=255130.1\text{N} \tag{12-24}$$

12.1.9.3　螺栓的拉应力

$$\sigma_L=\frac{Q_L}{ZF_1}=\frac{255130.1}{8\times 295.34}=108\text{MPa} \tag{12-25}$$

式中　$Z$ ——螺栓数量，$Z$=8；

$F_1$ ——单个螺栓截面积，$F_1=295.34\text{mm}^2$。

螺栓许用拉应力，查表得$[\sigma_L]$=125MPa。

结论：$\sigma_L<[\sigma_L]$，所以满足条件。

12.1.9.4　螺栓间距与直径比

$$L_J=\frac{\pi D_1}{Zd_L}=\frac{\pi\times 150}{8\times 19.4}=3.0 \tag{12-26}$$

式中　$D_1$ ——螺栓孔中心圆直径，$D_1=150\text{mm}$；

$d_L$ ——螺栓直径，$d_L=19.4\text{mm}$。

结论：$2.7<L_J<5$，所以满足条件。

## 12.1.10　LNG 温控阀中法兰强度验算

LNG 温控阀中法兰结构如图 12-5 所示。

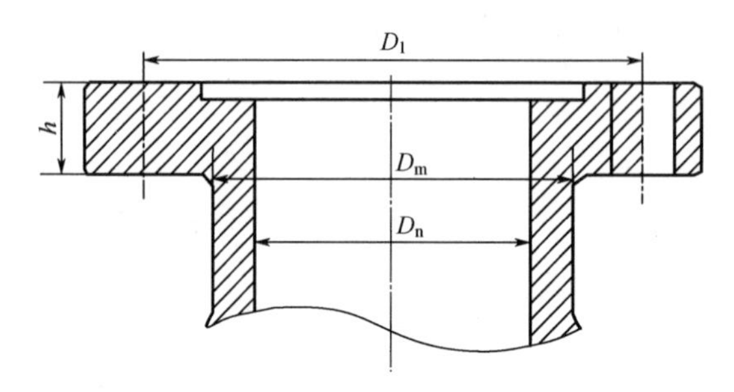


图 12-5　LNG 温控阀中法兰结构示意图

（1）螺栓计算载荷 $Q_{LZ}$

$$Q_{LZ}=Q'=255130.1\text{N} \tag{12-27}$$

式中　$Q_{LZ}$ ——常温时螺栓计算载荷，N。

（2）Ⅰ—Ⅰ断面弯曲应力

$$\sigma_{W1}=\frac{Q_{LZ}l_1}{W_1}=\frac{255130.1\times 12.5}{40885.4}=78\text{MPa} \tag{12-28}$$

式中　$l_1$ ——力臂，mm；

$$l_1=\frac{D_1-D_m}{2}=\frac{150-125}{2}=12.5\text{mm} \tag{12-29}$$

$W_1$——断面系数，$mm^3$。

$$W_1=\frac{\pi D_m h^2}{6}=\frac{\pi\times125\times25^2}{6}=40885.4mm^3 \quad (12\text{-}30)$$

（3）Ⅱ—Ⅱ断面弯曲应力

$$\sigma_{W2}=0.4Q\frac{l_2}{W_2}=0.4\times255130.1\times\frac{18.7}{51131.3}=37.3MPa \quad (12\text{-}31)$$

式中　$l_2$——力臂，mm；

$$l_2=l_1+\frac{D_1-D_m}{4}=12.5+\frac{150-125}{4}=18.75mm \quad (12\text{-}32)$$

$W_2$——断面系数，$mm^3$。

$$W_2=\frac{\pi}{6}\times\frac{D_m+DN}{2}\times\left(\frac{D_m-DN}{2}\right)^2=\frac{\pi}{6}\times\frac{125+60}{2}\times\left(\frac{125-60}{2}\right)^2=51131.3mm^3 \quad (12\text{-}33)$$

查《阀门设计计算手册》表 4-3，得$[\sigma_W]$=150MPa。

结论：$\sigma_W<[\sigma_W]$满足条件，并且$\sigma_{W2}<[\sigma_W]$满足条件。

## 12.1.11　LNG 温控阀阀盖强度验算

### 12.1.11.1　阀盖拉应力计算

$$\sigma_L=\frac{pDN}{4(t_B-C)}+\frac{Q'_{FZ}}{\pi DN(t_B-C)}=\frac{4.6\times60}{4\times(12.7-5)}+\frac{38361.7}{\pi\times60\times(12.7-5)}=35.3MPa \quad (12\text{-}34)$$

式中　$p$——设计压力，MPa，$p=4.6$ MPa；

$DN$——计算内径，mm，$DN=60mm$；

$t_B$——实际厚度，mm，$t_B=12.7mm$；

$C$——腐蚀裕量，mm，$C=5mm$；

$Q'_{FZ}$——关闭时阀杆总轴向力，N，$Q'_{FZ}=38361.7N$。

查《阀门设计计算手册》表 4-5，得$[\sigma_L]$=125MPa，$\sigma_L<[\sigma_L]$，所以满足条件。

### 12.1.11.2　阀盖断面的切应力计算

$$\tau=\frac{pd_r}{4(t_B-C)}+\frac{Q'_{FZ}}{\pi d_r(t_B-C)}=\frac{4.6\times58}{4\times(12.7-5)}+\frac{38361.7}{\pi\times58\times(12.7-5)}=36MPa \quad (12\text{-}35)$$

式中　$d_r$——填料箱外径，mm，$d_r=58mm$；

查《阀门设计计算手册》表 4-5，得$[\tau]$=75 MPa。

结论：$\tau<[\tau]$，满足条件。

## 12.1.12　支架强度的计算式

支架结构如图 12-6 所示。

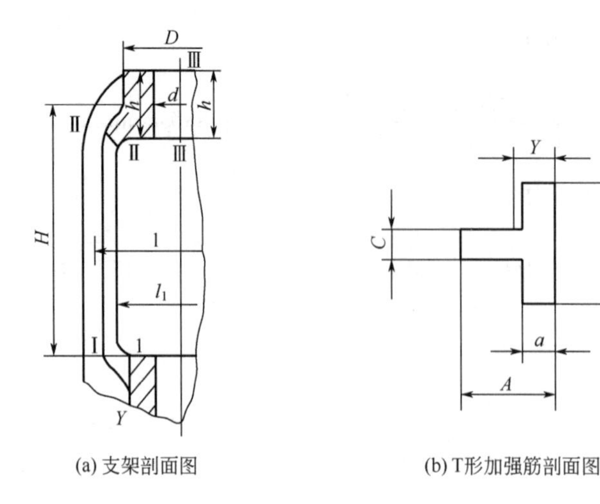


(a) 支架剖面图　　(b) T形加强筋剖面图

图 12-6　支架结构示意图

（1）Ⅰ—Ⅰ断面弯曲应力

$$\sigma_{W1}=\frac{Q'_{FZ}l}{8}\times\frac{1}{1+0.5H/l\,I_3/I_2}\times\frac{1}{W_1}=\frac{38361.7\times76.7}{8}\times\frac{1}{1+0.5\times100/76.7\times80000/231644}\times\frac{1}{19969.3}=15.0\text{MPa} \tag{12-36}$$

式中　$Q'_{FZ}$——关闭时阀杆总轴向力，N；

$H$——加强筋总高，mm，$H$=100mm；

$l$——框架两重心处距离，mm;

$$l=l_1+2Y=53.5+14.2=76.7\text{mm} \tag{12-37}$$

$l_1$——框架内径距离，mm，$l_1$=53.5mm；

$Y$——加强筋截面重心;

$$Y=\frac{[CA^2+(B-C)a^2]}{2[CA+(B-C)a]}=\frac{[12\times35^2+(50-12)\times10^2]}{2[12\times35+(50-12)\times10]}=11.6\text{mm} \tag{12-38}$$

$A$——加强筋截面长，mm，$A$=35mm；

$C$——加强筋截面高，mm，$C$=12mm；

$B$——加强筋截面宽，mm，$B$=50mm；

$a$——加强筋截厚度，mm，$a$=10mm；

$I_3$——Ⅲ—Ⅲ断面惯性矩;

$$I_3=\frac{(D-d)h^3}{12}=\frac{(50-35)\times40^3}{12}=80000\text{mm}^4 \tag{12-39}$$

$D$——支架上端外径，mm，$D=50$mm；

$d$——支架上端内径，mm，$d$=35mm；

$h$——支架上端高度，mm，$h=40$mm；

$I_2$——Ⅱ—Ⅱ断面惯性矩;

$$I_2=\frac{1}{3}[BY^3-(B-C)(Y-a)^3+C(A-Y)^3]$$
$$=\frac{1}{3}[50\times 11.6^3-(50-12)(11.6-10)^3+12(35-11.6)^3]=231644\text{mm}^4 \qquad (12\text{-}40)$$

$W_1$ —— Ⅰ—Ⅰ断面系数。

$$W_1=\frac{I_2}{Y}=\frac{I_1}{Y}=\frac{231644}{11.6}=19969.3\text{mm}^4 \qquad (12\text{-}41)$$

（2）Ⅲ—Ⅲ断面弯曲应力

$$\sigma_{W3}=\frac{(Q'_{FZ}l/4-M_2)}{W_3}=\frac{38361.7\times 76.7/4-300205.9}{4000}=108.8\text{MPa} \qquad (12\text{-}42)$$

式中　$M_2$ ——Ⅲ—Ⅲ断面弯曲力矩；

$$M_2=\frac{Q'_{FZ}l}{8\times\left(1+\frac{1}{2}\times\frac{H}{l}\times\frac{I_3}{I_2}\right)}=\frac{38361.7\times 76.7}{8\times\left(1+\frac{1}{2}\times\frac{100}{76.7}\times\frac{80000}{231644}\right)}=300205.9\text{N}\cdot\text{mm} \qquad (12\text{-}43)$$

$W_3$ ——Ⅲ—Ⅲ断面系数。

$$W_3=\frac{(D-d)h^2}{6}=\frac{(50-35)\times 40^2}{6}=4000\text{mm} \qquad (12\text{-}44)$$

（3）Ⅰ—Ⅰ断面拉应力

$$\sigma_{L1}=\frac{Q'_{FZ}}{2aB+C(A-a)}=\frac{38361.7}{2\times 10\times 50+12\times(35-10)}=29.5\text{MPa} \qquad (12\text{-}45)$$

（4）Ⅰ—Ⅰ断面扭矩引起的弯曲应力

$$\sigma_{W1}^{N}=\frac{M_0H}{l}\times\frac{6B}{[(A-a)C^3+aB^3]}=\frac{111645.8\times 100}{76.7}\times\frac{6\times 50}{[(35-10)\times 12^3+10\times 50^3]}=33.8\text{N}\cdot\text{mm} \qquad (12\text{-}46)$$

弯曲力矩：$M_0=M_{TJ}=111645.8\text{N}\cdot\text{mm}$。

（5）阀杆螺母凸肩摩擦力矩

$$M_{TJ}=\frac{2}{3}\times\frac{f_{TJ}Q'_{FZ}(r_W^3-r_N^3)}{r_W^2-r_N^2}=\frac{2}{3}\times\frac{0.2\times 38361.7\times(16^3-13^3)}{16^2-13^2}=111645.8\text{N}\cdot\text{mm} \qquad (12\text{-}47)$$

式中　$r_W$ ——阀杆螺母凸肩外半径，mm，$r_W=16.00\text{mm}$；

$r_N$ ——阀杆螺母凸肩内半径，mm，$r_N=13.00\text{mm}$；

$f_{TJ}$ ——凸肩部分摩擦系数，查《阀门设计计算手册》表 4-29，得 $f_{TJ}=0.20$。

Ⅰ—Ⅰ断面合成应力

$$\sigma_{\Sigma}=\sigma_{W1}+\sigma_{L1}+\sigma_{W1}^{N}=15+29.5+33.8=73.7\text{MPa}$$

由《阀门设计计算手册》表 4-5 查得许用拉应力$[\sigma_L]=125\text{MPa}$，许用弯曲应力$[\sigma_W]=150\text{MPa}$。$\sigma_{\Sigma}<[\sigma_L]$，$\sigma_{W3}<[\sigma_W]$，所以满足要求。

### 12.1.13 填料箱部位计算

密封面上总作用力及计算比压

（1）操作下总作用力 $Q'_T$

$$Q'_T = Q_{TMJ} + Q_{TMF} = 10529.8 + 16648.7 = 27178.5\text{N} \quad (12\text{-}48)$$

（2）最小预紧力 $Q''_T$

$$Q''_T = Q_{TYJ} = 19940.3\text{N} \quad (12\text{-}49)$$

（3）填料箱密封面上总作用力 $Q_{TMZ}$

$$Q_{TMZ} = \max\{Q'_T, Q''_T\} = 27178.4\text{N} \quad (12\text{-}50)$$

（4）填料箱密封面处介质作用力 $Q_{TMJ}$

$$Q_{TMJ} = \frac{\pi}{4}(D_{TN1} + b_{TM})^2 p = \frac{\pi}{4} \times (46 + 8)^2 \times 4.6 = 10529.7\text{N} \quad (12\text{-}51)$$

式中 $D_{TN1}$ ——填料箱密封面内径，mm，设计给定，$D_{TN1}$=46mm；

$b_{TM}$ ——填料箱密封面宽度，mm，设计给定，$b_{TM}$=8mm；

$p$ ——计算压力，MPa，取公称压力，$p$=4.6MPa。

（5）填料箱密封面上密封力 $Q_{TMF}$

$$Q_{TMF} = \pi(D_{TN1} + b_{TM})b_{TM}q_{TM} = 3.14 \times (46 + 8) \times 8 \times 12.3 = 16684.7\text{N} \quad (12\text{-}52)$$

（6）填料箱密封面密封比压 $q_{TM}$

$$q_{TM} = np\sqrt{\frac{b_{TM}}{10}} = 3 \times 4.6\sqrt{\frac{8}{10}} = 12.3\text{MPa} \quad (12\text{-}53)$$

式中 $n$ ——系数，$n$=3。

（7）填料箱密封面必需预紧力 $Q_{TYJ}$

$$Q_{TYJ} = \pi(D_{TN1} + b_{TM})b_{TM}q_{YJ}K_{DP} = \pi(46 + 8) \times 8 \times 14.7 \times 1 = 19940.3\text{N} \quad (12\text{-}54)$$

（8）填料箱密封面必需比压 $q_{YJ}$

$$q_{YJ} = q_{MF} = 14.7\text{MPa}$$

（9）形状系数 $K_{DP}$

$$K_{DP} = 1$$

（10）填料箱密封面计算比压 $q$

$$q = \frac{Q_{TMZ}}{\pi(D_{TN1} + b_{TN})b_{TN}} = \frac{27178.4}{\pi(46 + 8) \times 8} = 20\text{MPa} \quad (12\text{-}55)$$

（11）填料箱密封面许用比压 $[q]$

$$[q] = 0.5\sigma_S = 0.5 \times 450 = 225\text{MPa} \quad (12\text{-}56)$$

（12）材料屈服极限 $\sigma_S$

$$\sigma_S = 450\text{MPa}$$

（13）剪应力 $\tau$

$$\tau = \frac{Q_{YJ}}{\pi b_{TN} h} = \frac{3979.5}{\pi \times 8 \times 80} = 2\text{MPa} \tag{12-57}$$

（14）压紧填料总力 $Q_{YJ}$

$$Q_{YJ} = \frac{\pi}{4}(D_{TW}^2 - D_{TN}^2) q_T = \frac{\pi}{4}(56^2 - 46^2) \times 4.97 = 3979.5\text{N} \tag{12-58}$$

（15）填料必需比压 $q_T$

$$q_T = \psi p = 1.08 \times 4.6 = 4.97\text{MPa} \tag{12-59}$$

（16）无石棉填料系数 $\psi$ 查设计参数得 $\psi = 1.08$ 。

（17）填料箱深度 $h$（设计给定），$h = 80$ mm 。

结论：$q_{MF} \leqslant q \leqslant [q]$，所以设计合格。

## 12.2 温控阀感温元件

感温元件作为温控阀的关键元件，起着感知温度和输出力的作用，感温介质吸收工作流体的热量产生体积膨胀，推动调节套筒调节进口冷热流体流量，从而控制出口温度。

温包是圆筒形薄壁容器，内充固液相变的固体、气体、液体或低沸点的饱和蒸汽。温包直接和被测介质接触，利用温包内工作介质的体积或压力随温度变化而变化的物理性质而工作。因此要求温包对被测量的温度有较快的反应速度，能抵抗被测介质的侵蚀作用。此外，温包尺寸的选择应能使测量具有必要的精度。温包的表面积和体积之比愈大，在强度允许的温度范围内温包的壁厚愈小，以及温包材料的热导率愈大就可以大大地减少温包的热惯性，提高它对温度的反应速度。温包常用黄铜和钢来制造，在测量腐蚀性介质的温度时可以用不锈钢来制造。

按照温包内的工作介质可分为固液相变式、液体式、气体式、蒸汽压力式等，本设计采用气体式温包。

感温元件要与调节弹簧配合来完成力和位移的输出，弹簧的性能优劣影响着温控阀的整体性能。

### 12.2.1 感温包意义

在生产过程中，被调函数的波动是由于受到外界或系统内部各种干扰而产生的。在一般情况下，系统中最主要的干扰往往是对象的负荷。被调参数的变化，往往是由于负荷的改变引起，这时要使被调参数不再继续改变，甚至恢复到原来值，就要设法控制进入对象的能量或物料量，使进入的能量等于由负荷所引起的能量或物料量的变化，这就必须应用调节机构。调节机构是直接和具有一定能量的介质（例如蒸气、冷却剂、燃料、电流等）或物料相接触并能一定方式改变能量或物料量的机构。要使调节机构动作，从而控制生产过程，就必须有足够的动力。在温控系统中的执行机构的作用是接受感温元件的讯号，并以一定的功率推动调节机构来控制温度。

### 12.2.2 国内外研究现状及应用

基于蜡质感温元件的混合型温控阀早在 20 世纪 40 年代由美国一家公司申请专利并进行

生产，其应用历史已有 60 余年。该类阀门在我国的应用是在上世纪 70 年代，最先出现在由东欧国家引进的内燃机机车的液压系统中，于 80 年代初步实现了国产化并应用于国产东风型机车的液压系统的温度控制。20 世纪 80 年代，随着我国石化、电力、纺织等行业大规模引进国外的技术及附属大型装置，该类温控阀亦在进口空气压缩机的润滑油系统中出现，进而促使人们对其国产化的不断努力。同样是从 20 世纪 80 年代末期，国内有关企业开始消化吸收国外技术，研制开发民用供暖系统换热器恒温阀，已有小批量应用于实际工程，但普遍存在阀门密封性不好，感温包失灵等问题，需要改进生产工艺和提高生产质量。

12.2.2.1　在采暖系统中的应用

我国有着很大的采暖面积，采暖消耗的能源数量巨大，随着人民生活水平的不断提高，采暖总面积越来越大。因此，开展采暖节能的研究有着重大意义。

目前我国在采暖节能方面对于热源和系统已有了较广泛和深入的研究，但是对采暖的用户端的节能研究还很不够，目前仅仅是开始。而采暖用户浪费能源的现象非常严重，在采暖季节有的室内温度高达 25℃以上，甚至有的用户还要开窗散热。不仅浪费了能源，还很不舒服。

发生上述问题的原因，一方面是用户的节能意识有待提高，更主要的是散热器缺乏有效的调控手段。有些单管制采暖系统上的散热器根本没有调节手段。事实上，目前普遍采用的单管制采暖系统即使安装有旁通管和手动阀，也不可能实施调节。在每组散热器上安装一只温控阀，上述问题就可以解决了。温控阀可以改变散热器的特性曲线并将室温控制在我们需要的某个温度。达到调节温度和节能的目的。

温控阀在采暖系统中的应用，有明显的节能效果。

12.2.2.2　在液压系统中的应用

液压系统通常都要求对其油液温度进行控制，特别是在运行中温度控制准确度要求较高的液压系统，如伺服系统、比例系统、液压元件试验台及连续运行的大型液压设备等。目前，我国实现温控一般采用电测电控和机械组合匹配的冷却控制。简单的温控装置多由温度传感器、温度控制仪、加热器、电磁水阀、冷却器及电控设备组成。这种控制方式虽然简单，但其最大的特点是控制形式属于开关量控制，不能实现随系统发热量的变化而调节冷却水量，并且常因水中锈垢和污染颗粒，造成电磁水阀阀芯动作失灵、电磁铁烧坏等故障而造成水源浪费的问题。

另一种是使用比例式冷却水控制方式。它是由冷却器、疏水阀、电动执行器、电控设备、比例放大器、温度控制仪及温度传感器一次元件组成。与前一种方法相比，具有能随系统发热量的变化调节冷却水量和控制精度高的优点。

12.2.2.3　在其他方面的应用

温控阀在航空航天中也有广泛的应用。在各种航天飞行器中，温控阀一直是极为重要的组成部件，其控温性能的好坏不仅直接影响飞行器的可靠性和工作寿命，而且直接关系飞行器内宇航员和各种仪器的安全。

另外，随着我国电力生产的发展，3MW、600MW 机组逐渐成为电网的主力机组。温控阀也已经成为机组中汽轮机润滑油系统中的关键设备。

## 12.2.3　温控阀感温元件的原理与结构

12.2.3.1　概述

温控阀的重要部件起着敏感元件的作用。温包是圆筒形薄壁容器，内充固液相变的固体、气体、液体或低沸点的饱和蒸汽。温包直接和被测介质接触，利用温包内工作介质的体积或压力随温度变化而变化的物理性质而工作。

因此要求温包对被测量的温度有较快的反应速度，能抵抗被测介质的侵蚀作用。此外，温包尺寸的选择应能使测量具有必要的精度。温包的表面积和体积之比愈大，在强度允许的温度范围内温包的壁厚愈小，以及温包材料的热导率愈大就可以大大地减少温包的热惯性，提高它对温度的反应速度。温包常用黄铜和钢来制造，在测量腐蚀性介质的温度时可以用不锈钢来制造。

12.2.3.2　温包的分类

按照温包内的工作介质可分为固液相变式、液体式、气体式、蒸汽压力式等。本设计采用气体式温包。

## 12.2.4　温控阀气体式温包的工作原理

根据理想气体状态方程式

$$pV = nRT \tag{12-60}$$

式中　$R$ ——普适气体恒量，J/(mol•K)；

$T$ ——绝对温度，K，$T = t + 273.16$（$t$ 为摄氏温度）；

$p$ ——气体压强，Pa；

$V$ ——气体体积，$m^3$；

$n$ ——气体的物质的量，mol。

由式（12-60）可见，一定重量的气体，在密闭系统内（即 $V$ 等于常数），它的压强 $p$ 和温度 $T$ 成正比。

但实际应用中不能用式（12-60），这是因为温包、毛细管和波纹管密封系统内，仅有感温部分温包受热，而除温包外的其他部分，如毛细管、波纹管部分不受热，因此需做如下分析。

（1）密闭系统在初始状态下气体质量

$$G = (V_\tau + V_B)\gamma_0 = \frac{(V_\tau + V_B)p_0}{RT_0} \tag{12-61}$$

式中　$V_\tau$ ——温包在初始状态时的体积，$m^3$；

$V_B$ ——密闭系统除温包外的体积，$m^3$；

$p_0$ ——初始状态气体压强，Pa；

$T_0$ ——初始状态气体温度，K；

$\gamma_0$ ——初始状态气体重度，$N/m^3$。

（2）密闭系统中，温包部分在温度为 $T_1$ 时的气体质量

$$G_1 = V_T\gamma_1 = \frac{V_T p_1}{RT_1} \tag{12-62}$$

式中　$G_1$ ——温包部分在温度为 $T_1$ 时的气体质量，kg；

$T_1$ ——工作状态下气体温度，K；

$\gamma_1$ ——工作状态下气体重度，$N/m^3$；

$p_1$ ——温度为正时的气体压强，Pa 。

（3）密闭系统中除温包以外的气体质量

$$G_2 = V_B \gamma_2 = \frac{V_B p_1}{R T_0} \tag{12-63}$$

式中 $G_2$ ——密闭系统中除温包以外的气体质量，kg；

$\gamma_2$ ——密闭系统中除温包以外部分气体重度，$N/m^3$ 。

因为 $G = G_1 + G_2$ ，所以

$$p = \frac{p_0}{T_0} \times \frac{V_T + V_B}{V_T / V_1 + V_B / T_0} \tag{12-64}$$

由式（12-64）可见：当温度改变时，密闭系统内气体的压强 $p_0$ 随之改变。

气体式温包一般采用氮气作为工作介质，因为它的化学稳定性高、黏性小、比热低，并且容易得到。根据设计要求，环境温度为-162℃，所以本设计采用蒸汽温包，工作物质为氦气。

## 12.2.5 感温元件的传热学分析

### 12.2.5.1 概述

感温元件主要由圆柱形金属感温包及其内部填充的感温介质所组成。混合流体与感温包以强制热对流的方式进行热交换，热量由感温包外壁通过导热传递给其内壁。常温下，感温包内为固态的感温介质，即感温蜡与金属粉末的混合物。感温包内壁的热量再以导热方式传递给感温介质。感温介质从感温包内壁得到热量后，温度升高一定值并迫使固态感温蜡发生固-液相变，感温蜡体积膨胀推动温控阀推杆产生位移，进而调节流体的入阀流量。

### 12.2.5.2 相变传热问题概述

广义而言，所谓相变是指物质集态或组分的变化在伴有相变的导热中，都包含了相变与导热这两种物理过程，因此它比单纯的导热问题要复杂一些。相变是自然界和工程技术领域中的一种常见现象，冰层的形成、大地的融冻、铸件的凝闭、食品的冰冻，乃至地球自身的形成等都是一些典型的实例。近年来，航天技术、能量贮存技术及生物工程技术的发展，促进了相交问题的研究，相变传热技术也因此而得到越来越广泛的应用。

相变导热问题有以下两个共同特点：

① 固、液两相之间存在移动的交界面。在整个相变过程中，这个交界面始终存在，它把热物性不同的固、液两相分离开来，直至相变过程结束。

② 在两相交界面上（或两相共存的相变区内），有相变潜热的释放（凝固）或吸收（熔化），相界面（或两相共存区）的位置随时间而变动。因此，必须把它作为导热问题的一部分而予以确定。

上述两个特点表明，在相变导热过程中两相的边界是随时间而变动的，确定相界面随时间移动的规律是求解相变问题的关键。相变导热问题表现出非线性特点，叠加原理不再适用，因此，对不同的情况必须分别进行处理。要彻底理解相变问题需要分析与之伴随的各种复杂过程，但从宏观角度看，这些过程中最主要的是导热过程。

焓法和等效热容法都是目前数值计算相变导热问题中较好的模型，适用于多维问题的数值求解，等效热容法在一定程度上可以代替其他模型。

综上所述，感温元件的传热情况十分复杂，既有相变传热，又有多相复合材料的热传导问题。这两种情况的理论分析均为高度非线性的方程组。总之，目前得到的关于感温元件的传热数学模型并不实用，不易指导工程实践。

12.2.5.3　感温元件的传热计算

感温元件的热传递确定（简化）为温度的响应。感温元件结构包含几个不同性质的区域，感温包为圆柱体，感温元件的热传递问题为多维。内填于感温包的感温蜡中混有铜粉，我们知道若考虑材料导热的差异性，将使得分析变得十分复杂。

流体通过对流传热方式把热量传递给感温元件。这样，流体与感温元件壁面的对流传热系数的确定成为计算传热速率的关键。由于环绕感温元件的流体温度随着空间和时间的变化而不同，特别是感温元件处于柱塞侧的冷流体中的时候；再就是感温元件与阀体通过导热方式还有热交换。考虑到以上综合因素，采用一个特定的对流传热系数来解决。

（1）导热分析

依据物体内部分子、原于及自由电子等微观粒子的热运动而产生的热且传递过程称为热传导（或称导热）。在导热过程中，热量就地传递，各部分物质之间不发生宏观的相对位移。导热永远和物体内部温度分布的不均匀性联系在一起，例如，在物体内部，热量从温度较高的部分传递到温度较低的部分；在相接触的物体之间，热量从温度较高的物体传递到温度较低的另一物体。热传导是一种建立在组成物质的基本微观粒子随机运动基础上的扩散行为，也可以理解为具有较高能级的粒子向较低能级粒子传递能量的过程。当存在温度差时，气体、液体和固体均有一定的导热能力，虽然它们的机理不尽相同。两物体间传递热量时，他们必须紧密接触，所以导热是一种依赖直接接触的传热方式。

导热现象遵循傅里叶定律。在均匀、各向同性介质中，傅里叶定律的向量表达式为：

$$\overset{r}{q} = -\lambda grad T = \nabla T = -\lambda \frac{\partial T}{\partial n} \overset{r}{n} \tag{12-65}$$

式中　$\overset{r}{q}$——热流密度，$J/(m^2 \cdot s)$；

$T$——温度，K；

$\overset{r}{n}$——单位法向向量；

$\frac{\partial T}{\partial n}$——温度在 $n$ 方向上的导数；

$\nabla$——拉普拉斯算子；

$\lambda$——比例系数，称为热导率。

对于 $q$，傅里叶定律表示为：

$$q = -\lambda \frac{\partial T}{\partial n} \tag{12-66}$$

根据傅里叶定律，当物体中某处存在热扰动而造成温度分布不均匀时，会立刻发生热量的传递，即使在离开扰动源无限远的地方，也能马上感受到扰动的作用。这表明，热扰动是以无限大的速度传播的。这一结论不仅在严格的理论意义上不能成立，而且在某些应用上也会出现明显的问题。由统计热力学理论可知，物体对热扰动会表现出一定的惯性和欧尼作用，它只能以有限的速度在物体内传播。

一般情况下，温度分布是空间坐标和时间的函数，它既随空间位置变化，又随时间的推移而改变。两者之间的相互联系和制约，使物体内的温度分布服从于一定的规律。傅里叶定律揭示了温度场中任意位置处热流密度与该处温度梯度之间的关系，但未涉及导热过程在空间坐标方向的进行与其随时间推移而发展这两者之间的联系。导热问题的数学描述的一个重要内容，就是揭示温度场在时空领域内的内在联系。这种内在联系的规律性是所有导热过程都必须遵循的，称为热传导方程（或称为导热方程）。建立导热方程的基础是体现能量守恒的热力学第一定律。

由前述假设，对静止固体或内部介质无相对迁移的静止流体中的单纯导热过程，其导热能量微分方程为

$$\frac{\partial}{\partial \tau}(\rho CT) = -\nabla q + q_{\mathrm{v}} \tag{12-67}$$

由傅里叶定律，代入式（12-67），得到导热微分方程

$$\frac{\partial}{\partial \tau}(\rho CT) = \nabla(\lambda \nabla T) + q_{\mathrm{v}} \tag{12-68}$$

式中 $q$——热流密度，$\mathrm{J/(m^2 \cdot s)}$；

$\rho$——物体的密度，$\mathrm{kg/m^3}$；

$C$——物体的比热，$\mathrm{J/(kg \cdot K)}$；

$\tau$——时间，s；

$q_{\mathrm{v}}$——物体单位体积的发热功率，$\mathrm{W/m^2}$。

对于密度、比热为常数，内部无内热源的物体在圆柱坐标系$(r,\varphi,z)$中的导热微分方程为：

$$\rho C\frac{\partial T}{\partial \tau} = \frac{1}{r}\times\frac{\partial}{\partial r}\left(\lambda r\frac{\partial T}{\partial r}\right)+\frac{1}{r^2}\times\frac{\partial}{\partial \varphi}\left(\lambda\frac{\partial T}{\partial \varphi}\right)+\frac{\partial}{\partial z}\left(\lambda\frac{\partial T}{\partial z}\right) \tag{12-69}$$

（2）边界条件

导热方程揭示了温度分布的空间不均匀性与它随时间而改变的非稳态性之间的内在联系，是导热温度场的普遍性描述，反映了一切导热过程的共性，是彼此间具有共同特点的各种导热现象都必须服从的客观规律。因此，导热方程是求解一切导热问题的依据和出发点。然而，每一个具体的导热过程总有其个性，总是在特定的条件（物质、空间和时间等）下进行的，导热方程没有，也不可能指明在各种特定条件下所发生的具体的导热现象，并提供相应的温度分布。这就是说，虽然一切导热温度场都必须满足导热方程，但一个具体的温度场即导热方程的解，不仅依赖于导热方程本身，而且还取决于过程进行的特定条件。这种使一个具体的导热过程从服从于同一个导热方程的所有各种导热过程中单值地确定下来所必须具备的条件，常称为单值性条件。导热方程与单值性条件一起，确定了一个特定的温度场。这种关系可以简明地表示为：导热方程＋单值性条件＝确定的温度场。

就一般的导热问题而言，单值性条件由以下四方面组成。

① 几何条件。说明物体的形状与大小，如果是各向异性材料，还应给出导热系数主轴的方向。

② 物性条件。说明材料的热物理性能。原则上，材料的热物理性能分为常物性与变物性两类。在前一种情形下，物性值不随温度等参数或材料取向而变化；在后一种情形下，物性值则与温度或材料取向有关，需要给出相应的函数关系，例如$\lambda=\lambda(t)$，或给出主导热系数值。

③ 时间条件。说明过程在时间上进行的特点。对于非稳态导热过程，需要给出某一时刻物体内的温度分布，即初始条件；对于稳态导热过程，时间条件自行消失。

④ 边界条件。说明在物体边界上过程进行的特点，反映物体与外部环境的相互影响和作用，体现过程的外因控制。常见的边界条件有三类。

第一类边界条件规定沿导热物体边界面上的温度值。

第二类边界条件给定导热物体边界面上的热流密度。

第三类边界条件规定边界面上的换热状态。若导热物体在边界面上以对流换热方式与外界环境发生联系，则给出流体的温度和它与物体表面间的对流传热系数。其数学表达式一般为：

$$-\lambda\left(\frac{\partial T}{\partial n}\right)=h\left(T-T_{\infty}\right) \tag{12-70}$$

## 12.2.6　感温元件的基本计算

（1）感温介质

由工作原理可以看出，感温介质是温控阀的主要部件，要保证温控阀能够正常工作，必须选择正确的感温介质。用于控制系统感温的介质一般有气体，低沸点的液体的饱和蒸汽和液体，前两类是依据介质在密闭系统中压力与温度呈一定函数关系 $p=f(t)$ 而工作的。由于非理想气体及低沸点液体饱和蒸汽的压力与温度关系是非线性的，这就使控制装置呈非线性的输出特性，补偿修正及结构设计变得十分复杂，同时由于其可压缩性，输出的作用力也较小，因此在这种自力式恒温控制装置中常选择气体作为感温介质。

气体工作介质热膨胀定律中，一定质量气体在体积不变的情况下，压力与温度之间的关系是：

$$F_{\mathrm{t}}=F_0+\frac{\alpha}{\beta}(t-t_0)=38361.7+\frac{0.082}{0.302}\left[-152-(-162)\right]=38464.4\mathrm{N} \tag{12-71}$$

式中　$F_{\mathrm{t}}$ ——密闭系统中温度为 $t$ 时的压力，N；

$F_0$ ——密封系统中初始温度 $t_0$ 时的压力，N；

$\alpha$ ——氦气的体膨胀系数，0.082；

$\beta$ ——氦气的压缩系数，0.302。

视一定气体的膨胀与压缩系数为定值时，其压力与温度关系呈线性，如果在所使用的温度范围内，不计气体的可压缩性，并在设计中保证气体的自由膨胀，则密闭系统中工作气体的体积变化与温度的关系为：

$$\Delta V_{\mathrm{L}}=\alpha(t-t_0)V_{\mathrm{b0}}=0.082\times\left[-152-(-162)\right]\times0.0000159=1.3\times10^{-5}\mathrm{m}^3 \tag{12-72}$$

式中　$\Delta V_{\mathrm{L}}$ ——感温包中气体的变化量，$\mathrm{m}^3$；

$t$ ——系统工作温度，℃；

$t_0$ ——系统初始温度，℃；

$V_{\mathrm{b0}}$ ——初始温度下系统的容积，$\mathrm{m}^3$。

若将工作气体的体积变化量 $\Delta V_{\mathrm{L}}$ 传输给弹性元件，使弹性元件自由端产生位移，该位移形成的执行器容积变化量 $\Delta V_{\mathrm{s}}$ 与感温包中工作气体体积变化量 $\Delta V_{\mathrm{L}}$ 相等，$\Delta V_{\mathrm{L}}=\Delta V_{\mathrm{s}}$。$\Delta V_{\mathrm{s}}$ 即

为感温系统随温度变化的输出量。

气体感温介质的种类很多，应按以下特性选择。

① 工作气体必须有较大的体膨胀系数，保证系统有较大地输出；

② 对感温包及系统的材料无腐蚀作用，保证使用寿命和工作的可靠性；

③ 具有较高的热导率，热量传递，系统时间非常小；

④ 能够长期在热交换状态下工作，热稳定性好，抗氧化能力强，化学惰性高；

⑤ 不易燃易爆，无毒性危害，以保证安全。

（2）感温包容积

自力式恒温控制器中的感温包是直接插入受控介质之中来感受其温度的，为了提高响应速度和灵敏度，除应选择优质的工作液体外，还应采用热导率高的紫铜、黄铜作为壳体材料，本设计用黄铜作为壳体材料。

感温包感受的一定温度的变化量，经毛细管传递到执行器，转换为一定的输出，即产生一定的调节量。感温包的容积决定着液体感温介质的灌注量，因此，其大小要根据所控制的温度变化范围和控制作用大小以及所允许的误差来加以计算，积容过大、气体过多，热响应时间增长、灵敏度降低，而容积过小，气体量少，保证不了一定的输出量，起不了调节作用。

感温包在 $t_0$ 时的容积

$$V_{b0}=\frac{\Delta V_t}{(\alpha-\alpha_t)(t-t_0)}=\frac{1.3\times10^{-5}}{(0.082-0.00002)\left[-152-(-162)\right]}=1.59\times10^{-5}\text{m}^3 \tag{12-73}$$

式中　$\Delta V_t$ ——调节温度上限，执行器弹性元件容积变化量，$\text{m}^3$；

$\alpha$ ——工作气体膨胀系数，0.082；

$\alpha_t$ ——感温包壳体材料的体膨胀系数，$\alpha_t=2\times10^{-5}$；

$t-t_0$ ——调节中，使执行器弹性元件容积变化量达到最大值时的温度增量，℃。

如果把恒温控制器的设定温度范围定为 $T_1$～$T_2$，则 $\Delta T=T_2-T_1$，所能产生的工作气体体积增量 $\Delta V_c$，由调整活塞行程来提供。

$$\Delta V_c=V_{b0}(\alpha-\alpha_t)\Delta T=0.0000159\times(0.082-0.00002)\times10=1.3\times10^{-5}\text{m}^3 \tag{12-74}$$

感温包实际容积

$$V_B=V_{b0}+\Delta V_c=2.89\times10^{-5}\text{m}^3 \tag{12-75}$$

取感温包长为 $h=300\text{mm}$。

由

$$V_B=\frac{\pi}{4}d^2h \tag{12-76}$$

得

$$d=\sqrt{\frac{4V_B}{\pi h}}=11\text{mm}$$

## 12.3　温控阀调节弹簧的分析设计

温控阀是由温度感应组件、阀体、阀芯和调节弹簧组成，阀的开启和关闭过程，是一个弹簧力与温度感应介质的膨胀力的平衡过程。

调节弹簧是自力式温度控制中的重要组件，其性能的优、劣直接影响到阀瓣的提升和回位，由于受到交变载荷的作用，其性能参数的设计就显得更为重要。当设计受压负荷较大而尺寸受安装条件限制的螺旋压缩弹簧时，可采用组合弹簧。这种弹簧与普通弹簧相比，不但可以减少弹簧重量，且由于钢丝直径小便于制造。

## 12.3.1 温控阀中的组合弹簧

温控阀内件设有大小两组组合螺旋压缩弹簧，其作用是对阀杆提供一个与感温介质膨胀力相反的逆向作用力，以维持调节套筒的平衡位置，并在流体温度发生变化时调整调节套筒的开度。

小弹簧组通过螺母连接并固定阀杆和调节套筒。当调节套筒达到最大开度时，阀杆压缩小弹簧组，可以继续向下运动，此时小弹簧组对阀杆具有缓冲和保护作用，避免使阀杆遭到破坏。

感温介质膨胀后，阀杆向下运动，大弹簧组被压缩，但在调节套筒达到最大开度以前，小弹簧组受力状态不变。

$$当\ \delta_{x1} < s_0\ 时，\quad p = k_1 x \delta_{x1}$$

$$当\ \delta_{x1} = s_0\ 时，\quad p = k_1 x \delta_0$$

$$当\ \delta_{x1} > s_0\ 时，\quad p = k_1 x \delta_{x1} + k_2 x \delta_{x2}$$

$$且\ \delta_{x2} = \delta_{x1} - s_0$$

式中 $\delta_{x1}$——大弹簧组压缩量；

$\delta_{x2}$——小弹簧组压缩量；

$s_0$——调节套筒的最大开度；

$p$——感温介质因膨胀作用在阀杆上的力；

$k_2$——小弹簧组的弹性系数；

$k_2$——大弹簧组的弹性系数。

当流体温度降低时，感温介质对阀杆的作用力减小。为了避免更多的冷流体进入阀腔，阀杆需带动调节套筒快速回位，所以弹簧的刚性和弹性要足够大，才能保证随着温度的微小变化，弹簧能快速、及时地调整调节套筒的开度，以满足出口流体的控温要求。

## 12.3.2 控制原理

对每一个选定温度范围的阀，通过调节弹簧可改变温度控制范围，如温度为 20～40℃的温控阀，可调节弹簧实现其他温度范围的控制。当设定控制温度的区间为 $t_0 \sim t_2$ 时，在感温包内对应产生压力 $P_{t0}$ 和 $P_{t2}$，这个压力作用于推杆的作用面积 $A$ 对阀芯产生开启的驱动力，其值在 $F_0 = AP_{t0}$ 和 $F_2 = AP_{t2}$ 之间。根据这两个力的大小实现阀芯从 0 到开启最大开度 $X_{max} - X_0$，便可算出满足要求的弹簧刚度值为 $K_2$。反之，说明选用弹簧刚度值为 $K_2$ 的弹簧能够实现感温包在 $t_0$～$t_2$ 温度区间一对一地完成阀芯从 $X_0$ 到 $X_{max}$ 开度变化，最终达到控制水阀输水量的大小。同理，当设定控制温度区间为 $t_1 \sim t_2$ 时，对应选择刚度值为 $K_1$ 的弹簧来实现较小温差范围输水量的控制。可以看出，对设定不同温差控制区间，对应有一个刚度为定值的弹簧与之相配，完成不同温控要求组合。根据所需控制温差等级，选合适的调节弹簧。

调整大弹簧组最大预紧力，增大预紧力可延迟调节筒的开启时间，使温度的调节范围向后移。相反，减小预紧力可提前调节筒的开启时间，使温度的调节范围向前移。调整弹簧的预紧力有两种方式：

① 改变弹簧的刚度值，更换弹簧即可。

② 改变弹簧的初始压缩量。套筒上一般加工有螺纹，拧动温包可调节弹簧的预紧量。大弹簧组的作用之一是复位。为了确保调节筒在初始温度的迅速开启和温度降低时的迅速回位，需要一预紧力，靠大弹簧组来实现。温度控制阀开启后，感温介质处于膨胀状态，当温度降低后，感温介质处于收缩状态，但阀杆和调节筒等不会自动回位，必须靠大弹簧组的作用迫使其回位。

## 12.3.3 设计思路

为了保证圆柱组合压缩螺旋弹簧的正常工作，充分发挥内、外层弹簧的作用，两层弹簧应选用相同的材料，同时为了保证圆柱组合压缩螺旋弹簧的同轴度，防止内、外层弹簧圈相互卡住，两层弹簧的旋向应相反，并按以下 3 个基本要求进行设计。

（1）组合弹簧承受载荷时，内、外层弹簧所承受的剪应力应相等，但不大于材料的许用压力，即

$$\tau_{\mathrm{n}}=\tau_{\mathrm{w}}\leqslant[\tau] \tag{12-77}$$

$$\tau_{\mathrm{n}}=\frac{8K_{\mathrm{n}}F_{\mathrm{n}}D_{2\mathrm{n}}}{\pi dn^{3}} \tag{12-78}$$

$$\tau_{\mathrm{w}}=\frac{8K_{\mathrm{w}}F_{\mathrm{w}}D_{2\mathrm{w}}}{\pi d^{3}w} \tag{12-79}$$

式中　$K_{\mathrm{n}}$，$K_{\mathrm{w}}$——内外弹簧的曲度系数。

$$C_{\mathrm{n}}=\frac{D_{2\mathrm{n}}}{d_{\mathrm{n}}} \tag{12-80}$$

$$C_{\mathrm{w}}=\frac{D_{2\mathrm{w}}}{d_{\mathrm{w}}} \tag{12-81}$$

式中　$D_{2\mathrm{n}}$，$D_{2\mathrm{w}}$——内、外层弹簧的中径，mm；

$d_{\mathrm{n}}$，$d_{\mathrm{w}}$——内、外层弹簧的钢丝直径，mm；

（2）组合弹簧承受外载荷时，内、外层弹簧的轴向变形应相等，即 $\lambda_{\mathrm{n}}=\lambda_{\mathrm{w}}$，其中

$$\lambda_{\mathrm{n}}=\frac{8FD_{2\mathrm{w}}^{3}n_{\mathrm{w}}}{Gd_{\mathrm{n}}^{4}} \tag{12-82}$$

$$\lambda_{\mathrm{w}}=\frac{8FD_{2\mathrm{w}}^{3}n_{\mathrm{w}}}{Gd_{\mathrm{w}}^{4}} \tag{12-83}$$

式中　$G$——弹簧材料的剪切弹性模量，N/mm$^3$；

$n_{\mathrm{n}}$，$n_{\mathrm{w}}$——内、外层弹簧的有效圈数。

（3）内外层弹簧受载压缩到并紧时，并紧高度应相等，即

$$H_{\mathrm{bn}}=H_{\mathrm{bw}} \tag{12-84}$$

$$H_{\mathrm{bn}} = n_{\mathrm{n}} d_{\mathrm{n}} \tag{12-85}$$

$$H_{\mathrm{bw}} = n_{\mathrm{w}} d_{\mathrm{w}} \tag{12-86}$$

由以上三式联立求解，可得 $C_{\mathrm{n}} = C_{\mathrm{w}} = C$，$K_{\mathrm{n}} = K_{\mathrm{w}} = K$。因此，满足上述三个要求，必须使内、外层弹簧的旋绕比相等，其值为 $C = \sqrt{G\lambda K/\pi L\tau H}$。

为了防止内、外两层弹簧工作时相互接触以及便于装配，内、外两层弹簧之间应留有一定的径向间隙 $e$。

$$e = \frac{(D_{2\mathrm{w}} - D_{2\mathrm{n}}) - (d_{\mathrm{w}} - d_{\mathrm{n}})}{2} \tag{12-87}$$

组合弹簧承受的压力 $F_{\Sigma} = F_{\mathrm{n}} + F_{\mathrm{w}}$，以上各式联立求解可得内外层所承受的压力分别为：

$$F_{\mathrm{w}} = \frac{C^2}{C^2 + (C-2)^2} F_{\mathrm{x}} \tag{12-88}$$

$$F_{\mathrm{n}} = \frac{C^2}{C^2 + (C-2)^2} F_{\mathrm{z}} \tag{12-89}$$

## 12.3.4 弹簧元件设计

为其设计控温弹簧，最小工作载荷 $P_1$=150N，最大工作载荷 $P_{\mathrm{n}}$=400N，综合考虑工作环境、载荷种类、生产成本和各类异型钢丝弹簧性能，选用不锈钢丝 12Cr18Ni9 圆柱螺旋压缩弹簧为最优，取弹簧中径为 $D$=25mm。

（1）弹簧直径 $d$

$$d \geqslant 1.6\sqrt{\frac{P_{\mathrm{n}}KC}{\tau_{\mathrm{p}}}} = 1.6\sqrt{\frac{400 \times 1.21 \times 7}{283.2}} = 5.53\mathrm{mm} \tag{12-90}$$

式中　$\tau_{\mathrm{p}}$——许用切应力，根据Ⅰ、Ⅱ、Ⅲ类载荷按《阀门设计入门与精通》表 8-42 选取，取 $\tau_{\mathrm{p}} = 283.2\mathrm{MPa}$。

$$K = \frac{4C-1}{4C-4} + \frac{0.615}{C} = \frac{4\times7-1}{4\times7-4} + \frac{0.615}{7} = 1.21 \tag{12-91}$$

$C$ 一般初假定为5～8，这里取 $C = 7\mathrm{mm}$。

故由《阀门设计入门与精通》表 8-42 得 $d = 6\mathrm{mm}$。

（2）弹簧刚度 $P'$

$$P' = \frac{Gd^4}{8D^3 n} = \frac{7100 \times 6^4}{8 \times 25^3 \times 5} = 14.7\mathrm{N/mm} \tag{12-92}$$

式中　$n$——弹簧有效圈数，由《阀门设计入门与精通》表 8-29 得 $n = 5$。

（3）弹簧内径 $D_1$

$$D_1 = D - d = 25 - 6 = 19\mathrm{mm} \tag{12-93}$$

（4）弹簧外径 $D_2$

$$D_2 = D + d = 25 + 6 = 31\mathrm{mm} \tag{12-94}$$

（5）弹簧节距 $t$

$$t=\frac{H_0-d}{n}=\frac{115-6}{5}=21.8\text{mm} \tag{12-95}$$

式中　$H_0$——由《阀门设计入门与精通》表8-30得$H_0=115\text{mm}$。

（6）弹簧间距$\delta$

$$\delta=t-d=21.8-6=15.8\text{mm} \tag{12-96}$$

（7）弹簧最小工作载荷时的高度$H_1$

$$H_1=H_0-F_1=115-10=105\text{mm} \tag{12-97}$$

（8）弹簧最小工作载荷时的力$F_1$

$$F_1=\frac{8nP_1D^3}{Gd^4}=\frac{8\times5\times150\times25^3}{7100\times6^4}=10\text{mm} \tag{12-98}$$

（9）弹簧最大工作载荷时的高度$H_\text{n}$

$$H_\text{n}=H_0-F_\text{n}=115-27.2=87.8\text{mm} \tag{12-99}$$

（10）弹簧最大工作载荷时的力$F_\text{n}$

$$F_\text{n}=\frac{8nP_\text{n}D^3}{Gd^4}=\frac{8\times5\times400\times25^3}{7100\times6^4}=27.2\text{mm} \tag{12-100}$$

（11）弹簧展开长度$L$

$$L=\frac{\pi Dn_1}{\cos\alpha}=\frac{3.14\times25\times5.5}{\cos6^\circ}=436.1\text{mm} \tag{12-101}$$

式中　$n_1$——弹簧总圈数，由《阀门设计入门与精通》表8-32得$n_1=n+0.5=5.5$；

$\alpha$——螺旋角对压缩弹簧推荐$\alpha=5^\circ$～$9^\circ$，这里取$\alpha=6^\circ$。

### 12.3.5　滞后性的理论分析

作为感温介质的感温蜡存在着两个非线性特征：时间响应延迟和加热/冷却过程的迟滞效应。时间延迟是流体温度达到触发温度后，温控阀不能马上动作，而是经过一段时延才开启。在同一开口比例时，上升（加热过程）和下降（冷却过程）过程对应的温度是不同的，其差值就是迟滞值。

经过分析研究引起温控阀滞后性有以下几个原因：

① 温包在感温受热过程中存在着热滞后性。

② 与定值弹簧的最初给定值有关。

③ 温包破损或泄漏。

自动恒温阀对温度的调节依赖于感温传感器内感温介质的测试温度——吸收热量而相变——推动套筒——调节混合比来实现的。在感温介质对温度的测试或感知方面，由传热学知识，任何有一定质量的物质都需要一定的时间来改变温度，该时间的长短与热敏元件的热容量及表面换热有关。这就意味着实验中当感温传感器环境水温度发生变化时，热敏元件将有一个滞后现象。并因滞后现象的存在，产生了感温传感器动作温度和混合水真实温度之间的差异，即动态差异。控制理论上常用“时间常数”或“响应时间”这一概念来表达感温传感器滞后的程度，自动恒温阀感温传感器形状为柱状，可近似认为在感温的瞬间，同一截面均处在同一温度下，感温蜡感受到的温度$r$仅是时间$t$的一元函数。

通过传热学原理对感温元件进行分析，固液相变型由于固体阶段传热能力特别差，一般需要特殊的处理来提高受热敏感性，减少滞后量，通过研究其导热性找出影响其导热性的因素，或者改变形状或者改变感温蜡的配比率，对合理开发新型的感温包具有重要意义。

调节弹簧不仅起着调节作用，还起着复位作用。通过本文对温控阀的弹簧组进行的实例设计表明弹簧作为温控阀的重要组件影响和决定着温控阀的总体性能。

## 参考文献

[1] 陆培文. 实用阀门设计手册［M］. 北京：机械工业出版社，2004：482-486.

[2] 陆培文，高凤琴. 阀门设计计算手册［M］. 北京：中国标准出版社，2009.

[3] 陆培文. 阀门设计入门与精通［M］. 北京：机械工业出版社，2009. 7.

[4] 杨源泉. 阀门设计手册［M］. 北京：机械工业出版社，2004.

[5] 吴堂荣，唐勇. 低温阀门密封性能的研究与分析［J］. 阀门，2009，(02)：26-28+38.

[6] 鹿彪，张丽红. 低温阀门设计制造与检验［J］. 阀门，1999，(3)：6-12.

[7] 葛言柳. 奥氏体不锈钢表面等离子堆焊镍基合金组织与性能研究［D］. 大连：大连理工大学，2012.

[8] 刘劲松，蒲玉兴，谭目发. 硬质合金的深冷处理工艺及其研究进展［J］. 热加工工艺，2012，(06)：184-186.

[9] 郎咸东，金瑛. 低温用奥氏体不锈钢阀门零件的深冷处理［J］. 阀门，2002，(02)：19-20+32.

[10] 梁静，梁绪发. 超低温阀门用奥氏体不锈钢［J］. 阀门，2008，(03)：15-18.

[11] 王新权. 低温球阀阀杆密封填料的试验与研究［J］. 阀门，2001，(4)：22-24.

[12] 李秀峰，陈宗华. 低温阀门闸板应力场的数值计算及分析［J］. 2005，(32)：27-31.

[13] 金滔，夏雨亮，洪剑平，等. 低温阀门冷态试验的动态传热过程模拟与分析［J］. 低温工程，2007，(4)：35-38.

[14] 丁小东，欧阳峥嵘，张绪德，等. 低温阀门冷态试验的稳态传热模拟与分析［J］. 2008，(36)：23-27.

[15] 杨金麟，李青，张涛. 自力式恒温控制器的研究. 1994，2.

[16] 张周卫，汪雅红，厉彦忠，等. 空间冷屏蔽系统冷蒸汽排放控制装置. 2008100742684［P］，2010-01-13.

[17] 张周卫，汪雅红，张小卫，等. 低温系统温度控制节流阀. 201120370013X［P］，2012-07-25.

[18] 赵想平，汪雅红，张小卫，等. LNG 低温过程控制安全阀. 2011103027816［P］，2013-10-30.

# 第13章 LNG 疏气阀设计计算

液化天然气随着海上液化天然气进口量的不断增加以及陆上液化天然气液化工厂的建设，国内资源供应得到了保障。2011 年我国进口液化天然气 1221.5 万吨(约合 171 亿立方米)，约为上年进口量的 1.3 倍。我国海上液化天然气进口量今后将会逐年增加，年均复合增长率有望超过 30%。

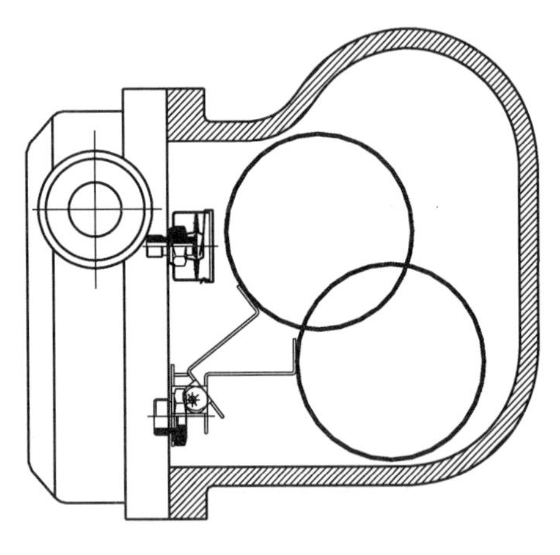

图 13-1 疏气阀总装图

中国天然气贸易的发展，不但反映了世界天然气市场格局的变化，而且正在为世界天然气市场注入新的活力。

因此，对于 LNG 疏气阀在运输系统中起到阻汽排液化天然气作用，选择合适的疏气阀，可使液化天然气系统达到最高工作效率。要想达到最理想的效果，就要对各种类型疏气阀的工作性能、特点进行全面的了解。疏气阀总装图如图 13-1 所示。

LNG 疏气阀包括螺塞、螺塞垫、浮球、阀杆、阀瓣、阀座、螺母、阀体、阀盖、挡气板和焊接法兰。

本设计是关于液化天然气（LNG）疏气阀的设计，设计温度-163℃，流速取 3m/s，压强 4.6MPa。

## 13.1 概述

疏气阀是一种阀门，是将液化天然气（LNG）输送管道或存储系统中的气态天然气尽快排出，同时最大限度地自动防止液化天然气的泄漏。选用疏气阀时，首先应选其特性能满足液化天然气输送系统的最佳运行，然后才考虑其他客观条件，这样选择你所需要的疏气阀才是正确和有效的。根据疏气阀的设计原理，我们设计在低温低压条件下，液化天然气上使用的疏气阀，其原理跟疏气阀基本相同，将气态的天然气排出去，留下液态天然气。

杠杆浮球式疏气阀，广泛用于工业液体输送设备，特别应用于气体特大排量的工作场合。此超大排量型疏气阀，在整个工作压力范围内无需调整和更换内件，即可充分排出大量的气化气体。排气过热度可达 0℃，特别适合用于气化气体量大的工作场合。其优点有：

① 采用轧装阀机械（新 SCCV 开关方式），具有优良的密封性和耐久性；

② 平衡双阀座设计，比一般的疏气阀体积小而排量大，特大排量场和更能发挥优越性；

③ 内装双金属片空气自动排放阀，可防止空气气堵；

④ 采用独特的 U 型双金属通气口，可大大缩短设备启动时间；

⑤ 全部部件安装在阀盖上，阀无需从配管上卸下，就可维修保养，简单方便。

## 13.2 设计条件及要求

### 13.2.1 技术要求及参考标准

一般要求：低温阀门除应符合本标准的规定外，还应符合 GB 12234、GB 12235、GB 12236、GB 12237 或 GB 12238 等相应阀门产品标准的规定。

### 13.2.2 阀体

① 法兰连接低温阀门的结构长度按 GB 12221 的规定，对焊连接低温阀门的结构长度按 GB/T 15 188.1 的规定。

② 阀体在长期承受介质温度反复变化产生的温变应力和连接管道引起的附加应力的总载荷下，应能保持足够的强度。

③ 对有流动方向要求的阀门，在阀体或固定在阀体的标牌上应标出指示介质流向的标志。

### 13.2.3 阀盖

① 阀盖应根据不同的使用温度要求，设计成便于保冷的长颈阀盖结构，以保证填料函底部的温度保持在 0℃以上。

② 阀门长颈部分可采用与本体材质相同的无缝钢管对焊到阀盖和填料上，焊后应进行热处理以消除应力。阀杆与长颈部分之间的间隙应按对流热损失尽可能小来设计，长颈部分应有足够的壁厚。

③ 对有特殊要求的低温阀门应设置上密封，上密封座堆焊硬质合金或采用衬套镶焊在阀盖上。对奥氏体不锈钢阀盖的上密封面，也可直接加工而成。

④ 阀体和阀盖应采用螺栓、焊接或管接头连接。管接头连接阀盖仅适用于公称通径等于或小于 50mm 的低温阀门，管接头螺母应与阀体锁紧，不允许采用螺纹连接阀盖。

### 13.2.4 阀瓣和阀座

① 对进出口两侧均能密封的低温阀门应采取防止阀体中腔异常升压的措施，可设置降压孔、降压通道或采取其他泄压方式，降压孔应设置在进口端。若用户无特殊要求，则泄压方式由制造厂确定。

② 低温阀门的密封副应设计成金属对金属或金属对软密封面，如采用软密封面则应由金属阀座支承，避免软密封阀座产生冷流变形。

③ 在阀瓣和阀体的密封面上堆焊硬质合金应符合 JB/T 6438 的规定。使用温度低于 -100℃时，堆焊后要进行深冷处理，即在研磨前，浸在-196℃的液氮中保冷 2～6h 后取出自然处理，然后研磨装配。

### 13.2.5 填料函

① 填料函宜采用带有中间金属隔离环的二重填料结构，也可采用通用阀门填料函结构或阀杆能自紧的二重填料结构等型式。

② 用于易燃介质的低温阀门，在其填料压套与阀杆之间和填料压套与填料函内壁之间，宜采用组合填料。

③ 用于易燃介质的阀门，应设计成防静电结构，以保证阀门各部件间能导电。

## 13.3 功能和材料选择

### 13.3.1 LNG 疏气阀的功能

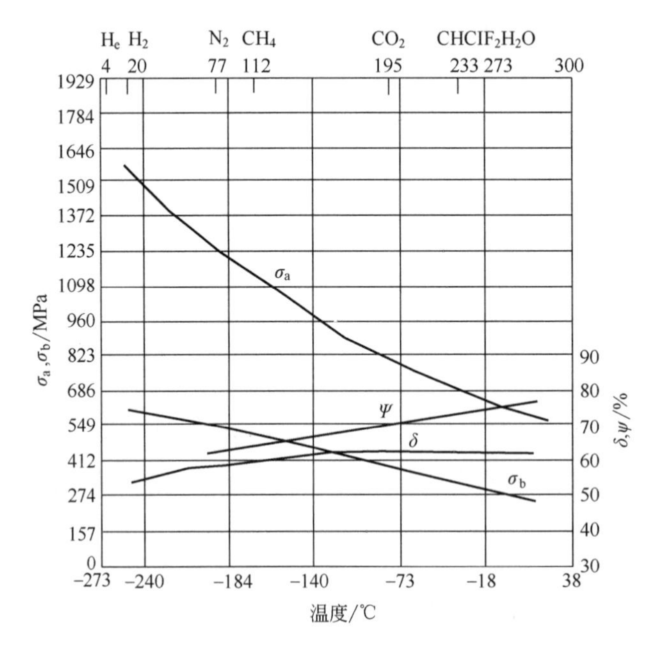


图 13-2 不锈钢低温力学图

液化天然气（Liquefied Natural Gas，LNG），主要成分是甲烷，被公认是地球上最干净的能源。液化天然气是天然气经压缩、冷却至其沸点（-162℃）温度后变成液体，通常液化天然气储存在-162℃、0.1MPa 左右的低温储存罐内。疏气阀的功能就是将液化天然气系统中由于温度变化气化产生的气态天然气尽快排出，同时最大限度地自动防止液化天然气的泄漏。

### 13.3.2 LNG 疏气阀的材料选择

LNG 用超低温阀门的工作温度约-163℃，在此温度下，金属材料将发生低温冷脆现象，即强度和硬度大幅提高，塑性和韧性大幅降低，影响阀门的性能和安全。为了防止材料在低温下的低应力脆断，在设计 LNG 用超低温阀门时，阀体、阀盖、阀瓣等承压零部件有特殊要求。常用的奥氏体不锈钢材料低温变形小，没有明显的低温冷脆临界温度，在-200℃以下，仍能保持较高的韧性（如图 13-2 所示）。因此，我们的材料定为奥氏体不锈钢材料。

# 13.4　杠杆浮球式疏气阀的设计

## 13.4.1　杠杆浮球式疏气阀的工作原理

当系统运行时，气态天然气会在液态天然气之前进入疏气阀内，此时浮球在其最低位置阀门开启，气态天然气从疏气阀出气孔排出，接着冷的液态天然气进入疏气阀，疏气阀内液态天然气液面逐渐升高，同时浮球向上浮起，浮球通过杠杆带动阀瓣关闭，防止液态天然气通过阀孔泄漏。当液态天然气进入疏气阀时，阀体中液位逐渐上升，随之浮球带动阀瓣上移，排气孔关闭，液态天然气回流到液化天然气输送系统中，随系统温度变化产生的气态天然气又进入疏气阀，通过疏气阀排气孔排出系统，有效降低液化天然气输送系统压力，保证系统正常运行。

## 13.4.2　基本参数的确定

（1）设计参数

阀体材质：奥氏体合金，牌号 06Cr19Ni10

工作压力：4.6MPa

最大排量：3200m$^3$/d

设计温度：−200℃

工作压差：0.45MPa、1MPa、1.4MPa

连接方式：螺纹和法兰连接

（2）公称直径的确定

流量规定为 3200m$^3$/d，规定压力为 4.6MPa，管内 LNG 流速取 1.5m/s，则公称直径由式（13-1）计算。

$$D=\sqrt{\frac{4V}{\pi v}} \tag{13-1}$$

式中　$V$ ——流体流量，m$^3$/s；

　　　$v$ ——流体流速，m/s，取 1.5m/s。

将数据代入式（13-1）得

$$D=\sqrt{\frac{4\times 0.037}{3.14\times 1.5}}\times 1000=177\text{mm}$$

因此，阀门的公称直径取 $DN$200。

（3）阀体通道处最小壁厚计算

根据 GB/T 12224—2005《钢制阀门　一般要求》中规定的阀体通道处最小壁厚计算如式（13-2）所示：

$$t'_{\mathrm{B}_0}=1.5\frac{6KPNd}{290f_0-7.2KPN}+C_1 \tag{13-2}$$

式中　$PN$——公称压力，MPa，公称压力为 4.6 MPa；

　　　$d$ ——管路进口端最小内径，设计给定（为公称直径 $DN$ 的 90%），mm，

$d = 0.9DN = 180\text{mm}$；

$K$ ——系数，参考《阀门的设计与应用》表 3-16，$K=1$；

$f_0$ ——应力系数，取 48.3 MPa；

$C_1$ ——附加裕量，参考《阀门的设计与应用》表 3-17，mm，取 4.5mm。

所以，阀体通道处最小壁厚为：

$$t'_{B_0} = 1.5 \times \frac{6 \times 1 \times 4.6 \times 180}{290 \times 48.3 - 7.2 \times 1 \times 4.6} + 4.5 = 5.03\text{mm}$$

阀体的最小流道直径见表 13-1。

**表 13-1 阀体的最小流道直径** 单位：mm

| 公称直径 | 阀体的最小流道直径 | | |
|---|---|---|---|
| | 缩径 | 不缩径 | |
| | | 公称压力/MPa | |
| | | 1.0，2.5，4.0，6.4 | 10 |
| 150 | 101 | 148 | 148 |
| 200 | 144 | 198 | 190 |
| 250 | 187 | 248 | 215 |
| 300 | 228 | 298 | 295 |
| 350 | 266 | 335 | 325 |
| 400 | 305 | 380 | 375 |
| 450 | 335 | 432 | 419 |
| 500 | 380 | 475 | 464 |

（4）阀体中腔处最小壁厚计算

根据 GB/T 12224—2005《钢制阀门一般要求》中规定的阀体中腔处最小壁厚计算式如式（13-3）所示。

$$t'_{B_1} = 1.5\frac{6KPNd''}{290f_0 - 7.2KPN} + C_1 \tag{13-3}$$

式中 $d''$ ——中腔壁厚的直径，$d'' = (2/3)d'$，mm，$d'' = (2/3)d' = 360\text{mm}$；

$d'$ ——中腔最大内径，设计给定，取 $3d$，mm，$d' = 3d = 540\text{mm}$；

$K$ ——系数，参考《阀门的设计与应用》表 3-16，$K=1$；

$f_0$ ——应力系数，取 48.3MPa；

$C_1$ ——附加裕量，参考《阀门的设计与应用》表 3-17，mm，取 4.5mm。

将数据代入式（13-3）得

$$t'_{B_1} = 1.5 \times \frac{6 \times 1 \times 4.6 \times 360}{290 \times 48.3 - 7.2 \times 1 \times 4.6} + 4.5 = 5.57\text{mm}$$

（5）第四强度理论最小壁厚

第四强度理论最小壁厚按式（13-4）计算：

$$t'_B = \frac{pd'}{2.3[\sigma_L] - p} + C \tag{13-4}$$

式中 $p$ ——计算压力，取公称压力 $PN$ 数值的 1/10，MPa，$p=0.1PN=0.46\text{MPa}$；

$[\sigma_L]$ ——许用拉应力，参考《阀门的设计与应用》表 3-26；查的奥氏体不锈钢牌号为 06Cr19Ni10，许用应力为 92MPa；

$C$ ——附加裕量，参考《阀门的设计与应用》表 3-20，取 4mm。

$$t'_B=\frac{0.46\times 900}{2.3\times 92-0.46}+4=5.96\text{mm}$$

本设计阀体的实际厚度取 $t_B=6\text{mm}$，$t_B\geqslant t'_B$ 符合要求。

（6）浮球壁厚

由于浮球是空心的密闭球体在高温和外压的作用下往往由于壁薄浮球失稳而压坏，致使疏气阀失效。但浮球壁太厚，又会减小浮球应有的浮力，影响疏气阀的开启能力和疏气效果。为了防止在外压作用下球壳的失稳，应使球壳的许用压力$[p]$大于或等于计算压力 $p$（$[p]\geqslant p$）。浮球壁厚按照外压容器壳体壁厚的计算方法采用图算法。

疏气阀浮球采用等壁浮球：承受外压的浮球是杠杆浮球式疏气阀或自由浮球式疏气阀的关键零件。浮球的损坏大多是由于浮球的壁厚太薄、强度不够、浮球失稳而被压瘪。但如果浮球的壁厚太厚，又会减少浮球应有的浮力，影响浮球式疏气阀启闭时的灵敏度。

（7）等壁浮球重量和壁厚的计算及强度校核

浮球在工作时承受外压作用，强度计算应按外压球形容器的要求进行计算外压浮球材料的临界许用应力。

计算公式为：

$$\sigma_{临}=0.12E\frac{\delta_0}{R} \tag{13-5}$$

因为

$$\sigma_{临}=E\varepsilon_{临} \tag{13-6}$$

所以

$$\varepsilon_{临}=\frac{\sigma_{临}}{E}=0.12\frac{\delta_0}{R} \tag{13-7}$$

式中 $\delta_0$ ——浮球的设计壁厚，cm；

$E$ ——材料的弹性模量，kgf/cm$^2$；

$\sigma_{临}$ ——材料的许用应力，kgf/cm$^2$；

$R$ ——浮球的平均半径，cm 。

通过计算得出 $\varepsilon_{临}$ 值，根据圆筒形或球形钢制外压容器壁厚计算。依据 $\varepsilon_{临}$ 值查出对应的 $B$ 值，即 $B=pR/\delta_0$，再依据式

$$[p]=B\frac{\delta_0}{R} \tag{13-8}$$

计算出许用外压$[p]$，再将它与设计要求所给定的工作压力 $p$（浮球所承受的外压）进行比较。如果 $p<<[p]$，则减小 $\delta$；如果 $p=[p]$，则增大 $\delta$ 值，重复上述计算，直至 $p<[p]$ 且接近 $p$ 时为止。

则浮球的实际壁厚应为：

$$\delta' = \delta + \delta_0 + C \tag{13-9}$$

$$C = C_1 + C_2 + C_3 \tag{13-10}$$

式中　$C_1$——材料加工的厚度偏差值，cm，取 0.135cm；

$C_2$——腐蚀裕度，不锈钢材料，cm，取 0cm；

$C_3$——冲压拉伸加工材料的减薄，cm，$(0.1\sim0.2)\delta_0$。

当浮球壁厚确定后，计算浮球重量：

$$G = \frac{\pi}{6}[D^3 - (D-2\delta)^3]\gamma' \tag{13-11}$$

式中　$G$——浮球重量，N；

$D$——浮球外径，cm；

$\delta$——浮球壁厚，cm；

$\gamma'$——浮球材料的比重，cm。

当浮球全部浸入设计压力下的饱和水中，产生最大浮力为：

$$F_{浮} = V\gamma \tag{13-12}$$

式中　$V$——浮球体积，$V=(\pi/6)D^3$，$cm^3$；

$\gamma$——设计压力下凝结水的比重，$g/cm^3$。

（8）应力验算

① 假设浮球的有效壁厚为$\delta_e$，壁厚系数 $A$ 为：

$$A = \frac{0.125}{R/\delta_e} \tag{13-13}$$

式中　$R$——浮球的外半径，mm，$R = 50mm$；

$\delta_e$——假设浮球的有效壁厚为 5mm。

将数据代入式（13-13）得

$$A = \frac{0.125}{50/5} = 0.0125$$

② 疏气阀浮球的材料为 304SS，则许用外压力$[p]$为：

$$[p] = \frac{B}{R/\delta_e} \tag{13-14}$$

若所得 $A$ 值在设计温度下材料线的左方，则许用外压力$[p]$为：

$$[p] = \frac{0.083\times 3E}{(R/\delta_e)^2} \tag{13-15}$$

式中　$E$——设计温度下材料的弹性模量（见表 13-2），MPa。

将数据代入式（13-15）得

$$[p] = \frac{0.083\times 3E}{(R/\delta_e)^2} = \frac{0.083\times 3\times 1.96\times 10^5}{(50/5)^2} = 488MPa$$

**表 13-2**　弹性模量与温度的关系

| 温度/℃ | 弹性模量 |
| --- | --- |
| ≤30 | $1.96\times10^5$ |
| 205 | $1.79\times10^5$ |
| 370 | $1.64\times10^5$ |
| 480 | $1.54\times10^5$ |
| 650 | $1.40\times10^5$ |

③ 将许用压力$[p]$与设计压力$p$比较，若$p<<[p]$，则适当减小$\delta$，重复式（13-14）、式（13-15）计算。若$p\geqslant[p]$，则需要增大$\delta$，重复式（13-14）、式（13-15）计算，直至$p\leqslant[p]$且接近$[p]$，从而确定有效壁厚$\delta$。

④ 为了保证浮球的稳定性，延长使用寿命，浮球的实际壁厚值$\delta$为有效壁厚$\delta_e$与厚度附加量$C$之和。

$$\delta=\delta_e+C \tag{13-16}$$

式中　$C$——厚度附加量（$C=C_1+C_2$），mm；

$C_1$——钢材厚度负偏差，mm；

$C_2$——腐蚀裕量，mm。

对于厚度附加量相关的标准已有规定。

a．当钢材的厚度负偏差不大于 0.25mm，且不超过名义厚度的 6%时，负偏差可忽略不计。

b．介质为压缩空气、水液化天然气或水的碳素钢或低合金钢制容器，腐蚀裕量不小于 1mm。

c．对于腐蚀或磨损的元件，应根据预期的容器寿命和介质对金属材料的腐蚀速率确定腐蚀裕量。

d．若容器各元件受到的腐蚀程度不同时，可采用不同的腐蚀裕量。

本设计钢材厚度负偏差$C_1=0$，腐蚀裕量$C_2=1\text{mm}$，故浮球的实际壁厚为：

$$\delta=5+1=6\text{mm}$$

## 13.5　密封比压

### 13.5.1　泄漏标准

如果没有发现疏气阀泄漏，或者发现疏气阀的泄漏量是在允许范围内，则该疏气阀被认为对流体和气体是达到密封的，对用于本液化天然气的疏气阀的最大允许泄漏量即作为泄漏标准。泄漏等级如表 13-3 所示。

（1）内漏标准

根据 GB/T 4213—2008 的密封试验要求，密封试验的最大允许泄漏量见表 13-3 规定，表 13-3 中的泄漏量只适用于向大气排放的情况。

试验程序 1：应为 0.35MPa，当阀的允许差小于 0.35MPa 时，用设计规定的允许压差；

试验程序 2：应为阀的最大工作压差。

表 13-3 泄漏等级

| 泄漏等级 | 试验介质 | 试验程序 | 最大阀座泄漏量 |
| --- | --- | --- | --- |
| Ⅰ | 由用户与制造厂商定 | | |
| Ⅱ | L 或 G | 1 | $5\times10^{-3}\times$阀额定容量 |
| Ⅲ | L 或 G | 1 | $10^{-3}\times$阀额定容量 |
| Ⅳ | L | 1 或 2 | $10^{-4}\times$阀额定容量 |
| | G | 1 | |
| Ⅳ-S1 | L | 1 或 2 | $5\times10^{-6}\times$阀额定容量 |
| | G | 1 | |
| Ⅴ | L | 2 | $1.8\times10^{-7}\Delta pD(L/h)$ |
| Ⅵ | G | 1 | $3\times10^{-3}\Delta p\times$（表 4-3 规定的泄漏率系数） |

注：1. $\Delta p$ 以 kPa 为单位。

2. $D$ 为阀座直径，以 mm 为单位。

3. 对于不可压缩流体，阀额定容量为体积流量时，是指在绝对压力为 101.325kPa 和绝对温度为 273K 或 288K 的标准状态下的测定值。

规定的泄漏率系数见表 13-4。

表 13-4 规定的泄漏率系数

| 阀座直径/mm | 泄漏量 | |
| --- | --- | --- |
| | mL/min | 每分钟气泡数 |
| 25 | 0.15 | 1 |
| 40 | 0.30 | 2 |
| 50 | 0.45 | 3 |
| 65 | 0.60 | 4 |
| 80 | 0.90 | 6 |
| 100 | 1.70 | 11 |
| 150 | 4.00 | 27 |
| 200 | 6.75 | 45 |
| 250 | 11.1 | — |
| 300 | 16.0 | — |
| 350 | 21.6 | — |
| 400 | 28.4 | — |

注：1. 每分钟气泡数是在用外径 6mm、壁厚 1mm 的管子垂直浸入水下 5～10mm 深度的条件下测量所得，所用管子的管端表面应光滑、无倒角和毛刺。

2. 如果阀座直径与表列值之一相差 2mm 以上，则泄漏率系数可在假设泄漏率系数与阀座直径的平方成正比的情况下通过内推法取得。

（2）外漏标准

GB/T 26481—2011 密封试验要求如下。

① 阀杆密封泄漏量的测量

a．使阀门处于半开加压到 0.6MPa，用吸气阀测量阀杆密封处的泄漏量；

b．然后全开和全关带试验压力的阀门 5 次；

c．以上机械循环后再半开阀门，并按上述测量阀杆密封处的泄漏量；

d．如仪表的读数超过表 13-5 规定的相应要求的性能等级的百万分体积含量值（1ppmv=1mL/$m^3$=1$cm^3$/$m^3$），则认为试验不通过。

表 13-5　性能等级

| 等级 | 量值/ppmv | 备　注 |
|---|---|---|
| A | ≤50 | 典型结构为波纹管密封或具有相同阀杆密封的部分回转阀门 |
| B | ≤100 | 典型结构为 PTFE 填料或橡胶密封 |
| C | ≤1000 | 典型结构为柔性石墨填料 |

② 阀体密封泄漏量的测量　阀体密封泄漏量测量的程序如下：

a．使阀门处于半开时，加压到 0.6MPa 的试验压力。试验压力稳定后，按规定的吸气法测量阀体密封处的渗漏量；

b．如果仪表的读数超过 50ppmv，则认为试验不通过。

## 13.5.2　疏气阀的密封面

（1）阀门密封面的选择

疏气阀的密封面是指阀座与关闭件互相接触而进行关闭的部分。由于疏气阀在使用过程中，密封面在进行密封过程中要受到天然气酸性的腐蚀，低温流体的冲刷和磨损，所以本疏气阀的密封性能随着使用时间而减低。密封面有金属密封面、软密封面和密封剂密封面三类。

① 金属密封面。金属密封面易受夹入流体颗粒的影响而变形，同时它受流体腐蚀、冲刷的损害。如果磨损颗粒比表面的不平整度大，在密封面磨合时，其表面粗糙度值就会变坏。如果把耐腐蚀。耐冲刷、抗磨蚀和抗擦伤性能较好的金属材料用做密封面，价格又太高。

② 软密封面。使用软密封面中，接触的两密封面可以单独、也可全部使用如氟塑料。橡胶这样的软质材料，由于这种材料性能使节触面容易配合，故软质密封的疏气阀能达到极高程度的密封性，而且这种密封性可以重复，缺点是这种材料受到流体适应性及使用温度的限制。

③ 密封剂密封面。有些阀门配有一种密封剂注入设备，可定期向阀座和阀杆注入密封剂，从而在较长时间内保证有效的密封。阀门关闭后，注入阀门密封面之间的密封剂可堵塞泄漏通道。油封旋塞阀和压力平衡旋塞阀就是完全依赖这种密封方式的金属阀座阀门。其他阀门在原有的密封失效后，也可采用注入密封剂的方法提供一个紧急密封。

综上所述：由于本疏气阀工作条件是在-163℃、工作压力为 4.6MPa。查《阀门的设计与应用》表 4-21，选择软密封面，密封面材料为：聚四氟乙烯（PTFE），其适用温度为：-196～200℃，适用介质和性能：耐热、耐寒性优、耐一般化学溶剂和几乎所有液体。

（2）阀门密封面上总作用力及计算比压

① 查《实用阀门设计手册》表 5-78 得密封面上的总作用力

$$Q_{MZ}=Q_{MJ}+Q_{MF} \tag{13-17}$$

式中　$Q_{MJ}$——密封面处介质作用力，$Q_{MJ}=\frac{\pi}{4}(D_{MN}+b_M)^2p$，N；

$Q_{MF}$ ——密封面上的密封力，$Q_{MF}=\pi（D_{MN}+b_M)b_M q_{MF}$，N；

$D_{MN}$ ——密封面内径，mm，取 $D_{MN}=72\text{mm}$；

$b_M$ ——密封面宽度，mm，取 $b_M=5.5\text{mm}$；

$p$ ——计算压力，MPa，为4.6MPa；

$q_{MF}$ ——密封面必需比压，查《实用阀门设计手册》表3-13，取10.2MPa。

由式（13-17）求得

$$Q_{MJ}=\frac{\pi}{4}(D_{MN}+b_M)^2 p=\frac{3.14}{4}\times(72+5.5)^2\times4.6=21688.6\text{N}$$

$$Q_{MF}=\pi(D_{MN}+b_M)b_M q_{MF}=3.14\times(72+5.5)\times5.5\times10.2=13651.9\text{N}$$

所以，密封面上总作用力 $Q_{MZ}=35340.5\text{N}$。

② 查《实用阀门设计手册》表5-78得密封面的计算比压

$$q=\frac{Q_{MZ}}{\pi(D_{MN}+b_M)b_M} \tag{13-18}$$

将数据代入式（13-18）得

$$q=\frac{Q_{MZ}}{\pi(D_{MN}+b_M)b_M}=\frac{35340.5}{3.14\times(72+5.5)\times5.5}=26.4\text{MPa}$$

由①中计算出的数据得计算比压 $q=26.4\text{MPa}$。其中，查《实用阀门设计手册》表3-14得密封面的许用比压 $[q]=29\text{MPa}$（密封面有滑动摩擦）。

综上，$q_{MF}\leqslant q\leqslant[q]$，所以验算合格。

## 13.5.3 垫片

垫片是两个物体之间的机械密封，通常用以防止两个物体之间受到压力、腐蚀和管路自然地热胀冷缩泄漏。由于机械加工表面不可能完美，使用垫片即可填补不规则性。垫片通常由片状材料制成，如垫纸、橡胶、硅橡胶、金属、软木、毛毡、氯丁橡胶、丁腈橡胶、玻璃纤维或塑料聚合物（如聚四氟乙烯）。特定应用的垫片可能含有石棉。

使用垫片的目的就是利用垫片材料在压紧载荷的作用下较容易产生弹性变形的特性，使之填平法兰密封面的微小凹凸不平，从而实现密封。连接面受介质压力作用时，密封面被迫发生分离，此时要求垫片能释放出足够的弹性变形能，以补偿这以分离量，并且留下足以保持密封所需的垫片工作应力。

阀门的垫片起密封作用，垫片材料的选择遵循以下规则：

① 选用垫片时，必须考虑垫片的密封性能、工作压力、工作温度、针对工作介质的性质，以及密封面的型式、结构、装卸难易、经济性等因素进行全面分析。其中，介质性质、工作压力和工作温度是影响密封的主要因素，也是选用垫片的主要依据。

② 垫片的类型，一般情况下是根据介质的温度、压力选用。在高温、高压下，多采用金属垫片；在常压、低压及中温下，多采用非金属垫片；在温度、压力波动的场合，宜采用自紧式密封垫片。

③ 在高温、深冷或冷热频繁交替、振动较大、腐蚀性强等恶劣工况下，用于平面或突面法兰时最好选用内外环垫片。

综上，选用内外金属缠绕垫片，内外金属缠绕垫片是目前应用广泛的一种密封垫片，为半金属密合垫中回弹性最佳的垫片，由 V 形或 W 形薄钢带与各种填充料交替缠绕而成。能耐高温、高压和适应超低温或真空下的条件使用，通过改变垫片的材料组合，可解决各种介质对垫片的化学腐蚀问题，其结构密度可依据不同的锁紧力要求来制作，为加强主体和准确定位，缠绕垫片设有金属内加强环和外定位环，利用内外钢环来控制其最大压紧度，对垫片接触的法兰密封面的表面精度要求不高。具体材料及尺寸见表 13-6～表 13-8。

**表 13-6** 所选内外环垫片的结构材料

| 填充材料 | 钢带 | 内环 | 外环 | 适用温度/℃ | 最大操作压力/（$kg/cm^2$） |
|---|---|---|---|---|---|
| 石墨缠绕 | SUS316 | SUS304 | SUS304 | -200～550 | 250 |

**表 13-7** 缠绕垫片厚度公差　　单位：mm

| 项目 | 厚度 | 公差 |
|---|---|---|
| 垫片厚度 | 4.5<br>3.2 | +0.2<br>-0.1 |
| 环厚度 | 3.0 | ±0.24 |

**表 13-8** 内外金属缠绕垫片主要技术参数

| 缠绕垫片系数 | $k$=2.5～4 |
|---|---|
| 缠绕垫片使用压力 | ≤25MPa |
| 缠绕垫片使用温度 | -196～700℃（氧化性介质中不高于 600℃） |
| 缠绕垫片最小预紧比压 | $y$=68MPa |

## 13.6 螺栓与法兰的强度计算

### 13.6.1 阀体与阀盖的连接计算

阀体与阀盖的连接有法兰螺栓连接和螺纹连接两种，其适用于各种不同的介质、压力及温度，这样的连接形式在阀门中是十分普遍的。法兰螺栓连接是由三个零件组成，即法兰、螺栓和垫片，这些零件的物理力学性能对法兰螺栓连接有很大的影响。在采用法兰螺栓连接阀门的工作条件中，介质压力和温度的变化对中法兰的设计有很大的影响，中法兰的设计必须保证阀门在一定的工作温度和工作压力下有足够的强度和密封性能。法兰螺栓连接的密封性能是用拧紧连接螺栓的螺母来保证的。计算时应确定的条件为：在阀门承受工作压力和工作温度时，应满足标准要求的由垫片或其他密封件的有效周边所限定的面积和螺栓总抗拉应力有效面积的比值。螺纹连接的阀盖是靠旋紧螺纹压紧垫片来保证在一定的工作压力和工作温度下的密封性能，因此，应满足标准要求的由垫片或其他密封件的有效周边所限定的面积和螺纹总抗剪应力有效面积的比值。

法兰螺栓连接的阀体和阀盖组件。法兰螺栓连接的螺纹应符合 GB/T 193—2003《普通螺纹直径与螺距系列》的规定，螺纹的公差与配合应符合 GB/T 197—2003《普通螺纹公差》的规定，连接螺栓的总横截面积应符合以下要求。

连接螺栓的总横截面积应符合

$$bKPN\frac{A_g}{A_b} \leqslant 65.26S_a \leqslant 9000 \tag{13-19}$$

或

$$C_L\frac{A_g}{A_b} \leqslant 65.26S_a \leqslant 9000 \tag{13-20}$$

式中 $K$ ——系数，取 $K=2.5$；

$A_g$ ——由垫片或其他密封件的有效周边所限定的面积，$mm^2$；

$A_b$ ——螺栓总抗拉应力有效面积，$mm^2$；

$S_a$ ——螺栓在 38℃的许用应力；

$C_L$ ——压力等级数值，查《实用阀门手册》得 $C_L=305$。

经过验算，总横截面积符合要求。

## 13.6.2 螺栓数量

螺栓数量应采用“试凑法”逐步计算，即先假定一个数，然后计算螺栓的应力。在假定螺栓数量时应遵循以下原则。

阀体与阀盖的连接至少有 4 个全螺纹螺栓或双头螺栓，螺栓的数量应为 4 的整倍数。螺栓的最小尺寸见表 13-9。

**表 13-9 螺栓的最小尺寸** 单位：mm

| 阀门通径 DN | 螺栓最小尺寸（名义直径） |
| --- | --- |
| 25～65 | M10 |
| 80～200 | M14 |
| ≥250 | M16 |

阀盖螺栓螺纹根部总断面积所承受的拉应力，在阀门的公称压力作用于垫片有效周边面积时，不应超过 62MPa；如用户指定的螺栓材料屈服强度等于或低于 210MPa，则拉应力减小到 48MPa；因此，有

$$P_n n = p(A + d_f m) \tag{13-21}$$

式中 $p$ ——管道压力，通常可取公称压力，MPa；

$P_n$ ——作用在每个螺栓上的负荷，N；

$n$ ——螺栓或双螺栓数；

$A$ ——通道截面积，$mm^2$，$A=\pi ab$；

$d_f$ ——连接面或垫片接触面面积，$d_f=\pi(a_1b_1-ab)$；

$m$ ——垫片系数。

以上求得的 $P_n$ 还应加上由于关闭阀门所需的，并通过凸肩和阀盖传到螺栓上的轴间力 $P_c$，因此，每个螺栓上的总负荷为：

$$P_b = P_n + P_c / n \tag{13-22}$$

螺栓的合力为：

$$W_b = P_b n \tag{13-23}$$

其弯矩为：

$$M_b = W_b x \tag{13-24}$$

### 13.6.3　最小弦距 $p_m$ 的确定

最小弦距 $p_m$ 可采用公式（13-25）、式（13-26）计算。

对于套筒扳手：

$$p_m = 2d_b + 6 \tag{13-25}$$

对于开口扳手：

$$p_m = 2.75d_b \tag{13-26}$$

式中　$d_b$ ——螺栓或双头螺栓的名义直径，mm。

### 13.6.4　法兰厚度

$$t_e = \sqrt{\frac{1.35W_b x}{[\sigma_1]\sqrt{a_n^2 + b_n^2}}} \tag{13-27}$$

式中　$t_e$ ——计算的法兰厚度，mm；

$W_b$ ——螺栓的合力，N；

$x$ ——螺栓中心到法兰根部的距离，mm；

$[\sigma_1]$ ——材料径向许用弯曲应力，MPa，取 $1.25\sigma_1$；

$a_n$ ——垫片压紧力作用中心长轴半径，mm；

$b_n$ ——垫片压紧力作用中心短轴半径，mm。

### 13.6.5　钢制中法兰的强度计算

我国 GB/T 17186—1997《钢制管法兰连接强度计算方法》规定了用于钢制法兰的 A、B 两种强度计算方法。其中方法 A 主要用于公称压力 *PN*20、*PN*50、*PN*110、*PN*150、*PN*260 及 *PN*420 的钢制管法兰，方法 B 主要用于公称压力 *PN*2.5、*PN*10、*PN*16、*PN*25 及 *PN*40 的钢制管法兰。本设计用方法 A。螺栓的数量应尽可能多，以使密封更均匀可靠；螺栓孔中心距与螺栓孔直径之比不应大于 5；螺栓孔中心圆应尽可能小，以减少弯矩。

① 法兰颈部轴向应力 $\sigma_H$

$$\sigma_H = fT_S \tag{13-28}$$

或

$$\sigma_H = \lambda \delta_1^2 D_1 \tag{13-29}$$

式中　$f$ ——颈部应力校正系数，参照《阀门的设计与应用》；

$D_1$ ——法兰内径，mm，为 323.9mm；

$\delta_1$ ——阀体中腔颈部壁厚，mm。

② 法兰设计力矩$T_c$，取$T_a$与$T_p$之较大值。

③ 预紧状态下需要的法兰力矩

$$T_a = L_a(D_b - D_G)/2 \tag{13-30}$$

④ 预紧状态下需要的最小螺栓载荷

$$L_a = 3.14D_G by \tag{13-31}$$

⑤ 垫片压紧力作用中心圆直径$D_G$。

⑥ 垫片有效密封宽度$b$，条件如下：

当$b_0 \leqslant 6.4\text{mm}$时，$b = b_0$；

当$b_0 > 6.4\text{mm}$时，$b = 2.53\sqrt{b_0}$。

⑦ 垫片基本密封宽度$b_0$，参照《阀门的设计与应用》选取。

⑧ 垫片比压$y$，参照《阀门的设计与应用》中选取。

⑨ 法兰螺栓孔中心圆直径$D_b$。

⑩ 操作状态下需要的法兰力矩

$$T_p = T_D + T_G + T_T \tag{13-32}$$

⑪ 由于内压施于法兰内径截面的轴向力所产生的力矩分量

$$T_D = F_D S_D \tag{13-33}$$

⑫ 流体静压力作用在法兰内径截面上的轴向力

$$F_D = 0.785D_1^2 p \tag{13-34}$$

⑬ 设计内压力$p$，取公称压力$PN$数值的1/10，$p = 4.6\text{MPa}$。

⑭ 由于垫片压紧力而产生的力矩分量$T_G$

$$T_G = F_G S_G \tag{13-35}$$

⑮ 预紧状态下需要的垫片最小压紧力

$$F_G = 3.14D_G by \tag{13-36}$$

⑯ 从螺栓中心圆到$F_G$作用位置处的径向距离$S_D$，参照《阀门的设计与应用》图3-36。

⑰ 由于内压施于法兰的总轴向力与施于法兰内径截面上的轴向力之差而产生的力矩分量$T_T$

$$T_T = F_T S_T \tag{13-37}$$

⑱ 流体静压总轴向力与施于法兰内径截面的轴向力之差$F_T$

$$F_T = F - F_D \tag{13-38}$$

⑲ 流体静压总轴力$F$

$$F = 0.785D_G^2 p \tag{13-39}$$

⑳ 流体静压力作用在法兰内径截面上的轴向力$F_D$

$$F_D = 0.785D_1^2 p \tag{13-40}$$

㉑ 从螺栓中心圆到$F_T$作用位置处的径向距离$S_T$，参照《阀门的设计与应用》选取。

㉒ 系列$\lambda$

$$\lambda = \frac{t_{f+1}}{T} + \frac{t_f^3}{d_1} \tag{13-41}$$

㉓ 法兰厚度 $t_f$=32mm。

㉔ 对于整体法兰，参数 $e$

$$e = \frac{F_1}{h_0} \tag{13-42}$$

㉕ $K\left(K = \dfrac{D}{D_1}\right)$整体法兰的任意系数 $F_1$。

㉖ 参数 $h_0$，根据公式 $h_0 = \sqrt{D_1}\delta_0$，由值确定的系数 $T$ 参照《阀门的设计与应用》选取。

㉗ 对于整体法兰，参数 $d_1$

$$d_1 = \frac{U}{V_1} h_0 \delta_0^2 \tag{13-43}$$

㉘ 系数 $U$，由 $K = \dfrac{D}{D_1}$ 值确定。

㉙ 系数 $V_1$，参照《阀门的设计与应用》选取。

㉚ 法兰外径 $D$，参照《阀门的设计与应用》选取。

㉛ 法兰颈部大端有效厚度 $\delta_1$，参照《阀门的设计与应用》选取。

## 13.6.6 法兰环的径向应力

① 法兰环的径向应力 $\sigma_R$

$$\sigma_R = \frac{(1.33 t_f e + 1) M_e}{\lambda t_f^2 D_i} \tag{13-44}$$

② 法兰厚度 $t_f$ =32mm。

③ 对于整体法兰，参数 $e$

$$e = \frac{F_1}{h_0} \tag{13-45}$$

④ 整体法兰的任意系数 $F_1$，参照《阀门的设计与应用》选取。

⑤ 参数 $h_0$

$$h_0 = \sqrt{D_1}\delta_0 \tag{13-46}$$

⑥ 法兰内径 $D_1$，参照《阀门的设计与应用》选取。

⑦ 阀体中腔颈部壁厚 $c_e$，参照《阀门的设计与应用》选取。

⑧ 法兰设计力矩 $T_C$，取 $T_a$ 与 $T_p$ 之较大值。

⑨ 预紧状态下需要的法兰力矩 $T_a$

$$T_a = L_a (D_b - D_G) / 2 \tag{13-47}$$

⑩ 预紧状态下需要的最小螺栓载荷 $L_a$

$$L_a = 3.14 D_G b y \tag{13-48}$$

⑪ 垫片压紧力作用中心圆直径 $D_G$，参照《阀门的设计与应用》选取。

⑫ 垫片有效密封宽度 $b$，条件如下：

当 $b_0 \leqslant 6.4\text{mm}$ 时，$b = b_0$；

当 $b_0 > 6.4\ \text{mm}$ 时，$b = 2.53\sqrt{b_0}$ 。

⑬ 垫片基本密封宽度 $b_0$，按参考文献《阀门的设计与应用》中选取。

⑭ 垫片比压 $y$，按参考文献《阀门的设计与应用》中选取。

⑮ 法兰螺栓孔中心圆直径 $D_b$，参照《阀门的设计与应用》选取。

⑯ 操作状态下需要的法兰力矩 $T_p$

$$T_p = T_D + T_G + T_T \tag{13-49}$$

⑰ 流体静压力作用在法兰内径截面上的轴向力 $F_D$

$$F_D = 0.785 D_1^2 p \tag{13-50}$$

⑱ 设计内压力 $p$，取公称压力 $PN$ 数值的1/10，$p = 4.6\ \text{MPa}$ 。

⑲ 从螺栓中心圆到 $F_D$ 作用位置处的径向距离 $S_D$，参照《阀门的设计与应用》选取。

⑳ 由于垫片压紧力而产生的力矩分量 $T_G$

$$T_G = F_G S_G \tag{13-51}$$

㉑ 预紧状态下需要的垫片最小压紧力 $F_G$

$$F_G = 3.14 D_G b y \tag{13-52}$$

㉒ 从螺栓中心圆到 $F_G$ 作用位置处的径向距离 $S_D$，参照《阀门的设计与应用》图3-36选取。

㉓ 由于内压施于法兰的总轴向力与施于法兰内径截面上的轴向力之差而产生的力矩分量 $T_T$

$$T_T = F_T S_T \tag{13-53}$$

㉔ 流体静压总轴向力与施于法兰内径截面的轴向力之差 $F_T$

$$F_T = F - F_D \tag{13-54}$$

㉕ 流体静压总轴力 $F$

$$F = 0.785 D_G^2 p \tag{13-55}$$

㉖ 从螺栓中心圆到 $F_T$ 作用位置处的径向距离 $S_T$，参照《阀门的设计与应用》选取。

㉗ 系列 $\lambda$

$$\lambda = \frac{t_{f+1}}{T} + \frac{t_f^3}{d_1} \tag{13-56}$$

㉘ $K\left(K = \dfrac{D}{D_1}\right)$ 整体法兰的任意系数 $F_1$ 。

㉙ 对于整体法兰，参数 $d_1$

$$d_1 = \frac{U}{V_1} h_0 \delta_0^2 \tag{13-57}$$

㉚ 系数 $U$，由 $K=\dfrac{D}{D_1}$ 值确定。

㉛ 系数 $V_1$，参照《阀门的设计与应用》选取。

㉜ 法兰外径 $D$，参照《阀门的设计与应用》选取。

## 13.6.7　法兰环的环向应力

① 法兰环的环向应力 $\sigma_T$

$$\sigma_T=\frac{YT_C}{t_f D_i}-Z\sigma_R \tag{13-58}$$

② 由 $K\left(K=\dfrac{D}{D_1}\right)$ 值确定的系数 $Y$，参照《阀门的设计与应用》选取。

③ 法兰外径 $D$ 取 460mm。

④ 法兰外径 $D_i$ 取 460mm。

⑤ 法兰设计力矩 $T_C$ 取 $T_a$ 与 $T_p$ 之较大值。

⑥ 预紧状态下需要的法兰力矩 $T_a$

$$T_a=L_a(D_b-D_G)/2 \tag{13-59}$$

⑦ 预紧状态下需要的最小螺栓载荷 $L_a$

$$L_a=3.14D_G by \tag{13-60}$$

⑧ 垫片压紧力作用中心圆直径 $D_G$，参照《阀门的设计与应用》选取。

⑨ 垫片有效密封宽度 $b$，条件如下：

当 $b_0\leqslant 6.4$mm 时，$b=b_0$；

当 $b_0>6.4$mm 时，$b=2.53\sqrt{b_0}$。

⑩ 垫片基本密封宽度 $b_0$，按参考文献《阀门的设计与应用》中选取。

⑪ 垫片比压 $y$，按参考文献《阀门的设计与应用》中选取。

⑫ 法兰螺栓孔中心圆直径 $D_b$，参照《阀门的设计与应用》选取。

⑬ 操作状态下需要的法兰力矩

$$T_p=T_D+T_G+T_T \tag{13-61}$$

⑭ 流体静压力作用在法兰内径截面上的轴向力

$$F_D=0.785D_1^2 p \tag{13-62}$$

⑮ 设计内压力 $p$，取公称压力 $PN$ 数值的 1/10，$p=4.6$MPa。

⑯ 从螺栓中心圆到 $F_D$ 作用位置处的径向距离 $S_D$，参照《阀门的设计与应用》选取。

⑰ 由于垫片压紧力而产生的力矩分量 $T_G$

$$T_G=F_G S_G \tag{13-63}$$

⑱ 预紧状态下需要的垫片最小压紧力

$$F_G = 3.14 D_G b y \tag{13-64}$$

⑲ 从螺栓中心圆到 $F_G$ 作用位置处的径向距离 $S_D$，参照《阀门的设计与应用》图 3-36 选取。

⑳ 由于内压施于法兰的总轴向力与施于法兰内径截面上的轴向力之差而产生的力矩分量 $T_T$

$$T_T = F_T S_T \tag{13-65}$$

㉑ 流体静压总轴向力与施于法兰内径截面的轴向力之差 $F_T$

$$F_T = F - F_D \tag{13-66}$$

㉒ 流体静压总轴力 $F$

$$F = 0.785 D_G^2 p \tag{13-67}$$

㉓ 流体静压力作用在法兰内径截面上的轴向力 $F_D$

$$F_D = 0.785 D_1^2 p \tag{13-68}$$

㉔ 从螺栓中心圆到 $F_T$ 作用位置处的径向距离 $S_T$，参照《阀门的设计与应用》。

㉕ 系列 $\lambda$

$$\lambda = \frac{t_{f+1}}{T} + \frac{t_f^3}{d_1} \tag{13-69}$$

㉖ 法兰厚度 $t_f$，参照《阀门的设计与应用》选取。

㉗ 由 $K\left(K = \dfrac{D}{D_1}\right)$ 值确定的系数 $Z$，参照《阀门的设计与应用》选取。

㉘ 法兰环的径向应力 $\sigma_R$，参照《阀门的设计与应用》选取。

## 13.7 浮球的设计与应力验算

### 13.7.1 浮球的初算质量

浮球应有足够的质量，以保证疏气阀有一定高度的水封阻止天然气泄漏。因此，现实液面规定高度必须大于阀座口上边缘的高度。在规定高度液位时，浮球自由飘浮在液态天然气中，浮球部件浸入液态天然气的体积所受浮力 $F$ 与浮球部件重量相等，即

$$F = mg \tag{13-70}$$

由于阀杆和阀瓣的体积和质量很小，一般体积占总阀体积的 3%左右、质量占 10%左右，所以浮球自身的浮力必须为 $F_f = 0.97F$，浮球自身的质量必须为 $m_f = 0.9m$，换算得 $F = F_f / 0.97$，$m = m_f / 0.9$，代入式（13-70），所以

$$m_f = 0.924 F_f \tag{13-71}$$

又因 $F_f = V_f \rho_{LNG} = \pi H^2 (D/2 - H/3) \rho_{LNG}$，则

$$m_f = 0.924 \pi H^2 \left(\frac{D}{2} - \frac{H}{3}\right) \rho_{LNG} \tag{13-72}$$

式中　$H$ ——规定的液面高度，cm；

$D$ ——浮球外径，cm。

由式（13-72）求出浮球初算质量 $m_f$ 后，再由式（13-73）可求出浮球计算壁厚 $\delta$ 。

$$m_f = \frac{4}{3}\pi[D^3 - (D - 2\delta)^3]\rho_{球} \tag{13-73}$$

式中 $\delta$ ——为浮球壁厚，cm；

$\rho_{球}$ ——球为浮球材料密度，$kg/cm^3$ 。

## 13.7.2 浮球的质量

浮球强度验算浮球承受液化天然气的外压力（内压为 0）而产生压应力，为了保证浮球不被压皱压瘪，必须进行皱缩压力及压应力验算。根据弹性理论，对于薄壁球体，其弹性临界皱缩压力 $P_y$ 按式（13-74）计算，且 $P_y > P$ 。

$$P_y = \frac{8KE(\delta / D)^2}{\eta\sqrt{3(1-\mu^2)}} \tag{13-74}$$

式中 $K$ ——浮球的不圆度系数，一般为 0.25；

$E$ ——弹性模量；

$\mu$ ——泊松比，钢材为 0.3；

$\eta$ ——厚度不均的安全裕度，一般为 1.5～2。

$$P_y = \frac{8\times0.25\times1.96\times10^5\times(0.006/0.1)^2}{1.5\times\sqrt{3\times(1-0.3^2)}} = 1411.2\text{N}$$

受外压球体的最大压应力应小于材料弹性限，其值为：

$$\sigma_{y\max} = \frac{3p(D/2)^3}{2[(D/2)^3 - (D_{内}/2)^3]} \tag{13-75}$$

式中 $D$——浮球外径，cm；

$D_{内}$ ——空心球体内径，cm。

将数据代入式（13-75）得

$$\sigma_{y\max} = \frac{3\times4.6\times10^6\times(0.1/2)^3}{2[(0.1/2)^3 - (0.088/2)^3]} = 2.17\times10^7\text{N}$$

对薄壁球体，式（13-75）可简化为：

$$\sigma_{y\max} = \frac{pD}{4\delta} \tag{13-76}$$

## 13.7.3 阀座排水口直径浮球处于平衡状态

阀座排水口直径浮球处于平衡状态时，$M_{xb} = M_{yb}$ ，有：

$$\frac{d}{2}[Q - (F - m)\sin\alpha] = a(F - m)\cos\alpha \tag{13-77}$$

由式（13-77）可求出阀座排水口计算直径 $d$ ，由于浮球直径和壁厚及排水口存在偏差，实际上应取计算值的 90%～95%。

### 13.7.4 浮球部件受力分析及计算

浮球部件所受浮力

$$F = (V_f + V_1)\rho_{LNG} g \tag{13-78}$$

式中 $V_f$ ——浮球浸入水中的体积，$cm^3$；

$V_1$ ——阀杆和阀瓣浸入水中的体积，$cm^3$；

$\rho_{LNG}$ ——饱和冷凝水密度，$kg/cm^3$。

浮球部件质量

$$m = m_f + m_1 \tag{13-79}$$

式中 $m_f$ ——浮球质量，kg；

$m_1$ ——阀杆和阀瓣质量，kg。

液化天然气压力作用于浮球部件上的力

$$Q = \frac{\pi}{4} d^2 p \tag{13-80}$$

式中 $d$ ——阀座排水口直径，cm，取 5 cm；

$p$ ——液化天然气压力，Pa。

$$Q = \frac{3.14}{4} \times 0.05^2 \times 4.6 \times 10^6 = 9027.5\ \text{N}$$

将浮力 $F$ 和重量 $mg$ 分解成 $x$—$y$ 坐标轴上的力，再分别计算 $x$ 轴和 $y$ 轴上的合力：

$$\sum f_x = Q - (F - mg)\sin\alpha \tag{13-81}$$

$$\sum f_y = (F - mg)\cos a \tag{13-82}$$

这两个合力分别以阀座口上边缘的 b 点为支点，形成使浮球浮动的转矩 $M_{xb}$ 及 $M_{yb}$：

$$M_{xb} = (d/2)\sum f_x = (d/2)[Q - (F - mg)\sin\alpha] \tag{13-83}$$

$$M_{yb} = (d/2)\sum f_y = (d/2)(F - mg)\cos\alpha \tag{13-84}$$

式中 $a$ ——b 点到 $x$ 轴的距离，$a = L\cos\beta$；

$L$ ——b 点到浮球中心 $O$ 的距离，cm；

$\beta$ ——$Q_b$ 直线与 $x$ 轴的夹角；

$\alpha$ ——阀座偏角，(°)。

当 $M_{yb} > M_{xb}$ 时，疏气阀处于开启状态；

当 $M_{yb} < M_{xb}$ 时，疏气阀处于关闭位置。

## 13.8 临界开启时的力平衡方程

杠杆力学的模型如图 13-3 所示。

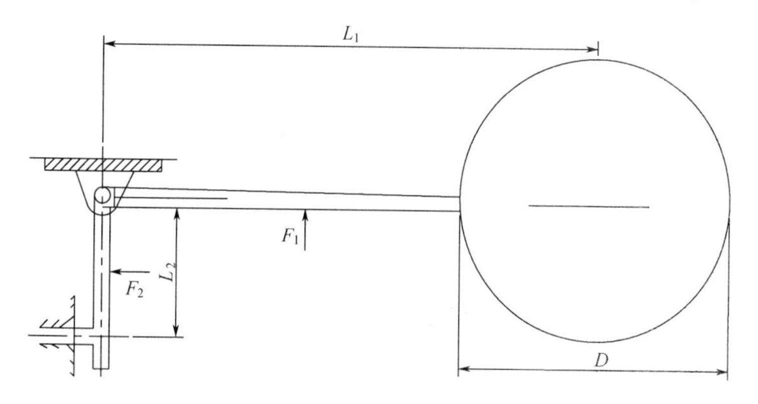


图 13-3　杠杆力学模型示意图

阀芯处于临界开启状态时，力矩平衡方程为：

$$F_1L_1 = F_2L_2 \tag{13-85}$$

式中　$F_1$ ——动力，N；

$F_2$ ——阻力，N；

$L_1$ ——动力臂，mm；

$L_2$ ——阻力臂，mm。

$$F_1 = F - W \tag{13-86}$$

式中　$F$ ——浮球所受浮力，N；

$W$ ——浮球杠杆质量在球心的等效力，N。

$$F = \frac{\pi}{6}D^3\rho_{LNG}g \tag{13-87}$$

式中　$D$ ——浮球直径，mm；

$\rho_{LNG}$ ——工作温度下的液化天然气密度，kg/m³；

$g$ ——重力加速度，m/s²。

将数据代入式（13-87）得

$$F = \frac{3.14}{6} \times 0.1^3 \times 450 \times 10^3 \times 9.8 = 2307.9\text{N}$$

$$F_2 = \frac{\pi}{4}d^2p \tag{13-88}$$

式中　$d$ ——阀瓣密封面平均直径，mm；

$p$ ——介质压力，MPa。

代入数据得

$$F_2 = \frac{3.14}{4} \times 0.0775^2 \times 4.6 \times 10^5 = 2168.9\text{N}$$

联立式（13-85）和式（13-86）得

$$(F - W)L_1 = F_2L_2 \tag{13-89}$$

由式（13-89）得

$$W = F - \frac{F_2 L_2}{L_1} \tag{13-90}$$

代入数据得

$$W = F - \frac{F_2 L_2}{L_1} = 2307.9 - \frac{2168.9 \times 0.25}{0.3} = 500.5\text{N}$$

# 13.9 液化天然气管道疏气量的计算

疏气量计算示意图如图 13-4 所示。

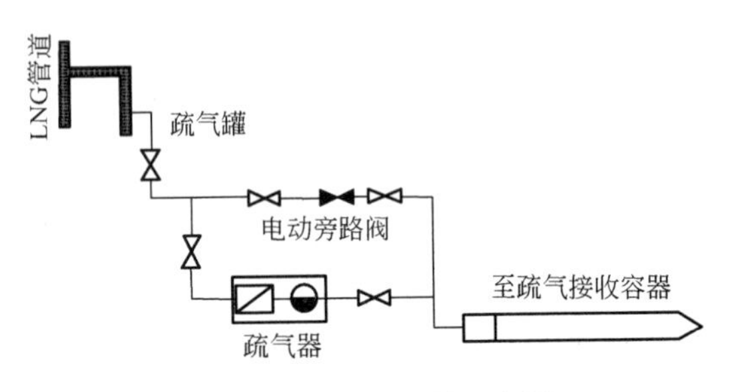


图 13-4　疏气量计算示意图

## 13.9.1 启动时液化天然气管道疏气量的计算

（1）估算的原始条件

高压液化天然气管道的温升速度规定为 2～3℃/min，且最高不得超过 5℃/min，故计算中选用 5℃/min。保温材料的温升速度取为钢管温升速度的一半，即 2.5℃/min。

（2）启动疏气量的计算

启动疏气量

$$M = \frac{60n(G_1 C_1 \Delta t_1 + G_2 C_2 \Delta t_2)}{I_g - I_b} \tag{13-91}$$

式中 $G_1$ ——单位长的钢管重量或单只阀门的重量，为 1470N/m；

$G_2$ ——单位长的钢管保温材料重量，为 48 N/m；

$C_1$ ——钢管比热，为 2.0；

$C_2$ ——保温材料比热，取 0.837；

$\Delta t_1$ ——钢管温升速度，取 5℃/min；

$\Delta t_2$ ——保温材料温升速度，℃/min，取 $\Delta t_2$ 为 $0.5\Delta t_1$，即为 2.5℃/min；

$I_g$ ——液化天然气焓，大卡/公斤；

$I_b$ ——液化天然气管道初压下的饱和水焓，大卡/公斤；

$n$ ——管道长度，取 100m。

## 13.9.2 液化天然气管道运行时的疏气量计算

（1）过热液化天然气管道疏气量计算

按规程中关于管道的单位热损失范围中的数据得：

额定参数下的过热液化天然气焓：$I_g = 3353$ 大卡/kg；

额定参数下的饱和水焓：$I_b = 718.53$ 大卡/kg；

管道长度或阀门只数：$n = 100$ 。

管道及阀门的散热损失：

$$q = KA\Delta t = \frac{\lambda}{\delta} A\Delta t \qquad (13\text{-}92)$$

经常疏气量：

$$G = \frac{qn}{V(I_g - I_b)} \qquad (13\text{-}93)$$

式中　$q$——管道及阀门的散热损失。

高温高压下对于疏气阀来说焓值较大，但对于我们低温高压的疏气阀来说，焓值的差距以保证我们的输气量够用。

（2）湿液化天然气管道经常疏气量计算

因湿液化天然气本身带有湿度，故与过热液化天然气相比，经常疏气量除应考虑管道散热而引起的疏气，还应考虑湿液化天然气本身所含水分引起的疏气量。目前我国 CP1000 核电机组中的主汽及汽水分离再热器前的 5 段、6 段、7 段抽气均为湿液化天然气，故湿液化天然气管道疏气量的计算是核电机组热力系统中的重要问题。考虑到工程应用的安全可靠性，统一按湿度中 0.1 作为疏气量。故湿液化天然气管道的经常疏气量公式如式（13-94）：

$$G = qn/(I_g - I_b) + 0.1Wx \qquad (13\text{-}94)$$

### 13.9.3　疏气阀疏气量的确定

液化天然气疏气量是选择疏气阀的重要参数。在选择疏气阀时，应保证其疏气量大于管道中任何工况产生的疏气量，因而疏气阀容量的选择需在管道疏气量上乘以安全系数。

## 13.10　动作原理

### 13.10.1　动作过程

① 当系统运行时，气态天然气会在液态天然气之前进入疏气阀内，此时浮球在其最低位置阀门开启，气态天然气从疏气阀出气孔排出，接着冷的液态天然气进入疏气阀，疏气阀内液态天然气液面逐渐升高，同时浮球向上浮起，浮球通过杠杆带动阀瓣关闭，防止液态天然气通过阀孔泄漏。

② 当液态天然气进入疏气阀时，阀体中液位逐渐上升，随之浮球带动阀瓣上移，排气孔关闭。

③ 液态天然气回流到液化天然气输送系统中，随系统温度变化产生的气态天然气又进入疏气阀，通过疏气阀排气孔排出系统，有效降低液化天然气输送系统压力，保证系统正常运行。

### 13.10.2 结构设计

① 阀盖采用多导流孔的形式铸造，可实现多种流通方式，可提供从右至左水平连接、从左至右水平连接以及垂直向下的连接方向。连接方向可根据工况需要在线改变，只需松开阀盖螺栓取出阀盖，按所需要方向调整。安装时注意更换新垫片。

② 阀体设计为铸有挡板结构的内腔。防止浮球受到水锤冲击，使浮球的耐水击破坏力增强，同时延长疏气阀整体使用寿命。

③ 阀瓣和阀座采用 431 不锈钢材料，单独磨削加工后配研。球形阀瓣和阀座形成了完整的环形接触，所有的关闭力都集中在较窄的密封环线上，从而加强了密封性能。随着使用时间的增长，实际磨损使阀孔直径略微增加，球形阀瓣逐渐的陷入到阀座中，其密封性能为更好。

④ 在阀嘴流道底部增加防腐蚀罩结构可以减小流体的冲刷，延长疏气阀的使用寿命。

⑤ 当浮力平衡条件不能满足的情况下，为保证现有的结构形式尺寸不变，只有通过附加力来满足受力平衡。在支点处增加扭簧，用扭簧力满足浮力平衡条件。

$$F_1L_1 \geqslant \eta(F_2L_2 + F_3L_3 + F) \tag{13-95}$$

式中　$F$ ——扭簧力，N。

⑥ 阀嘴设计在阀盖的侧面而不是底面，工作时不受到污物影响，可以远离沉积在底部的大颗粒污物，沉积污物可拧开阀体底部的排污塞，由排污孔排出。

⑦ 全部零部件都设计安装在阀盖上，进出口流道设计在阀体上。疏气阀无需从配管上卸下，就可维修保养，简单方便。

## 13.11 阀盖的计算校核

阀盖一般设计成带开口的阀盖，为了设计填料函，保证中腔的密封，阀盖的椭圆形中部即为开孔处安装上密封座。对阀盖进行强度计算时，通常应检验Ⅰ—Ⅰ断面的拉应力和Ⅱ—Ⅱ断面的剪应力，开孔阀盖的结构如图 13-5 所示。

由《实用阀门设计手册》中表 5-130 得开孔阀盖的强度验算如下。

### 13.11.1 Ⅰ—Ⅰ断面拉应力验算

$$\sigma_L = \frac{pD_N}{4(S_B - C)} + \frac{Q''_{FZ}}{\pi D_N(S_B - C)} \leqslant [\sigma_L] \tag{13-96}$$

式中　$D_N$ ——压紧面的内径，mm，为 380mm；

$[\sigma_L]$ ——IG25 的许用拉应力，MPa，为 240.36MPa。

经验算，Ⅰ—Ⅰ断面拉应力满足强度要求。

### 13.11.2 Ⅱ—Ⅱ断面剪应力验算

$$\tau = \frac{pd_r}{4(S_B - C)} + \frac{Q''_{FZ}}{\pi d_r(S_B - C)} \leqslant [\tau] \tag{13-97}$$

式中　$d_r$——填料函外径，mm；

$\tau$——材料的许用剪应力，MPa，为 49.98MPa。

经验算，Ⅱ—Ⅱ断面剪应力满足强度要求。

综上，阀盖的设计满足强度要求。

## 13.11.3　阀盖的设计计算

阀盖的结构尺寸确定后，对作用于纵向截面的弯曲应力和 $a$—$a$ 环向截面的当量应力进行强度校核。

（1）纵向截面的弯曲应力校核

$$\sigma_m = \frac{M}{Z} \leqslant 0.7[\sigma_t] \qquad (13\text{-}98)$$

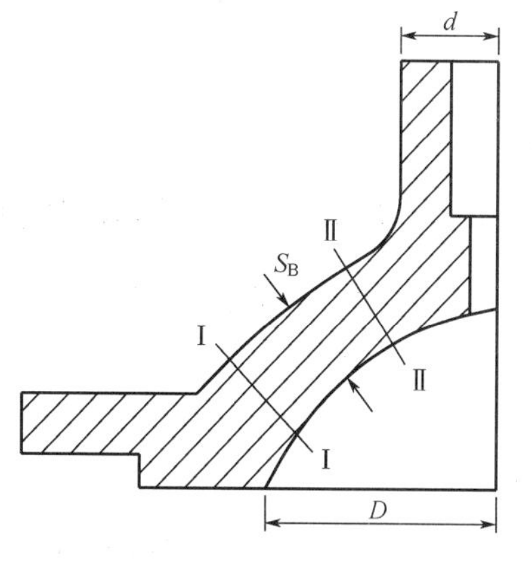


图 13-5　开孔阀盖结构示意图

式中　$M$——纵向截面的弯矩，N•mm；

$Z$——纵向截面抗弯矩系数，$mm^3$。

$M$ 按式（13-99）计算：

$$M = \frac{1}{2\pi}\left[\left(D - \frac{2}{3}D_c\right)F + (D_c - D_b)F_a\right] \qquad (13\text{-}99)$$

$Z$ 按下述方法确定：

当 $Z_c \geqslant \frac{\delta}{2}$ 时，

$$Z = \frac{I_c}{Z_c} \qquad (13\text{-}100)$$

当 $Z_c < \frac{\delta}{2}$ 时，

$$Z = \frac{I_c}{\delta - Z_c} \qquad (13\text{-}101)$$

式中　$D_c$——密封接触圆直径，mm；

$Z_c$——纵向截面形心离截面最外端距离，mm；

$\delta$——阀盖高度，mm。

（2）$a$—$a$ 环向截面的当量应力校核

$$\sigma_0 = \sqrt{\sigma_{ma}^2 + 3\tau_a^2} \leqslant 0.7[\sigma_t] \qquad (13\text{-}102)$$

式中　$\sigma_{ma}$——弯曲应力，MPa；

$\tau_a$——切应力，MPa。

$\sigma_{ma}$ 按式（13-103）计算：

$$\sigma_{ma} = \frac{6(F + F_a)L}{\pi D_5 l^2 \sin\alpha} \qquad (13\text{-}103)$$

式中　$D_5$——$a$—$a$ 环向截面的平均直径，mm。

$D_5$ 按式（13-104）计算：

$$D_5 = D_6 - \frac{h}{\tan a} \tag{13-104}$$

$\tau_2$ 按式（13-105）计算：

$$\tau_a = \frac{F + F_a}{\pi D_5 l \sin \alpha} \tag{13-105}$$

## 13.11.4 阀体顶部的设计计算

阀体顶部的结构尺寸确定后，需对作用于 $a—a$ 和 $b—b$ 环向截面的当量应力进行强度校核。

$a—a$ 环向截面的当量应力校核

$$\sigma_{oa} = \sigma_a + \sigma_{ma} \leqslant 0.9[\sigma_t] \tag{13-106}$$

式中 $\sigma_{oa}$ ——$a—a$ 环向截面的当量应力，MPa；

$\sigma_a$ ——拉应力，MPa；

$\sigma_{ma}$ ——弯曲应力，MPa。

$\sigma_a$ 按式（13-107）计算：

$$\sigma_a = \frac{4(F + F_a)}{\pi(D_0^2 - D_7^2)} \tag{13-107}$$

式中 $D_0$ ——外直径，mm；

$D_7$ ——直径，mm。

$\sigma_{ma}$ 按式（13-108）计算：

$$\sigma_{ma} = \frac{6M_{max}}{S^2} \tag{13-108}$$

$$S = \frac{D_0 - D_7}{S_0^2} \tag{13-109}$$

式中 $S$ ——$a—a$ 环向截面处厚度，mm；

$M_{max}$ ——作用于 $a—a$ 环向截面单位长度上的最大弯矩， N•mm/mm 。

$F + F_a$ 引起的弯矩 $M$ 按式（13-110）计算：

$$M = (F + F_a) \tag{13-110}$$

$$H = S_0 + 0.5h \tag{13-111}$$

式中 $M$ —— $F + F_a$ 引起的弯矩， N•mm；

$h$ ——力臂，mm；

$S_0$ ——阀体顶部中性面 $Y—Y$ 离直径 $D_7$ 的距离，mm。

当 $\frac{D_0}{D_7} \leqslant 1.45$ 时

$$S_0 = \frac{D_0 - D_7}{4} \tag{13-112}$$

当 $\frac{D_0}{D_7} > 1.45$ 时

$$S_0 = \frac{D_0 - D_7}{6} \times \frac{2D_0 + D_7}{D_0 + D_7} \quad (13\text{-}113)$$

# 13.12　阀杆计算

阀杆是阀门重要部件，用于传动，上接执行机构或者手柄，下面直接带动阀芯移动或转动，以实现阀门开关或者调节作用。阀杆在阀门启闭过程中不但是运动件、受力件，而且是密封件。同时，它受到介质的冲击和腐蚀，还与填料产生摩擦。因此在选择阀杆材料时，必须保证它在规定的温度下有足够的强度、良好的冲击韧性、抗擦伤性、耐腐蚀性。阀杆是易损件，在选用时还应注意材料的机械加工性能和热处理性能。阀杆在阀门开启和关闭过程中，承受拉、压和扭转作用力，并与介质直接接触，同时和填料之间还有相对的摩擦运动，因此在选择阀杆材料时，必须保证它在规定的温度下有足够的强度、良好的冲击韧性、抗擦伤性、耐腐蚀性。

阀杆与球体接合部以及阀杆与阀体接触处应有一防静电机构，防止静电在球体上集聚。阀杆安全设计应防止在工作压力下被“吹出”，阀杆上防吹出的凸缘处置一环状环，以减少摩擦系数。

## 13.12.1　阀杆总轴向力计算

阀门关闭或开启时的总轴向力

$$Q'_{FZ} = Q' + Q_P + Q_T \quad (13\text{-}114)$$

$$Q''_{FZ} = Q'' + Q_T - Q_P \quad (13\text{-}115)$$

$$Q_P = \frac{\pi}{4} d_F^2 p \quad (13\text{-}116)$$

$$Q_T = \pi d_F h_T u_T p \quad (13\text{-}117)$$

式中　$Q'_{FZ}$ ——阀门关闭时阀杆总轴向力，N；

$Q''_{FZ}$ ——阀门开启时阀杆总轴向力，N；

$Q'$ ——关闭时阀杆密封力，即阀杆与闸板间的轴向作用力，N；

$Q''$ ——开启时阀杆密封力，即阀杆与闸板间的轴向作用力，N；

$Q_P$ ——介质作用于阀杆上的轴向力，N；

$d_F$ ——阀杆直径，mm；

$p$ ——介质压力，MPa；

$Q_T$ ——阀杆与填料间的摩擦力，N；

$h_T$ ——填料层总高度，mm；

$u_T$ ——阀杆与填料摩擦系数，石棉为 0.15，聚四氟乙烯、柔性石墨为 0.05～0.1。

对于平行单闸板闸阀

$$Q' = Q_{MJ} f'_M - Q_G \quad (13\text{-}118)$$

$$Q'' = Q_{MJ} f''_{M} + Q_{G} \tag{13-119}$$

$$Q_{MJ} = \frac{\pi}{4} D_{mp}^{2} p \tag{13-120}$$

式中 $f'_{M}$ ——关闭时，密封面间的摩擦系数；

$f''_{M}$ ——开启时，密封面间的摩擦系数，通常取 $f''_{M} = f'_{M} + 0.1$；

$Q_{G}$ ——闸板组件的重量，N；

$D_{mp}$ ——阀座密封面的平均直径，mm；

$p$ ——计算压力，MPa，取 $p = PN$。

## 13.12.2 材料选择

（1）铜合金

一般选用牌号有QA19-2、HPb59-1-1。适用于公称压力小于等于1.6MPa、温度小于等于200℃的低压阀门。

（2）碳素钢

一般选用A5、35钢，经过氮化处理，适用于公称压力小于等于2.5MPa的氨阀，水、液化天然气等介质的低、中压阀门。A5钢适用于温度不超过300℃的阀门；35钢适用于温度不超过450℃的。（注：实践证明，阀杆采用碳素钢氮化制造不能很好地解决耐蚀问题，应避免采用。）

（3）合金钢

一般选用40Cr、38CrMoA1A、20CrMo1V1A等材料。40Cr经过镀铬处理后，适用于公称压力小于等于32MPa、温度小于等于450℃的水、液化天然气、石油等介质。38CrMoA1A经过氮化处理，能在工作温度540℃的条件下承受10MPa的压力，常用于电站阀门上。20CrMo1V1A经过氮化处理能在工作温度570℃的条件下承受14MPa的压力，常用于电站阀门上。

（4）一般选用2Cr13、3Cr13、1Cr17Ni2、1Cr18Ni12Mo2Ti等材料。2Cr13、3Cr13不锈钢适用于公称压力小于等于32MPa、温度小于等于450℃的水、液化天然气和弱腐蚀性介质，可以通过镀铬、高频淬火等方法强化表面。1Cr17Ni2不锈钢阀、低温阀上，能耐腐蚀性介质。1Cr18Ni9Ti、1Cr18Ni12Mo2Ti不锈耐酸钢用于公称压力小于等于6.4MPa、温度小于等于600℃的高温阀中，也可以用于温度小于等于-100℃的不锈钢阀，低温阀中。1Cr18Ni9Ti能耐硝酸等腐蚀性介质；1Cr18Ni12Mo2Ti能耐醋酸等腐蚀性介质。1Cr18Ni9Ti、1Cr18Ni12Mo2Ti用于高温阀时，可采用氮化处理，以提高抗擦伤性能。

（5）轴承铬钢

选用GCr15，适用于公称压力小于等于300 MPa、温度小于等于300℃的超高压阀门中。

用于制作阀杆的材料较多，还有4Cr10Si2Mo马氏体耐热钢、4Cr14Ni14W2Mo奥氏体耐热钢等。阀杆螺母与阀杆以螺纹相配合，直接承受阀杆轴向力，而且牌与支架等阀件的摩擦之中。因此，阀杆螺母除要有一定的强度外，还要求具有摩擦系数小、不锈蚀、不与阀杆咬死等性能。

## 13.12.3 压缩填料的结构

大部分压缩填料由于考虑到石棉的性能，故都采用它的纤维作基料。它基本上不受多数介质、温度和时间的影响，是一种好的导热体。

① 石棉的缺点就是润滑性差，因此必须添加不妨碍石棉性能的润滑剂，如石墨粉和云母粉。由于这种混合物仍具有渗透性，故还要加注液体润滑剂。

② 聚四氟乙烯具有皱缩率最小、缩水率最低，且具有摩擦系数小的特性。对于大部分的腐蚀性介质具有较高的抗腐性能。聚四氟乙烯填料在填料处的工作温度；-150～260℃之间。在这一温度范围内，它是一种高性能、多用途的阀杆填料。

③ 柔性石墨具有耐高温的特性，它还具有摩擦系数小且耐大部分腐蚀性介质，在填料处的工作温度可达 600 ℃，故电站、石化等部门高温处的阀门都使用柔性石墨填料。

## 13.12.4　填料对不锈钢阀杆的腐蚀

不锈钢阀杆，特别是用铬 13 系钢做的阀杆，与填料接触的表面经常受到腐蚀。这种腐蚀常发生在使用前的贮存阶段，这是由于经过水压试验后的填料被水饱和的缘故。如果在水压试验后立即投入使用就不会发生腐蚀。从理论上讲，处于湿润填料之中的不锈钢阀杆之所以被腐蚀，是由于被填料所包围的阀杆表面处在脱氧环境之中的结果。这种环境影响了金属的活化与钝化特性。不锈钢氧化保护层表面的缺氧敏感点上产生了许多小的阳极，这些阳极与发生阳极作用的大量残留的钝性金属一起，就使金属内部产生原电池的作用。通常用于填料中的石墨作为阳极材料作用于阀杆钢的阴极场增强了原电池电流强度，从而大大加剧了对原始腐蚀点的腐蚀。

## 13.12.5　阀杆密封填料的形式

① 唇形填料。唇形填料由于其唇片柔软，在介质压力作用下会横向扩张紧贴在挡壁上，这种扩展型填料可以使用在压缩填料中，不能用相对较硬的材料。唇形填料的缺点是其密封作用只是单方向的。大部分用于阀杆的唇形填料是用纯聚四氟乙烯或填充聚四氟乙烯制造的，但也有使用纤维加固的橡胶或皮革制作的。主要是用在液压方面。大部分用做阀杆的唇形填料做成 V 形，这样既便于安装，又便于扩充。

② 挤压式填料。挤压式填料的名称适用于 O 形圈一类的填料。这种填料安装后，其侧面受到挤压，借助材料的弹性变形保持其侧向的预负荷力。当介质从底部进入填料腔时，填料就向阀杆与支撑座之间的空隙运动，从而堵塞了泄漏通路。当填料腔压力重新下降时，填料又重新恢复其原先形状。

③ 止推填料。止推填料由填料环或由装在阀盖和阀杆台肩间的垫圈组成，阀杆可以相对填料环作自由的轴向移动。起始的阀杆密封可由辅助轴封，如活缩填料来提供，也可由弹簧来提供，该弹簧迫使阀杆台肩顶住止推填料，尔后的介质压力就可迫使阀杆台肩更紧密地与填料接触。

④ 隔膜阀阀杆的密封。隔膜阀阀杆是由柔性且承压的阀盖来密封，该阀盖使阀杆与关闭件相连。这种密封只要隔膜不失效，就能避免任何介质通过阀杆向大气泄出。隔膜的材料依阀门的用途不同而不同，可用不锈钢、塑料或橡胶等。

## 13.12.6　传统阀杆加工工艺的特点

① 传统阀杆螺纹采用螺旋飞刀，螺纹精度不准；而采用传统无屑滚丝易损滚模，易变形、扭曲；

② 光杆部位采用磨床精度不高、耗时长；

③ 倒关部位采用两次装夹掉头拉倒密封，同心度差，倒密封易漏；

④ 端部位采用铣床分度盘分度，加工慢、工序多、耗时久。

### 13.12.7 新型阀杆制造工艺的特点

① 新型阀杆螺纹采用自制挤压，螺纹强度高、精度准。

② 螺纹部位和光杆部位的同心一致，克服了长期困扰国内滚丝工艺中易扭曲、易损滚丝模的问题。

③ 光杆部位精度达到镜面效果，启闭轻松，密封性好。

④ 倒关部位采用数控技术一次成型，精度高，倒关密封性能好。

⑤ 端部位T型槽采用锻压成型工艺，效率高，成本低。

⑥ 整套阀杆生产工艺达到国际先进水平。在强腐蚀、易挥发和有毒有害的工艺条件下，一旦阀杆密封被破坏，强腐蚀、易挥发和有毒有害的工艺介质从控制阀阀杆中泄漏出来，会对周边环境和人身安全带来严重的后果。采用波纹管阀杆密封形式是解决上述问题的一个途径。波纹管一般由不锈钢做成。这种特殊的阀盖结构保护控制阀的填料函避免和流体接触，一旦波纹管破裂，在波纹管上面的填料函结构会防止波纹管破裂失效时产生的严重后果。在工程实际中，波纹管密封形式的选择应充分考虑波纹管密封的压力的额定值会随温度的增高而降低，流体中不能有固体的颗粒存在，及波纹管材料的最长循环动作寿命等。在不锈钢不耐某些工艺介质腐蚀的强腐蚀的场所，如工艺介质为湿氯气时，湿氯气中含有的微量盐酸会使不锈钢波纹管很快被腐蚀。

### 13.12.8 阀杆主要性能

具有比较能够受压，能够很好地进行保温，还有就是不太容易腐化和锈蚀，它具备双方的密封功能、比较耐于磨损，并且它的使用寿命比较长。那么阀杆之所以会产生断裂或者是变形有以下几个因素。

① 面积。阀杆通常所断裂的部位在它的上下螺纹的底部，因为那个地方的面积比较小，容易出现相应的力量集中以及超出标准的情况。

② 在开启时出现断裂。通常来说，阀杆最会出现断裂事故的时候是在打开的那一个瞬间。主要是因为闸板还没有脱离开阀座，阀杆在上或下螺纹的根部发生断裂，一般情况下会被认为是闸板被卡住了，这并不是全部的原因，也不是最为重要的。

③ 阀体。阀体的中腔被关闭后，出现不正常的升温和降压，就是说在阀门被关闭后，封闭于上下游两侧密封面之间的中腔流体压力要远远高出上游压力的情况。原因为：膨胀、封闭。

## 13.13 介质排放

液化天然气的冷能回收方式主要有两种，一种是温度差发电以及动力装置联合回收的方式，而另外一种则是利用混合的动力循环来进行回收的液化天然气冷能。

我们利用液化天然气（LNG）冷能实现有害气体零排放的能量系统进行了分析。该能量系统由利用 LNG 冷能的空气分离系统和动力系统两个部分组成。在空气分离系统中，利用

LNG 冷能作为补充冷量进行空气分离，可以使生产液氧的耗能降低 60%～73.5%左右，同时使 LNG 汽化为天然气（NG）。在动力系统中，NG 为燃料，氧气代替空气作为氧化剂。在整个能量系统中，燃烧产物仅仅为二氧化碳和水，其中二氧化碳气体可以通过液氧的冷能进行液化加以回收，从而实现能量系统有害气体的零排放。分析表明，该系统的效率约为 37%，低于普通能量系统的效率，但是比同类的不采用 LNG 冷能的零排放系统的效率高一倍。

## 13.13.1　利用混合动力循环回收的液化天然气冷能

此种方式主要是以氨水为工质的燃气动力循环以及液化天然气循环相互组合而成的混合动力循环系统，使用来进行相关的液化天然气冷能回收项目。同时针对可用能平衡的方程进行了详细的设计，以朗肯循环冷凝的温度以及朗肯循环透平进出口的压力等来作为关键的参数指标。低温的液化天然气进入到天然气泵进行增压，同时进入到换热器当中吸热，并且蒸发变成气体，再进入到换热器当中进行加热，此时的天然气具有比较高的温度，进而进行做功发电。对于燃气动力的循环，空气进入至空气的压缩机当中，压缩所得到的气体和天然气进行混合，燃烧之后释放出来的能量一部分被自身的燃气所吸收进去，而另外一部分具有比较高温度的将进入到燃气的透平之中进行做功。

## 13.13.2　温度差发电和动力装置联合的液化天然气回收冷能

液化天然气运用到常温之下，所以吸收较大的热量，对于如何能够进行有效的冷能回收利用，还需要很好的考虑并且分析海水的温度差以及工业的废气之间的温度差。设置出相应的动力循环系统装置，将冷能有效地转化成为电能进行输出，而整个动力的系统循环一般需要两套动力装置。

## 参考文献


[1] 沈阳高中压阀门厂. 阀门制造工艺 [M]. 北京：机械工业出版社，1984.

[2] 杨源泉. 阀门设计手册 [M]. 北京：机械工业出版社，2000.

[3] 孙晓霞. 实用阀门技术问答 [M]. 北京：中国标准出版社，2001.

[4] 冠国清. 电动阀门选用手册 [M]. 北京：天津科学技术出版社，1997.

[5] 陆培文. 阀门选用手册 [M]. 北京：机械工业出版社，2001.

[6] 陆培文. 国内外阀门新结构 [M]. 北京：中国标准出版社，1997.

[7] 陆培文. 阀门设计计算手册 [M]. 北京：中国标准出版社，1993.

[8] 杨源泉. 阀门设计手册 [M]. 北京：机械工业出版社，2000.

[9] 陆培文. 实用阀门设计手册. 第二版. [M]. 北京：机械工业出版社，2007.

[10] 孙本绪，熊万武. 机械加工余量手册 [M]. 北京：国防工业出版社，1999.

[11] 杨恒，金成波. 阀门壳体最小壁厚尺寸要求规范 [M]. 北京：中国机械工业联合会，2011.

# 致 谢

在本书即将完成之际，深深感谢在项目研究开发及专利技术开发方面给予关心和帮助的老师、同学及同事们。

① 感谢丁紫依、成文豪、师渊、张朋嘉在第 2 章 LNG 蝶阀设计计算技术方面所做的大量试算工作，最终完成了对 LNG 蝶阀工艺设计计算过程，并掌握了 LNG 蝶阀的结构设计计算技术。

② 感谢刘甜甜、郭鹏、郭志杰、焦娅翠在第 3 章 LNG 球阀设计计算技术方面所做的大量试算工作，最终完成了对 LNG 球阀工艺设计计算过程，并掌握了 LNG 球阀的结构设计计算技术。

③ 感谢王瑨、白鸿、黄瑞、胡贾佳在第 4 章 LNG 闸阀设计计算技术方面所做的大量试算工作，最终完成了对 LNG 闸阀工艺设计计算过程，并掌握了 LNG 闸阀的结构设计计算技术。

④ 感谢付玉荣、张太平、张随心、孙乖军在第 5 章 LNG 截止阀设计计算技术方面所做的大量试算工作，最终完成了对 LNG 截止阀工艺设计过程，并掌握了 LNG 截止阀的结构设计计算技术。

⑤ 感谢刘宇、翁星、张宸三、念家泓在第 6 章 LNG 减压阀设计计算技术方面所做的大量试算工作，最终完成了对 LNG 减压阀工艺设计过程，并掌握了 LNG 减压阀的结构设计计算技术。

⑥ 感谢裴小乐、刘杰、何腾、阿卜在第 7 章 LNG 节流阀设计计算技术方面所做的大量试算工作，最终完成了对 LNG 节流阀工艺设计过程，并掌握了 LNG 节流阀的结构设计计算技术。

⑦ 感谢赵彤瑞、张立扬、霍政宇、王逸飞在第 8 章 LNG 安全阀设计计算技术方面所做的大量试算工作，最终完成了对 LNG 安全阀工艺设计过程，并掌握了 LNG 安全阀的结构设计计算技术。

⑧ 感谢程伟、王海燕、盖宝杰、韩祯在第 9 章 LNG 止回阀设计计算技术方面所做的大量试算工作，最终完成了对 LNG 止回阀工艺设计过程，并掌握了 LNG 止回阀的结构设计计算技术。

⑨ 感谢饶蕊桂、王科举、郭致浩、张波在第 10 章 LNG 针阀设计计算技术方面所做的大量试算工作，最终完成了对 LNG 针阀工艺设计计算过程，并掌握了 LNG 针阀的结构设计计算技术。

⑩ 感谢杨茂健、王宏伟、李睿、张凯凯在第 11 章 LNG 呼吸阀设计计算技术方面所做的大量试算工作，最终完成了对 LNG 呼吸阀工艺设计过程，并掌握了 LNG 呼吸阀的结构设计计算技术。

⑪ 感谢王硕磊、徐永飞、赵仝、丁炯在第 12 章 LNG 温控阀结构设计计算技术方面所做的大量试算工作，最终完成了对 LNG 温控阀工艺设计过程，并掌握了 LNG 温控阀的结构设计计算技术。

⑫ 感谢李银生、李祖放、蒋宇恒、梁恩浩在第 13 章 LNG 疏气阀设计计算技术方面所做的大量试算工作，最终完成了对 LNG 疏气阀工艺设计过程，并掌握了 LNG 疏气阀的结构设计计算技术。

另外，感谢兰州交通大学众多师生们的热忱帮助，对你们在本书所做的大量工作表示由衷的感谢，没有你们的辛勤付出，相关设计计算，本书也难以完成，这本书也是兰州交通大学广大师生们共同努力的劳动成果。

最后，感谢在本书编辑过程中做出大量工作的化学工业出版社编辑老师的耐心修改与宝贵意见，非常感谢。

兰州交通大学

甘肃中远能源动力工程有限公司

江苏神通阀门股份有限公司

张周卫　汪雅红

2017 年 11 月